專家洞察力

金融人才 × 機器學習 聯手出擊

專為FinTech領域打造的 機器學習指南

Machine Learning for Finance

Jannes Klaas 著

彭勝陽 譯

Packt>

Machine Learning for Finance

Jannes Klaas 著
彭勝陽 譯

Packt>

本書如有破損或裝訂錯誤，請寄回本公司更換

作　　者：Jannes Klaas
譯　　者：彭勝陽
責任編輯：盧國鳳

董 事 長：陳來勝
總 編 輯：陳錦輝

出　　版：博碩文化股份有限公司
地　　址：221 新北市汐止區新台五路一段 112 號 10 樓 A 棟
　　　　　電話 (02) 2696-2869　傳真 (02) 2696-2867

發　　行：博碩文化股份有限公司
郵撥帳號：17484299
戶　　名：博碩文化股份有限公司
博碩網站：http://www.drmaster.com.tw
讀者服務信箱：dr26962869@gmail.com
訂購服務專線：(02) 2696-2869 分機 238、519
（週一至週五 09:30 ～ 12:00；13:30 ～ 17:00）

版　　次：2020 年 11 月初版一刷

建議零售價：新台幣 690 元
I S B N：978-986-434-538-0
律師顧問：鳴權法律事務所 陳曉鳴律師

國家圖書館出版品預行編目資料

金融人才 x 機器學習聯手出擊：專為 FinTech 領
域打造的機器學習指南 /Jannes Klaas 著；彭勝陽
譯 . -- 新北市：博碩文化股份有限公司 , 2020.11
　面；　公分
譯自：Machine learning for finance.

ISBN 978-986-434-538-0(平裝)

1. 機器學習 2. 數位科技 3. 金融自動化

312.831　　　　　　　　　　　109018062
　　　　　　　　　　　　　　Printed in Taiwan

商標聲明

有限擔保責任聲明

著作權聲明

博碩粉絲團

歡迎團體訂購，另有優惠，請洽服務專線
(02) 2696-2869 分機 238、519

譯者序

首先，非常感謝博碩文化在這段期間給予譯者機會，親自完成撰寫《Python 純文字冒險遊戲程式設計》這本中文著作，並同步完成翻譯《金融人才 × 機器學習聯手出擊：專為 FinTech 領域打造的機器學習指南（*Machine Learning for Finance*）》這本英文版 Python 人工智慧金融類書籍。

對於想要導入 AI 的台灣金融相關產業，譯者認為這些產業應該先從公司內部開始培訓機器學習方面的金融科技人才，如本書原文作者 Jannes Klaas 一樣，在鹿特丹「圖靈學會」（Turing Society）擔任機器學習的首席開發者，教授金融領域的機器學習，以此培訓金融科技人才。

要先從基本功夫做起，先具備基本的 Python 程式設計能力，再學習 Tensorflow 程式庫和聊天機器人程式設計的基本功能。若這些馬步都還沒蹲穩，那麼談論人工智慧與機器學習技術，並想要將之應用於金融相關產業，就太遠了。譯者在此誠心建議想要導入 AI 的企業，負責公司培訓的入門者也應該體驗並閱讀譯者新著作《Python 純文字冒險遊戲程式設計》。這本著作的設計原理是採用遊戲化的方式進行 Python 學習，擺脫呆板的課堂方式，即「玩／說故事，是人生最大的學習！」

在萬難之中，雖然《Python 純文字冒險遊戲程式設計》已盡量寫得讓一般人士都能看懂，也盡量避開技術上太過複雜的部分，設法讓讀者可以直接上手玩程式，但是，每當我發現一點編寫上的瑕疵，或漏掉一些觀念等等，就是一場惡夢的開始。熬夜重新修改程式，若程式的輸出結果並未達我想要給讀者的創意，則又是一場蠻幹苦幹的「人與電腦的戰爭」，永無止境，學海無邊，因為 Python AI 科技令人痴狂的本身就是一個無底洞。

如果讀者很認真的閱讀這本《金融人才 × 機器學習聯手出擊》，也很努力的仿照書中說明來執行隨附的 Python 程式碼，但當你親自開始設計 Python 機器學習程式時，卻感到不知所措，譯者認為，這樣的學習是「偽學習」。也就是說，雖然你很努力閱讀這本翻譯書，但該作者的職責是帶領你如何運用金融技術於機器學習的框架之中，並無義務傳授如何確實吸收 Python 的基本知識，並將所學應用於說故事遊戲化的專案題材之上，譯者認為，這才是「真正學習」。所謂「真正學習」就是將所學的知識真正內化為自己的東西。

讀者可以模仿《Python 純文字冒險遊戲程式設計》的設計方式，來應用金融領域機器學習的方法，你可以使用說故事的方式來描述你的金融專案。若你能用文字描述你的金融故事，或文章是如何用 Python 程式表達出來的，寫得愈深入，表示你對這本翻譯書的吸收愈好，懂得如何用 Python 知識與你的金融知識做串連。

在日常生活中，有太多的無效學習的人，以為將金融法規政策幾乎倒背如流，將 Python 和機器學習的程式語法也倒背如流，就是求得了金融領域機器學習的知識。可是當他們分享自己的想法時，絕大部分都是死背的知識技術，但這套不求甚解的知識，又不足以構成他們真正的想法和觀點（即說故事的想法或觀點的能力），像這樣的觀點，譯者自己個人認為就是「無效的學習」。這也就是我為何強烈建議公司培訓的入門者也來體驗譯者的這本相關新著作《Python 純文字冒險遊戲程式設計》。

《台灣銀行家雜誌》的文章〈搶先掌握 AI 新知：洞悉金融科技，掌握機器學習應用是關鍵〉，其中的「遠瞻人工智慧應用」小節提到了《機器學習—探索人工智慧關鍵》這本書的內容簡介，與譯者新著作中的聊天機器人章節基礎訓練不謀而合：

> 另一項應用則是智能客服……文字智能客服（以文字輸入為主）一樣都需要應用自然語言處理（Natural Language Processing，NLP）技術來理解客戶所提出的問題，進而回覆客戶正確的答案。但是客戶詢問同一個問題的語句並不盡相同，因此仍需要持續的調整讓系統「學習」，才能更精確地了解客戶的問題。（摘錄自《台灣銀行家雜誌》第 98 期，2018 年 2 月號，第 88 到 89 頁。有興趣的讀者可以在此閱讀文章全文：http://service.tabf.org.tw/fbs/Doc/Preview/88322.pdf。）

對於那些擔憂 AI 聊天機器人會取代金融客服的人員，與其擔憂機器人取代工作，譯者建議不如思考如何與之為伍（就是學 Python）。當務之急是先打好 Python 的程式設計基礎。應用人工智慧可以協助金融相關產業，無論在客戶拓展或客戶服務等方面，都能以更系統化、更有效率、低成本且普及的方式提供優質的服務，貴公司的傳統金融的工作內容與素質也會隨之改變，形成一個截然不同的金融服務生態系統。

彭勝陽
justinud@bluehen.udel.edu

貢獻者

作者簡介

Jannes Klaas 是 一 位 具 有 經 濟 學 和 金 融 學 背 景 的 量 化 研 究 員（quantitative researcher）。他曾經在鹿特丹（Rotterdam）的「圖靈學會」（Turing Society）擔任機器學習的首席開發者，教授金融領域的機器學習。他領導過機器學習訓練營，並與金融公司合作開發資料驅動應用程式和交易策略。

Jannes 目前是牛津大學的研究生，他的研究興趣包括系統性風險（systemic risk）和大規模自動化知識發掘。

審閱者簡介

James Le 目前是「羅徹斯特理工學院」（Rochester Institute of Technology）的電腦科學碩士生。他的研究方向是使用「深度學習」進行電腦視覺研究。在工作之餘，他是一名活躍的自由資料科學家和資料記者，專業領域包括機器／深度學習、推薦系統以及資料分析／視覺化。

譯者簡介

彭勝陽 畢業於美國德拉瓦大學（University of Delaware）電腦科學系（Computer Science），曾於新竹科學園區某上市公司從事英文編譯工程師（Technical Writer）工作，擅長 C++ ／ Java ／ C# ／ Python 程式設計人工智慧（英翻中翻譯程式）研究、Prolog ／ Lisp 程式設計電腦語言學（Computational Linguistics）研究、Eview 計量經濟學（Econometrics）程式設計研究。

譯有《C++ 入門手冊》。著有《Java 3D 電玩入門程式設計》及《Python 純文字冒險遊戲程式設計》（後者由博碩文化出版：http://www.drmaster.com.tw/bookinfo.asp?BookID=MP22038）。

目錄

Memo

前言

在海量資料計算資源可用性的幫助下，**機器學習**（machine learning，**ML**）取得了長足的進步。金融業是一種以資訊處理為核心的企業，並擁有大量的機會來部署這些新技術。

本書是金融業應用現代 ML 的實用指南。本書以程式優先的方法來教授你最實用 ML 演算法的運作方式，以及如何使用這些演算法來解決現實世界的各種問題。

目標讀者

有三種人最能從本書中受益：

- 想進入金融領域並希望了解可能的應用範圍和相關問題的「資料科學家」
- 任何金融科技企業的「開發人員」，或尋求提升技能，並希望將先進的 ML 方法融入到建模過程的「量化金融專業人士」
- 希望為進入勞動市場做好準備，學習一些雇主重視的實用技能的「學生」

本書假設你具備線性代數、統計學、概率理論和微積分的一些基本知識。但你不必是這些主題的專家。

要想依照程式碼範例進行學習，你應該熟悉 Python 及最常見的資料科學程式庫（如 pandas、NumPy 和 Matplotlib 等）。本書的範例程式碼是以 Jupyter Notebook 的形式呈現。

本書不需要金融相關知識的背景。

本書內容

「**第 1 章**,神經網路與基於梯度的優化」,這一章探討 ML 有哪些種類,以及在金融業不同領域使用它們的動機。然後我們學習神經網路的工作原理,並從頭開始建構一個神經網路。

「**第 2 章**,機器學習在結構化資料之應用」,這一章處理駐留在例如「關聯式資料庫」中的固定欄位資料。我們將介紹模型建立的過程:從形成啟發式,到根據工程特徵建立一個簡單的模型,再到一個完全學習的解決方案。在這個過程中,我們將學習如何使用 scikit-learn 評估我們的模型,如何訓練基於樹的方法(如隨機森林),以及如何使用 Keras 為這個任務建立神經網路。

「**第 3 章**,電腦視覺應用」,這一章介紹了電腦視覺如何讓我們能夠大規模地感知和解釋真實世界。在本章中,我們將學習電腦可以用來辨識影像內容的機制。我們將學習「卷積神經網路」和我們設計和訓練最先進的電腦視覺模型所需的 Keras 建構區塊。

「**第 4 章**,理解時間序列」,這一章探討了大量專門用於分析時間相關資料的工具。在這一章中,我們將首先討論業界專業人士用來建模時間序列的「最熱門工具」,以及如何在 Python 中有效地使用它們。然後,我們將發現「現代 ML 演算法」如何在時間序列中找到模式,以及它們如何與經典方法互補。

「**第 5 章**,使用自然語言處理解析文字資料」,這一章使用了 spaCy 程式庫和大量的新聞語料庫,討論如何快速高效地完成「命名實體識別」和「情感分析」等常見任務。然後我們將學習如何使用 Keras 建構自己的自定義語言模型。本章介紹了 Keras 函數式 API,Keras 函數式 API 可讓我們建構更複雜的模型,例如:可以在語言之間進行翻譯。

「**第 6 章**,使用生成模型」,這一章解釋了「生成式模型」如何生成新資料。當我們沒有足夠的資料或者想透過瞭解模型對資料的感知來分析我們的資料時,使用「生成模型」是很有用的。在本章中,我們將學習「(變分)自動編碼器」以及「生成對抗模型」。我們將學習如何使用 t-SNE 演算法來理解「變分自動編碼器」以及「生成對抗模型」,以及如何將它們用於非常規的目的,例如:捕捉信用卡詐欺案件。我們將學習如何用 ML 補充人為標記操作,以簡化資料收集和標記程序。最後,我們將學習如何使用主動學習來收集最有用的資料,並大大減少資料的需求。

「**第 7 章**，在金融市場中應用強化學習」，這一章探討的是強化學習，這種方法不需要人為標記的「正確」答案進行訓練，只需要獎勵訊號即可。在本章中，我們將討論並實作幾種強化學習演算法：從「Q- 學習」（Q-learning）到「**優勢行動者 - 評論家模型**」（Advantage Actor-Critic，**A2C**）。我們將討論基礎理論、它與經濟學的關聯，並在一個實際的例子中，了解如何使用強化學習來直接指導投資組合的形成。

「**第 8 章**，隱私權、除錯和發佈你的產品」，這一章討論了在建構和發佈複雜模型時如何會出現很多問題。我們將討論如何對你的資料進行除錯和測試，如何在資料上訓練模型時保持敏感資料的隱私，如何準備你的資料進行訓練，以及如何釐清你的模型會做出這樣預測的原因。然後，我們將研究如何自動調整你的模型的超參數，如何使用學習率來減少過度擬合，以及如何診斷和避免爆炸和消失的梯度。之後，本章解釋了如何在生產中監控和理解正確的指標。最後，本章討論了如何提高模型的速度。

「**第 9 章**，對抗偏差或偏見」，這一章討論了 ML 模型如何學習不公平的策略，甚至違反「反歧視法」。本章強調了幾種提高模型公平性的方法，包括「樞紐學習」和「因果學習」。本章展示了如何檢視模型並探測偏差。最後，我們討論了在你的模型所嵌入的複雜系統中，不公平性是如何失敗的，我們也提供了一個檢查表，可以幫助你減少偏差。

「**第 10 章**，貝氏推論和機率規劃」，這一章使用 PyMC3 討論「機率規劃」的理論及其實踐優勢。我們將實作自己的採樣器，從數值上理解貝氏定理，最後學習如何從股票價格推論波動性的分佈情況。

閱讀須知

本書所有程式碼範例都託管在 Kaggle 上。你可以免費使用 Kaggle 並獲得 GPU 的使用權限，GPU 可讓你能夠更快地執行程式碼範例。如果你沒有一個非常強大的 GPU 電腦，那麼在 Kaggle 上執行程式碼也會讓你舒服很多。你可以在本書的 GitHub 頁面上找到指向所有筆記本的連結：`https://github.com/PacktPublishing/Machine-Learning-for-Finance`。

本書假設你具備線性代數、統計學、概率理論和微積分的一些基本知識。但你不必是這些主題的專家。

同樣的，本書也假設你應該具備 Python 及一些常見的資料科學程式庫（如 pandas 和 Matplotlib 等）的知識。

下載範例程式檔案

你可以由你的帳戶下載本書的範例程式碼：http://www.packtpub.com。如果你是在其他地方購買此書，則可以訪問網址：http://www.packtpub.com/support，經過註冊之後，我們會將相關文件直接 email 給你。

你可以用以下步驟下載程式碼：

1. 在 http://www.packtpub.com 登錄或註冊。
2. 點選 **SUPPORT** 選項。
3. 點擊 **Code Downloads & Errata**。
4. 在 **Search**（搜索框）中輸入書名，然後按照螢幕上的說明進行操作。

文件下載之後，請確認你是使用以下最新版本的解壓縮工具來解壓縮檔案：

- Windows 上使用 WinRAR 或 7-Zip
- Mac 上使用 Zipeg、iZip 或 UnRarX
- Linux 上使用 7-Zip 或 PeaZip

在 https://github.com/PacktPublishing/，我們還提供了豐富的其他書籍的程式碼和影片。讀者可以去查看一下！

下載本書的彩色圖片

我們還提供你一個 PDF 檔案，其中包含本書使用的彩色圖表／圖片，可以在此下載：http://www.packtpub.com/sites/default/files/downloads/9781789136364_ColorImages.pdf。

本書排版格式

在這本書中，你會發現許多不同種類的排版格式。

程式碼（CodeInText）：在文本中的程式碼、資料庫表格名稱、資料夾名稱、檔案名稱、副檔名、路徑名稱、網址、用戶的輸入和 Twitter 帳號名稱，會以如下方式呈現。舉例來說：「將下載的 WebStorm-10*.dmg 磁碟映像檔案掛載為系統中的另一個磁碟。」

程式碼區塊，會以如下方式呈現：

```
import numpy as np
x_train = np.expand_dims(x_train,-1)
x_test = np.expand_dims(x_test,-1)
x_train.shape
```

當我們希望你將注意力集中到程式碼中特定部分的時候，相關的元素或項目將以粗體字呈現：

```
from keras.models import Sequential
img_shape = (28,28,1)
model = Sequential()
model.add(Conv2D(6,3,input_shape=img_shape))
```

任何命令列的輸入或輸出都會寫成這樣：

```
Train on 60000 samples, validate on 10000 samples
Epoch 1/10
60000/60000 [==============================] - 22s 374us/step - loss:
7707.2773 - acc: 0.6556 - val_loss: 55.7280 - val_acc: 0.7322
```

粗黑字體：專有名詞和重要字眼會以粗黑字體顯示。你在螢幕上看到的字串，如主選單或對話視窗當中的字串，也會以粗黑字體顯示。例如：「在**管理**（**Administration**）面板上選擇**系統資訊**（**System info**）。」

 警告或重要說明會這樣顯示。

 提示和技巧會這樣顯示。

讀者回饋

我們始終歡迎讀者的回饋。

一般回饋：如果你對本書的任何方面有疑問，請寄送電子郵件到 customercare@packtpub. com，並請在郵件的主題中註明書籍名稱。

勘誤表：雖然我們已經盡力確保內容的正確準確性，錯誤還是可能會發生。若你在本書中發現錯誤，請向我們回報，我們會非常感謝你。勘誤表網址為 http://www. packtpub.com/submit-errata，請選擇你購買的書籍，點擊 **Errata Submission Form**，並輸入你的勘誤細節。

盜版警告：如果你在網際網路上以任何形式發現任何非法複製的本公司產品，請立即向我們提供網址或網站名稱，以便我們尋求補救措施。請透過 copyright@packt.com 與我們聯繫，並提供相關的連結。

如果你有興趣成為作者：如果你具有專業知識，並對寫作和貢獻知識有濃厚興趣，請參考：http://authors.packtpub.com。

讀者評論

請留下你對本書的評論。當你使用並閱讀完這本書時，何不到本公司的官網留下你寶貴的意見？讓廣大的讀者可以在本公司的官網看到你客觀的評論，並做出購買決策。讓 Packt 可以了解你對我們書籍產品的想法，並讓 Packt 的作者可以看到你對他們著作的回饋。謝謝你！

有關 Packt 的更多資訊，請造訪 packtpub.com。

1

神經網路與基於梯度的優化

金融服務業（financial services industry）基本上是一種資訊處理（information processing）產業。「投資基金」透過資訊處理來評估投資；「保險公司」透過資訊處理來為其保險定價；而「零售銀行」（retail bank）則透過資訊處理來決定向哪些客戶提供哪一類產品。因此，金融業早期採用電腦來處理資訊並非偶然。

第一台股票行情機是 1867 年發明的一種印刷電報機。第一台直接針對金融業的機械加法器則於 1885 年獲得專利。然後在 1971 年，自動取款機獲得了專利，它允許客戶使用刷卡方式取款。同年，第一家電子證券交易所（那斯達克／ NASDAQ）開門營業，而 11 年後的 1982 年，第一台「彭博機」（Bloomberg Terminal）安裝完成。金融業和電腦科技的完美結合，是因為在「金融」這個行業中（尤其是在「投資」方面的成功），往往與你擁有的「資訊優勢」息息相關。

在華爾街的早期，鍍金時代（Gilded Age）的傳奇人物便公然地利用「內線交易」。例如，當時最富有的人之一 Jay Gould 就在美國政府內部安排了一名臥底。這名臥底將在政府出售黃金時給予通知，並試圖透過這一點來影響當時的 Ulysses S. Grant 總統及其秘書（**編輯注**：對這段歷史有興趣的讀者可參閱 https://en.wikipedia.org/wiki/Black_Friday_(1869)）。於 1930 年代的尾聲，美國證券交易委員會（SEC）和美國商品期貨交易委員會（CFTC）曾禁止投資者利用這類「資訊優勢」。

由於「資訊優勢」不再是高於市場表現的可靠來源，「智慧金融模型」便取而代之。「避險基金」（hedge fund）一詞最早是在 1949 年提出的；「Harry Markowitz 模型」於 1953 年發表；而「Black-Scholes 公式」則在 1973 年首度亮相。從那時候

起，金融模型領域便取得了很大的進展，亦開發了多種各式各樣的金融商品。然而，隨著人們對這類模型的瞭解越來越普及，使用這些模型的回報率也跟著逐漸下滑。

當我們再次見到加上了「現代化運算」的金融業時，很明顯的，「資訊優勢」又回來了。這一次，它不是以內幕資訊和骯髒交易的形式登場，而是來自對大量公開資訊的自動分析。

當今的基金經理人可以利用的資訊，比其前輩做夢都想不到的還要多。然而，這些資訊本身並沒有什麼用處。讓我們以「新聞報導」為例子：你可以透過網際網路輕鬆獲取新聞，但若要使用它們，電腦必須能夠讀取和理解這些新聞內容，並使其與我們的上下文（即情境／環境）產生關聯。電腦必須知道某篇文章是關於哪一家公司的，這篇文章報導的是好消息還是壞消息，以及我們是否可以從中瞭解「這間公司」與「文中提到的另一間公司」之間的關係。這些只是產生上下文「關聯性」的幾個例子。凡能掌握獲取上述這類型資料（通常稱為「**另類資料／ alternative data**」）的企業，往往都能獨佔鰲頭。

不僅如此，金融專業人士還是經常賺取六至七位數美元年薪的高薪階級，盤踞世界最昂貴房地產中的辦公空間。這樣的結果也是很合理的，因為許多金融專業人士都是聰明、受過良好教育且勤勞工作的人，他們因為人數稀少而更顯珍貴，在就業市場上有很高的需求。正因為如此，最大限度地提高這些人的生產力，便成為任何公司努力的目標。從最優秀的員工身上獲取更多的收益（more bang for the buck），就可讓公司能夠提供更便宜或更多種類的產品。

比如說，你可以透過「指數股票型基金」（exchange-traded funds，ETF）來進行「被動投資」（Passive investing），你幾乎不需要為大筆資金的管理而傷透腦筋。「被動投資工具」的費用，例如僅反映「標準普爾 500 指數」（S&P 500）的基金，通常遠低於 1%。但隨著現代運算科技的興起，企業現在能夠提高其資金經理人的生產力，從而降低他們的費用，以保持競爭力。

本書的學習之旅

本書不僅僅是關於金融業的投資或交易，更是電腦和金融之間愛情故事的開花結果。投資公司有客戶，通常是保險公司（insurance firms）或退休基金（pension funds），而這些公司本身就是金融服務公司，他們也有自己的客戶，即有退休金或保險的社會大眾。

多數銀行的客戶來源也是社會大眾，而且有越來越多的人主要透過手機上的「應用程式」（APP），來與銀行、保險公司或退休基金進行互動。

在過去的幾十年中，零售銀行依賴這樣的運作方式：民眾必須先進入分行，面對面提取現金或進行交易。當民眾在分行的時候，他們的顧問也可以出售其他商品，如抵押貸款或保險。如今，客戶若想購買抵押貸款或保險，再也不需要親自到分行辦理。在當今的世界裡，無論是透過應用程式或網站，銀行都傾向在「線上」為客戶提供建議。

只有當銀行可以從客戶資料中「瞭解客戶需求」並在線上提供「量身定制的體驗」時，這個線上服務才會發揮作用。同樣地，從客戶的角度來看，客戶現在當然希望可以直接透過手機送出「保單理賠申請」，並即時收到保險公司的回覆。在現今這個時代，保險公司需要能夠自動審核理賠，並做出適當的決定，以滿足客戶需求。

本書並不是為了迅速求得收益，而論述如何撰寫交易演算法。本書內容集中在提升金融機器學習系統的實用技能。

建造任何有價值的東西都需要花費大量的時間和精力。現在，用「經濟學」（economics）來做比喻，建造有價值物品的市場效率很低。機器學習的應用將在未來的幾十年內改變這整個行業，而本書將為你提供一個軟體工具箱，讓你能夠參與這次的變革。

本書中的許多範例並未使用任何「金融資料」（financial data）。本書絕不使用股票市場上的資料，做這樣的決定有下列三個具體因素。

第一，所舉之範例，通常展示了可以輕鬆應用於其他資料集的技術。因此，這些資料集可向你們這樣的專業人士展示「經常面臨的挑戰」，同時也維持了這些資料的「可計算性」。

第二，金融資料基本上是具有時間相依性的（time dependent）。為了讓本書內容的時效性延長，同時也為了確保隨著機器學習日益發展，本書仍然是你工具包中的重要參考，雖然我們使用了一些非金融性資料，但這裡討論的資料應用仍然是相關的。

最後，使用「替代資料」及「非典型資料」的目的是激勵你思考，在流程中可以使用哪些其他資料。你能用監控植物的無人機鏡頭來增強你的穀物價格模型嗎？你可以使用網路瀏覽行為來提供不同的金融商品嗎？如果你想利用你周遭的資料，「跳出框框思考」將是一項必備技能。

什麼是機器學習？

> 機器學習是電腦科學的一個領域，電腦無需執行明確的程式即可擁有學習的能力。
> — Arthur Samuel，1959 年

所謂的「機器學習」是什麼意思呢？今天大多數的電腦程式都是由人工設計的。軟體工程師仔細地設計每一個控制軟體行為的規則，然後將其轉譯成電腦程式碼。

如果你正在閱讀的是電子書，請立即看看你的螢幕。你看到的所有東西都出現在螢幕上，這是因為某位軟體工程師在某個地方精心設計了這些規則。這種方法已經讓我們走了很遠，但這並非沒有限制。有時候，可能有太多的規則了，而人類無法寫完。我們可能想不出規則，因為規則太複雜，即使是最聰明的開發人員也無法參透。

作為簡單的練習，讓我們花一分鐘的時間，列出一張描述所有狗的規則清單，但必須清楚地將「狗」與「所有其他動物」區分開來。毛皮（fur）？嗯，貓也有毛呀。穿夾克的狗怎麼樣？那還是一隻狗，只是穿著夾克而已。研究人員花了數年時間來嘗試製定這些規則，但他們幾乎沒有成功過。

人類似乎無法完美描述「為什麼某樣東西是狗」，但每當看到狗時，他們就知道這是狗。我們作為一個物種，似乎可偵測到難以描述的特定模式，這些模式總體而言，會讓我們把動物歸類為狗。機器學習也試圖這樣做。我們讓電腦透過「模式偵測」（pattern detection）來開發自己的規則，而不是人工製定規則。

機器學習有不同的方法，我們現在來看三種不同類型的學習：「監督式學習」、「非監督式學習」和「強化學習」。

監督式學習

讓我們回到上面提及的狗分類器。事實上，現實生活的應用中，有很多這樣的分類器。例如，如果你使用 Google 圖片搜尋來搜尋「狗」，它將使用「影像分類器」來顯示狗的圖片。這些分類器是在名為「監督式學習」（supervised learning）的範例之下完成訓練的。

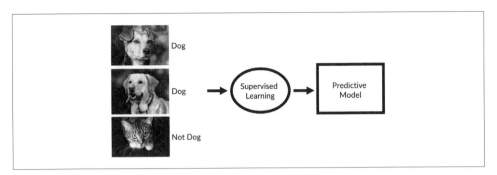

監督式學習

在監督式學習中,我們有大量的訓練範例,例如:許多動物的影像,以及這些範例訓練結果的標籤。舉例來說,上圖中的狗影像標籤為 Dog(是狗),而貓影像標籤則為 Not Dog(非狗)。

如果我們有大量的這些標籤的訓練範例,我們就可訓練一個分類器,來偵測細微的統計模式,將「狗」與「所有其他動物」區分開來。

 請注意:分類器根本不知道「狗」是什麼。它只知道在訓練中將「影像」與「狗」聯繫起來的統計模式(statistical patterns)而已。

非監督式學習

「監督式學習」在過去幾年中已取得巨大進展,本書絕大部分的內容將專注處理「有標籤的範例」。然而,有時候我們可能沒有標籤。在這種情況下,我們仍然可以使用機器學習來發現資料中隱藏的模式。

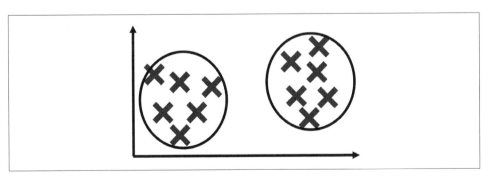

集群(clustering)是一種常見的非監督式學習形式

想像一下，一家公司的產品有許多客戶。這些客戶可能被分組到不同的市場區隔（market segments），但我們並不知道這些不同的市場區隔是什麼。我們也不能詢問客戶他們屬於哪一個市場區隔，因為他們可能也不知道。你是屬於洗髮精市場的哪一個市場區隔呢？你知道洗髮精公司是如何區分客戶的嗎？

在這個範例中，我們希望有一個演算法，可用於瀏覽客戶的大量資料，然後將這些資料分成幾組。這是非監督式學習的一個例子。

這個領域的機器學習遠不如監督式學習發達，但仍有很大的潛力。

強化學習

在「強化學習」方面，我們在「環境」（environment）中訓練執行「行動」（action）的「代理人」（agent），例如：道路上的自動駕駛汽車。雖然我們沒有標籤，也就是說，我們無法分辨「在任何情況下的正確行動」，但我們可以分配「獎勵」或「懲罰」。比如說，我們可以獎勵「與前面的車保持適當的距離」。

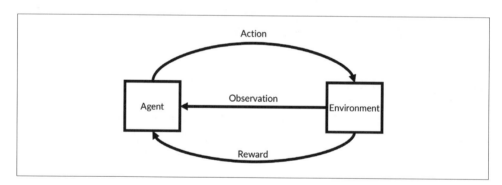

強化學習

駕訓班的教練並沒有告訴學生「當把方向盤向右旋轉兩度時，只踩一半剎車」，而是當學生想通「剎車的精確使用量」時，教練才告訴學生他／她是否做對了。

強化學習在過去的幾年中也取得了一些顯著的進步，並被許多人認為是邁向通用人工智慧（即「像人類一樣聰明的電腦」）的一條希望大道。

數據之不合理有效性

三位 Google 工程師在 2009 年發表了一篇具有里程碑意義的論文，題目是《*The unreasonable effectiveness of data*》（數據之不合理有效性）。在該論文中，這三位 Google 工程師談到由來已久的簡易機器學習系統，在輸入 Google 伺服器上儲存的大量資料時，卻能展現出更為優良的效能。這三位 Google 工程師實際上發現，若能輸入「更多的學習資料」到這些簡易的機器學習系統之中，則可以學會以前視為是不可能學會的工作。

從那時候開始，研究人員便迅速重新審視舊的機器學習技術，並察覺到當「類神經網路」在大量資料集上進行學習訓練時，會表現得特別好。剛好在此一時期，運算產品變得廉價且充裕，這足以讓大家訓練比以前大得多的「類神經網路」。

由於這些規模龐大的「類神經網路」變得非常有效，於是人們便稱它為：「深度神經網路」（deep neural networks）或「深度學習」（deep learning）。「深度神經網路」尤其擅長「模式偵測」。「深度神經網路」可以求出複雜的模式，如「人臉照片中的明暗度統計模式」，只要給予「深度神經網路」足夠的資料，就可以自動計算出複雜的模式。

因此，機器學習亦可視為我們對電腦程式設計方式的一種典型變革。我們並不需要處心積慮地以人工方式制定程式規則，而是向電腦提供大量資訊，並訓練電腦自行制定程式規則。

如果要以人工方式設計非常大量的程式規則，或者制定這些程式規則是很困難的，那麼，倒不如使用「深度神經網路」的方式，後者將更便捷有利。因此，現代機器學習技術是整頓大量金融資料的理想工具。

所有的模型都是錯誤的

統計學中有一種說法，即「所有模型都是錯誤的，但有些模型卻是有用的」（*all models are wrong, but some are useful*）。例如，機器學習通常是以人類無法解釋的深度學習方式，建立難以置信的複雜統計模型。雖然這些複雜統計模型確實是有用的，而且很有價值，但它們仍然有錯誤。這是因為，這些統計模型就像是複雜的「黑盒子」（black boxes），且人們傾向於不對機器學習模型感到懷疑，然而，正是因為機器學習模型擁有「黑盒子」的性質，人們應該質疑機器學習模型的準確性。

有時，即使是最複雜的深度神經網路也會做出根本上錯誤的預測，就像進階的**債務擔保證券**（Collateralized Debt Obligation，**CDO**）模型在 2008 年金融危機時所做的那樣。更糟糕的是，具有「黑盒子」性質的機器學習模型最終會做出錯誤的決定，此模型會在數以百萬計的貸款核准或保險決策中影響到人們的日常生活。

有時機器學習模型會有偏差（biased）。機器學習的品質最多也只會跟我們提供給機器的資料品質一樣好，而這些提供的資料在顯示的結果中往往會有偏差，我們將在本章後面討論這方面的議題。我們必須付出大量時間來處理這類偏差情況，就如同我們盲目地部署許多演算法一樣，我們也會自動產生差異結果，而此現象就有可能導致另一場金融危機。

上述情況在金融業界尤其如此，凡是會對人們生活造成嚴重影響的演算法，通常都是祕而不露的。利用大量數學運算來贏得公認的此一神秘黑盒子，對社會構成的威脅，要遠遠大於在電影中人工智慧自我覺醒時，控制整個世界的情況。

雖然這不是一本倫理書籍，但對於這個領域的任何從業人員來說，熟悉其工作的倫理含義是件非常有意義的事情。除了推薦你閱讀 Cathy O'Neil 的著作《*Weapons of math destruction*》之外，我也認為宣誓《*The Modelers Hippocratic Oath*（金融模型師的執業誓言）》是一件很值得做的事情。在 2008 年的金融危機之後，Emanuel Derman 及 Paul Wilmott 兩位量化金融研究人員制定了以下這一段誓言（**編輯注：讀者也可以**參考 https://en.wikipedia.org/wiki/Financial_Modelers%27_Manifesto）：

> 我會記住：「我之前並未創造過這個世界，因為現在這個世界並沒有滿足我的方程式。」
> 雖然我會大膽使用模型來估算數值，但我並不會過度強調數學原理。
> 我每次為了優雅而犧牲現實，必定會解釋為什麼這樣做。
> 對於那些使用我的模型的人，我並不會為了維護我模型的準確性而施予錯誤的安慰。相反地，我將闡明我模型的假設和遺漏之處。
> 我明白我的工作可能對社會和經濟產生巨大影響，且其中許多影響將超出我的理解範圍。

近年來，機器學習取得了很大的進步，研究人員亦學會了以前被視為無法解決的工作。從「識別影像中的物件」到「轉錄語音」以及「玩圍棋之類的複雜棋盤遊戲」來看，現代機器學習已經可在令人眼花撩亂的工作範圍內與人類能力相互競爭，且會繼續競爭下去，最後甚至會擊敗人類。

有趣的是，**深度學習**（deep learning）是所有這些進階技術幕後的方法。實際上，大部分的這些進階技術均來自於深度學習的一個子領域，名為**深度神經網路**（deep neural networks）。雖然很多從業人員都已熟練傳統標準的計量經濟學模型（如「迴歸分析」），但很少有人熟悉現代新型的建模方式。

本書的大部分焦點都專注於深度學習領域。這是因為深度學習是機器學習中最具前瞻性的技術之一，凡是精通深度學習的人，必定能夠克服以前被視為是不可能完成的工作。

在本章中，我們將探討神經網路的運作方式和原因，讓你對這個主題有一個基本的瞭解。

設定工作區

在開始之前，需要設定你的工作區。本書範例程式以能夠在「Jupyter 筆記本」（Jupyter Notebook）上執行為主。Jupyter Notebook 主要是一種應用於資料科學的互動式開發環境，亦被視為是建立資料驅動應用程式的首選環境。

你可以在本機、雲端伺服器或 Kaggle 等網站上執行 Jupyter Notebook。

> 請注意：本書所有程式碼範例都可以在這裡找到：`https://github.com/PacktPublishing/Machine-Learning-for-Finance`。「第 1 章」請參閱以下連結：`https://www.kaggle.com/jannesklaas/machine-learning-for-finance-chapter-1-code`。

深度學習需要大量使用電腦，本書範例使用的資料通常超過 1GB 的容量。深度學習可以透過使用**圖形處理單元（GPU）**來加速，GPU 是為繪製影片和遊戲而發明的。你的電腦如果配有 GPU 顯示卡，則可以在本機上執行這些範例。如果你沒有這樣的電腦，建議使用 Kaggle 內核等雲端服務。

以前學習深度學習需要昂貴的設備，因為 GPU 是一種昂貴的硬體。雖然還有較便宜的選擇，但如果你想購買一顆功能強大的 GPU 的話，價格可能高達 1 萬美元，而在雲端租用的話，每小時大約只要 0.80 美元。

如果你有很多工作需要長期訓練，那麼也許值得考慮組裝一個「深度學習」的機盒（一個內建 GPU 的桌上型電腦）。線上有無數的組裝教學課程。組裝一個這類像樣的機盒只要幾百美元到 5,000 美元不等。

不過，本書範例都可以在免費的 Kaggle 上執行。它們其實都是利用這個網站開發出來的。

使用 Kaggle 內核

Kaggle 是 Google 旗下的熱門資料科學網站。Kaggle 從機器學習競賽活動開始，在競賽中，參與者必須建立機器學習模型來做預測。不過，多年來，Kaggle 的論壇和線上學習系統也很受歡迎，但對我們而言，最重要的是 Kaggle 提供 Jupyter 線上服務，供大家免費使用。

你可以進入 Kaggle 網站（`https://www.kaggle.com/`）來使用 Kaggle 服務，該網站會先要求你建立一個帳戶，以便日後可以使用該網站的服務。

在建立了你的帳戶之後，按一下主選單上的 **Kernels** 來進入內核頁面，如下圖所示：

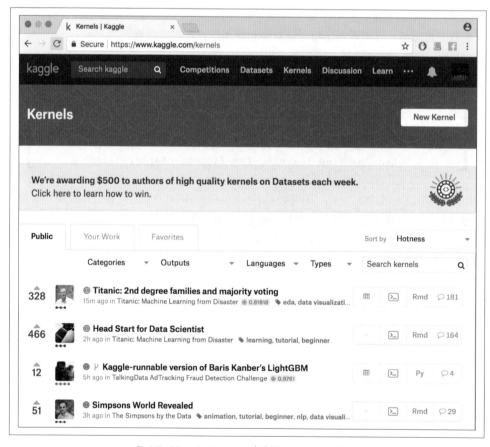

Public Kaggle Kernels（公開 Kaggle 內核）

在上方的截圖中，你可以看到許多其他人編寫和發佈的內核。內核可以是私有的，但是發佈內核是展示技能及分享知識的一個好方法。

若要開啟一個新內核，請按一下 **New Kernel**。在接下來的對話方塊中，請選擇 **Notebook**：

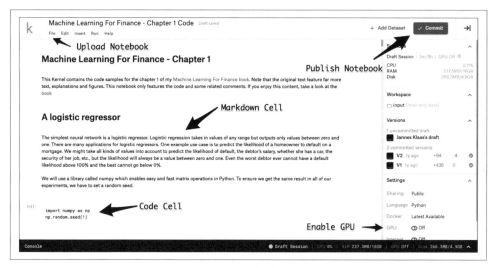

內核編輯器

你將看到內核編輯器，如上面的截圖所示。

請注意，Kaggle 會隨時積極更新內核的設計，因此有些元素的位置，可能會與你看到的不同，但基本上功能都是相同的。Notebook 中最重要的部分是「程式碼單元格」（Code Cell）。在這裡，你可以按下左下角的 Run（執行）按鈕或按 Shift + Enter 來執行「程式碼單元格」中的程式。

在單元格中定義的變數會成為「環境變數」，因此你可以在其他單元格中存取他們。「Markdown 單元格」允許你以標記格式（markdown format）編寫文字，以便將「註釋」加到程式之中。你可以使用右上角的小雲端按鈕來上傳和下載 Notebook。

若要從內核編輯器發佈 Notebook，首先必須按一下 **Commit & Run** 按鈕，然後在「設定」中將 Notebook 設定為 **Public**。要在 Notebook 上啟動 GPU，請確定有勾選右下角的 **Enable GPU** 按鈕。重要的是要記住這將重新啟動你的 Notebook，所以你的「環境變數」將會消失。

執行程式碼後，Run 按鈕將變成 Stop（停止）按鈕。如果你的程式碼卡住、無法繼續執行，你可以點擊 Stop 按鈕來中斷它。如果要清除所有「環境變數」並重新開始，只需按一下位於右下角的 Restart（重新啟動）按鈕。

這個系統可以讓你的內核連接到 Kaggle 上已安裝的資料集，或者你也可以隨時上傳新的資料集。本書的 Notebook 已經備有所要連接的資料集。

Kaggle 內核已經預先安裝了最常用的套件，因此在大部分情況下，你不必擔心安裝套件的問題。

本書有時會使用 Kaggle 在預設情況下未安裝過的自定套件。在這種情況下，可以在 Settings（設定）選單的底部自行新增「自定套件」。當本書使用到「自定套件」時，會在該章節提供安裝該「自定套件」的說明。

由於 Kaggle 內核是免費使用的，且可以節省大量時間和金錢，因此本書建議你可在 Kaggle 上執行程式碼範例。若要複製 Notebook，請到本書每個章節程式碼單元的各連結處，然後點擊 **Fork Notebook**。請注意，Kaggle 內核最多可以執行 6 個小時。

在本機執行 Notebook

如果你的電腦運算能力足以應付深度學習運算，則可以在本機上執行本書範例。在這種情況下，筆者強烈建議安裝 Anaconda 內附的 Jupyter。

若要安裝 Anaconda，只需進入 https://www.anaconda.com/download 下載發行版本。圖形安裝程式將引導你完成在系統上安裝 Anaconda 所需的步驟。在安裝 Anaconda 時，你也將安裝一系列有用的 Python 程式庫，如 NumPy 和 matplotlib，我們將在本書中使用它們。

安裝 Anaconda 之後，你可以打開電腦終端機並鍵入下列程式碼，在本機上啟動 Jupyter 伺服器：

```
$ jupyter notebook
```

然後你就可以開啟終端機中顯示的 URL 網址。這將帶你進入本機 Notebook 伺服器的網頁。

要新增一個 Notebook，請按一下右上角的 **New**。

本書中所有程式碼範例都使用 Python 3，所以請確定在本機 Notebook 中是選用 Python 3。如果你是在本機上執行 Notebook，你還需要安裝 TensorFlow 和 Keras （這是本書中使用的兩個深度學習程式庫）。

安裝 TensorFlow

在安裝 Keras 之前，我們需要先安裝 TensorFlow。先打開終端機視窗並輸入下列指令，以安裝 TensorFlow：

```
$ sudo pip install TensorFlow
```

關於如何安裝具有支援 GPU 功能的 TensorFlow 說明，只需點擊此連結（https:// www.tensorflow.org/），即可獲得相關說明檔。

值得注意的是，你需要一個可啟動 CUDA 的 GPU 才能用 CUDA 執行 TensorFlow。 關於如何安裝 CUDA 的說明，請見 https://docs.nvidia.com/CUDA/index.html。

安裝 Keras

在安裝 TensorFlow 之後，你可以執行下列指令來安裝 Keras：

```
$ sudo pip install Keras
```

Keras 現在會自動將 TensorFlow 當作後端使用。請注意：TensorFlow 1.7 版已內建 Keras，我們將在本章稍後介紹 Keras。

在本機上使用資料集

要在本機使用本書的程式碼範例，請先進入 Kaggle 上的本書 Notebook，然後從那裡 下載已連結的資料集。請注意：資料集的檔案路徑會依儲存資料集的位置而有所不同， 因此，若要在本機執行 Notebook，你需要替換資料集的檔案路徑。

Kaggle 還提供了一個命令列介面，允許你更輕鬆下載資料集。請進入 https:// github.com/Kaggle/kaggle-api，以瞭解透過命令列介面下載資料集的說明。

使用 AWS 深度學習 AMI

亞馬遜雲端運算服務（Amazon Web Services，**AWS**）提供了一種容易在雲端執行深度學習的預先組態設定方式。

請到 https://aws.amazon.com/machine-learning/amis/，以獲取有關如何設定 **Amazon Machine Image**（**AMI**）的說明。雖然 AMI 是付費的，但是與 Kaggle 內核相比，可以使用的執行時間比較長。因此，對於大型專案而言，使用 AMI 還是比 Kaggle 內核要來得划算。

若要在 AMI 上執行本書的 Notebook，首先需要設定 AMI，然後從 GitHub 下載 Notebook，最後將 Notebook 上傳到 AMI。你還必須從 Kaggle 下載資料集。請參閱前面的「在本機上使用資料集」小節的說明。

逼近函數

有很多優良的神經網路解讀觀點，但或許最有用的是把它們視為「函數逼近器」（function approximators）。數學中的函數會將輸入值 x 與輸出值 y 關聯起來。我們可以將其寫成下列公式：

$$y = f(x)$$

一個簡單的函數可以寫成這樣：

$$f(x) = 4 * x$$

在上列公式中，我們可以給函數輸入 x 值，然後此函數會輸出四倍的 x 值：

$$y = f(2) = 8$$

你可能在學校看過這類的函數，但函數也有其他的用途；例如，函數可以將一個集合中的元素（函數接受的值集合）映射到另一個集合中的元素。這些集合除了是簡單的數值之外，也可以是任何其他東西。

例如，函數還可以將某個影像映射到代表該影像的標籤內容：

$$imageContent = f(image)$$

此函數會將貓的影像映射至 Cat 標籤，如下圖所示：

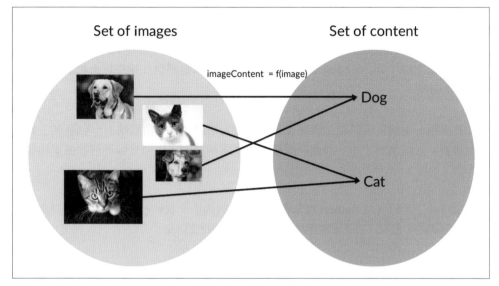

將影像映射至標籤

我們應該注意到：對於電腦來說，影像事實上是由「數值」所構成的一個矩陣，同樣的，影像內容的描述也可以儲存為一個由「數值」構成的矩陣。

一個神經網路是可以足夠大到逼近任何函數的。數學已證明，一個無限大的網路可以逼近每一種函數。雖然我們不需要使用無限大的網路，但我們使用的網路實際上是非常龐大的。

現代的深度學習網路架構可以有幾十層甚至幾百層和數百萬個參數，因此，光是儲存模型就已經佔用了幾億位元組。這表示一個夠大的神經網路可以逼近我們的函數（*f*），並將各個影像映射到它們對應的標籤內容之上。

神經網路必須「足夠大」（big enough）的條件暗喻了為何深度（大型）神經網路已經開始興起。「足夠大」的神經網路可以逼近任何函數的原理，表示它可用於大量的工作任務。

向前傳送

在本書的學習過程中，我們將建立功能強大的神經網路，能夠逼近極其複雜的函數。我們將把「文字」映射到「命名實體」上，把「影像」映射到「其要描述的內容」上，甚至把「新聞稿」映射到其「摘要」上。但現在，我們將討論一個簡單的問題，這個問題可以用邏輯迴歸（logistic regression）來解決，邏輯迴歸是一種在經濟和金融領域中很流行的技術。

我們將處理一個簡單的問題。假設 X 為一個輸入矩陣，我們希望輸出「矩陣 X_1」的第一行資料。在這個例子中，我們將從數學角度處理問題，以便直觀理解發生了什麼事情。

在本章後面，我們將用 Python 實作書中所介紹的內容。我們已經知道我們需要資料來訓練神經網路，所以下面看到的資料就是我們練習的資料集：

X_1	X_2	X_3	y
0	1	0	0
1	0	0	1
1	1	1	1
0	1	1	0

在此資料集中，每一列包含了一個「輸入向量 X」和「一個輸出向量 y」。

以下是這個資料集的公式：

$$y = X_1$$

我們要逼近的函數，如下所示：

$$f(X) = X_1$$

在此情況下，寫下函數是一件相對簡單的事情。但是，請記住：在大多數的情況中是不可能寫下函數的，因為深度神經網路所表示的函數通常是非常複雜的。

對於這個簡單的函數而言，只要一個「僅有一層的淺層神經網路」就足夠了。這個淺層網路亦被稱為「邏輯迴歸因子」（logistic regressor）。

邏輯迴歸因子

如前所述，最簡單的神經網路是一個邏輯迴歸因子。邏輯迴歸因子可接受任何範圍的輸入值，但輸出值僅介於 0 和 1 之間。

邏輯迴歸因子適用的應用範圍很廣。其中一個例子便是預測屋主拖欠抵押貸款的可能性。

當我們試圖預測某人拖欠付款的可能性時，我們可能會考慮到各種數值因數，例如：債務人的薪水、債務人否有車、債務人的工作是否穩定等等。但拖欠付款的可能性將始終介於 0 和 1 之間。即使是最差的債務人，違約的可能性也不能超過 100%，最好的債務人也不能低於 0%。

下圖是一個邏輯迴歸因子。X 是我們的輸入向量，這裡它顯示為三個分量：X_1、X_2 和 X_3。

W 是三個權重的向量，你可以把它想像成「三條線的厚度」。W 決定了 X 的三個分量進入下一層的比重。b 是偏差值，它可將該網路層的輸出「向上」或「向下」移動：

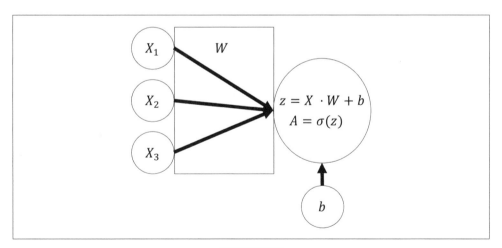

邏輯迴歸因子

若要計算迴歸因子的輸出，我們必須先執行一個**線性步驟**（linear step）。當計算輸入向量 X 和權重 W 的內積時，請將「X 的每個分量值」乘以「權重值」，然後再求其總和。最後再將此總和加上「偏差值 b」。接著，我們將繼續進行下一階段的**非線性步驟**（nonlinear step）。

在非線性步驟中，我們將線性內積值（z）放入一個**激勵函數**（activation function，這裡使用 Sigmoid 函數）內計算。Sigmoid 函數會將其輸入值壓縮成介於 0 到 1 之間的輸出：

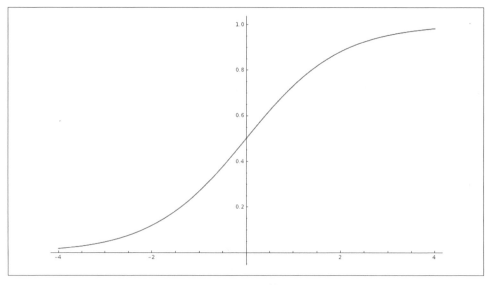

Sigmoid 函數

Python 版本的邏輯迴歸因子

如果前面的數學對你來說有點太理論了，那麼請歡呼一下吧！我們現在將實作相同的功能，但這次是使用 Python 來實作的。在此範例中，我們將使用一個名為 NumPy 的程式庫，這個程式庫可在 Python 中輕鬆快速地進行矩陣運算。

Anaconda 和 Kaggle 內核都有預先安裝好 NumPy。為了在所有的試驗中都能得到相同的結果，我們必須先設定一個隨機種子。我們可以透過執行下列程式碼來完成此操作：

```
import numpy as np
np.random.seed(1)
```

由於這裡使用的資料集非常小，所以我們以手動方式將其定義為 NumPy 矩陣，如下所示：

```
X = np.array([[0,1,0],
              [1,0,0],
              [1,1,1],
              [0,1,1]])
```

```
y = np.array([[0,1,1,0]]).T
```

Sigmoid 是一個 Python 激勵函數，其定義會將所有輸入值壓縮成介於 0 至 1 之間的值，如下所示：

```
def sigmoid(x):
    return 1/(1+np.exp(-x))
```

到目前為止，一切都還好吧，你應該可以跟得上來。我們現在需要初始化 W。在這種情況下，我們其實已經知道「W 的值」應該為多少。但是我們還不知道其他問題／因素是否會與此有關，所以目前還無法得知函數的長相。因此，我們需要隨機分配權重值。

權重（weights）通常是將其平均值設為零的隨機分配量，偏差值在預設情況下，通常為零。NumPy 隨機函數期望接收到以「元組」（tuple）為參數的隨機矩陣形狀，例如：random((3,1)) 會建立一個 3×1 矩陣。在預設情況下，產生的隨機值會介於 0 到 1 之間，其「平均值」及「標準差」皆為 0.5。

我們希望隨機值的平均值為 0，標準差為 1，因此，我們首先將產生的值乘以 2，然後減去 1。我們可以執行下列程式碼來達到這個目的：

```
W = 2*np.random.random((3,1)) - 1
b = 0
```

執行完以上程式碼之後，所有變數值便都設定好了。現在，我們可以進行「線性步驟」，如下所示：

```
z = X.dot(W) + b
```

現在我們可以進行「非線性步驟」，請執行下列程式：

```
A = sigmoid(z)
```

現在，下列程式會顯示 A 的值，並將結果輸出於螢幕上：

```
print(A)
```

out:
```
[[ 0.60841366]
 [ 0.45860596]
```

```
[ 0.3262757 ]
[ 0.36375058]]
```

但是等等！上面的輸出結果看起來根本不像我們想要的輸出（y）！我們的迴歸因子顯然代表了某個函數，但此函數與我們想要的函數差距頗大。

為了更逼近想要的函數，我們必須調整權重 W 和偏差 b。為達此目的，我們將在下一節中優化模型參數。

優化模型參數

我們已經瞭解：我們需要調整模型的權重和偏差（通稱為參數），以便更逼近所需函數。

換句話說，我們需要仔細研究此模型可以表示的可能函數空間，以便盡可能找到一個符合我們所需函數（f）的近似函數（$\hat{f}$）。

但我們怎麼知道我們有多接近呢？由於我們其實不知道函數（f），我們便不能直接知道我們的假設函數（$\hat{f}$）和函數（f）有多接近。但我們能做的是測量「$\hat{f}$ 的輸出」和「f 的輸出」有多接近。依已知 X 求得的 f 預測輸出，被稱為標籤（y）。因此，我們可以嘗試透過找到一個近似 f 的 $\hat{f}$ 函數，其輸出也是依已知 X 求得的 y。

我們知道下列方程式為真：

$$f(X) = y$$

我們也知道：

$$\hat{f}(X) = \hat{y}$$

我們可以嘗試透過下列公式進行優化來找到 f：

$$\underset{\hat{f} \in \mathcal{H}}{minimize} \, D(y, \hat{y})$$

在此公式中，H 是我們的模型所能表示的函數空間（space of functions，亦稱為假設空間，hypothesis space），而 D 是距離函數，我們用它來評估 $\hat{y}$ 和 y 的接近程度。

請注意：此方法有一個重要的假設前提，即我們的資料 X 和標籤 y 代表我們期望的函數（f）。但事實未必如此。當我們的資料犯了系統化的偏差時，我們可能會得到一個「雖然符合我們資料，但並非我們想要」的函數。

人力資源管理（human resource management）就是一個優化模型參數的例子。假設你正在嘗試建立一個預測「債務人拖欠貸款的可能性」的模型，其用意是要以此模型來決定「誰應該獲得貸款」。

你可以使用人類銀行經理多年來的貸款決策作為「訓練資料」。然而，這會造成一個問題，因為這些管理者可能都有偏見。例如，少數族裔（如非裔族群），從歷史資料上來看，很難獲得貸款。

儘管如此，如果我們採用這些「訓練資料」，我們的函數也會呈現出這種偏見性質。最後，你將求得一個反射（或甚至誇大）人類偏見的函數，而不是建立一個善於預測「誰是好債務人」的函數。

相信神經網路會替我們找到「我們正在尋找的、符合直覺的函數」，這是一個常見的錯誤觀念。神經網路實際上會找到「最符合資料的函數」，但並不會考慮到它是否為「我們想要（或真正需要的）函數」。

測量模型損失

我們在前面章節中有介紹如何透過距離函數（D）之最小化來優化參數。這個距離函數（distance function，亦稱為損失函數，loss function）是用來評估各種可能函數的效能測量方法。在機器學習中，損失函數可測量模型的效能。損失函數值越高，準確性越低，但如果損失函數值越低，表示模型運作越好。

在這種情況下，我們的問題是一個二進位分類問題。因此，我們將使用二元「交叉熵」（cross-entropy）損失函數，如下列公式所示：

$$D_{BCE}\left(y,\hat{y}\right) = -\frac{1}{N}\sum_{i=1}^{N}\left[y_i log\left(\hat{y}_i\right) + \left(1-y_i\right)log\left(1-\hat{y}_i\right)\right]$$

讓我們逐步介紹這個公式：

- D_{BCE}：這是二元交叉熵損失函數。
- $\frac{1}{N}\sum_{i=1}^{N}$：一批次 N 個樣本的損失是所有樣本的平均損失。
- $y_i * \log(\hat{y}_i)$：只有當真值（y_i）為 1 時，這部分損失才會起作用。如果 y_i 為 1，我們希望 $\hat{y}_i$ 盡可能接近 1，這樣我們就可以達到低損失。
- $(1-y_i)\log(1-\hat{y}_i)$：如果 y_i 為 0 時，這部分損失才會起作用。若是如此，我們也希望 $\hat{y}_i$ 接近 0。

在 Python 中，這個損失函數的定義如下所示：

```python
def bce_loss(y,y_hat):
  N = y.shape[0]
  loss = -1/N * (y*np.log(y_hat) + (1 - y)*np.log(1-y_hat))
  return loss
```

因我們的邏輯迴歸因子之輸出 A 等於 $\hat{y}$，故可以計算二元交叉熵損失，如下所示：

```python
loss = bce_loss(y'A)
print(loss)
```

out:
0.82232258208779863

如上所示，這是一個相當大的損失，所以我們現在應該看看如何改良我們的模型。我們的目標是把這個損失降到零，或者至少接近零。你可以以將不同函數假設的損失視為一個曲面，有時也稱為「損失曲面」（loss surface）。損失曲面就像一座山脈，在山頂上有高點，在山谷下有低點。

我們的目標是找到山脈的絕對最低點（absolute lowest point）：最深的山谷，即「全域最小值」（global minimum）。「全域最小值」是函數假設空間中最低的損失點。

相較之下，「局部最小值」（local minimum）是指區域空間中的最低損失點。「局部最小值」仍存在問題，因為雖然從區域表面上看起來是一個很好的函數，但還有許多「更好的全域函數」可以使用。我們現在要介紹「梯度下降法」（一種在函數空間中找到「最小值」的方法），請先記住「局部最小值」的問題所在。

梯度下降法

既然我們現在知道了候選模型 $\hat{f}$ 的判斷方式,那麼我們要如何調整參數以獲得較接近的模型呢?神經網路最流行的優化演算法被稱為「梯度下降法」(gradient descent)。在此方法中,我們會慢慢地沿著損失函數的斜率(導數)移動。

請想像一下,當你在山林健行時迷路了,你想要從樹林中試圖走到谷底(bottom of the valley)。這裡的問題是,由於樹木太多了,你根本看不到谷底,只能看到腳底下的地面。

現在問問自己:你該如何找到往下走的路呢?一個明智的做法是順著斜坡走,朝著向下的斜坡方向,一直走就對了。這個想法與「梯度下降演算法」採用的方式相同。

回到我們的問題焦點,在這種山林的情境中,損失函數就是山丘,為了讓損失值降到最低,這個演算法會遵循損失函數的斜率(slope,即導數,derivative)。當沿著山丘往下走時,我們同時也在更新我們的座標位置。

此演算法會更新神經網路的參數,如下圖所示:

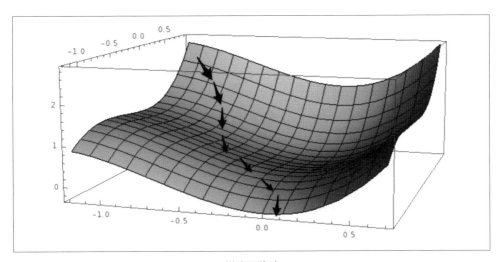

梯度下降法

梯度下降法有一個前提,即損失函數對「我們要優化的參數」可求出導數(也就是「可微分」)。這個方法對大多數「監督式學習」的問題都很管用,可當我們想要解決「無法求出導數」的問題時,事情就變得相當棘手了。

梯度下降法也只能優化模型的參數、權重和偏差。梯度下降法的缺點是，無法優化「模型的層數」、也無法優化「激勵函數的使用類型」，因為這個演算法不能計算相對於模型拓撲的梯度。那些不能以梯度下降法進行優化的設定，被稱為**超參數**（hyperparameters），而這些超參數值通常是由人類來設定的。你剛剛看到的是我們如何逐步縮小損失函數的範圍，但我們要用什麼方式來更新這些參數值呢？為了達到更新參數值的目的，我們將需要另一種名為「倒傳遞法」的方法。

倒傳遞法

「倒傳遞法」（Backpropagation）能夠使用梯度下降法更新模型的參數。更新這些參數的方法是需要計算「損失函數」對權重和偏差的導數。

請想像一下我們山丘故事的比喻，模型的參數就如同地理座標，計算參數的損失導數，就好比檢查北邊的山坡（斜坡），看看該向北走還是向南走。

下圖說明邏輯迴歸因子的向前和向後傳遞方式：

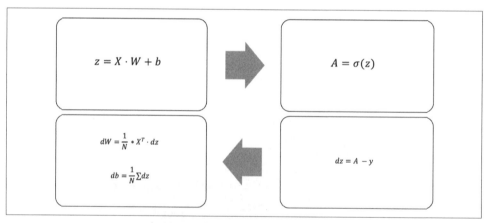

邏輯迴歸因子的向前和向後傳遞方式

為了簡單起見，我們將損失函數對任一個變數的導數稱為「變數 d」。例如，我們可將損失函數對權重的導數稱為「dW」。

要計算不同參數的梯度，我們可以利用「鏈鎖律」（chain rule）。你可能還記得以下「鏈鎖律」：

$$\left(f\left(g\left(x\right)\right)\right)' = g\left(x\right)' * f'\left(g\left(x\right)\right)$$

有時也可寫成：

$$\frac{dy}{dx} = \frac{dy}{du}\frac{du}{dx}$$

「鏈鎖律」的基本原理是：如果要對多個巢狀函數求取導數，請將「內部函數的導數」與「外部函數的導數」相乘。

「鏈鎖律」之所以有用的原因是，神經網路和我們的邏輯迴歸因子都屬於巢狀函數形式。資料輸入後，先進行線性運算步驟（即輸入向量、權重向量和偏差值構成的函數運算），然後線性運算步驟（z）的輸出，會轉交給激勵函數使用。

因此，當我們對「權重」和「偏差」計算損失導數時，會先對線性運算步驟（z）的輸出，計算損失導數，然後再使用此導數來計算「dW」。在程式碼中會是這個樣子：

```
dz = (A - y)

dW = 1/N * np.dot(X.T,dz)

db = 1/N * np.sum(dz,axis=0,keepdims=True)
```

參數更新

現在我們有了梯度的計算方式，接下來，該如何改良我們的模型呢？請再次思考我們的山丘比喻。如果我們知道，山丘的斜坡是朝著東北邊升起，請問我們該往哪邊走呢？當然是要朝西南邊走去！

從數學上來說，我們要朝著與梯度相反的方向前進。如果參數的梯度為正值，即斜坡是向上傾斜的，那麼我們就朝著「減少參數值的方向」前進。如果參數的梯度為負值，即斜坡是向下傾斜的，那麼我們就朝著「增加參數值的方向」前進。當我們的斜坡較陡時，我們可以加速改變梯度值。

更新參數 p 的規則如下所示：

$$p = p - \alpha * dp$$

此處 p 是一種模型參數（可視為權重或偏差參數），dp 是對 p 的損失導數，而 α 是學習率。

學習率（learning rate）就像汽車內的油門踏板。學習率可依據「我們想要變更梯度的程度」來設定。這是我們必須手動設定的其中一種超參數，我們將在下一章中討論學習率。

下列程式碼是我們更新參數的方式：

```
alpha = 1
W -= alpha * dW
b -= alpha * db
```

將全部整合在一起

做得好！我們現在已經研究了訓練神經網路所需的所有部分。在本節接下來的幾個步驟中，我們將訓練一個單層神經網路，其也被稱為「邏輯迴歸因子」。

首先，我們將在定義資料之前匯入 numpy。我們可以透過執行下列程式碼來完成此操作：

```
import numpy as np
np.random.seed(1)

X = np.array([[0,1,0],
              [1,0,0],
              [1,1,1],
              [0,1,1]])

y = np.array([[0,1,1,0]]).T
```

下一步是定義激勵函數和損失函數，如下列程式碼所示：

```
def sigmoid(x):
    return 1/(1+np.exp(-x))

def bce_loss(y,y_hat):
    N = y.shape[0]
    loss = -1/N * np.sum((y*np.log(y_hat) + (1 - y)*np.log(1-y_hat)))
    return loss
```

然後我們將隨機初始化我們的模型，如下列程式碼所示：

```
W = 2*np.random.random((3,1)) - 1
b = 0
```

在此過程中，我們還需要設定一些超參數。第一個是 alpha 值，我們在這裡將其設定為 1。alpha 可視為步長大小（step size）。一個過大的 alpha 值表示：雖然我們的模型可以快速訓練，但它也可能錯過目標。相較之下，一個較小的 alpha 值會讓梯度更緩慢地

下降，故可找到「可能因訓練過快而錯過的小山谷」。

再下一步是設定執行訓練的次數，也就是我們要執行的「輪」（epoch）數。我們可以使用下列程式碼設定參數：

```
alpha = 1
epochs = 20
```

因為訓練迴圈中會使用到「輪」數，所以定義資料的樣本數也很有用。我們還要定義一個空陣列，以便追蹤模型隨時間的損失變化。為此，我們只需執行下列程式碼：

```
N = y.shape[0]
losses = []
```

以下是此訓練的主迴圈程式碼：

```
for i in range(epochs):
    # Forward pass
    z = X.dot(W) + b
    A = sigmoid(z)

    # Calculate loss
    loss = bce_loss(y,A)
    print('Epoch:',i,'Loss:',loss)
    losses.append(loss)

    # Calculate derivatives
    dz = (A - y)
    dW = 1/N * np.dot(X.T,dz)
    db = 1/N * np.sum(dz,axis=0,keepdims=True)

    # Parameter updates
    W -= alpha * dW
    b -= alpha * db
```

以下是執行前面程式碼的輸出結果：

```
out:
Epoch: 0 Loss: 0.822322582088
Epoch: 1 Loss: 0.722897448125
Epoch: 2 Loss: 0.646837651208
Epoch: 3 Loss: 0.584116122241
Epoch: 4 Loss: 0.530908161024
Epoch: 5 Loss: 0.48523717872
Epoch: 6 Loss: 0.445747750118
Epoch: 7 Loss: 0.411391164148
```

```
Epoch: 8 Loss: 0.381326093762
Epoch: 9 Loss: 0.354869998127
Epoch: 10 Loss: 0.331466036109
Epoch: 11 Loss: 0.310657702141
Epoch: 12 Loss: 0.292068863232
Epoch: 13 Loss: 0.275387990352
Epoch: 14 Loss: 0.260355695915
Epoch: 15 Loss: 0.246754868981
Epoch: 16 Loss: 0.234402844624
Epoch: 17 Loss: 0.22314516463
Epoch: 18 Loss: 0.21285058467
Epoch: 19 Loss: 0.203407060401
```

你可以看到，在整個輸出過程中，損失值陸續下降，從 0.822322582088 開始，降到 0.203407060401 為止。

我們可以把損失值繪製成曲線圖，以便讓我們更容易理解它。為此，我們只需執行下列程式碼：

```
import matplotlib.pyplot as plt
plt.plot(losses)
plt.xlabel('epoch')
plt.ylabel('loss')
plt.show()
```

下列是「損失」（loss）對「輪」（epoch）的曲線圖：

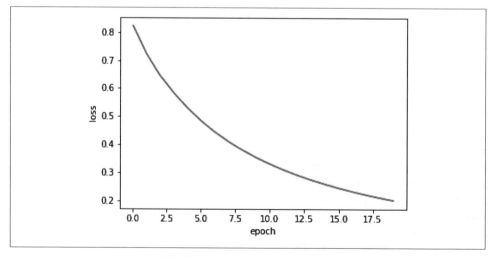

上面程式碼的執行結果顯示了「損失率」隨時間而下降

建立更深層的網路

本章前面建立了這樣一個概念：為了逼近更複雜的函數，我們需要更大、更深層的網路。建立一個更深層網路的工作原理是將各個網路層堆疊在一起。

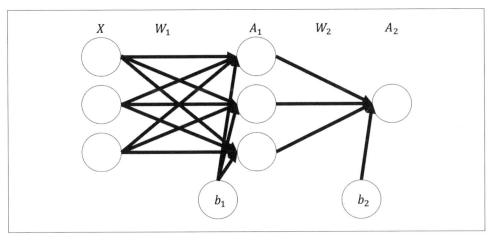

兩層神經網路的示意圖

將輸入資料與第一層權重（W_1）相乘，得出中間乘積（z_1）。然後把（z_1）放入第一層激勵函數中執行，於是產生第一層激勵函數的輸出（A_1）。

再把第一層激勵函數的輸出與第二層權重（W_2）相乘，得出中間乘積（z_2）。
然後把（z_2）放入第二層激勵函數中執行，便產生第二層激勵函數的輸出（A_2）。

```
z1 = X.dot(W1) + b1

a1 = np.tanh(z1)

z2 = a1.dot(W2) + b2

a2 = sigmoid(z2)
```

 請注意：此範例的完整程式碼可以在本書的 GitHub 儲存庫中找到。

如你所見，第一個激勵函數並不是 Sigmoid 函數，而是 Tanh 函數。Tanh 是一個常見的隱藏層激勵函數，其工作原理與 Sigmoid 非常類似，只是它將輸出值壓縮成介於 -1 至 1 之間，而不是介於 0 至 1 之間：

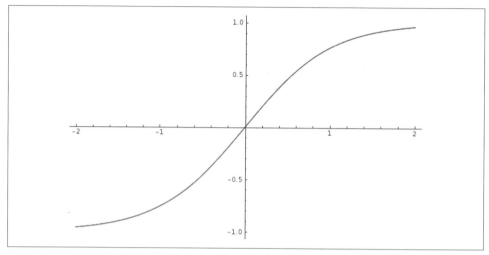

Tanh 函數

「倒傳遞法」在此深層網路中也遵循著「鏈鎖律」規則。我們將在網路中「反向傳遞」，並乘以導數：

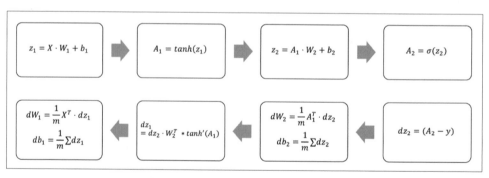

兩層神經網路的正向（向前）和反向（向後）傳遞

以下是這些方程式的 Python 程式碼：

```
# Calculate loss derivative with respect to the output
dz2 = bce_derivative(y=y , y_hat=a2)

# Calculate loss derivative with respect to second layer weights
dW2 = (a1.T).dot(dz2)
```

```
# Calculate loss derivative with respect to second layer bias
db2 = np.sum(dz2, axis=0, keepdims=True)

# Calculate loss derivative with respect to first layer
dz1 = dz2.dot(W2.T) * tanh_derivative(a1)

# Calculate loss derivative with respect to first layer weights
dW1 = np.dot(X.T, dz1)

# Calculate loss derivative with respect to first layer bias
db1 = np.sum(dz1, axis=0)
```

請注意:雖然輸入層和輸出層的大小是由你的問題決定的,但你可以自由選擇隱藏層的大小。隱藏層是另一個可以調整的超參數。隱藏層的大小越大,可以逼近的函數就越複雜。然而,另一方面,模型符合的範圍可能會過大。也就是說,「隱藏層過大」可能會發展出一個複雜的函數來盡量符合所有的資料雜訊,而不會捕捉到資料的真實關係。

請看看下面的散佈圖。我們在這裡看到的是兩個大致清楚分開的衛星資料集,但由於現在圖中有許多雜訊存在,所以就連人類眼睛也很難將這兩組資料集劃分開來。你可以在「**第1章**」的 GitHub 儲存庫中找到這兩層神經網路以及產生這些樣本結果的完整程式碼:

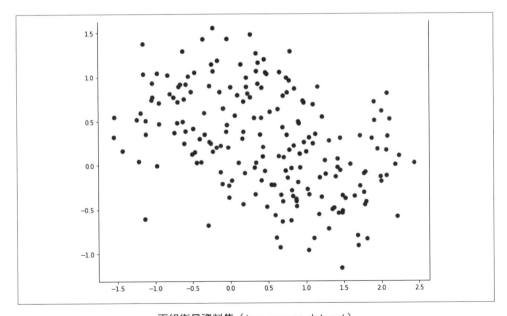

兩組衛星資料集(two moons dataset)

下面是以視覺方式呈現的決策邊界圖（即此模型將兩種資料類別分開的那條線，使用「一個大小為 1 的隱藏層」）。

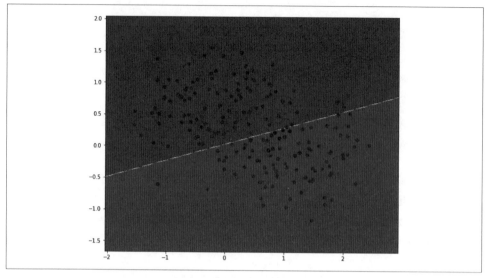

隱藏層大小為 1 之決策邊界圖

如你所見，這個網路無法捕捉到資料的真實關係。這是因為網路太過簡單了。下圖是隱藏層大小為 500 的決策邊界圖：

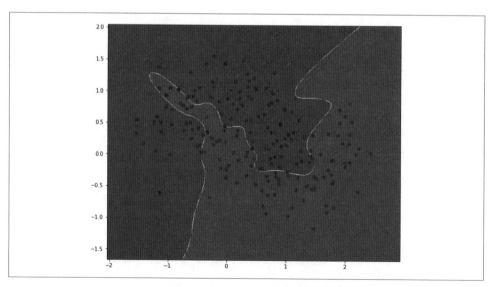

隱藏層大小為 500 之決策邊界圖

此模型現在雖然顯著改善了雜訊問題，但並不符合衛星資料的分佈。若將隱藏層大小改為大約 3，此模型將更符合實際情況。

若要設計一個高效率的學習模型，找到「恰當的隱藏層大小」乃是關鍵所在。使用 NumPy 來建立模型會讓程式有點笨拙，且很容易出錯。幸運的是，另外還有一個更快、更輕鬆的工具，可用來建立神經網路，即 Keras。

Keras 簡介

Keras 是一種神經網路的高階 API，可在 TensorFlow 上執行（TensorFlow 是一種用於「資料流程式設計」的程式庫）。換句話說，Keras 可以用「極優化的方式」來執行神經網路的運算。因此，Keras 比 TensorFlow 更快、更容易使用。由於 Keras 充當 TensorFlow 的介面，所以更容易建立更複雜的神經網路。在本書的後續章節中，我們的程式將合併 Keras 程式庫一起使用，以建立我們的神經網路。

匯入 Keras

匯入 Keras 時，我們通常只匯入要使用的模組。在這種情況下，我們需要兩種類型的圖層：

- Dense 層（密集層）是我們在本章中已經知道的簡單圖層
- Activation 層（激勵層）可讓我們新增激勵函數

我們需要執行下列程式碼來匯入密集層及激勵層：

```
from keras.layers import Dense, Activation
```

Keras 透過「序列式（sequential）API」和「函數式（functional）API」來提供兩種建模的方法。由於「序列式 API」較易於使用，並且可以快速建立模型，因此本書大部分的章節都將採用它。不過，我們在較後面的幾個章節中，也會介紹「函數式 API」。

我們可以透過下列程式碼來匯入「序列式 API」：

```
from keras.models import Sequential
```

Keras 雙層模型

以「序列式 API」建立神經網路的工作方式如下。

圖層堆疊

我們首先新增一個沒有任何圖層的空序列模型：

```
model = Sequential()
```

然後我們可以使用 `model.add()` 為該模型增加圖層，就像把蛋糕堆疊起來一樣。

我們必須在第一個圖層上指定圖層的輸入維度。在此例子中的輸入資料有兩個特徵（即一組點座標值）。我們可以增加一個輸出維度為 3 的隱藏層，如下列程式碼所示：

```
model.add(Dense(3,input_dim=2))
```

請注意 `model.add()` 嵌套函數的方式。在此先嵌套一個 Dense 層於 `model.add()` 中，其第一個參數位置是指定輸出維度的大小。此 Dense 層現在只做線性步驟。

我們使用下列程式碼來嵌套 tanh 激勵函數：

```
model.add(Activation('tanh'))
```

然後我們以相同的方式來增加「非線性步驟」和「其輸出層的激勵函數」，如下列程式碼所示：

```
model.add(Dense(1))
model.add(Activation('sigmoid'))
```

最後，為了大致掌握我們模型中現有圖層的樣子，我們可以使用以下程式碼：

```
model.summary()
```

這將產生以下的模型概述：

```
out:
```

Layer (type)	Output Shape	Param #
dense_3 (Dense)	(None, 3)	9
activation_3 (Activation)	(None, 3)	0
dense_4 (Dense)	(None, 1)	4

```
activation_4 (Activation)        (None, 1)              0
================================================================
Total params: 13
Trainable params: 13
Non-trainable params: 0
```

你可以很清楚看到上面列出的圖層清單，其中包括該層具有的「輸出形狀」和「參數量」。在輸出形狀欄位內的 None 表示該圖層在該維度中「沒有固定的輸入大小」，並且可以接收「任何的輸入大小」。在這個例子中，這表示此圖層會接收任何數量的樣本。

在幾乎所有的網路中，你會發現，第一個輸入維度都是像這樣的變數，以便之後可容納不同數量的樣本。

編譯模型

在我們開始訓練模型之前，我們必須指定我們到底要如何訓練模型；而且，更重要的是，我們需要指定要使用哪個優化器（optimizer）和哪個損失函數（loss function）。

到目前為止，我們使用的簡單優化器稱為**隨機梯度下降**（Stochastic Gradient Descent，**SGD**）。若要瞭解更多的優化器，請參閱「**第 2 章**，機器學習在結構化資料之應用」。

我們用於此二元分類問題的損失函數被稱為「二元交叉熵」。我們還可以指定在訓練期間要追蹤的指標。在此範例中，追蹤「準確性（acc）」會很有趣：

```
model.compile(optimizer='sgd',
              loss='binary_crossentropy',
              metrics=['acc'])
```

訓練模型

現在我們準備要執行訓練過程了，如下列程式碼所示：

```
history = model.fit(X,y,epochs=900)
```

此模型的訓練將會進行 900 次的迭代（亦稱為反覆運算）。輸出看起來會像這樣：

```
Epoch 1/900
200/200 [==============================] - 0s 543us/step -
loss: 0.6840 - acc: 0.5900
```

```
Epoch 2/900
200/200 [==============================] - 0s 60us/step -
loss: 0.6757 - acc: 0.5950
...

Epoch 899/900
200/200 [==============================] - 0s 90us/step -
loss: 0.2900 - acc: 0.8800
Epoch 900/900
200/200 [==============================] - 0s 87us/step -
loss: 0.2901 - acc: 0.8800
```

上述訓練過程的輸出內容在中間有被截斷,這是為了節省排版空間。但你會看到「損失值」隨著「準確性」的升高而持續下降。換句話說,此程式執行成功了!

在本書的學習過程中,我們將陸續為這些方法新增多樣的功能(**編輯注**:這裡的原文是 adding more bells and whistles,即裝飾用的鈴鐺和哨子,引申為額外的、附加的特性)。但此時此刻,我們對深度學習理論已經有了相當紮實的理解。我們還剩下幾個尚未講解的主題:Keras 葫蘆裡賣的甚麼藥(under the hood,即 Keras 內部是如何運作的?)什麼是 TensorFlow?為什麼在 GPU 上進行深度學習會更快呢?

我們將在下一節及最後一節中回答這些問題。

Keras 和 TensorFlow

Keras 是一個高階程式庫,可以當作 TensorFlow 的簡化介面。這意味著 Keras 本身不做任何運算;它只是與「在後台執行的 TensorFlow」產生互動的一個簡易機制。

TensorFlow 是 Google 開發的軟體程式庫,在深度學習中非常受歡迎。在這本書中,我們通常會透過 Keras 來使用 TensorFlow,因為這比直接使用 TensorFlow 容易多了。但有時我們可能想撰寫一些 TensorFlow 程式碼,來建立更進階的模型。

TensorFlow 的目標是儘快執行深度學習所需的運算。正如其名所示,它是透過處理「資料流程圖」中的「張量」來運作的。Keras 自從 1.7 版開始成為了 TensorFlow 的核心部分。

因此,我們可以透過執行下列程式碼來匯入 Keras 圖層:

```python
from tensorflow.keras.layers import Dense, Activation
```

雖然本書把 Keras 視為獨立的程式庫，但將來的某一天，你可能會在 Keras 上連接不同的後端，獨立的 Keras 可讓程式碼保持整潔，如果所匯入（import）的程式較短的話。

張量和運算圖

「張量」（Tensor）是根據特定規則轉換而來的數值陣列。最簡單的張量是一個實數（a single number），也就是「純量」（Scalar）。「純量」有時也被稱為「第零階張量」（rank-zero tensor）。

第二種張量類型被稱為「向量」（Vector），也稱為第一階張量（rank-one tensor）。第三種和第四種張量類型分別是「矩陣」（Matrix，亦稱為第二階張量，rank-two tensor）和立方矩陣（Cube Matrix，亦稱為第三階張量，rank-three tensor），以此類推。下方的表格列出張量階級排名的對應內容：

階級	張量類型	表示方式
0	純量	純量（Magnitude，大小）
1	向量	純量和方向（Direction）
2	矩陣	數值表格（Table of numbers）
3	立方矩陣	數值立方體（Cube of numbers）
n	n 維矩陣	依此類推

本書主要使用「張量」這個詞來表示「三階以上的張量」。

TensorFlow 和其他深度學習程式庫都是透過「運算圖」（computational graph）來執行運算的。在「運算圖」中，諸如像「矩陣乘法」（matrix multiplication）或「激勵函數」（activation function）等等的運算單元，都是網路中的各個節點（nodes）。「張量」在不同運算單元之間會透過運算圖的「邊緣」（edges）傳遞。

下圖是一個簡易神經網路的「正向傳遞方式」：

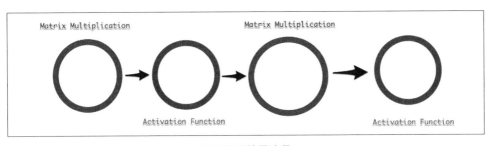

簡單的運算圖流程

將「整體運算結構」轉化為「圖形架構」的好處是有助於「平行」執行多個節點。平行運算（parallel computation）可讓我們不需要擁有一台執行非常快的機器，因為我們可將複雜的運算任務，一次分散給很多台「慢速執行的電腦」來完成，藉此達到快速運算的目的。

這就是為什麼 GPU 對深度學習來說如此有用的原因。與只有少數幾個快速核心的 CPU 相比，GPU 有很多小核心。一個現代的 CPU 可能只有四個核心，然而一個現代的 GPU 卻可能有數百個甚至數千個核心。

雖然對一個非常簡易的模型來說，整個圖形流程看起來有點複雜，但你卻可以透視整個「密集層」（Dense Layer）的組成部分。下圖包含「矩陣乘法」（**matmul**）、「偏差加法」以及「ReLU 激勵函數」：

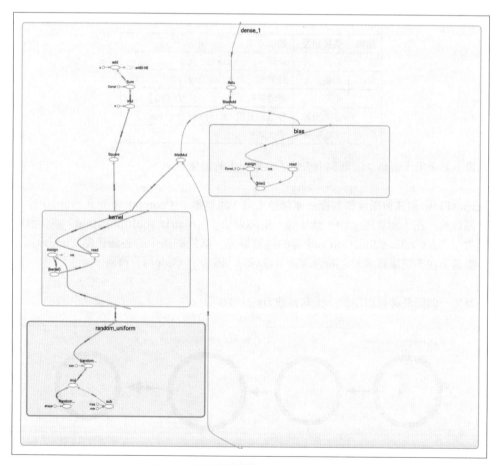

TensorFlow 單層運算流程圖。TensorBoard 的截圖。

使用像這樣的運算流程圖，還有另外一個優點：TensorFlow 和其他程式庫都可以快速自動地透過該流程圖計算「導數」。如本章所述，如何計算「導數」是訓練神經網路的關鍵。

練習題

我們現在已經完成了這個令人興奮的旅程的「**第 1 章**」，我現在有一些挑戰給你！這些練習題都是精心設計的，與本章主題息息相關，可以讓你練習，溫故知新！

所以，何不試試看以下練習題：

1. 將 Python 程式碼中的兩層神經網路擴充為三層。
2. 在 GitHub 儲存庫中，你將會看到一個命名為 1 Excel Exercise 的 Excel 檔案。這個檔案根據品種資料，對三種類型的葡萄酒進行分類。此練習之目的是在 Excel 中建立一個「邏輯迴歸因子」。
3. 在 Excel 中建立一個兩層的神經網路。
4. 嘗試更改兩層神經網路的「隱藏層大小」和「學習率」。請問哪一種選擇造成的損失最低？最低的損失是否也反應了真實的關係？

小結

本章就這樣讀完了！我們已經瞭解了神經網路的運作原理。在本書其他章節中，我們將學習如何建立更複雜的神經網路，從而逼近更複雜的函數。

事實證明，若要讓神經網路在特定任務（如「影像識別」）中正常運作，還需要對其基本結構做一些調整。但是，本章介紹的基本觀念保持不變：

- 將神經網路作為逼近函數使用。
- 我們透過損失函數來評估近似函數（$\hat{f}$）的效能。
- 模型參數的優化是透過「損失函數導數之相反方向」來更新模型參數。
- 在一個使用「倒傳遞法」的過程中，模型可透過「鏈鎖律」，反向求出導數。

本章主要的收穫是，當我們尋找函數 f 時，我們可「優化」某函數在資料集上的行為，使其逼近於 f，以試圖找到函數 f。一個細微但很重要的區別是，我們根本不知道 $\hat{f}$ 的

運作是否與 f 一樣好。有一個經常被引用的軍事專案範例：這個專案試圖利用「深度學習」來鎖定「影像中的戰車（tanks）」。這個模型原本在資料集上訓練得很好，可一旦五角大廈（Pentagon）想試驗他們的新戰車鎖定裝置時，卻發現這個裝置嚴重不合格。

在戰車的例子中，五角大廈花了一段時間才發現，在他們用來開發模型的資料集中，所有戰車的照片都是在「陰天」拍攝的，沒有戰車的照片則是在「晴天」拍攝的。該模型並沒有學習辨識「戰車」，而是學習辨識「灰色天空」。

這只是一個例子，說明「模型的運作方式」可能與你的想法非常不同，甚至與你原來的計畫差異很大。有瑕疵的資料可能會使你的模型嚴重偏離軌道（有時甚至不會引起你的注意）。然而，每逢一次失敗案例，還有許多其他成功的深度學習案例。深度學習是一項影響深遠之技術，未來將使金融業煥然一新。

我們將在下一章中，親自動手學習常見的金融資料類型（結構化表格資料，structured tabular data）。更具體地說，我們將克服詐欺（fraud）問題。很遺憾的是，這是許多金融機構必須處理的問題，而現代機器學習將是處理這個問題的一項方便工具。我們將學習如何準備資料以及使用 Keras、scikit-learn 和 XGBoost 來進行預測。

2

機器學習在結構化資料之應用

「結構化資料」（Structured data）是一個術語，用於描述儲存在記錄或檔案中「固定欄位」的資料，例如：關聯式資料庫（relational database）和試算表（spreadsheet）。通常，「結構化資料」會顯示在表格中，其中每一行（column）代表一種類型的數值（value），每一列（row）代表一個新的項目（entry）資料。它的「結構化格式」可讓此類型的資料適合進行經典的統計分析，這也是為什麼大多數「資料科學」和「分析工作」都是在「結構化資料」上完成的。

在日常生活中，「結構化資料」也是企業最常用的資料類型，絕大多數金融領域需要解決的機器學習問題，都是以某種方式處理「結構化資料」的。任何現代化公司的日常營運，基本上都是建立在「結構化資料」之上的，包括「交易」、「訂單」、「期權價格」和「供應商名單」等等，這些通常都是收集在「試算表」或「資料庫」之中的資料。

本章將帶領你學習一個涉及「信用卡詐欺」（credit card fraud）的結構化資料問題，在這個問題中，我們將使用「特徵工程」（feature engineering），從資料集中成功辨識詐欺交易。我們還將介紹**端對端**（end-to-end，**E2E**）方法的基礎知識，以便我們可以解決常見的金融問題。

「詐欺」是所有金融機構都必須面對的不幸事件。這是「企圖保護自己系統的公司」與「設法破壞現存保護體制的詐欺者」之間的一場持續競爭。長久以來，「詐欺偵測」（fraud detection）一直仰賴簡單的「啟發式」（heuristics）方法。例如，在你不常居住的國家進行大型交易，可能會讓稽查單位標記該筆交易記錄。

然而，隨著詐欺者繼續「破解」及「規避」現存的規則，信用卡供應商也積極部署「越來越複雜的機器學習系統」以應對這種情況。

在本章中，我們將探討一家銀行如何解決詐欺問題的真實案例。在這個真實案例中，我們將討論「資料科學家團隊」如何從「啟發式基準」（heuristic baseline）開始，接著發展出對其「特徵」（features）的理解，最後由此建立日益複雜的機器學習模型，以期能夠偵測出詐欺。雖然我們將使用的資料是人工合成的，但我們用來對付詐欺的「開發過程」和「工具」皆類似於國際零售銀行每天所使用的工具和流程。

你會從哪裡開始呢？引用我訪問過的一位匿名詐欺偵測專家的話：『**我一直在想辦法，從我的雇主那裡竊取東西，於是我便歸納出一些可以逮住偷竊犯的特徵。若要逮住詐欺者，你需要有像詐欺者一樣的思考模式（*To catch a fraudster, think like a fraudster*）。**』然而，即使是最聰明的特徵工程師也無法掌握所有細微的特徵，因為有時候詐欺的跡象是違反直覺的。這就是為什麼這個行業會緩慢轉向完整的 E2E 訓練系統。除了要瞭解這方面的機器學習之外，這些 E2E 訓練系統也是本章的重點所在，我們將介紹幾種常用的標記（flag）詐欺方法。

本章是「**第 6 章**，使用生成模型（Using Generative Models）」的重要基礎，在「**第 6 章**」中，我們將再次討論信用卡詐欺問題，並建立一個使用自動編碼器（auto-encoder）的完整 E2E 模型。

人工合成資料

我們將使用的資料是由「付款模擬器」（payment simulator）產生的人工合成交易資料集。此案例研究之目的是本章的重點所在，旨在從資料集中發掘「詐欺交易」，這是許多金融機構處理過的經典機器學習問題。

請注意：讀者可透過下列兩個網址來從線上取得本章程式碼副本以及互動式筆記本（Notebook）：

本章程式碼的互動式 Notebook：`https://www.kaggle.com/jannesklaas/structured-data-code`。

讀者也可以在本書的 GitHub 儲存庫中找到本章程式碼：`https://github.com/PacktPublishing/Machine-Learning-for-Finance`。

我們使用的資料集來自 E. A. Lopez-Rojas、A. Elmir 和 S. Axelsson 撰寫的論文《*PaySim: A financial mobile money simulator for fraud detection*》。讀者可以在 Kaggle 上找到這個資料集：https://www.kaggle.com/ntnu-testimon/paysim1。

接下來，我們將把詐欺交易案例分成三種偵測方式，現在先讓我們花一點時間，瀏覽一下本章使用的資料集項目。小提醒：你可以從上述連結下載此資料集。

step	type	amount	nameOrig	oldBalance Orig	newBalance Orig	nameDest	oldBalance Dest	newBalance Dest	isFraud	isFlagged Fraud
1	PAYMENT	9839.64	C1231006815	170136.0	160296.36	M1979787155	0.0	0.0	0	0
1	PAYMENT	1864.28	C1666544295	21249.0	19384.72	M2044282225	0.0	0.0	0	0
1	TRANSFER	181.0	C1305486145	181.0	0.0	C553264065	0.0	0.0	1	0
1	CASH_OUT	181.0	C840083671	181.0	0.0	C38997010	21182.0	0.0	1	0
1	PAYMENT	11668.14	C2048537720	41554.0	29885.86	M1230701703	0.0	0.0	0	0
1	PAYMENT	7817.71	C90045638	53860.0	46042.29	M573487274	0.0	0.0	0	0
1	PAYMENT	7107.77	C154988899	183195.0	176087.23	M408069119	0.0	0.0	0	0
1	PAYMENT	7861.64	C1912850431	176087.23	168225.59	M633326333	0.0	0.0	0	0
1	PAYMENT	4024.36	C1265012928	2671.0	0.0	M1176932104	0.0	0.0	0	0
1	DEBIT	5337.77	C712410124	41720.0	36382.23	C195600860	41898.0	40348.79	0	0

如上表第一列所示，此資料集共有 11 行。在我們繼續討論之前，先讓我們說明每一行代表的意義：

- **時步（step）**：映射時間，每個時步對應一個小時。
- **類型（type）**：交易的類型，可以是現金流入（CASH_IN）、現金流出（CASH_OUT）、借方（DEBIT）、付款（PAYMENT）或轉帳（TRANSFER）。
- **金額（amount）**：交易金額。
- **原始帳戶名稱（nameOrig）**：啟動交易紀錄的原始帳戶。C 代表客戶帳戶（customer accounts），M 代表商家帳戶（merchant accounts）。
- **原始帳戶舊餘額（oldbalanceOrig）**：原始帳戶的舊餘額。
- **原始帳戶新餘額（newbalanceOrig）**：新增交易金額後的原始帳戶新餘額。
- **目標帳戶名稱（nameDest）**：目標帳戶。
- **目標帳戶舊餘額（oldbalanceDest）**：目標帳戶的舊餘額。此項目不適用於名稱以 M 開頭的商家帳戶。
- **目標帳戶新餘額（newbalanceDest）**：目標帳戶的新餘額。此項目不適用於商家帳戶。
- **是否詐欺（isFraud）**：交易是否涉及詐欺。
- **是否標記詐欺（isFlaggedFraud）**：舊系統是否已將交易標記為詐欺。

在上述資料集表格中，我們可以看到 10 列的資料。值得注意的是，此資料集一共有大約 630 萬筆交易，我們看到的只是其中一小部分交易紀錄而已。由於我們所要調查的詐欺行為只發生在標記為「轉帳」（TRANSFER）或標記為「現金流出」（CASH_OUT）的交易中，因此可以先刪除所有其他交易，這讓我們留下了大約 280 萬筆可以使用的例子。

啟發式模型、特徵式模型和 E2E 模型

在進行開發模型以偵測詐欺交易之前，讓我們先花點時間思考一下可以建立的這三種模型。

- **啟發式模型**（heuristic-based model）是純粹由人類開發的簡單「經驗法則」（rule of thumb）。通常，「啟發式模型」源自與問題有關的專業知識。
- **特徵式模型**（feature-based model）大量依賴人類修改資料來建立「新的、有意義的特徵」，然後人類再將其輸入至（簡單的）機器學習演算法之中。 這種方法整合了「專業知識」與「資料學習」的技術。
- **E2E 模型**完全從「原始資料」中學習。沒有使用任何人類專業知識，該模型直接透過「觀察」來學習一切。

我們可以為我們的案例建立一個「啟發式模型」，此模型會將「所有超過 $200,000 的轉帳交易類型」都標記為詐欺行為。「啟發式模型」的優勢在於開發快速、易於執行。然而，這是有代價的，它的績效通常很差，詐欺者可以輕易玩弄該系統。假設我們使用這個「啟發式模型」，詐欺者只要在詐欺限額下轉帳 $199,999，就不會被偵測到。

「動量策略」（momentum strategy）是交易的重要啟發法則。「動量策略」要求人們押注（betting）：上漲的股票將會持續上漲，然後人們將買入該股票。雖然這個策略聽起來太簡單了，不可能有任何好處，但事實上，這是一個相當成功的策略，許多「高頻交易」（high-frequency trading）和「量化交易所」（quantitative outlets）至今仍在使用此策略。

為了建立「特徵模型」，專家設計了能夠區分「詐欺交易」和「真實交易」的指標。這通常是使用「統計資料分析」來完成的，與我們前面提出的「啟發式模型」相比，雖然建立「特徵模型」需要較長的時間，但其好處是會帶來較好的結果。

基於特徵工程的模型是介於「資料」和「人造規則」之間，人類的知識和創造力可制定出優良的特徵，而資料和機器學習可利用這些特徵來建立模型。

「E2E 模型」只是純粹從收集的資料中學習，而不使用專業知識。如前所述，這通常會產生更好的結果，但代價是需要花費大量時間來完成。這種方法也有一些額外的因素值得考慮。例如，收集大量所需的資料是非常昂貴的，因為人類必須標記數以百萬筆的紀錄。

儘管對於當今業界的許多人來說，他們認為，「發佈一個品質不良的模型」通常比「不發佈任何東西」還要好。畢竟，「有一些防範詐欺的措施」總比「什麼都沒有」好。

儘管「啟發式模型」會讓一半的詐欺交易通過，但總比「根本沒有詐欺偵測」還要好。下圖顯示了這 3 款模型的效能曲線（相對於開發時間）。

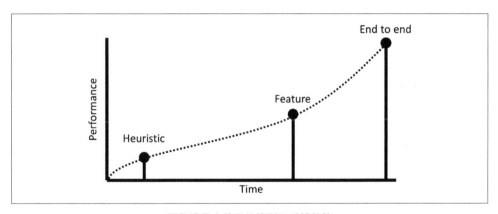

開發過程中使用的模型和系統效能

最好的方法是三者合併一起使用。如果我們部署的「啟發式模型」能夠符合交付的基本工作要求，那麼就可以發佈它。採用這樣的工作模式，「啟發式模型」會先成為其他模型必須擊敗的基準。在部署了「啟發式模型」之後，你應將所有精力都放在建立「特徵模型」之上，一旦你的「特徵模型」擊敗了最初部署的「啟發式模型」，你就可以在繼續優化此「特徵模型」的同時，也將它部署出去。

如前所述，「特徵模型」通常在結構化資料任務上，提供相當不錯的效能；這使得公司有時間建立漫長昂貴的「E2E 模型」，一旦「E2E 模型」擊敗了「特徵模型」，就可以發佈「E2E 模型」了。我們現在已經知道建立這三種模型的原理，下面讓我們看一下建立這些模型所需的軟體。

機器學習軟體需求

在本章中，我們將使用機器學習常用的一系列軟體程式庫。讓我們花點時間瞭解一下它們，由以下軟體組成：

- **Keras**：一種神經網路程式庫，可以作為 TensorFlow 的簡化介面。
- **NumPy**：支援「大型多維陣列」以及「大量的數學函數」。
- **Pandas**：一種「資料處理和分析」的程式庫，類似 Microsoft 的 Excel（但是使用 Python），提供可以處理表格的「資料結構」以及操作它們的「工具」。
- **Scikit-learn**：一種機器學習程式庫，提供各種演算法和實用程式。
- **TensorFlow**：一種資料流程式設計程式庫，方便我們處理與神經網路有關的工作。
- **Matplotlib**：繪圖程式庫。
- **Jupyter**：一種開發環境。本書中所有的程式碼範例都可以在 Jupyter Notebook 中找到。

本書大部分都是使用 Keras 程式庫，本章則將大量使用其他提及的程式庫。

本章的目的不是教導你所有不同程式庫的技巧，而是向你展示如何將它們整合到「建立預測模型的流程」之中。

> **請注意**：Kaggle 內核已預先安裝了本章所需的程式庫。如果你要在本機執行程式碼，請參閱「第 1 章」的安裝說明，來安裝所需程式庫。

啟發式方法

如本章前面所述，我們介紹了用於偵測詐欺案例的三種模型，現在是時候詳細探討每一種模型了。我們將從「啟發式模型」開始。

首先，讓我們定義一個簡易啟發式模型，並測量它在偵測詐欺率方面的效能。

使用啟發式模型進行預測

我們將使用啟發式方法對整個訓練資料進行預測，以瞭解該「啟發式模型」在預測詐欺交易方面的效能。

底下程式新增了一行的 Fraud_Heuristic 項目，並依次在類型為「TRANSFER」且金額大於「$200,000」的行中將數值指定為 1：

```
df['Fraud_Heuristic '] = np.where(((df['type'] == 'TRANSFER') &
(df['amount'] > 200000)),1,0)
```

只需要兩列程式碼，很容易可以看出，這樣簡單的測量方式是很容易編寫的，而且部署起來也很快。

F1 分數

我們必須考慮的一件重要事情是，我們需要一個「通用的測量標準」來評估我們所有的模型。在「**第 1 章**」中，我們使用「準確性」（accuracy，也譯作「正確率」）作為我們的模擬工具。然而，如我們所見，詐欺交易量遠遠少於真實交易量。也就是說，如果一個模型的所有交易皆為真實（genuine）交易，那麼它就具有很高的「準確性」。

「F1 分數」（F1 score）就是處理這類「偏斜分布」（skewed distribution）的一種測量標準，該分數顧慮到了真假的陽性和陰性，如下表所示：

	預測陰性（Negative）	預測陽性（Positive）
實際陰性	真陰性（True Negative，TN）	假陽性（False Positive，FP）
實際陽性	假陰性（False Negative，FN）	真陽性（True Positive，TP）

我們可以先使用下列公式計算模型的「精確度」（precision），該模型計算了「預測陽性」為「陽性」的比例：

$$precision = \frac{TP}{TP + FP}$$

「召回率」（recall）是測量「預測陽性數」佔「實際陽性數」的比例，如下列公式所示：

$$recall = \frac{TP}{TP + FN}$$

然後根據兩個測量值的「調和平均數」（harmonic mean，即平均值，average）來計算「F1 分數」，如下列公式所示：

$$F_1 = 2 * \frac{precision * recall}{precision + recall}$$

若要以 Python 計算此測量值，我們可以使用 scikit-learn 的 metrics 模組（簡稱 sklearn）：

```
from sklearn.metrics import f1_score
```

依據我們的預測，我們現在可以很容易地使用以下指令計算「F1 分數」：

```
f1_score(y_pred=df['Fraud_Heuristic '],y_true=df['isFraud'])
```

out: 0.013131315551742895

上面的指令輸出了一個從 0.013131315 開始的循環小數。這個數值的含意是，我們的「啟發式模型」做得不太好，因為最好的「F1 分數」為 1，最差的為 0。在本案例中，「F1 分數」代表這兩個比例的「調和平均值」：「精確度」（即「正確標記的詐欺數量」除以「所有標記為詐欺的交易數量」）與「召回率」（即所有詐欺中「正確分類為詐欺」的數量）。

用混淆矩陣評估

「混淆矩陣」（confusion matrix）是一種更定性（qualitative）、更具解釋能力（interpretable）的評估模型方法。顧名思義，這個矩陣顯示了我們的分類器是如何進行混淆分類的。

首先，讓我們思考以下 plot_confusion_matrix 函數的程式碼：

```
from sklearn.metrics import confusion_matrix cm = confusion_matrix(
    y_pred=df['Fraud_Heuristic '],y_true=df['isFraud'])
plot_confusion_matrix(cm,['Genuine','Fraud'])
```

執行後，產生下圖：

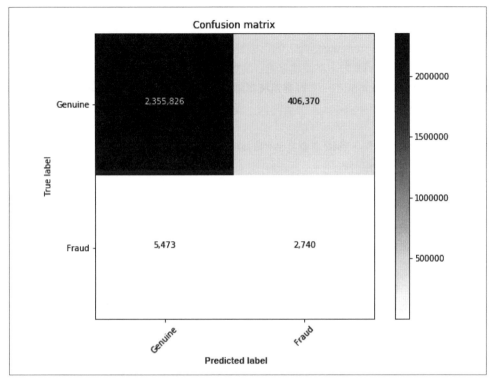

啟發式模型的混淆矩陣

那麼，這個模型到底有多「準確」（accurate）呢？如你在我們的「混淆矩陣」中所見，從我們 2,770,409 個例子的資料集中，其中有 2,355,826 個被正確分類為真實（genuine），有 406,370 個被錯誤分類為詐欺（fraud）。事實上，僅有 2,740 個例子被正確分類為詐欺。

當我們的「啟發式模型」將交易分類為「詐欺」時，其中有 99.3% 的案例都是「真實」的。在全部的詐欺案例中，只有 34.2%（的詐欺）被揪出。所有這些資訊都納入我們制定的「F1 分數」之中。然而，如我們所見，從產生的「混淆矩陣圖」中更容易理解到這一點。我們同時使用「啟發式模型」和「F1 分數」的原因是，我們僅需使用「單一數值」就可告訴我們哪一個模型較好，而且還可以讓我們更直觀地瞭解該模型的優點。

坦白說，我們的「啟發式模型」效能很差，只偵測到 34.2% 的詐欺，這還不夠好。所以，在接下來的章節中，我們將使用另外兩種模型方法，看看是否可以做得更好。

特徵工程方法

「特徵工程」（feature engineering）的目標是發展人類對「定性」（qualitative，即描述「性質」的資訊）的洞察力，以便建立更好的機器學習模型。人類工程師通常使用三種洞察力：**「直覺」**（intuition）、**「專業領域知識」**（expert domain knowledge）和**「統計分析」**（statistical analysis）。很多時候，僅憑「直覺」就有可能提出問題的特徵。

以我們的詐欺案例為例，詐欺者會為他們的詐欺計畫建立一個新的帳戶，而不會使用他們日常支出的同一個銀行帳戶。

領域專家能夠利用他們對問題的廣泛知識來提出其他像這樣的直覺例子。他們對「詐欺者的行為」瞭若指掌，並能制定「指出」（indicate）這種行為的特徵。所有這些「直覺」通常都可透過「統計分析」得到證實，我們甚至可以利用「統計分析」來發掘更多可能的特徵。

「統計分析」有時會出現罕見的／意外的進展，可轉化為「預測性特徵」（predictive features）。然而，使用這個方法時，工程師必須留意所謂的**資料陷阱（data trap）**。在資料中發現的「預測性特徵」，可能只存在於該「資料」中，因為任何資料集如果與「預測性特徵」糾纏得夠久，就會吐出（spit out）「預測性特徵」。

「資料陷阱」是指工程師在「資料」中埋頭苦幹挖掘「特徵」，從不懷疑他們搜尋到的「特徵」是否有關聯。

陷入「資料陷阱」的資料科學家將興高采烈地尋找「特徵」，卻直到後來才發現，他們的「模型」及「特徵」都運作不良。在訓練集中找到強而有力的「預測性特徵」，對資料科學團來說，就像「毒品」（drug）一樣。是的，有即時的獎勵（即快速的勝利），感覺就像是對自身技能的肯定。然而，跟許多藥物原理一樣，「資料陷阱」可能會帶來後遺症，也就是說，團隊最後會發現，花費數週、數月的時間來尋找到的這些特徵，實際上是毫無用處的。

請花點時間捫心自問，你也正面臨相同的情況嗎？如果你發現，自己正在不斷地進行分析，以各種可能的方式轉換資料，追逐所有的相關值，那麼，你很可能已經掉入「資料陷阱」而不自知。

為了避免掉入「資料陷阱」，重要的是要建立一個**定性鑑定的理論基礎**（a qualitative rationale），說明為什麼這種「統計的預測性特徵」會存在，以及為什麼應該存在於資

料集之外。你將可透過建立此「理論基礎」，讓自己的團隊保持警覺，避免製作出干擾「特徵」的雜訊。「資料陷阱」是人類「過度擬合」（overfitting）以及在「雜訊」中尋找模式的一種形式，這也是建立模型時所面對的問題。

人類可以利用他們的定性鑑定推理技巧來避免讓雜訊擬合，這是人類贏過機器的一大優勢。如果你是一名資料科學家，你應該使用這個技能來建立更通用的模型。

本節的目的不是要展示「特徵工程」可以在資料集上執行的所有特徵，而是強調這三種方法以及如何將它們轉換為「特徵」。

察覺到特徵：詐欺者不入睡

在對詐欺瞭解不多的情況下，我們可以直覺地將詐欺者描述為在黑暗中行動的可疑份子。在大多數情況下，真實的交易都發生在白天，因為人們晚上都在睡覺。

我們資料集的時步（time step）為一小時。 因此，我們可以透過除以 24 後的餘數來產生一天中的時間，如下列程式碼所示：

```
df['hour'] = df['step'] % 24
```

使用上列程式，我們可以在不同的時間計算「詐欺」和「真實」交易的數量。下列是計算「詐欺」和「真實」交易數量的程式碼：

```
frauds = []
genuine = []
for i in range(24):
    f = len(df[(df['hour'] == i) & (df['isFraud'] == 1)])
    g = len(df[(df['hour'] == i) & (df['isFraud'] == 0)])
    frauds.append(f)
    genuine.append(g)
```

最後，我們可以將一天中「真實交易」和「詐欺交易」的比例繪製成圖表。下列是繪製此圖表的程式碼：

```
fig, ax = plt.subplots(figsize=(10,6))
ax.plot(genuine/np.sum(genuine), label='Genuine')
ax.plot(frauds/np.sum(frauds),dashes=[5, 2], label='Fraud')
plt.xticks(np.arange(24))
legend = ax.legend(loc='upper center', shadow=True)
```

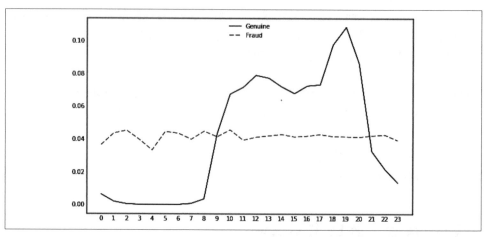

一天中每小時進行的「詐欺交易」和「真實交易」比例圖（實線為真實交易，虛線為詐欺交易）

如上圖所示，夜間的真實交易少多了，而詐欺行為在白天仍在繼續。為了確定「晚上」是一個我們可以希望發現詐欺行為的時間，我們還可以繪製「詐欺交易的數量」（佔「所有交易」的比例）。

以下是繪製此圖的程式碼：

```
fig, ax = plt.subplots(figsize=(10,6))
ax.plot(np.divide(frauds,np.add(genuine,frauds)), label='Share of
fraud')
plt.xticks(np.arange(24))
legend = ax.legend(loc='upper center', shadow=True)
```

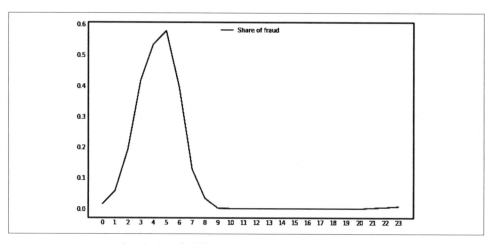

每天每小時「詐欺交易比例圖」（Share of fraud）

執行上面的程式碼之後,我們可以看到,在凌晨 5 點左右,超過 60% 的交易似乎是詐欺性的,這似乎是一天中捕獲詐欺的絕佳時機。

專家見解:先轉帳,後兌現

專家在描述資料集的時候,還會附帶另一種描述,來解釋詐欺者的預期行為。首先,他們把錢轉到他們控制的銀行帳戶。然後,他們將從自動提款機(ATM)領錢。

下列程式碼可以檢查是否存在詐欺轉帳的目標帳戶,這些帳戶是詐欺性提款的來源:

```
dfFraudTransfer = df[(df.isFraud == 1) & (df.type == 'TRANSFER')]
dfFraudCashOut = df[(df.isFraud == 1) & (df.type == 'CASH_OUT')]
dfFraudTransfer.nameDest.isin(dfFraudCashOut.nameOrig).any()
```

out: **False**

從輸出結果來看,似乎沒有詐欺轉帳是詐欺套現的根源。「專家預期的行為」在我們的資料中是看不到的。這可能意味著兩件事:第一,這可能表示詐欺者現在的行為有所不同;第二,我們的資料無法捕捉到他們的行為。不管怎樣,我們都無法在這裡使用這種洞察/觀察來進行預測建模。

統計問題:餘額錯誤

仔細檢查資料可以發現,儘管交易金額不為零,但在有些交易中,其目標帳戶的新、舊餘額卻為零。這很奇怪,或者說離奇(quirk),所以我們想研究這類離奇現象是否能夠產生預測能力。

首先,我們可以計算與此屬性有關的詐欺交易比例,如下列程式碼所示:

```
dfOdd = df[(df.oldBalanceDest == 0) &
           (df.newBalanceDest == 0) &
           (df.amount)]
len(dfOdd[(df.isFraud == 1)]) / len(dfOdd)
```

out: 0.7046398891966759

如你所見,詐欺交易的比例為 70%,所以此離奇現象似乎是發現詐欺交易的一個很好的特徵。但是,首先重要的是要捫心自問,此離奇現象是如何闖進我們的資料的。一種可能性是這類交易是永遠不會通過的。

很多原因都有可能導致這類情況發生，其中包括可能存在「另一個阻止交易的詐欺預防系統」，或者交易的原始帳戶「資金不足」。

雖然我們無法驗證是否還有其他的詐欺預防系統，但是我們可以檢查原始帳戶的資金是否不足，如下列程式碼所示：

```
len(dfOdd[(dfOdd.oldBalanceOrig <= dfOdd.amount)]) / len(dfOdd)
```

out: 0.8966412742382271

從輸出中可以看到，將近 90% 的零星交易在其原始帳戶「資金不足」。因此，我們現在可以建立一個理論基礎，就是詐欺者會試圖比一般人更頻繁地耗盡（drain）銀行帳戶裡的所有資金。

我們需要這個理論基礎，來避免掉入「資料陷阱」。一旦我們確立了這個理論基礎，我們就必須經常審視此理論基礎。在本案例中，它未能解釋 10% 的零星交易，如果這個百分比持續上升，最終可能會損害我們模型在生產中的效能。

準備 Keras 資料

在「第 1 章」中，我們看到神經網路只接受數值的輸入。我們在資料集中遇到的問題是，我們表格中的資料並非都是數值，其中一些是以字元形式顯示的。

因此，在本節中，我們將準備 Keras 資料，以便我們可以有意義地使用這些資料。

在開始之前，先讓我們看一下三種資料類型，分別為「名義」、「序數」和「數值」：

- **名義資料（Nominal data）**：這是無法排序的離散分類（discrete categories）。在我們的例子中，轉帳類型是一個名義變數。有四種離散類型，但是將它們按任何順序排列是沒有意義的，例如：TRANSFER（轉帳）不能超過 CASH_OUT（現金流出）；因此，它們只是單獨的分類。
- **序數資料（Ordinal data）**：這也屬於離散分類，但與名義資料不同，我們可以對它進行排序。例如：如果咖啡可被分類為大杯、中杯、小杯，那麼它們是不同的分類，因為我們可以對它們進行比較。大杯中的咖啡比小杯還要多。
- **數值資料（Numerical data）**：可以排序，但我們也可以對其進行數學運算。我們資料中的一個例子是基金數值，因為我們既可以比較基金的金額，也可以對基金數值進行加減法。

「名義資料」和「序數資料」都是所謂的**分類資料**（**categorical data**），因為它們描述離散的分類。雖然「開箱即用（out of the box）的數值性資料」可以很好地與神經網路配合使用，但「分類資料」就需要特殊處理才能使用。

獨熱編碼

最常用的「分類資料」編碼方法被稱為「**獨熱編碼**」（one-hot encoding）。在「獨熱編碼」中，我們為每個分類建立一個新變數，即所謂的**虛擬變數**（dummy variable）。然後，如果某一筆交易是屬於某個分類的成員，則將虛擬變數設定為 1，否則將其設定為 0。

我們可以將「獨熱編碼」應用於資料集的範例中，如下所示。

以下是「分類資料」在進行「獨熱編碼」之前的表格：

Transaction	Type
1	TRANSFER
2	CASH_OUT
3	TRANSFER

以下是資料在進行「獨熱編碼」之後的表格：

Transaction	Type_TRANSFER	Type_CASH_OUT
1	1	0
2	0	1
3	1	0

Pandas 程式庫提供了一項功能，讓我們可以建立「開箱即用的虛擬變數」。但是，在這樣做之前，有必要在所有實際交易類型之前附加 Type_。虛擬變數將以分類（category）命名。在分類的開端附加 Type_，我們就可以知道虛擬變數要表示的類型。

以下程式碼做了三件事。第一，df['type'].astype(str) 將 **Type** 行中的所有項目轉換成「字串」。第二，附加 Type_ 字首以組合成新字串。第三，「新組成的數個字串行」取代「原來的 **Type** 行」：

```
df['type'] = 'Type_' + df['type'].astype(str)
```

我們現在可以執行下列程式碼來建立虛擬變數：

```
dummies = pd.get_dummies(df['type'])
```

請注意：get_dummies() 函數會建立一個新資料框。接下來，我們將此資料框附加到主
資料框之上，如下所示：

```
df = pd.concat([df,dummies],axis=1)
```

如上面的程式碼所示，concat() 方法會合併兩個資料框。我們在此進行橫向合併
（axis=1 表示橫向合併），以連接這些新增行。現在虛擬變數已經在我們的主資料框
之上了，我們可以執行下列程式碼，來刪除原始行：

```
del df['type']
```

你瞧瞧！我們已經將「分類變數」轉換成神經網路能夠處理的東西了。

實體嵌入

在本節中，我們將練習使用「嵌入」（embeddings）和「Keras 函數式 API」，並介
紹通用的工作流程。我們將會在「**第 5 章**，使用自然語言處理解析文字資料」針對這兩
個主題做全面性的介紹和討論；在「**第 5 章**」中，我們也將以本章的通識概念為基礎，
來做更深入的探討，並開始討論「實作」之類的主題。

如果你不太能夠理解現在介紹的內容，沒有關係，請不用在意；畢竟本節是屬於較進階
的主題。如果你想同時使用這兩種技術，那麼在閱讀本書時，你將有充足的時間來準備
並學會這一項技能，因為我們在整本書中都會介紹這兩種方法的各個組成部分。

在本節中，我們將為「分類資料」（categorical data）建立「嵌入向量」（embedding
vectors）。在開始介紹之前，我們需要瞭解「嵌入向量」意指「分類值」的向量。我
們使用「嵌入向量」作為神經網路的輸入。我們用神經網路來訓練「嵌入向量」，這
樣，隨著時間的推移，我們可以獲得更多有用的「嵌入向量」。「嵌入向量」是我們可
以利用的一個非常有用的工具。

為什麼「嵌入向量」如此有用呢？「嵌入向量」不僅可以減少「獨熱編碼」所需的維
度，從而減少了記憶體的使用，而且還可減少輸入激勵函數的稀疏性（sparsity），這有
助於減少「過度擬合」問題，並且也可以將「語義」（semantic meanings）編碼為向
量。將文字轉化成「嵌入向量」的優點，也適用於「分類資料」，請參見「**第 5 章**」。

標記分類

與文字一樣,我們必須先將輸入標記化(Tokenizing),然後再將其饋送至嵌入層。為此,我們必須建立一個將「分類資料」映射到「標記」(token)的映射字典(mapping dictionary)。如下列程式碼所示:

```
map_dict = {}
for token, value in enumerate(df['type'].unique()):
    map_dict[value] = token
```

當上述程式碼迴圈執行過每一類型的分類時,都會「向上累加」計數一次。第一個分類獲取「標記 0」,第二個分類獲取「標記 1」,依此類推。以下是我們的標記映射字典(map_dict)內容:

**{'CASH_IN': 4, 'CASH_OUT': 2, 'DEBIT': 3, 'PAYMENT': 0,
'TRANSFER': 1}**

我們現在可以將此「映射字典」應用到「資料框」:

```
df["type"].replace(map_dict, inplace=True)
```

執行上述程式碼之後,所有類型都會被其「標記」取代。

我們必須分別處理資料框中的「非分類」(non-categorical)數值。我們可以建立一個「行」清單,這些「行」不是類型(type),也不是目標(target),如下所示:

```
other_cols = [c for c in df.columns if ((c != 'type') and (c !=
'isFraud'))]
```

建立輸入模型

我們現在建立的模型有兩種輸入:一種用於嵌入層的類型,另一種用於其他所有非分類變數。為了讓它們以後能夠更方便地結合在一起,我們將使用兩組陣列來追蹤它們的輸入和輸出:

```
inputs = []
outputs = []
```

類型輸入的模型會接收一維輸入,並透過嵌入層對其進行解析。然後,嵌入層的輸出將會被重塑為「平面陣列」(flat arrays),如下列程式碼所示:

```
num_types = len(df['type'].unique())
type_embedding_dim = 3
```

```
type_in = Input(shape=(1,))
type_embedding = Embedding(num_types,type_embedding_dim,input_
length=1)(type_in)

type_out = Reshape(target_shape=
(type_embedding_dim,))(type_embedding)

type_model = Model(type_in,type_out)

inputs.append(type_in)
outputs.append(type_out)
```

「類型（type）嵌入」在這裡有三層。這是一個隨意的選擇，不同維度的測試可以改良此結果。

我們可建立另一個輸入來包含所有其他輸入，它的維度與「非分類變數的維度」相同，並且由一個沒有激勵函數的單密集層組成。密集層是可有可無的；輸入層也可以直接傳遞至模型圖層中。還可以新增更多的圖層，其中包括：

```
num_rest = len(other_cols)

rest_in = Input(shape = (num_rest,))
rest_out = Dense(16)(rest_in)

rest_model = Model(rest_in,rest_out)

inputs.append(rest_in)
outputs.append(rest_out)
```

現在我們已經建立了兩個輸入模型，我們可以將它們合併起來。我們將在這兩個合併的輸入層上，建立我們的模型圖層。要開始此過程，我們必須首先執行下列程式碼：

```
concatenated = Concatenate()(outputs)
```

然後，透過執行下列程式碼，我們可以建立和編譯整個模型：

```
x = Dense(16)(concatenated)
x = Activation('sigmoid')(x)
x = Dense(1)(concatenated)
model_out = Activation('sigmoid')(x)

merged_model = Model(inputs, model_out)
```

```
merged_model.compile(loss='binary_crossentropy',
                     optimizer='adam',
                     metrics=['accuracy'])
```

訓練模型

在本節中,我們將訓練一個具有多個輸入的模型。為此,我們需要為每個輸入提供一個 X 值列表。所以,首先我們必須分割我們的資料框,如下所示:

```
types = df['type']
rest = df[other_cols]
target = df['isFraud']
```

然後,我們可以透過提供兩個輸入和一個目標的串列來訓練模型,如下列程式碼所示:

```
history = merged_model.fit([types.values,rest.values],target.values,
                epochs = 1,
                batch_size = 128)
```

```
out:
Epoch 1/1
6362620/6362620 [==============================] - 78s 12us/step - loss:
0.0208 - acc: 0.9987
```

使用 Keras 建立預測模型

以下是我們現在的資料行名稱:

```
amount,
oldBalanceOrig,
newBalanceOrig,
oldBalanceDest,
newBalanceDest,
isFraud,
isFlaggedFraud,
type_CASH_OUT,
type_TRANSFER, isNight
```

現在,我們已經有了資料行名稱,我們的資料也已經準備就緒,我們可以用它來建立模型了。

擷取目標

訓練模型時，神經網路需要目標值。在我們的案例中，isFraud 是目標值，所以我們必須將它與其他資料分開。下列是將此目標值分開的程式碼：

```
y_df = df['isFraud']
x_df = df.drop('isFraud',axis=1)
```

上面第一步僅傳回 isFraud 行，並將其指定給 y_df。

上面第二步傳回除 isFraud 之外的所有行，並將它們指定給 x_df。

我們還需要將這些資料從 Pandas 資料框轉換為 NumPy 陣列。Pandas 資料框建立在 NumPy 陣列之上，並附帶許多額外的功能，讓我們之前進行的所有預處理程式成為可能。然而，訓練神經網路時，我們只需要底層資料，執行下列程式碼即可擷取這些資料：

```
y = y_df.values
X = x_df.values
```

建立測試集

當訓練模型時，我們會冒著「過度擬合」的風險。**過度擬合（Overfitting）**表示我們的模型記住了訓練資料集中的 x 和 y 映射，但找不到描述 x 和 y 之間真實關係的函數。這會產生問題，因為一旦我們在「**樣本範圍之外**」（**out of sample**）執行我們的模型（也就是說，不在我們的訓練集資料上），它可能會表現不佳。為了防止這種情況，我們將建立一個所謂的**測試集（test set）**。

「測試集」是一種「holdout（保留）資料集」，只有當我們認為我們的模型做得相當好時，我們才會使用它來評估模型，以便驗證「尚未看到的資料」的效能。「測試集」通常是從完整的資料中隨機採樣出來的。Scikit-learn 提供了一個方便的函數來執行此操作，如下列程式碼所示：

```
from sklearn.model_selection import train_test_split
X_train, X_test, y_train, y_test = train_test_split(X, y,
test_size=0.33, random_state=42)
```

train_test_split 函數會隨機將「列資料」輸出至「訓練集」或「測試集」。你可以指定「test_size（輸出至測試集的比例）」（此案例為 33%）以及「隨機狀態」。

指定 `random_state` 可以確保「儘管過程是偽隨機的（pseudo-random），但 `random_state` 始終會傳回相同的隨機值」，這使得我們的工作更具重複性。請注意：實際產生的數值（如 42）並不重要。重要的是在所有測試中是使用「相同的數值」。

建立驗證集

現在，你可能會嘗試許多不同的模型，直到從測試集上獲得真正的高效能為止。然而，請捫心自問：你怎麼知道你沒有選擇一個「在測試集上表現良好，卻在現實生活中起不了作用的模型」呢？

答案是：每次對測試集進行評估時，都會產生一點「資訊外洩」（information leakage），也就是說，「來自測試集的資訊」會透過影響你模型的選擇，而洩漏到模型之中。漸漸地，測試集的價值越來越小。驗證集（validation set）是某種「受污染的測試集」（dirty test set），你可以使用它來反覆測試模型在「樣本之外」的效能，而無需擔心。雖然我們要注意不可過度使用測試集，但是它仍然會經常用於測量「樣本之外」的效能。

為此，我們將建立一個「驗證集」，亦稱為「開發集」（development set）。

我們可以依照建立「測試集」的方式來建立「驗證集」，只需要再度分割訓練集資料即可，如下列程式碼所示：

```
X_train, X_test, y_train, y_test = train_test_split(X_train,
y_train, test_size=0.1, random_state=42)
```

對訓練資料進行過取樣

請記住：在我們的資料集中，僅有極少的交易是屬於詐欺性質的，而其真實交易的模型具有非常高的準確性。為了確保我們能夠根據真實關係對模型進行訓練，我們可以對「訓練資料」（training data）進行「**過取樣**」（**oversample**）。

這代表我們會將「詐欺性質的資料」加入到我們的資料集之中，直到「欺詐交易數量」與「真實交易數量」相同為止。

請注意：`imblearn` 是用於這類工作的程式庫，內含 SMOTE 函數。請參考：`http://contrib.scikitlearn.org/imbalanced-learn/`。

「**合成少數類過取樣技術**」（Synthetic Minority Over-sampling Technique，**SMOTE**）是一種巧妙的過取樣方法。這個技術會嘗試建立新樣本，同時為「類別」（class）保留相同的決策邊界。我們只需要執行下列程式碼，就可以使用 SMOTE 來進行過取樣：

```
From imblearn.over_sampling import SMOTE
sm = SMOTE(random_state=42)
X_train_res, y_train_res = sm.fit_sample(X_train, y_train)
```

建立模型

我們已經成功解決了幾個關鍵的學習點，所以現在該是建立神經網路的時候了！ 就像在「**第 1 章**」中一樣，我們需要使用下列程式碼匯入所需要的 Keras 模組：

```
from keras.models import Sequential
from keras.layers import Dense, Activation
```

在實際應用中，很多結構化資料問題對「學習率」的要求很低。當設定梯度下降優化器的「學習率」時，我們需要先匯入優化器。如下列程式碼所示：

```
from keras.optimizers import SGD
```

建立簡易基準線

在我們深入研究較進階模型之前，較聰明的做法是先做一個簡易的邏輯迴歸基準線（logistic regression baseline）。這是為了確定我們的模型能夠實際訓練成功。

以下是建立簡易基準線的程式碼：

```
model = Sequential()
model.add(Dense(1, input_dim=9))
model.add(Activation('sigmoid'))
```

你可以看到一個邏輯迴歸因子，它是一個單層的神經網路：

```
model.compile(loss='binary_crossentropy',
              optimizer=SGD(lr=1e-5),
              metrics=['acc'])
```

在上列程式中，我們對模型進行編譯。我們建立了一個自訂的 SGD 實例，而不是僅傳遞 SGD 來指定「隨機梯度下降」（Stochastic Gradient Descent，SGD）的優化器。在此 SGD 實例中，我們將「學習率」設定為 0.00001。在本例中，由於我們使用「F1 分數」評估模型，故不需要追蹤「準確性」（accuracy）。儘管如此，此模型仍然揭示了一些有趣的行為，如下列程式碼所示：

```
model.fit(X_train_res,y_train_res,
          epochs=5,
          batch_size=256,
          validation_data=(X_val,y_val))
```

請注意：我們在上述程式碼中，建立了一個元組類型的「驗證資料」（validation_data），內含資料和標籤，然後再將此驗證資料傳遞至 Keras。我們也對此模型進行 5 輪（epoch）的反覆運算訓練，如下列所示：

```
Train on 3331258 samples, validate on 185618 samples Epoch 1/5
3331258/3331258 [==============================] - 20s 6us/step - loss:
3.3568 - acc: 0.7900 - val_loss: 3.4959 - val_acc: 0.7807 Epoch 2/5
3331258/3331258 [==============================] - 20s 6us/step - loss:
3.0356 - acc: 0.8103 - val_loss: 2.9473 - val_acc: 0.8151 Epoch 3/5
3331258/3331258 [==============================] - 20s 6us/step - loss:
2.4450 - acc: 0.8475 - val_loss: 0.9431 - val_acc: 0.9408 Epoch 4/5
3331258/3331258 [==============================] - 20s 6us/step - loss:
2.3416 - acc: 0.8541 - val_loss: 1.0552 - val_acc: 0.9338 Epoch 5/5
3331258/3331258 [==============================] - 20s 6us/step - loss:
2.3336 - acc: 0.8546 - val_loss: 0.8829 - val_acc: 0.9446
```

這裡有幾點需要注意：首先，我們訓練了大約 330 萬個樣本，這比我們最初的資料要多。突然新增的資料是來自於我們在本章前面所做的「過取樣」程式。其次，訓練集的「準確率」明顯低於驗證集的「準確率」。這是因為訓練資料是平衡（balanced）資料集，而驗證資料則是非平衡資料集。

我們可藉由在訓練集中新增比現實生活更多的詐欺案例，來對資料進行「過取樣」程式，正如我們所討論的，這有助於我們的模型更好地偵測詐欺行為。如果我們不進行「過取樣」程式，那麼我們的模型就會傾向於將所有交易歸類為「真實交易」，因為訓練集中的絕大多數樣本都是「真實」的。

透過增加詐欺案例，我們就可強制模型學習如何區分詐欺案例。然而，我們希望根據真實資料來驗證我們的模型。所以，我們的驗證集不可包含許多「人工製造的詐欺案件」。

「把一切都歸類成真實的模型」在驗證集上的準確率會超過 99%，但在訓練集上的準確率僅為 50%。對於此類「不平衡的資料集」而言，準確性卻變成一種缺陷指標（flawed metric）。這是一個不錯的指標替代方式，反而比「損失」（loss）更容易解釋發生的現象，這也是我們在 Keras 中追蹤它的原因。

當評估我們的模型時，我們應該使用本章一開始討論的「F1 分數」。但是，Keras 無法在訓練中直接追蹤「F1 分數」，因為「F1 分數」的計算速度有點慢，最終會拖慢我們模型的訓練速度。

請注意：請記得，在不平衡資料集上的準確率可以很高，即使模型的效能很差。

如果模型在「不平衡的驗證集」上表現出的準確率高於「平衡訓練集」的準確率，那麼，這幾乎不能說明該模型表現良好。

請將「此訓練集的效能」與「之前訓練集的效能」進行比較；同樣的，也請將「此驗證集的效能」與「之前驗證集的效能」進行比較。在高度不平衡的資料上，比較訓練集的效能和驗證集的效能時要小心。但是，如果訓練集與驗證集的資料是同等平衡的，那麼比較驗證集和訓練集是測量「過度擬合」的好方法。

現在，我們可以對測試集進行預測，以評估基準線。我們首先使用 model.predict 來對測試集進行預測，如下列所示：

```
y_pred = model.predict(X_test)
```

在評估我們的基準線之前，我們需要將模型給出的概率轉化為「絕對預測值」。在我們的例子中，我們將把所有詐欺概率超過 50% 者都歸類為「詐欺」，如下列程式碼所示：

```
y_pred[y_pred > 0.5] = 1
y_pred[y_pred < 0.5] = 0
```

我們的「F1 分數」已經明顯優於啟發式模型了，如果你回頭看，你會發現「F1 分數」的得分率只有 0.013131315551742895。

```
f1_score(y_pred=y_pred,y_true=y_test)
```

out: 0.054384286716408395

透過繪製「混淆矩陣」，我們可以看到我們的特徵模型確實在啟發式模型的基礎上進行了改進，如下列程式碼所示：

```
cm = confusion_matrix(y_pred=y_pred,y_true=y_test)
plot_confusion_matrix(cm,['Genuine','Fraud'], normalize=False)
```

下列是產生的混淆矩陣圖：

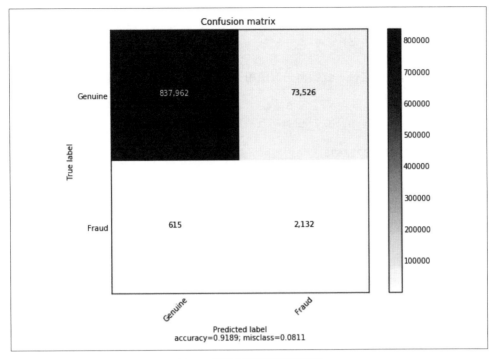

Keras 模型之簡易混淆矩陣圖

但是，如果我們想要建立比我們剛剛建立的模型還要複雜的模型，來表達更細微的關係，那又會怎樣呢？我們現在就實現這個想法吧！

建立更複雜的模型

在我們建立了一個簡易的基準線之後，我們可以繼續使用更複雜的模型。以下是一個兩層網路的例子，如下列程式碼所示：

```
model = Sequential()
model.add(Dense(16,input_dim=9))
model.add(Activation('tanh'))
model.add(Dense(1))
model.add(Activation('sigmoid'))

model.compile(loss='binary_crossentropy',
            optimizer=SGD(lr=1e-5),
            metrics=['acc'])

model.fit(X_train_res,y_train_res,
        epochs=5, batch_size=256,
        validation_data=(X_val,y_val))
```

```
y_pred = model.predict(X_test)
y_pred[y_pred > 0.5] = 1
y_pred[y_pred < 0.5] = 0
```

在執行完上述程式碼之後,我們再一次使用「F1 分數」進行基準測試,如下列程式碼所示:

```
f1_score(y_pred=y_pred,y_true=y_test)
```

out: 0.087220701988752675

在此情況下,這個較複雜的模型比之前建立的簡易基準線做得更好。看起來,將「交易資料映射至詐欺」的函數似乎是複雜的,此「交易資料映射至詐欺」的函數可以透過更深層的網路來逼近。

在本節中,我們建立和評估用於詐欺偵測的各種簡單和複雜的神經網路模型。我們小心翼翼地使用驗證集來測量初始樣本之外的效能。

有了這些,我們可以建立更複雜的神經網路(我們會建立的)。但首先我們要看看現代企業級機器學習的主力軍:決策樹。

決策樹簡介

如果本章未提及「決策樹方法」(tree-based methods),如「隨機深林」(random forests)或 XGBoost,那麼本章所述的結構化資料就不算完整。

花些時間來瞭解各種決策樹方法是值得的,因為在結構化資料的預測建模領域中,決策樹的方法可以說是非常成功的。然而,在較為進階的工作中(如「影像辨識」或「序列至序列的建模」),它們並沒有表現得那麼好。這就是本書其餘章節不再討論決策樹方法的原因。

> **請注意**:若要深入瞭解 XGBoost,請參閱 XGBoost 網頁上的教學:
> **https://xgboost.readthedocs.io/en/latest/**。關於「決策樹方法」和「梯度提升法」如何在理論和實務上運作,該網站都有不錯的解釋說明。

簡易決策樹

以樹結構為基礎的幕後中心思想就是決策樹(decision tree)。決策樹會將資料進行分割,以產生最大的差異結果。

讓我們假設一下,我們的 isNight 特徵是詐欺的最大預測指標。決策樹將根據交易是否發生在夜間,對我們的資料集進行分割。它將查看所有夜間的交易,尋找下一個最佳的詐欺預測指標,並對所有白天的交易進行同樣的分析。

Scikit-learn 有一個唾手可得的決策樹模組。以下是用我們的資料建立決策樹模組的程式碼:

```
from sklearn.tree import DecisionTreeClassifier
dtree=DecisionTreeClassifier()
dtree.fit(X_train,y_train)
```

由此產生的決策樹會是這樣的:

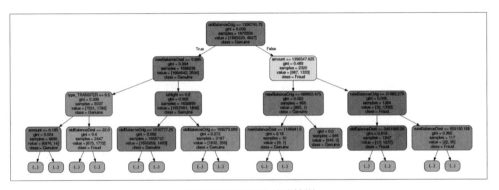

用於偵測詐欺行為的決策樹

簡易的決策樹,就像我們製作的這個決策樹一樣,可以讓人深入瞭解資料。例如,在我們的決策樹中,最重要的特徵似乎是「原始帳戶的舊餘額」,因為它是決策樹中的第一個節點。

隨機森林演算法

簡易決策樹的其中一個進階版本被稱為「隨機森林」(random forest),它是決策樹的集合。我們可透過「訓練資料的子集」和「這些子集上的決策樹」來訓練一座森林演算法。

這些「決策樹子集」通常並不包括訓練資料的每個特徵。我們可透過這樣做來讓不同的決策樹可以適合資料的不同方面,並捕捉到更多的聚合資訊。在建立了一些決策樹之後,我們也可對它們的預測結果進行平均化,以建立最終的預測結果。

此一想法的核心是,各棵樹所呈現的誤差(errors)並不相互關聯,所以你可以使用許多棵樹來抵消誤差。你可以建立以及訓練一個「隨機森林分類器」(random forest classifier），如下列程式碼所示：

```
from sklearn.ensemble import RandomForestClassifier
rf = RandomForestClassifier(n_estimators=10,n_jobs=-1)
rf.fit(X_train_res,y_train_res)
```

你會發現，在上述程式碼中，隨機森林的調節旋鈕（knobs）比神經網路要少得多。在這種情況下，我們只需要指定估計器（estimators）的數量，也就是我們希望我們的森林有多少棵樹。

n_jobs 參數告訴隨機森林我們要平行訓練多少棵樹。請注意，-1 表示「與 CPU 內核一樣多」，如下列程式碼所示：

```
y_pred = rf.predict(X_test)
f1_score(y_pred=y_pred,y_true=y_test)
```

out: 0.8749502190362406

隨機森林的表現要比神經網路好一個等級，因為它的「F1 分數」接近於 1（即最高得分，maximum score）。從下方的混淆矩陣圖中，你可以看出，隨機森林顯著降低了假陽性（false positive）的數量：

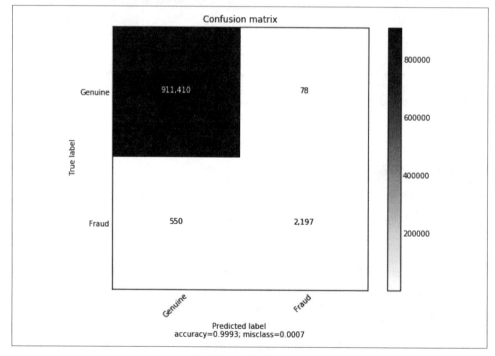

隨機森林之混淆矩陣圖

諸如像隨機森林之類的「淺層學習法」（shallow learning approach），在相對簡單的問題上，往往比深度學習表現得更好。原因在於「低維度資料」的簡單關係對於深度學習模型來說是很難學習的，深度學習模型必須精確符合多個參數才能匹配到簡單的函數。

在本書後續章節中，你會看到，一旦關係變得更加複雜，深度學習就會大放異彩。

XGBoost

XGBoost 是「極限梯度提升」（**eXtreme Gradient Boosting**）的縮寫。「梯度提升」的核心理念是訓練一棵決策樹，然後根據第一棵決策樹所犯的錯誤來訓練第二棵決策樹。

我們可以透過此方法來增加多層的決策樹，就會慢慢地減少模型誤差總數。XGBoost是一個受歡迎的程式庫，可以非常有效地實作「梯度提升」。

 請注意： Kaggle 內核上已預先安裝好 XGBoost。如果你要在本機上執行這些範例程式，請參閱 XGBoost 手冊中的安裝說明和其他相關資訊：`https://xgboost.readthedocs.io/en/latest/`。

我們可以像 `sklearn` 中的隨機森林一樣建立和訓練「梯度提升分類器」，如下所示：

```
import xgboost as xgb
booster = xgb.XGBClassifier(n_jobs=-1)
booster = booster.fit(X_train,y_train)
y_pred = booster.predict(X_test)
f1_score(y_pred=y_pred,y_true=y_test)
```

out: 0.85572959604286891

「梯度提升器」（gradient booster）在這項任務中的表現幾乎與隨機森林相同。一個常用的方法是同時採用「隨機森林」和「梯度提升器」，並對這些預測結果求取平均值，以得到一個更好的模型。

現今商業應用的機器學習工作，大部分都是在相對簡單的結構化資料之上完成的。因此，我們現在所學習的這兩個方法（「隨機森林」及「梯度提升」），是大多數業者在真實世界中所使用的標準工具。

在大多數企業級的機器學習應用之中，價值創造不是來自於「仔細調整模型」或「想出酷炫的架構」，而是來自於「資料結構的優化」和「優良特徵的建立」。然而，隨著我

們面臨越來越複雜的任務，以及需要對「非結構化資料」進行更多的語義理解，這些工具便開始失效了。

E2E 模型

我們目前的方法依賴於特徵工程。正如我們在本章開始時討論的那樣，另一種方法是「E2E 模型」。在「E2E 模型」中，我們會使用交易的原始資料以及交易的非結構性資料。這可能包括轉帳的說明文字、監視提款機的視訊串流，或其他資料來源。如果你有足夠的可用資料，「E2E 模型」通常比特徵工程更成功。

為了獲得有效的結果，並使用「E2E 模型」成功訓練資料，我們可能需要數百萬個例子。然而，往往只有這樣做才能獲得一個可以接受的結果，尤其是在很難對「某事物的規則」進行編碼的情況之下。人類可以很擅長辨識影像中的人物，但很難找出「精確的規則」來區分事物，這就是 E2E 的亮點所在。

雖然我們無法獲得更多的資料來給本章的資料集使用，但本書的其餘章節將示範各種的「E2E 模型」。

練習題

請進入 https://kaggle.com 網站，搜尋有提及結構化資料（structured data）的任何競賽。其中有一個競賽名為 Titanic。在此競賽中，你需開啟一個新內核來做一些特徵工程，然後嘗試建立一個預測模型。

在特徵工程和模型調整上投入時間，你能在多大程度上改良這個模型呢？有沒有可以解決此問題的 E2E 方法呢？

小結

在本章中，我們處理了一個結構化的資料問題，從「原始資料」轉化為「強大而可靠的預測模型」。我們學會了「啟發式模型」、「特徵工程」和「E2E 模型」。我們也清楚看到了評估測量法則和基準線方法的實用價值所在。

在下一章中，我們將探討深度學習真正大放異彩的領域：電腦視覺（computer vision）。在該章節裡，我們將揭露電腦視覺的管線流程，從「簡單的模型」到使用強大預處理軟體增強的「深度網路」。這個「看」（see）的能力，使電腦能夠進入全新的領域。

3

電腦視覺應用

當 Snapchat 首次推出一款以 breakdancing hotdog（霹靂舞熱狗）為特色的濾鏡（filter）時，該公司的股價飆升。然而，投資者對熱狗的倒立技術並不太感興趣；真正讓他們著迷的是，Snapchat 成功建立了一種強大的電腦視覺技術。

Snapchat 應用程式現在不僅可供拍照，還能在這些照片中，找到熱狗可以在上面跳舞的表面（surfaces）。然後，他們的應用程式會把熱狗貼在那裡，當使用者移動手機時，仍然可以這樣做，讓熱狗在同一表面上繼續跳舞。

跳舞熱狗或許是電腦視覺中一個比較簡易的應用，但它卻成功向世界展示了這項技術的潛力。在這個充斥著攝影機的世界裡，不論是每天使用的數十億台智慧型手機、保全監視器和衛星，還是**物聯網**（Internet of Things，**IoT**）裝置等等，能夠解讀影像（image）的技術能力將能夠造福消費者和生產者。

電腦視覺使我們能夠大規模感知和解釋真實世界。你可以這麼想：沒有任何分析師能夠隨著時間的推移，查閱數以百萬計的衛星影像，來標記礦區並追蹤其活動情況；這是不可能辦到的事。然而，對於電腦來說，這不僅僅是一種能夠辦得到的事情；它還是現在就可以在這裡實現的東西。

事實上，在現今的真實世界中，已經有公司正在使用這項技術，即零售商可以計算停車場的汽車數量，來估計某時段的商品銷售量。

電腦視覺的另一個重要應用，可以在金融界之中看到，特別是保險業。例如，保險公司可能會使用無人機飛過屋頂來檢查，以便在形成昂貴的大問題之前，就先發掘問題所在。這可以擴展到使用電腦視覺來檢查他們所保險的工廠和設備。

從金融業的另一個角度來看，凡是遵循「**KYC**（Know-Your-Customer，**認識你的客戶**）法則」的銀行都有必要為「後台流程」和「身分驗證程序」實施自動化機制。在金融交易中，電腦視覺可以應用於 K 線圖（candlestick charts），以找到技術分析的新模式。我們需要另外一整本書來專門介紹電腦視覺的實際應用。

在本章中，我們將討論電腦視覺模型的組成部分，這將包括以下主題重點：

- 卷積層（Convolutional layers）
- 填充（Padding）
- 池化（Pooling）
- 正規化（Regularization）以防止過度擬合
- 動量優化（Momentum-based optimization）
- 批次正規化（Batch normalization）
- 超越分類（classification）的電腦視覺進階架構
- 程式庫使用說明

在開始之前，讓我們先來介紹本章將使用的所有程式庫：

- **Keras**：高階神經網路程式庫和 TensorFlow 介面
- **TensorFlow**：用於 GPU 加速計算的資料流程式設計和機器學習程式庫
- **Scikit-learn**：一種常用的機器學習程式庫，內建許多經典演算法及評估工具
- **OpenCV**：用於基於規則增強（rule-based augmentation）的影像處理程式庫
- **NumPy**：在 Python 中處理矩陣的程式庫
- **Seaborn**：繪圖程式庫
- **tqdm**：監控 Python 程式進度的工具

值得注意的是，除了 OpenCV 之外，所有這些程式庫都可以透過 `pip` 安裝；例如，`pip install keras`。

OpenCV 的安裝流程會稍微複雜一些，這已經超出了本書的範圍。但你可以瀏覽 OpenCV 的詳細安裝說明文件：`https://docs.opencv.org/master/df/d65/tutorial_table_of_content_introduction.html`。

此外，幸運的是，Kaggle 和 Google Colab 都有預先安裝好 OpenCV。若要執行本章中的範例程式，請先確定你已經有安裝 OpenCV，並且可以使用 `import` 來匯入 `cv2`。

卷積神經網路

卷積神經網路（Convolutional Neural Networks，簡稱 **CNNs** 或 **ConvNets**）是電腦視覺技術幕後的引擎動力。ConvNets 讓我們能夠處理大型的影像，同時讓網路的大小維持在合理的範圍內。

有別於一般神經網路的數學運算方式，卷積神經網路的數學運算方式可說是獨樹一格的。「卷積」（Convolution）是一個矩陣在另一個矩陣上滑動（sliding）的數學術語。我們將在下一節（「MNIST 上的過濾器」）中探討為什麼「卷積」矩陣對 ConvNets 很重要，同時也討論為什麼「卷積」矩陣的滑動概念在世界上並沒有最合適的術語，以及為什麼 ConvNets 實際上應該被稱為**過濾網**（**filter nets**）。

你可能會問，『但為什麼要用過濾網（這個術語）呢？』答案很簡單，它們之所以發揮作用，正是因為卷積神經網路使用了「過濾器」。

在下一節中，我們將使用 MNIST 資料集，這是一個手寫數字的集合，它已經成為學習電腦視覺的標準 Hello, World! 程式。

MNIST 上的過濾器

當電腦看到影像時，究竟看到的是什麼？嗯，像素的值是以數字（numbers）的形式儲存在電腦之中的。所以，當電腦看到一個數字為 7 的黑白影像時，實際上它看到的是類似下面的內容：

MNIST 資料集上的數字 7

上圖是 MNIST 資料集的一個小範例。我們刻意讓影像中的手寫數字「清楚」顯示出來，是為了讓大家能夠看清楚這個數字 7 的外觀。但對電腦來說，這個數字 7 的影像只不過是由許多數字集合而成的。這表示我們可以對此影像進行各種的數學運算。

當電腦偵測到數字時，有一些「較低階的特徵」可以用來形成數字。例如，在這個手寫的數字 7 圖中，可由一條垂直線、一條在頂端的水平線及一條穿過中間的水平線組成。同樣的，數字 9 是由在上面形成圓圈的四條圓弧線和另一條垂直線組成。

我們現在可以介紹一下 ConvNets 背後的核心思想。我們可以用幾個小過濾器（filter）來偵測某種低階特徵（low-level feature），比如說，一條垂直線，然後在整個影像上滑動過濾器，就可以偵測到影像中所有的垂直線。

下圖是一個垂直線過濾器（vertical line filter）。為了偵測影像中的垂直線，我們需要在影像上滑動這個 3×3 矩陣的過濾器。

1	0	-1
1	0	-1
1	0	-1

垂直線過濾器

使用下方的 MNIST 資料集，我們從左上角開始，將左上角 3×3 網格範圍的像素分割出來，在此情況下，這些像素都是 0。

然後，我們將「過濾器中的所有元素」與「分割影像中的所有元素」進行元素乘法運算。接著，我們對這 9 個乘積求其總和，並加入偏差值（bias）。然後，這個總值便成為過濾器的輸出值，並作為新像素傳遞到下一層：

$$Z_1 = \sum A_0 * F_1 + b_1$$

以下是垂直線過濾器的輸出結果：

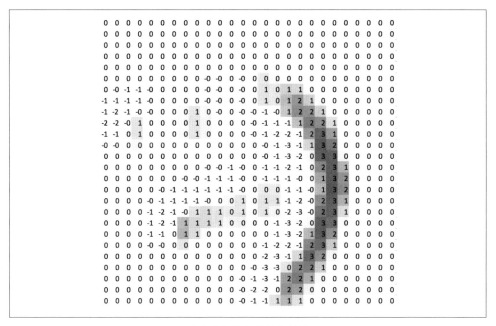

垂直線過濾器的輸出結果

請花點時間觀察一下，你會發現，「垂直線」清晰可見，而「水平線」除了只有一點殘影之外，幾乎都消失了。另外也請注意，過濾器是如何從單一側面捕捉到垂直線的。

由於過濾器僅反應「左側的高像素值」和「右側的低像素值」，因此，只有「垂直線右側的輸出」會顯示較大的正值。此外，「垂直線左側的輸出」會顯示負值。這在執行上並不是什麼大問題，因為通常會針對「不同種類的線及方向」使用「不同的過濾器」。

新增第二個過濾器

雖然我們的垂直線過濾器運作正常，但我們也已經注意到，還需要為水平線增加另一個過濾器，以便能偵測出數字 7 的影像。

以下是我們的水平線過濾器（horizontal line filter）：

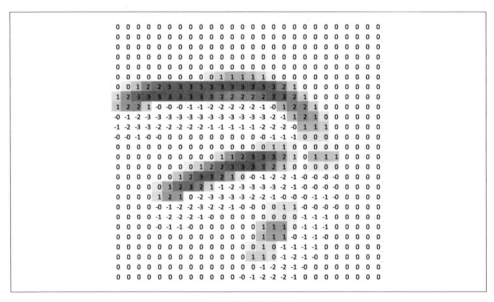

水平線過濾器

在這個範例中，我們現在可以用「與垂直線過濾器完全相同的方法」在影像上滑動此過濾器，得到下列輸出：

水平線過濾器的輸出

請思考一下，這個過濾器是如何移除「垂直線」，幾乎只讓「水平線」保留下來？現在的問題是，我們要如何把「過濾後的資訊」傳遞到下一層呢？嗯，我們將這兩個過濾器對影像圖的輸出彼此疊加（stack）在一起，就可形成一個三維立方體，如下圖所示：

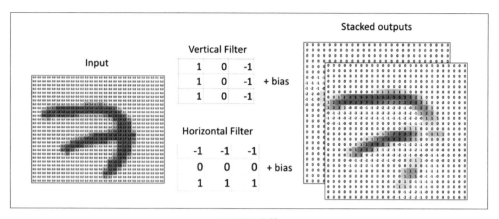

MNIST 卷積

藉著增加多個卷積層，我們的 ConvNet 便能夠提取更加複雜語義的特徵。

彩色影像過濾器

當然，我們的過濾器技術並不僅局限於黑白影像。在本節中，我們來看看彩色影像。

大多數的彩色影像都是由三層（頻道，channel）組成的，這通常被稱為 RGB，即三層影像的初始值。它們是由一個紅色頻道、一個綠色頻道和一個藍色頻道組成。當這三個頻道疊加在一起時，就形成了我們所知的傳統彩色影像。

由此觀念可理解，影像圖並不是一個平面（flat），其實是一個立方體（cube，一個三維矩陣）。我們將這個想法與此問題的目標結合之後，就可以對影像進行過濾，以將不同的過濾器分別用於這三個頻道之上。我們將對這兩個三維立方體的所有元素進行乘法運算。

我們現在的 3×3 過濾器的深度為 3，總共有 9 個參數需外加上偏差值，如下圖所示：

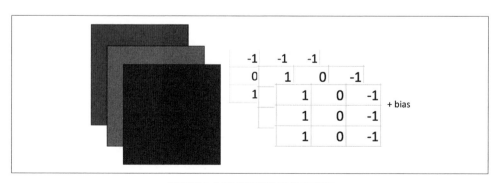

過濾器立方體或卷積內核的示意圖

這個立方體,亦稱為「卷積內核」(convolutional kernel),就像前面說過的二維矩陣內核一樣,會在影像圖上滑動。「卷積內核」的每個元素與相對應的影像圖上的元素相乘之後,再一起加總起來,並加上偏差值,最後計算的結果將會成為下一個圖層的像素值。

所以過濾器總是能擷取「前一個圖層的整個頻道資訊」來給下一個圖層使用。過濾器可以在影像圖的寬度(width)和高度(height)上移動。然而,過濾器並不可以在影像圖的深度(depth,即不同頻道)上移動。 理論上來說,權重(在此指「過濾器」上的各個數值)可在寬度和高度上共用,但卻不可以在不同頻道上共用。

ConvNets 在 Keras 的程式區塊

在這一節中,我們將建立一個簡單的 ConvNet,它可以用來對「MNIST 字元」進行分類,同時,我們將了解構成現代 ConvNets 的各個部分。

我們可以執行下列程式碼,直接從 Keras 匯入 MNIST 資料集:

```
from keras.datasets import mnist
(x_train, y_train), (x_test, y_test) = mnist.load_data()
```

我們的資料集包含 60,000 張 28×28 像素的影像。「MNIST 字元」是黑白色的,所以此「資料形狀」(data shape)通常不包括頻道:

```
x_train.shape
```

out: (60000, 28, 28)

我們稍後會仔細研究一下「彩色頻道」(color channels),但現在讓我們來擴展一下資料維度,以顯示我們只有單色頻道,如下所示:

```
import numpy as np
x_train = np.expand_dims(x_train,-1)
x_test = np.expand_dims(x_test,-1)
x_train.shape
```

out: (60000, 28, 28, 1)

在執行上述程式碼後,你可以看到,我們現在增加了一個單色頻道。

Conv2D

現在我們來說明 ConvNets 的精華所在：在 Keras 中使用卷積層。Conv2D 就是實際的卷積層，一個 Conv2D 層可容納多個過濾器，如下所示：

```
from keras.layers import Conv2D

from keras.models import Sequential

model = Sequential()

img_shape = (28,28,1)

model.add(Conv2D(filters=6,
                 kernel_size=3,
                 strides=1,
                 padding='valid',
                 input_shape=img_shape)
```

當建立一個新的 Conv2D 圖層時，我們必須指定我們要使用的過濾器數量，以及每個過濾器的大小。

內核大小

過濾器的大小也稱為「內核大小」（kernel_size），這說明了單一過濾器有時會被稱為「內核」（kernel）的原因。當我們把「內核大小」指定為一個數值時，Keras 會將我們的過濾器視為一個正方形。例如，在上列程式碼中，我們的過濾器大小設定為 3（kernel_size=3），所以這是一個 3×3 像素的正方形矩陣。

但是，我們可以傳遞一個「元組」（tuple）到 kernel_size 參數來指定正方形的內核大小。例如，我們可以透過 kernel_size = (3,4) 來選擇一個 3×4 像素的過濾器。但是，這種設定 kernel_size 方式非常少見，在大多數情況下，過濾器的大小都是 3×3 或 5×5。根據經驗，研究人員發現：此長寬度相同的過濾器可以獲得良好的效果。

步伐大小

「步伐」（strides）參數指定了卷積過濾器在影像（通常稱為特徵圖，feature map）上滑動的步距大小（step size），也稱為步伐大小（stride size）。在絕大多數的情況下，過濾器是以「一個像素緊接著另一個像素」的步距移動的，所以它們的步伐大小設定為 1，但也有研究者為了減少特徵圖的空間大小，而使用較大的步伐大小。

就像 kernel_size 一樣，如果我們只指定一個數值給「步伐」參數，那麼 Keras 就會把水平和垂直方向上的步伐大小視為相同。在絕大多數的情況下，這個觀念都是正確

的。但是，如果要在水平方向使用「步伐」為 1，在垂直方向使用「步伐」為 2，則可以元組的型別方式傳遞給參數，如下所示：strides =(1,2)。如同過濾器大小的情況一樣，這種情況很少出現。

填充

最後，我們必須在卷積層中加入「填充」（padding）。「填充」會在我們的影像邊界周圍執行「補零」的操作。我們這樣做的目的是要防止特徵圖縮小。

讓我們思考一下「5×5 像素的特徵圖」和「3×3 過濾器」的搭配情況。此過濾器僅能在此特徵圖上擬合 9 次，所以我們最終會得到一個 3×3 的輸出矩陣。這既減少了我們在下一個特徵圖中可以捕捉到的資訊量，也減少了此輸入特徵圖的外部像素對運算操作的貢獻。此過濾器從不以外部像素為中心，它只對外部像素進行一次過濾而已。

有三種填充選項：不使用填充，這被稱為「無填充」（**No Padding**），以及「相同填充」（**Same Padding**）和「有效填充」（**Valid Padding**）。

讓我們分別來看一下這三種「填充」的選擇。第一個選項，「無填充」：

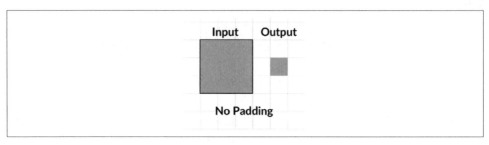

選項 1：無填充

然後我們有「相同填充」：

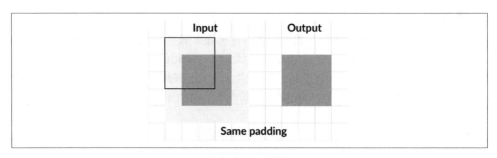

選項 2：相同填充

為了確定「輸出」與「輸入」的大小相同，我們可以使用「相同填充」。然後 Keras 會在輸入特徵圖周圍加上足夠的零，這樣我們就可以保留大小。然而，「填充」的預設值為「有效填充」，故此預設值並不能保留特徵圖的大小，只能確保過濾器和「步伐」大小都符合輸入特徵圖而已，如下圖所示：

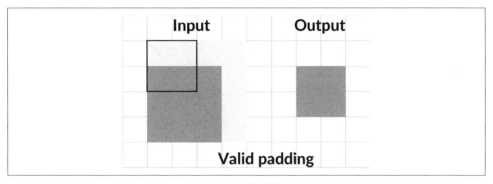

選項 3：有效填充

輸入形狀

Keras 要求我們指定輸入的「形狀」（shape），但只有第一圖層才有這樣的要求。對於接下來的所有圖層，Keras 會從前一圖層的輸出形狀來推斷輸入形狀。

簡化的 Conv2D 符號

上列的圖層提供一個 28×28×1 的輸入，並在其上滑動 6 個 2×2 大小的過濾器，並以「一格像素緊接著另一格像素」的步距滑動。下列是在一圖層設定程式碼的通式：

```
model.add(Conv2D(6,3,input_shape=img_shape))
```

過濾器的數量（這裡是 6 個）和過濾器的大小（這裡是 3 個）指定給「位置參數」（positional arguments），而「步伐」和「填充」分別預設為 1 和「有效填充」。如果是較深一層的網路圖層，我們甚至不需要指定輸入形狀（input_shape 參數）。

ReLU 激勵函數

卷積層只執行線性步驟。構成影像的各個數值會與過濾器相乘，這是屬於線性運算。

所以，為了逼近複雜的函數，我們需要用激勵函數來引入非線性特質。在電腦視覺中最常見的激勵函數是「整流線性單位」（Rectified Linear Unit）函數，也就是 ReLU 函數，如下圖所示：

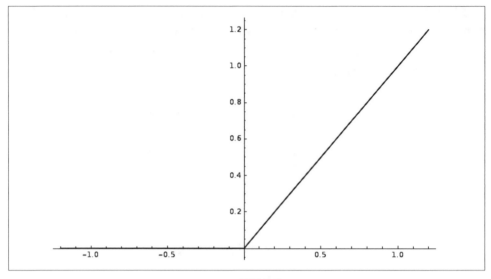

ReLU 激勵函數

用於繪製上述圖形的 ReLU 公式如下所示：

$$ReLU(x) = max(x, 0)$$

換句話說，如果輸入值是正數，ReLU 函數就會傳回輸入值。如果不是，則傳回 0。
這個非常簡單的激勵函數被專家證實是相當有用的，因為它使得「梯度下降收斂」
（gradient descent converge）的速度更快。

專家通常認為，ReLU 的速度比較快，因為「所有大於零值的導數」皆為 1，而且它不
會像「某些極值的導數」那樣變得非常小，比如說，用 Sigmoid 或 Tanh 的導數。

ReLU 的計算成本也比 Sigmoid 和 Tanh 要低。它並不需要任何代價高昂的計算成本，
凡是輸入值低於 0 時，就把輸出設定為 0，其餘的輸入值都會輸出。不過遺憾的是，
ReLU 激勵函數有點脆弱，可能會突然「掛掉」（die）。

當梯度非常大，並將「多個權重」朝「負」方向移動時，那麼 ReLU 的導數也將始終
為 0，所以權重永遠不會再被更新。這可能意味著神經元再也不會觸發了。然而，這可
以透過較小的學習率來緩解。

因為 ReLU 速度快，計算成本低，所以它已經成為很多從業者的預設激勵函數。若要
在 Keras 中使用 ReLU 函數，我們只需在激勵層中將其命名為想要的激勵函數，如下
列程式碼所示：

```
from keras.layers import Activation
model.add(Activation('relu'))
```

MaxPooling2D

通常的做法是在多個卷積層之後使用「池化層」（pooling layer）。池化減少了特徵圖的空間大小，這反過來又減少了神經網路所需的參數數量，從而減少了過度擬合度。下圖是「最大池化」（Max Pooling）的一個例子：

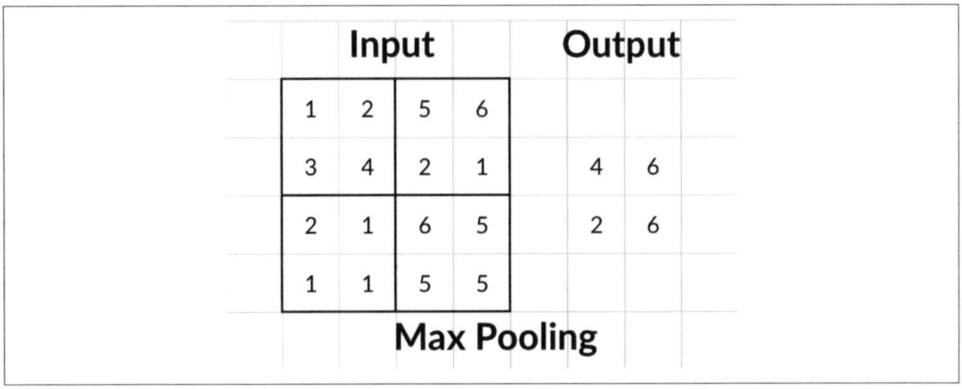

最大池化

「最大池化」會傳回一個「池化層」中的最大元素。這與「二維平均池化」（AveragePooling2D）的求平均數形成了強烈的對比，因為「二維平均池化」傳回的是「池化層」的平均值。「最大池化」通常可以提供比「平均池化」更好的結果，因此這是大多數從業人員使用的標準。

下列是「最大池化」的程式碼：

```
from keras.layers import MaxPool2D

model.add(MaxPool2D(pool_size=2,
                    strides=None,
                    padding='valid'))
```

在 Keras 中使用最大池化層時，我們必須指定所需的池化大小。最常見的池化層是 2×2 大小的矩陣。就像使用 Conv2D 層一樣，我們也可以指定「步伐」大小。

對於池化層，預設的「步伐」大小為 None，在這種情況下，Keras 將「步伐」大小設定為與池化層大小相同。換句話說，池化層是彼此相鄰的，並不會互相重疊。

我們還可以指定「填充」，其預設值為「有效填充」。然而，將池化層指定為「相同填充」是非常少見的，因為池化層的意義在於減少特徵圖的空間大小。

我們這裡的 MaxPooling2D 層採樣自無重疊的相鄰 2×2 像素池，並傳回池中最大的元素，如下列程式碼所示：

```
model.add(MaxPool2D(2))
```

在上述情況中，「步伐」設定為預設值（None），「填充」也設定為預設值（「有效填充」）。通常在池化層之後沒有激勵函數，因為池化層並不執行線性運算步驟。

扁平化

你可能已經注意到，我們的特徵圖是三維的，而我們想要的輸出是一維向量，其中包含了 10 個數字類別的概率。那麼，我們該如何從三維轉換到一維呢？嗯，我們可以讓我們的特徵圖進行扁平化作業。

「扁平化」（Flatten）作業的工作原理類似於 NumPy 的扁平化操作。它擷取一批具有維度（批次大小／batch_size、高度／height、寬度／width、頻道／channels）的特徵圖，並傳回一組具有維度 (batch_size, height * width * channels) 的向量集。

扁平化作業不進行計算，只對矩陣進行重塑。這個操作不需要設定任何超參數，如下列程式碼所示：

```
from keras.layers import Flatten

model.add(Flatten())
```

全連接階層

ConvNets 通常由「特徵擷取」（feature extraction）部分、「卷積層」（convolutional layers）以及「分類」（classification）部分組成。分類部分是由簡單的全連接層組成，我們已經在「**第 1 章**」和「**第 2 章**」中討論過了。

為了要與其他類型的圖層有所區別，我們將分類層稱為「全連接階層」（Dense layers）。在「全連接階層」中，每個輸入神經元都連接到一個輸出神經元。我們只需要指定「我們想要的輸出神經元的數量」，在本例中是 10 個，如下列程式碼所示：

```
from keras.layers import Dense
model.add(Dense(10))
```

在「全連接階層」的線性運算步驟之後，我們可以執行下列程式碼，來為「多分類迴歸」（multi-class regression）增加 softmax 激勵函數，正如我們在前兩章中所做的那樣：

```
model.add(Activation('softmax'))
```

訓練 MNIST

現在讓我們把所有這些程式碼放在一起，這樣我們就可以在 MNIST 資料集上訓練一個 ConvNet。

模型

首先，我們必須指定模型，可以使用下列程式碼執行此操作：

```
from keras.layers import Conv2D, Activation, MaxPool2D, Flatten, Dense
from keras.models import Sequential

img_shape = (28,28,1)

model = Sequential()

model.add(Conv2D(6,3,input_shape=img_shape))

model.add(Activation('relu'))

model.add(MaxPool2D(2))

model.add(Conv2D(12,3))

model.add(Activation('relu'))

model.add(MaxPool2D(2))

model.add(Flatten())

model.add(Dense(10))

model.add(Activation('softmax'))
```

在下列程式區塊中，你可以看到典型 ConvNet 的一般架構：

```
Conv2D
Pool

Conv2D
Pool

Flatten

Dense
```

「卷積層」和「池化層」通常會在這些程式區塊中一起使用；你會發現此神經網路重複執行 Conv2D 和 MaxPool2D 的程式區塊有數十次之多。

我們可以執行下列程式碼來取得模型的總結概述：

```
model.summary()
```

下列是輸出的表格：

Layer (type)	Output Shape	Param #
conv2d_2 (Conv2D)	(None, 26, 26, 6)	60
activation_3 (Activation)	(None, 26, 26, 6)	0
max_pooling2d_2 (MaxPooling2	(None, 13, 13, 6)	0
conv2d_3 (Conv2D)	(None, 11, 11, 12)	660
activation_4 (Activation)	(None, 11, 11, 12)	0
max_pooling2d_3 (MaxPooling2	(None, 5, 5, 12)	0
flatten_2 (Flatten)	(None, 300)	0
dense_2 (Dense)	(None, 10)	3010
activation_5 (Activation)	(None, 10)	0

```
Total params: 3,730
Trainable params: 3,730
Non-trainable params: 0
```

在這個總結概述中，你可以清楚看到池化層是如何減少特徵圖的大小。單從此總結概述來看，你是無法看得那麼明顯的。但我們可以看到第一個 Conv2D 圖層的輸出是 26×26 像素，而輸入的影像是 28×28 像素。

透過使用「有效填充」，Conv2D 也縮小了特徵圖的大小，雖然只是縮小了其中一小部分而已。第二個 Conv2D 圖層也是如此，它將特徵圖從 13×13 像素縮小到 11×11 像素。

你還可以看到，第一個卷積層只有 60 個參數，而全連接階層有 3,010 個參數，是卷積層參數量的 50 多倍。卷積層通常以極少的參數就可以達到令人驚訝的效果，這也是它們如此受歡迎的原因。透過卷積層和池化層，網路中的參數總數往往可以大幅減少很多。

加載資料

我們使用的 MNIST 資料集已經預裝在 Keras 中。在加載資料時，如果你想透過 Keras 直接使用資料集，請確定你有連接上網際網路，因為 Keras 必須先下載資料集。

你可以用下列程式碼匯入資料集：

```
from keras.datasets import mnist
(x_train, y_train), (x_test, y_test) = mnist.load_data()
```

如本章開始時所述，我們希望重塑資料集，使其也能擁有頻道維度。資料集本身還沒有頻道維度，但這是我們可以做的：

```
x_train.shape
```

out:
(60000, 28, 28)

所以，我們用 NumPy 增加一個頻道維度，如下列程式碼所示：

```
import numpy as np

x_train = np.expand_dims(x_train,-1)

x_test = np.expand_dims(x_test,-1)
```

如我們所見，現在增加了一個頻道維度：

```
x_train.shape
```

out:
(60000, 28, 28,1)

編譯與訓練

在前兩章中,「目標」(targets)是以「獨熱編碼」來進行「多分類迴歸」的。雖然我們對資料進行了重塑,但「目標」還是可以其原始形式存在。重塑之後,它們變成了一個平面向量,其中包含了每個手寫圖形的數位資料表示方式。請記住,在 MNIST 資料集中,我們有 60,000 個這樣的「目標」:

```
y_train.shape
```

out:
(60000,)

使用「獨熱編碼」來轉換「目標」是一項非常繁瑣的工作,所以 Keras 允許我們只需指定一個損失函數,就可以將「目標」轉換為「獨熱編碼」。這個損失函數叫做 sparse_categorical_crossentropy(稀疏分類交叉熵)。

這和前面兩章中使用的「分類交叉熵(categorical cross-entropy)損失法」是一樣的,唯一的區別是,這次使用的是稀疏「目標」,而不是獨熱編碼「目標」。

就像之前一樣,你仍然需要確定你的神經網路輸出的維度要和分類維度一樣多。

我們現在已經到了可以編譯模型的階段了,我們可以用下列的程式碼來編譯:

```
model.compile(loss='sparse_categorical_crossentropy',
              optimizer='adam',
              metrics=['acc'])
```

如你所見,我們使用的是 Adam 優化器。Adam 的具體工作原理將在下一節「為我們的神經網路提供更多樣的功能」中介紹。但現在,你可以把它看作是一個較複雜的「隨機梯度下降」(stochastic gradient descent)版本。

訓練時,我們可以執行下列程式碼,直接在 Keras 中指定一個驗證集:

```
history = model.fit(x_train,
                    y_train,
                    batch_size=32,
                    epochs=5,
                    validation_data=(x_test,y_test))
```

一旦我們成功執行了這段程式碼,我們會得到下列輸出結果:

```
Train on 60000 samples, validate on 10000 samples
Epoch 1/10
```

```
60000/60000 [==============================] - 19s 309us/step - loss:
5.3931 - acc: 0.6464 - val_loss: 1.9519 - val_acc: 0.8542
Epoch 2/10
60000/60000 [==============================] - 18s 297us/step - loss:
0.8855 - acc: 0.9136 - val_loss: 0.1279 - val_acc: 0.9635
....
Epoch 10/10
60000/60000 [==============================] - 18s 296us/step - loss:
0.0473 - acc: 0.9854 - val_loss: 0.0663 - val_acc: 0.9814
```

為了更清楚瞭解程式此時正在做什麼事情,我們可以使用下列程式碼來繪製訓練進度:

```python
import matplotlib.pyplot as plt

fig, ax = plt.subplots(figsize=(10,6))
gen = ax.plot(history.history['val_acc'], label='Validation
Accuracy')
fr = ax.plot(history.history['acc'],dashes=[5, 2], label='Training
Accuracy')

legend = ax.legend(loc='lower center', shadow=True)

plt.show()
```

這樣一來,我們就可以讓電腦螢幕顯示以下曲線圖表:

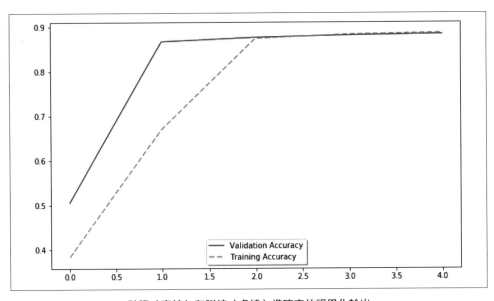

驗證(實線)和訓練(虛線)準確率的視覺化輸出

從上圖中可以看到，此模型的驗證準確率達到了 98% 左右，相當不錯！

為我們的神經網路提供更多樣的功能

讓我們花點時間來看看神經網路的一些其他功能。

動量

在前面的章節中，我們已經用「梯度下降法」來解釋了「梯度下降」，即有人試圖透過地面的坡度找到下山的方法。「動量」（Momentum）的解釋可以用物理原理來比喻，即球從一個山坡上滾下來。山坡上有一個小顛簸，並不會讓球滾動的方向完全不一樣。球已經有了一定的動量，這意味著它的運動會受到之前運動的影響。

我們不直接用「梯度」來更新模型參數，而是以「指數加權移動平均值」（exponentially weighted moving average）來更新模型參數。我們先用「離群」（outlier）梯度值更新參數，然後擷取「移動平均值」，這樣就可以平滑掉「離群值」，並捕捉到「梯度」的一般方向，如下圖所示：

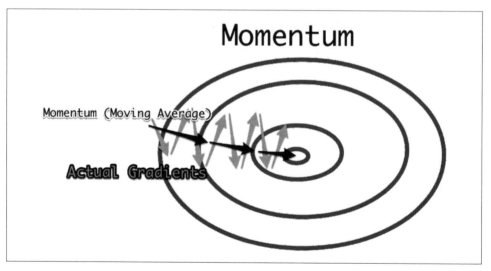

「動量」如何平滑掉「梯度更新」

「指數加權移動平均值」是一個巧妙的數學技巧，用來計算「移動平均值」，而不需要記住「前一組數值」。某 θ 值的「指數加權平均值」V 的公式為：

$$V_t = \beta * V_{t-1} + \left(1 - \beta\right) * \theta_t$$

β 值為 0.9，意味著 90% 的平均值將來自於「之前的移動平均值」V_{t-1}，10% 則來自於新值 θ_t。

使用「動量」可讓「學習」更穩健抵禦「梯度下降」的陷阱，如「離群梯度」（outlier gradients）、「局部最小值」（local minima）和「鞍點」（saddle points）。

我們可以在 Keras 中設定動量的 β 值來增強「標準隨機梯度下降優化器」（standard stochastic gradient descent optimizer），如下列程式碼所示：

```
from keras.optimizers import SGD
momentum_optimizer = SGD(lr=0.01, momentum=0.9)
```

這段程式碼建立了一個「隨機梯度下降優化器」，學習率為 0.01，β 值為 0.9。我們可以在編譯模型時使用它，如下列程式碼所示：

```
model.compile(optimizer=momentum_optimizer,
              loss='sparse_categorical_crossentropy',
              metrics=['acc'])
```

Adam 優化器

早在 2015 年，Diederik P. Kingma 和 Jimmy Ba 建立了 **Adam**（Adaptive Momentum Estimation，自適應動量估計）優化器。這是另一種更能有效發揮作用的梯度下降法。在過去的幾年裡，這種方法顯示出了非常好的效果，因此也成為了很多從業者的標準選擇。例如，我們在 MNIST 資料集中有使用過它。

首先，就像動量優化器一樣，「Adam 優化器」可計算梯度的「指數加權平均值」。它以下列公式做到了這一點：

$$V_{dW} = \beta_1 * V_{dW} + \left(1 - \beta_1\right) * dW$$

然後，它還可以下列公式來計算「平方梯度的指數加權平均值」（exponentially weighted average of the squared gradients）：

$$S_{dW} = \beta_2 * S_{dW} + \left(1 - \beta_2\right) * dW^2$$

然後它會以下列公式來更新「模型參數」：

$$W = W - \alpha * \frac{V_{dW}}{\sqrt{S_{dW}} + \varepsilon}$$

這裡的 ε 是一個極小的數值，避免了除以 0 的問題。

當梯度值非常大時，這種「除以梯度平方根的公式」會降低更新速度。但它學習的速率是穩定的，因為此學習演算法並不會因為「離群值」而偏離軌道。

「Adam 優化器」提供了一個新的超參數。不是只有一個動量因素 β，我們現在有兩個動量因素（β_1 和 β_2）。β_1 和 β_2 的推薦值分別為 0.9 和 0.999。

下列是在 Keras 中使用「Adam 優化器」的程式碼：

```
from keras.optimizers import adam
adam_optimizer=adam(lr=0.1,
                    beta_1=0.9,
                    beta_2=0.999,
                    epsilon=1e-08)
model.compile(optimizer=adam_optimizer,
              loss='sparse_categorical_crossentropy',
              metrics=['acc'])
```

如本章前面所見，我們也可以傳遞作為優化器的 adam 字串來編譯模型。在這種情況下，Keras 會為我們建立一個「Adam 優化器」，並選用推薦的數值。

正規化

「正規化」（Regularization）是一種用於避免「過度擬合」的技術。「過度擬合」是指當模型與訓練資料擬合得太好時，模型便不能很好地概括到測試或開發的資料之上。你可能會發現，「過度擬合」有時亦稱之為「高變異數」（high variance）；相反地，「擬合不足」，無論是在訓練、開發或測試資料之上都沒有良好的結果，於是便稱之為「高偏差」（high bias）。

在經典的統計學中，人們對「偏差」和「變異數」的權衡問題有很多關注。所提出的論點是，非常適合訓練集的模型可能會「過度擬合」，為了獲得良好的結果，必須接受一定程度的「擬合不足」（偏差）。在經典統計學中，防止過度擬合的超參數往往也會使訓練集無法很好地擬合。

如本文所述，神經網路的「正規化」，大部分起源於經典的學習演算法。然而，現代機器學習研究也開始接受「正交性」（orthogonality）的概念，即「不同的超參數」會影響「偏差和變異數」的想法。

分離這些超參數，可以打破偏差和變異數的權衡問題（the bias-variance tradeoff），我們可以找到能夠很好地概括並提供準確預測的模型。然而，到目前為止，這些努力只產生很小的回饋，因為「低偏差」和「低變異數」模型需要大量的訓練資料。

L2 正規化

對抗過度擬合的一種流行技術是「L2 正規化」（L2 regularization）。「L2 正規化」將「平方權重之和」加到「損失函數」中。我們可以在下列公式中，看到這樣的一個例子：

$$L_{Regularized}(W) = L(W) + \frac{\lambda}{2N}\sum W^2$$

在上面的公式中，N 是訓練實例的數量，λ 是正規化超參數，它決定了我們希望正規化的程度，常用的值大約是 0.01 左右。

將「正規化」運算增加到「損失函數」中意味著「高權重」會增加損失，於是我們便會設法「刺激」演算法來降低權重值。但極小的權重值（大約為零）也意味著神經網路對它們的依賴性會降低。

因此，「正規化」演算法較不依賴每個特徵及每個節點的激勵函數輸出，而是具有較全面性的觀點來考量許多特徵和激勵函數。這樣可以防止「正規化」演算法過度擬合問題。

L1 正規化

「L1 正規化」（L1 regularization）與「L2 正規化」（L2 regularization）非常相似，但「L1 正規化」不是使用平方和（the sum of squares），而是使用絕對值之和（the sum of absolute values），如下列公式所示：

$$L_{Regularized}(W) = L(W)\frac{\lambda}{2N}\sum \|W\|$$

在實際操作過程中，我們往往會有一些不確定的地方，也不知道這兩者哪一個效果較好，但兩者之間的差別並不大。

Keras 的正規化

在 Keras 中，使用權重的正規化器稱為 `kernel_regularizer`，使用偏差的正規化器稱為 `bias_regularizer`。你也可以使用「正規化」運算來直接懲罰很大（或很小）的激勵函數值，利用「活動正規化器」（`activity_regularizer`）來防止產生極端的激勵函數值。

現在，讓我們在網路中加入「L2 正規化」演算法，如下列程式碼所示：

```
from keras.regularizers import l2

model = Sequential()


model.add(Conv2D(6,3,input_shape=img_shape, kernel_
regularizer=l2(0.01)))

model.add(Activation('relu'))

model.add(MaxPool2D(2))

model.add(Conv2D(12,3,activity_regularizer=l2(0.01)))

model.add(Activation('relu'))

model.add(MaxPool2D(2))

model.add(Flatten())

model.add(Dense(10,bias_regularizer=l2(0.01)))

model.add(Activation('softmax'))
```

仿照 Keras 在第一卷積層的方式來設定 `kernel_regularizer`，表示對權重進行正規化。設定 `bias_regularizer` 可以使偏差正規化，而設定 `activity_regularizer` 可對圖層的輸出激勵進行正則化。

在此例子中，「正規化器」雖然準備開始炫耀其功能，但在這裡，「正規化器」實際上會對我們的網路效能造成損害。從前面的訓練結果中可以看到，我們的網路實際上並沒有過度擬合，所以在這裡設定「正規化器」會損害效能，結果造成模型的擬合不足。

從下面的輸出中我們可以看到，在這種情況下，模型驗證的準確率達到 87% 左右：

```
model.compile(loss='sparse_categorical_crossentropy',
              optimizer = 'adam',
              metrics=['acc'])

history = model.fit(x_train,
                    y_train,
                    batch_size=32,
                    epochs=10,
                    validation_data=(x_test,y_test))
```

```
Train on 60000 samples, validate on 10000 samples
Epoch 1/10
60000/60000 [==============================] - 22s 374us/step - loss:
7707.2773 - acc: 0.6556 - val_loss: 55.7280 - val_acc: 0.7322
Epoch 2/10
60000/60000 [==============================] - 21s 344us/step - loss:
20.5613 - acc: 0.7088 - val_loss: 6.1601 - val_acc: 0.6771
....
Epoch 10/10
60000/60000 [==============================] - 20s 329us/step - loss:
0.9231 - acc: 0.8650 - val_loss: 0.8309 - val_acc: 0.8749
```

你會注意到，模型在驗證上獲得的準確率高於訓練集；這是一個明顯的擬合不足的跡象。

丟棄法

正如 Srivastava 等人在 2014 年發表的論文標題所揭示的那樣，「丟棄法」（Dropout）是防止神經網路過度擬合的一種簡易方法。「丟棄法」透過從神經網路中「隨機刪除節點」來達成此一目的：

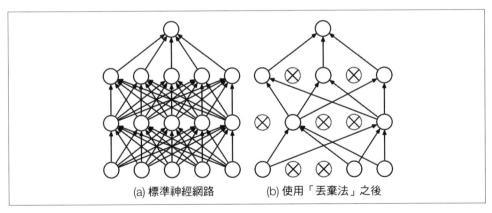

(a) 標準神經網路　　　(b) 使用「丟棄法」之後

「丟棄法」示意圖。摘自 Srivastava 等人於 2014 年發表的論文：
《*Dropout: A Simple Way to Prevent Neural Networks from Overfitting*》。

有了「丟棄法」，每個節點「將其激勵設定為零」的概率會很小。這表示學習演算法不再像 L2 和 L1 正規化法那樣嚴重依賴單一節點。因此，「丟棄法」也具有正規化的作用存在。

在 Keras 中，「丟棄法」是一種新型圖層，此新型圖層會傳遞激勵是否啟動的狀態，但有時會將激勵啟動設為零，從而達到直接在節點中執行「丟棄法」的相同效果。我們可以從下列程式碼中看到這一點：

```
from keras.layers import Dropout
model = Sequential()

model.add(Conv2D(6,3,input_shape=img_shape))
model.add(Activation('relu'))
model.add(MaxPool2D(2))

model.add(Dropout(0.2))

model.add(Conv2D(12,3))
model.add(Activation('relu'))
model.add(MaxPool2D(2))

model.add(Dropout(0.2))

model.add(Flatten())

model.add(Dense(10,bias_regularizer=l2(0.01)))

model.add(Activation('softmax'))
```

如果過度擬合問題嚴重的話，將「丟棄值」設定為 0.5 是一個不錯的選擇，而將「丟棄值」設定為大於 0.5 則沒有什麼好處，因為此時網路中「可用的節點數」太少了，導致整個網路無法使用。在這種情況下，我們選擇 0.2 作為「丟棄值」，這表示每個節點都有 20% 的概率會被設定為 0。

請注意，在池化後才使用「丟棄法」：

```
model.compile(loss='sparse_categorical_crossentropy',
              optimizer = 'adam',
              metrics=['acc'])
```

```
history = model.fit(x_train,
                    y_train,
                    batch_size=32,
                    epochs=10,
                    validation_data=(x_test,y_test))
```

Train on 60000 samples, validate on 10000 samples
Epoch 1/10
60000/60000 [==============================] - 22s 371us/step - loss:
5.6472 - acc: 0.6039 - val_loss: 0.2495 - val_acc: 0.9265
Epoch 2/10
60000/60000 [==============================] - 21s 356us/step - loss:
0.2920 - acc: 0.9104 - val_loss: 0.1253 - val_acc: 0.9627
....
Epoch 10/10
60000/60000 [==============================] - 21s 344us/step - loss:
0.1064 - acc: 0.9662 - val_loss: 0.0545 - val_acc: 0.9835

較低的「丟棄值」可為我們帶來不錯的結果,但同樣的,此時網路在驗證集上的表現會比訓練集好,這顯然是「擬合不足」的現象。請注意:「丟棄法」僅可在「訓練」時使用。當模型用於「預測」時,「丟棄法」就沒有任何作用了。

批次正規化

批次正規化(**Batchnorm**)是 **batch normalization** 的縮寫,是專對「輸入資料」進行「批次正規化」而加入的新圖層技術。「批次正規化」會計算資料的平均值(mean)和標準差(standard deviation),並透過轉換運算,以使平均值為 0,標準差為 1。

由於「批次正規化」的「損失曲面」(loss surface)會變得較為「圓滑」,這使得訓練變得更加容易。沿著曲面圖,我們會發現各個輸入維度都有不同的平均值和標準差,這表示網路必須學習更為複雜的函數。

在 Keras,「批次正規化」也是一種新型圖層,如下列程式碼所示:

```
from keras.layers import BatchNormalization

model = Sequential()
```

```
model.add(Conv2D(6,3,input_shape=img_shape))
model.add(Activation('relu'))
model.add(MaxPool2D(2))

model.add(BatchNormalization())
model.add(Conv2D(12,3))
model.add(Activation('relu'))
model.add(MaxPool2D(2))

model.add(BatchNormalization())

model.add(Flatten())

model.add(Dense(10,bias_regularizer=l2(0.01)))

model.add(Activation('softmax'))
model.compile(loss='sparse_categorical_crossentropy',
              optimizer = 'adam',
              metrics=['acc'])

history = model.fit(x_train,
      y_train,
      batch_size=32,
      epochs=10,
      validation_data=(x_test,y_test))
```

```
Train on 60000 samples, validate on 10000 samples
Epoch 1/10
60000/60000 [==============================] - 25s 420us/step - loss:
0.2229 - acc: 0.9328 - val_loss: 0.0775 - val_acc: 0.9768
Epoch 2/10
60000/60000 [==============================] - 26s 429us/step - loss:
0.0744 - acc: 0.9766 - val_loss: 0.0668 - val_acc: 0.9795
....
Epoch 10/10
60000/60000 [==============================] - 26s 432us/step - loss:
0.0314 - acc: 0.9897 - val_loss: 0.0518 - val_acc: 0.9843
```

「批次正規化」經常就是以簡化訓練方式來加速訓練的。你可以在這裡看到第一輪的準確率是如何上升的:

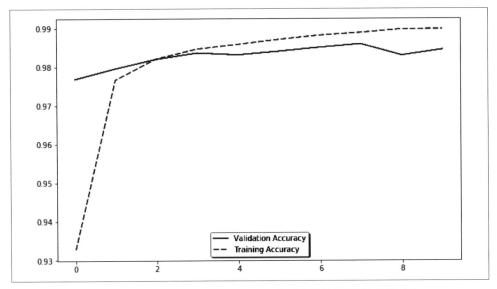

使用「批次正規化」技術後的 MNIST 分類器在訓練與驗證上的準確率

「批次正規化」也有輕微的正規化作用。極端值往往會被過度擬合到，而「批次正規化」會降低極端值，類似於「活動正規化」（activity regularization）。所有這些優點都使得「批次正規化」成為電腦視覺中極為常用的工具。

處理大型影像資料集

影像圖的大小往往是非常龐大的。事實上，你很可能無法將整個影像圖的資料集全部都塞進機器的記憶體中。

因此，我們需要從磁碟中「及時」加載影像圖，而不是提前全部加載。在本章節中，我們將設定一個「影像資料產生器」（image data generator），它可以即時加載影像圖。

在本例中，我們將使用「植物幼苗（Plant Seedling）的資料集」。這是由 Thomas Giselsson 等人於 2017 年透過他們的出版品所提供的：《*A Public Image Database for Benchmark of Plant Seedling Classification Algorithms*》。

讀者可以從下列網址下載這個資料集：https://arxiv.org/abs/1711.05458。

你可能會想知道「為什麼我們要研究植物」；畢竟植物分類並不是金融業面臨的常見問題。簡單的答案是，這個資料集適合「示範」許多常見的電腦視覺技術，並且是在開放

原始碼許可規範下提供的；因此，對我們來說，這是一個很好的訓練資料集。

對於想要使用更多相關資料集來測試自己知識的讀者，建議可以看看 State Farm Distracted Driver 資料集以及 Planet: Understanding the Amazon from Space 資料集。

 本節的程式碼和資料，以及「使用預先訓練的模型」小節的程式碼和資料，都可以在下列網址中找到和執行：**https://www.kaggle. com/jannesklaas/stacking-vgg**。

Keras 內建有開箱即用的「影像資料產生器」，可以從磁碟機上加載檔案。你只需執行下列程式碼來加載檔案。

```
from keras.preprocessing.image import ImageDataGenerator
```

若要使用能夠讀取檔案的產生器，首先必須指定產生器。在 Keras 中，ImageDataGenerator 提供了一系列影像增強工具，但是在我們的例子中，我們將只使用「縮放功能」（rescale）而已。

「縮放功能」可將「影像中的值」乘以「比例常數」。對於大多數常見的影像格式而言，彩色值的範圍都是介於 0 到 255 之間，所以我們要以 1/255 的比例來重新調整影像大小，如下列程式碼所示：

```
imgen = ImageDataGenerator(rescale=1/255)
```

然而，這還不是我們加載影像的產生器。ImageDataGenerator 類別提供了一系列的產生器，我們可以透過呼叫 ImageDataGenerator 中的函數來建立這些產生器。

要獲得一個加載檔案的產生器，我們必須呼叫 flow_from_directory。

然後，我們必須指定 Keras 使用的目錄、想要的「批次處理大小」（在本例中為 32）以及調整成目標大小的影像（在本例中為 150×150 像素），如下列程式碼所示：

```
train_generator = imgen.flow_from_directory('train',
                                            batch_size=32,
                                            target_size=(150,150))

validation_generator = imgen.flow_from_directory('validation',
                                                 batch_size=32,
                                                 target_size=(150,150))
```

Keras 是如何尋找到這些影像的，它是如何知道這些影像屬於哪一類的？以下是我們想要的 Keras「影像資料產生器」的檔案夾架構：

- Root:
  - » Class 0
    - › img
    - › img
    - › …
  - » Class 1
    - › img
    - › img
    - › …
  - » Class 2
    - › …

我們的資料集已經設定成這樣的架構了。我們通常並不難對影像進行排序，以符合產生器的預期架構。

使用預先訓練的模型

訓練一個大型電腦視覺模型不僅難度大，而且運算成本高。因此，通常的做法是先借用原先用於「其他目的」的「已訓練模型」，然後再將這些模型微調給「新目的」使用。這就是「轉移學習」（transfer learning）的一個範例。

「轉移學習」的目的是將學習過的模型從一個任務轉移至另一個任務。我們人類非常善於轉移我們所學到的東西。當你看到一隻從未見過的狗時，你不需要為一隻狗「重新學習」所有關於狗的知識；反之，你只需要把「新的知識」轉移到「你已經知道的」關於狗的知識之上。每次重新訓練一個大型網路是沒有經濟效率的，因為你經常會發現模型的某些部分可以重用（reuse）。

在本節中，我們將對原本在 ImageNet 資料集上訓練的 VGG-16 進行微調。ImageNet 大賽是每年一度的電腦視覺大賽，ImageNet 資料集是由數以百萬張真實世界物體的影像組成，從狗到飛機都有。

在 ImageNet 競賽中，研究人員們競相建立最準確的模型。事實上，近年來，ImageNet 推動了電腦視覺領域的許多進步，而為 ImageNet 競賽建立的模型也成為了微調模型的流行基礎。

VGG-16 是由牛津大學「視覺幾何學小組」（visual geometry group）開發的模型架構。該模型由一個卷積部分和一個分類部分組成。我們將只使用卷積部分。此外，我們將加入自己的分類部分，可以對植物進行分類。

你可以使用下列程式碼來透過 Keras 下載 VGG-16：

```
from keras.applications.vgg16 import VGG16
vgg_model = VGG16(include_top=False,input_shape=(150,150,3))
```

out:
```
Downloading data from https://github.com/fchollet/deep-learning-models/
releases/download/v0.1/vgg16_weights_tf_dim_ordering_tf_kernels_notop.h5
58892288/58889256 [==============================] - 5s 0us/step
```

在下載資料的時候，我們要讓 Keras 知道我們不想包括頂端的部分（「分類」部分）；我們也要讓 Keras 知道我們想要的輸入形狀。如果我們不指定輸入形狀，模型將接受任何大小的影像，並且無法在上面增加 Dense 層：

```
vgg_model.summary()
```

out:

Layer (type)	Output Shape	Param #
input_1 (InputLayer)	(None, 150, 150, 3)	0
block1_conv1 (Conv2D)	(None, 150, 150, 64)	1792
block1_conv2 (Conv2D)	(None, 150, 150, 64)	36928
block1_pool (MaxPooling2D)	(None, 75, 75, 64)	0
block2_conv1 (Conv2D)	(None, 75, 75, 128)	73856
block2_conv2 (Conv2D)	(None, 75, 75, 128)	147584
block2_pool (MaxPooling2D)	(None, 37, 37, 128)	0
block3_conv1 (Conv2D)	(None, 37, 37, 256)	295168
block3_conv2 (Conv2D)	(None, 37, 37, 256)	590080
block3_conv3 (Conv2D)	(None, 37, 37, 256)	590080
block3_pool (MaxPooling2D)	(None, 18, 18, 256)	0
block4_conv1 (Conv2D)	(None, 18, 18, 512)	1180160

block4_conv2 (Conv2D)	(None, 18, 18, 512)	2359808
block4_conv3 (Conv2D)	(None, 18, 18, 512)	2359808
block4_pool (MaxPooling2D)	(None, 9, 9, 512)	0
block5_conv1 (Conv2D)	(None, 9, 9, 512)	2359808
block5_conv2 (Conv2D)	(None, 9, 9, 512)	2359808
block5_conv3 (Conv2D)	(None, 9, 9, 512)	2359808
block5_pool (MaxPooling2D)	(None, 4, 4, 512)	0

```
=================================================================
Total params: 14,714,688
Trainable params: 14,714,688
Non-trainable params: 0
```

讀者可以看到，VGG 模型非常大，有超過 1,470 萬個可訓練的參數。它還包括 Conv2D 和 MaxPooling2D 圖層，這兩個圖層我們在處理 MNIST 資料集時已經解釋過了。

從這一觀點出發，我們可以有兩種不同的方法來進行：

- 增加圖層並建立一個新的模型。
- 透過相關模型對所有影像進行預處理，最後訓練成一個新模型。

修改 VGG-16

在這一節中，我們將在 VGG-16 模型的基礎上新增圖層，然後從那裡開始訓練新的大模型。

但是，我們不想重新訓練所有已經訓練過的卷積層。因此，我們必須首先「凍結」（freeze）VGG-16 中的所有圖層，我們可以透過下列程式碼來達成：

```
for the layer in vgg_model.layers:
    layer.trainable = False
```

Keras 下載 VGG 作為一個函數式 API 模型。我們將在「**第 6 章**」時，才來了解更多關於「函數式 API」的細節內容，但現在，我們只想使用「序列式 API」（Sequential API），它允許我們透過 model.add() 來堆疊圖層。在下列程式碼中，我們將使用函數式 API 來轉換模型：

```
finetune = Sequential(layers = vgg_model.layers)
```

執行上述程式碼後，我們就建立了一個新模型，稱之為 finetune，它的工作原理和普通的「序列式」（Sequential）模型一樣。我們需要記住的是，只有當模型可以實際用「序列式 API」表達的時候，用「序列式 API」轉換模型才有效。有些比較複雜的模型是無法轉換的。

由於我們已經完成了所有的設定，我們現在就可以在模型中新增圖層了，如下列程式碼所示：

```
finetune.add(Flatten())
finetune.add(Dense(12))
finetune.add(Activation('softmax'))
```

新增的圖層在預設情況下是可訓練的，而重複使用的模型圖層則不需要再重複訓練了。就像訓練其他模型一樣，我們可以在上一節中定義的「資料產生器」上訓練這個堆疊在一起的模型，如下列程式碼所示：

```
finetune.compile(loss='categorical_crossentropy',
                 optimizer='adam',
                 metrics = ['acc'])

finetune.fit_generator(train_generator,
                 epochs=8,
                 steps_per_epoch= 4606 // 32,
                 validation_data=validation_generator,
                 validation_steps= 144//32)
```

執行後，模型的驗證準確率達到 75% 左右。

隨機影像增強

機器學習中的一個普遍問題是，無論我們有多少資料，越多資料效果當然越好，因為這樣可以提高我們的輸出品質，同時也可以防止過度擬合，讓我們的模型能夠處理更多的輸入特徵。因此，在影像上隨機增強影像的特徵是很常見的事，例如：加入旋轉（rotation）的影像或加入隨機裁切（random crop）的影像。

這個想法是為了從一張影像中得到大量不同的影像，從而減少模型過度擬合的機率。為了方便處理「影像增強」的大部分需求，我們可以直接使用 Keras 的「影像資料產生器」（ImageDataGenerator）。

OpenCV 程式庫可提供較進階的各式各樣的影像增強功能。但這並不是本書所要討論的範圍。

使用「影像資料產生器」來增強影像

我們通常只用「影像資料產生器」來訓練資料。「驗證產生器」（validation generator）不應該使用「影像資料產生器」，因為當驗證模型時，我們所要估計的是它在「未見過的實際資料」上的表現，而不是在增強後的資料表現。

這與基於規則性的增強影像方式有所不同，在規則性的增強影像方式中，我們嘗試建立易於分類的影像。因此，我們需要建立兩個 ImageDataGenerator 實例，一個用於訓練，另一個用於驗證，如下列程式碼所示：

```
train_datagen = ImageDataGenerator(
  rescale = 1/255,
  rotation_range=90,
  width_shift_range=0.2,
  height_shift_range=0.2,
  shear_range=0.2,
  zoom_range=0.1,
  horizontal_flip=True,
  fill_mode='nearest')
```

這個訓練資料產生器利用了一些內建的增強技術。

 請注意：Keras 還有其他許多的指令。如需要完整的指令列表，請至 **https://keras.io/** 來參考 Keras 文件。

在底下的列表項目中，讓我們重點介紹幾個常用的指令：

- rescale（重新縮放）會對影像中的值進行縮放。我們以前用過，以後也會用它來驗證。

- rotation_range 可隨機旋轉一個影像，旋轉範圍是從 0 度至 180 度。

- width_shift_range 和 height_shift_range 是拉直影像的寬度及高度（相對於影像的大小，在這裡拉直區間是 20%），在這個範圍內隨機拉直影像的水平或垂直方向。

- shear_range 是一個裁切範圍（同樣是相對於影像的大小），在這個範圍內隨機應用裁切影像。

- zoom_range 是隨機放大圖片的範圍。
- horizontal_flip 指定是否隨機翻轉影像。
- fill_mode 指定如何填充由旋轉等產生的空位。

我們可以多次執行一張影像來檢查產生器的作用。

首先，我們需要匯入 Keras 影像工具並指定一個影像路徑（這個路徑是隨機選擇的）。你可以執行下列的程式來完成檢查：

```
from keras.preprocessing import image
fname = 'train/Charlock/270209308.png'
```

然後，我們需要加載影像並將其轉換為 NumPy 陣列，如下列程式碼所示：

```
img = image.load_img(fname, target_size=(150, 150))
img = image.img_to_array(img)
```

和之前一樣，我們要替影像增加一個批次大小的維度：

```
img = np.expand_dims(img,axis=0)
```

接下來，我們使用我們剛才建立的 ImageDataGenerator 實例，但我們將不使用 flow_from_directory，而是使用 flow，flow 讓我們直接將資料傳遞到產生器中。然後我們傳遞一個我們想要使用的影像，如下列程式碼所示：

```
gen = train_datagen.flow(img, batch_size=1)
```

在迴圈中，我們在產生器上呼叫 next 四次：

```
for i in range(4):
    plt.figure(i)
    batch = next(gen)
    imgplot = plt.imshow(image.array_to_img(batch[0]))

plt.show()
```

這將產生下列輸出：

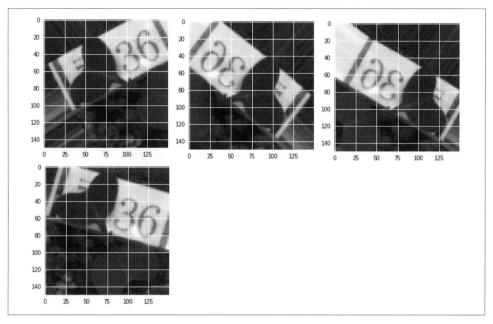

幾張隨機修改後的影像樣本

權衡模組化

本章已經表明，用一些基於規則的系統來輔助機器學習模型是可能的，而且往往是有用的。你可能也注意到了，「資料集」中的影像都被裁切成只顯示一種植物。

除了分類植物之外，我們建立的模型還可以同時定位和分類植物，我們還可以建立一個系統，直接輸出一個植物應該接受的處理方式。這就提出了一個問題：我們應該如何將系統模組化（modular）。

近幾年來，端到端（End-to-End）深度學習風靡一時。如果給定了大量的資料，一個深度學習模型就可以學會一個多元件系統「需要花很久的時間」才能學習的東西。然而，端到端深度學習也的確有下列幾項缺失：

- 端到端的深度學習需要海量的資料。因為模型有很多的參數，為了避免過度擬合，需要大量的資料。
- 端到端的深度學習不易除錯。如果你用一個黑盒子模型代替了整個系統，你幾乎沒有希望找出「某些特定事情」發生的原因。
- 有些東西雖然很難學習，但很容易以程式碼方式呈現，特別是「完整性檢查」（sanity check）規則。

最近，研究人員開始使他們的模型更加模組化，Ha 和 Schmidthuber 的「世界模型」（World Models）就是一個很好的例子，你可以在這個網址（https://worldmodels.github.io/）閱讀關於「世界模型」的細節。在這個過程中，他們對視覺資訊進行編碼，對未來做出預測，並用三種不同的模型選擇行動。

在實用方面，我們可以看看 Airbnb 民宿網站，Airbnb 將「結構建模」與「機器學習」相互結合，來作為其「定價引擎」的依據。請參閱 https://medium.com/airbnb-engineering/learning-market-dynamics-for-optimal-pricing-97cffbcc53e3 了解更多相關細節。建模人員知道預訂量大致遵循「泊松分佈」（Poisson Distribution），並且還會產生季節性影響。 因此，Airbnb 建立了一個模型來直接預測「分佈」和「季節性」的參數，而不是讓模型直接預測「預訂量」。

如果你的資料量太少，那麼你的演算法效能需要來自人類的觀察力。如果有些任務可以很容易用程式碼表達，那麼通常最好用程式碼來表示它們。如果你需要可解釋性，並想知道為什麼做出某些選擇，一個具有「清晰可解釋的中間輸出」模組化設定是一個不錯的選擇。但是，假設任務很困難，而你不知道它到底需要什麼其他的子任務，並且你擁有大量的資料，那麼通常最好使用端到端方法。

純粹的端到端的做法是非常罕見的。比如說，影像資料總是會預先在相機晶片上先處理好一部分，你從來沒有真正的處理過原始資料。

精緻地劃分任務，可以提高績效，降低風險。

分類之外的電腦視覺技術

如我們所見，有許多技術，可以讓我們的影像分類器有更好的工作表現。你會發現這些技術在本書中都會用到，而且不僅僅是電腦視覺的應用而已。

在本章的最後一節中，我們將討論一些影像分類之外的其他方法。與我們在本章中討論的內容相比，這些任務通常需要更多「創造力／創新」來使用神經網路。

為了從本節中獲得最大收益，你不需要太過擔心所介紹的技術細節，而只需關注研究人員在使用神經網路方面的「創造力／創新」。我們之所以採取這種方法，是因為你經常會發現，你要尋求解決的任務，往往需要類似的「創造力／創新」（creativity）。

人臉辨識

人臉辨識（Facial recognition）在零售機構中有許多應用。例如，如果你在前台（Front Office，即辦公室前端的客服或櫃檯等部門）工作，你可能希望在 ATM 上自動辨識你的客戶，或者，你可能希望提供基於人臉的安全特徵，就像 iPhone 提供的功能一樣。但是，在後台（Back Office，即辦公室後端的行政或決策等部門），你需要遵守 KYC 法規，而該法規要求你辨識你合作的客戶。

從表面上來看，人臉辨識看起來像是一項分類任務。你給機器一張臉的影像，它就會預測出是誰。問題是，你可能有數以百萬的客戶，但每位客戶只有一、兩張照片。

除此之外，你很可能會不斷開發新客戶。你不可能每次得到一位新客戶就改變你的模型，如果有一個簡單分類法必須在數以百萬個類別之間進行選擇，而其中每個類別也僅能提供一組樣本而已，則該方法必將失敗。

這裡的創新之處在於，你可以看到兩個影像是否顯示「同一張臉」，而不是對「客戶的臉」進行分類。你可以在下圖中看到這個構想的視覺化表示：

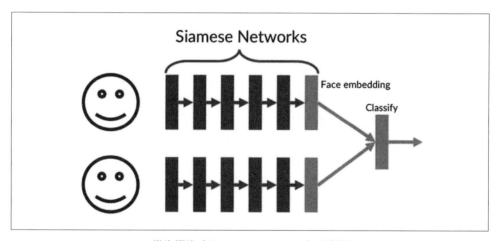

學生網路（Siamese Networks）示意圖

為了達到這個目的，你得先輸入這兩張影像。**學生網路**（**Siamese network**）是另一種類型的神經網路架構，其中可包含兩個以上的相同子網路，且也使用相同的權重值。在 Keras 中，你可以先定義好一個新圖層，然後再讓兩個網路使用此新圖層來達到這樣的設計目的。最後，將這兩個「學生網路」輸出饋送至此分類層中，由此分類層來決定兩張影像是否顯示了「相同的人臉」。

為了避免每次我們想辨識一張臉時，都要透過整個「孿生網路」來執行資料庫中的所有客戶影像，一般情況下，「孿生網路」的最終輸出都會保存下來。「孿生網路」對一張人臉影像的最終輸出叫做**人臉嵌入向量**（**Face embedding**）。當我們想辨識一位客戶時，我們將「客戶的人臉嵌入影像」與「資料庫中儲存的嵌入影像」進行比對。我們只需要一個分類層就可以完成這項任務。

儲存「人臉嵌入向量」是非常有益的，因為除了允許人臉的集群（clustering）之外，它還可以為我們節省大量的計算成本。人臉會根據性別、年齡和種族等特徵集群在一起。透過只將「一個影像」與「同一群組中的影像」進行比較，我們可以節省更多的計算能力，從而獲得更快的辨識速度。

有兩種方法可以訓練「孿生網路」。 透過建立很多成對的匹配影像和非匹配影像，然後使用「二元交叉熵分類損失」（binary cross-entropy classification loss）來訓練整個模型，我們就可以與分類器一起訓練「孿生網路」了。然而，另一個更好的選擇是訓練模型，來直接產生「人臉嵌入向量」。這種方法在 2015 年 Schroff、Kalenichenko 和 Philbin 的論文中有詳述：《*FaceNet: A Unified Embedding for Face Recognition and Clustering*》（讀者可以到 https://arxiv.org/abs/1503.03832 閱讀相關細節）。

這個想法是要建立「三連體影像」（triplets of images）：一個「**基準正例影像**」（**anchor image**）、一個與「基準正例影像」相同人臉的「**正例影像**」（**positive image**），以及一個與「基準正例影像」不同人臉的「**負例影像**」（**negative image**）。「三連體影像」的損失值可用於縮小「基準正例嵌入向量」和「正例嵌入向量」之間的距離，並可擴大「基準正例嵌入向量」和「負例嵌入向量」之間的距離。

損失函數如下所示：

$$L = \sum_{i}^{N} \left[\left\| f\left(x_i^a\right) - f\left(x_i^p\right) \right\|_2^2 - \left\| f\left(x_i^a\right) - f\left(x_i^n\right) \right\|_2^2 + \alpha \right]$$

這裡 x_i^a 是「基準正例影像」，$f\left(x_i^a\right)$ 是「孿生網路」的輸出，即「基準正例嵌入」值。「三連體影像」的損失值是「基準正例嵌入向量」和「正例嵌入向量」之間的「歐式距離」（Euclidean distance）減去「基準正例嵌入向量」和「負例嵌入向量」之間的「歐式距離」。小常數 α 是在「正例嵌入向量」和「負例嵌入向量」之間的差量值。為了達到零損失，距離之間的差必須為 α。

你應該能夠理解，你可以使用神經網路來預測兩個項目在語義上是否相同，以繞過大的分類問題。你可以使用一些「二元分類法」（binary classification）任務來訓練「孿生網路」模型，也可以藉由將「輸出」視為「嵌入向量」並使用「三連體影像」損失值來訓練「孿生網路」模型。這種洞察力不僅局限於人臉辨識。如果你想要比較時間序列來對事件進行分類，那麼你也可以使用完全相同的方法。

邊界框預測

很有可能在某些時候，你會對影像中的物件定位感興趣。例如，假設你是一家保險公司，需要對其承保的屋頂進行檢查。讓人們爬上屋頂去檢查是很昂貴的事情，所以一個替代方案便是使用衛星影像。獲取了影像之後，你現在需要在其中找到屋頂，如下方的螢幕截圖所示。然後，你可以裁切屋頂影像並將之發送給你的專家，並由專家來檢查。

標識邊界框的加州住宅屋頂圖

你需要的是「邊界框預測法」（bounding box predictions）。「邊界框預測器」（bounding box predictor）會輸出多個邊界框的座標以及預測在框中可能顯示的物件。

獲取邊界框的方法總共有兩種，茲簡述於下：

第一種是所謂的「**基於區域的卷積神經網路**」（Region-based Convolutional Neural Network，**R-CNN**）物件偵測法，可為模型重新分類。R-CNN 先擷取影像並在影像上滑動「分類模型」（classification model）。此結果會對影像的各個部分進行多種分類。使用此特徵圖，可讓「區域提議網路」（region proposal network）執行迴歸運算以產生邊界框，於是「分類網路」（classification network）會為每個邊界框提供分類結果。

此方法歷經不斷的改良過程，最後在 2016 年 Ren 等人的論文《*Faster R-CNN: Towards Real-Time Object Detection with Region Proposal Networks*》達到最高潮，你可以在 https://arxiv.org/abs/1506.01497 瀏覽此論文，但在影像上滑動分類器的基本概念維持不變。

第二種是所謂的「**你只看一次**」（You Only Look Once，**YOLO**）物件偵測法，會使用卷積層的模型。它將影像分成一個個網格，並為每個網格單元預測一個物件類別。接著，它就可預測出幾個可能的邊界框（內含每個網格單元中的物件）。

對於每個「邊界框」（bounding box），它會傳回座標值、寬度值和高度值以及「可靠度分數」（confidence score，即此邊界框涵蓋實際物件的可靠度）。然後，它就可剔除所有「可靠度分數過低的邊界框內容」或「過度重疊的邊界框內容」。

> 欲瞭解更詳細的說明，請至：**https://arxiv.org/abs/1612. 08242**，參閱 2016 年 Redmon 和 Farhadi 的論文《*YOLO9000: Better, Faster, Stronger*》。另一篇深入探討的文章包括 2018 年的論文《*YOLOv3: An Incremental Improvement*》，這可以在 **https://arxiv.org/abs/1804.027** 上找到。
>
> 這兩篇論文都寫得很好，言簡意賅，對 YOLO 的概念進行了更詳細的解釋。

與 R-CNN 相比，YOLO 的主要優點是速度較「快」。不需要滑動一個大的分類模型，效率更高。然而，R-CNN 的主要優點在於它比 YOLO 模型「準確」。如果你的任務需求是做「及時的分析」，你應該使用 YOLO；但是，如果你不需要及時分析的速度，只想得到「最好的準確度」，那麼使用 R-CNN 是最好的選擇。

「邊界框偵測法」經常是許多處理的步驟之一。對此保險案例而言，「邊界框偵測器」是用以裁切所有的屋頂圖片。然後人類專家可對屋頂影像進行判斷，或者可透過獨立的深度學習模型來對受損屋頂進行分類。當然，你可以直接訓練一個物件定位器（object locator）來區分「受損屋頂」和「未受損屋頂」，但實務上，這通常不是一個好主意。

如果你對這方面的主題感興趣，在「**第 4 章**，理解時間序列」將會對「模組化」有精闢的深入探討。

練習題

Fashion MNIST（時尚 MNIST）是一款 MNIST 的替代方案，但它並不是「手寫數字」，而是對「衣服」進行分類。讀者可以在 Fashion MNIST 上嘗試一下本章中我們所使用的技巧。它們是如何配合使用的？怎樣才能給出好的結果呢？你可在 Kaggle 上找到相關資料集：https://www.kaggle.com/zalando-research/fashionmnist。

加入「鯨魚辨識挑戰競賽」（whale recognition challenge），並閱讀排名前幾名的內核及討論區上的議題。相關連結可在此處找到：https://www.kaggle.com/c/whale-categorization-playground。透過「鯨尾葉突」（fluke，即「尾鰭」）來辨識鯨魚，就像透過人臉來辨識人類一樣。有些優良的內核會賣弄「邊界框」以及「孿生網路」的功能。我們還沒有涵蓋解決該任務所需的所有技術工具，因此，請不用擔心程式碼的詳細內容，請先關注議題的概念即可。

小結

在本章中，你已經看到了電腦視覺模型的程式建構區塊。我們已經瞭解了「卷積層」，以及「ReLU 激勵函數」和「正規化」方法。你也看到了多種使用神經網路的創新方法，例如：使用「孿生網路」及「邊界框預測器」。

你還成功地在一個簡單的基準測試任務（MNIST 資料集）上實作並測試了所有這些方法。我們擴大了訓練規模，使用「預訓練的 VGG 模型」對成千上萬的植物影像進行分類，然後使用「Keras 產生器」從磁碟機上加載影像，並定制 VGG 模型以符合我們的新任務。

我們還瞭解了「影像增強」的重要性以及在建立電腦視覺模型時的「模組化權衡考量」。其中有許多建構區塊,如「卷積」、「批次正規化」和「丟棄法」,也可用於電腦視覺之外的其他領域。它們是你在電腦視覺應用之外也會看到的基本工具。透過本章的學習,你還可以發現,它們亦可應用於「時間序列」或「生成模型」的各種可能性之中。

電腦視覺在金融業有很多的應用,特別是在「後端功能」以及「替代性的 α 生成」方面。電腦視覺是現代機器學習的一種應用,可以轉化為當今許多企業的實用價值。越來越多的公司將「基於影像的資料來源」納入到決策之中;現在你已經準備好正面解決這些問題了。

在這一章中,我們已經看到,一個成功的電腦視覺專案將會涉及到的整個「運算流程」(pipeline)。與模型工作相比,運算流程工作往往會有類似或更大的收益。

在下一章中,我們將探討最具代表性的金融資料形式:「時間序列」(time series)。我們將使用更傳統的統計方法,如「**整合移動平均自迴歸模型**」(AutoRegressive Integrated Moving Average,**ARIMA**),以及基於現代神經網路的方法來處理網路流量預測的工作。你還將學到具有「自相關性」(autocorrelation)和「傅立葉變換」(Fourier transformations)的特徵工程。最後,你將學習如何比較及對比不同的預測方法,來建立一個高品質的預測系統。

4

理解時間序列

時間序列（time series）是一種時間維度的資料形式，很容易成為最具代表性的金融資料形式。雖然單股報價（single stock quote）並不屬於時間序列形式，但把你每天得到的報價排成一列，你就會得到一個有趣的時間序列形式。幾乎所有與金融相關的媒體資料，遲早都會顯示出股價差（a stock price gap），這並不是某一個時刻的價格表，而是隨著時間變化的價格。

你經常會聽到財經評論家討論價格的走勢，如『蘋果公司漲了 5%』。但這代表什麼意思呢？你很少會聽到絕對值，比如說，『蘋果公司的股價一股是 137.74 美元』。這又是什麼意思呢？之所以會出現這種情況，是因為市場參與者對「未來的發展」感興趣，他們試圖從「過去的發展」中推斷出這些預測，如下圖所示：

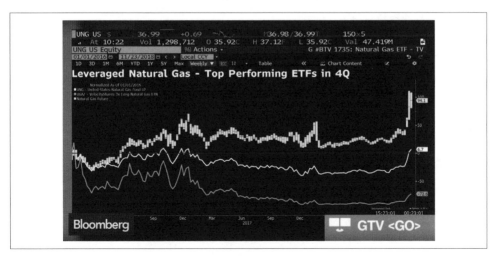

在 Bloomberg TV（彭博電視台）看到的多重時間序列圖（Multiple time series graphs）

大多數的預測工作都是看「過去一段時間內」的發展情況。時間序列資料集的概念是與預測有關的一個重要因素；例如，農民在預測作物產量時，會看時間序列資料集。正因為如此，統計學、計量經濟學和工程學等領域已經發展出大量用於處理時間序列的知識和工具。

本章將討論一些經典的工具，這些工具至今仍然非常適用。然後我們將學習神經網路如何處理時間序列，以及深度學習模型如何表達不確定性。

在我們開始研究時間序列之前，我需要讓大家做好心理準備：請勿對本章節的內容抱持太大期望。我相信你們當中有許多人可能都是為了「股市預測」而來閱讀本章內容的，但我需要提醒你們，本章節並不是關於「股市預測」，本書的其他章節也不是。

經濟學理論顯示「市場」是有效率的。「有效市場假說」（efficient market hypothesis）認為所有公開的資訊都會呈現於「股價」之中。此假說概念便可更進一步引申為如何處理資訊方面的資訊，例如預測演算法（forecasting algorithms）。

如果本書中有提出演算法，可以預測股市的價格，並帶來卓越的收益，那麼很多投資者會乾脆直接執行這些演算法就好了。由於這些演算法都會在預期「價格變化」的情況下買入或賣出，它們會改變當下的價格，從而破壞了你使用這些演算法獲得的優勢。因此，這些提出的演算法對未來的讀者而言是行不通的。

本章取而代之的方式是使用維基百科（Wikipedia）的流量資料（traffic data）。我們的目標是預測維基百科特定頁面的流量。我們可以透過 wikipediatrend CRAN 套件來獲得維基百科的流量資料。

我們這裡要使用的資料集是由 Google 提供的，約有 145,000 個維基百科頁面的流量資料。這些資料可以從 Kaggle 中獲得。

讀者可以在以下兩個連結中找到這些資料：
`https://www.kaggle.com/c/web-traffic-time-series-forecasting`

`https://www.kaggle.com/muonneutrino/wikipedia-traffic-data-exploration`

Pandas 資料視覺化準備工作

正如我們在「**第 2 章**」所見,在我們開始訓練之前,一般情況下,我們最好先了解一下資料的概況。對於我們從 Kaggle 中獲得的資料,你可執行下列程式來試試看:

```
train = pd.read_csv('../input/train_1.csv').fillna(0)
train.head()
```

執行下列程式碼,我們將得到下列表格:

	Page	2015-07-01	2015-07-02	⋯	2016-12-31
0	2NE1_zh.wikipedia.org_all-access_spider	18.0	11.0	⋯	20.0
1	2PM_zh.wikipedia.org_all-access_spider	11.0	14.0	⋯	20.0

上方「頁面」(**Page**)行中的資料包含頁面的名稱、維基百科網頁的語言版本、上網裝置類型和上網代理程式。其他行則包含該日期在頁面上的流量。

所以,在上表中,第一列包含 2NE1 的頁面(南韓女子偶像團體),維基百科的語言為中文版,所有上網方式,但僅限於分類為網路爬蟲(Web Spider)流量的網路機器人(也就是說,流量不是來自人類)。雖然大多數的時間序列工作都集中在依賴時間的「局部特徵」之上,但是我們還是可以使用「**全域特徵**」(**global features**)來豐富我們的所有模型。

因此,我們希望將「頁面字串」拆分成更小、更有用的特徵。如下列程式碼所示:

```
def parse_page(page):
    x = page.split('_')
    return ' '.join(x[:-3]), x[-3], x[-2], x[-1]
```

我們用「底線」(underscores)分隔字串。頁面的名稱也可以包含「底線」,所以我們將最後三個欄位(fields)分開,然後把剩下的欄位連起來,就可以得到文章的主題。

從下列的程式碼中我們可以看到,倒數第三個元素是 URL 網址,例如:en.wikipedia.org,倒數第二個元素是「上網類型」(access),最後一個元素是「上網代理程式」(agent):

```
parse_page(train.Page[0])
```

Out:
('2NE1', 'zh.wikipedia.org', 'all-access', 'spider')

當我們將這個函數應用到訓練集中的每一頁的項目時，我們就會得到一個元組清單，然後我們可以將這些元組連接到一個新的「資料框」（DataFrame）中，如下列程式碼所示：

```
l = list(train.Page.apply(parse_page))
df = pd.DataFrame(l)
df.columns = ['Subject','Sub_Page','Access','Agent']
```

最後，在刪除原始頁行之前，我們必須將此新「資料框」新增至原始「資料框」，如下列程式碼所示：

```
train = pd.concat([train,df],axis=1)
del train['Page']
```

在執行這段程式碼之後，我們已經成功地完成了資料集的加載。這意味著我們現在可以繼續探索接下來的內容了。

聚合全域特徵統計資訊

經過所有這些困難的工作之後，我們現在可以建立一些關於全域特徵的「聚合統計資訊」（aggregate statistics）。

Pandas 的 value_counts() 函數可以讓我們輕鬆地繪製出「全域特徵」的分佈。透過執行下列程式碼，我們將得到一個維基百科資料集的條形圖輸出。

```
train.Sub_Page.value_counts().plot(kind='bar')
```

執行上面的程式碼之後，我們將會輸出一個「條形圖」（bar chart），該條形圖會對資料集中的記錄分佈（distributions of records）進行排序，如下圖所示：

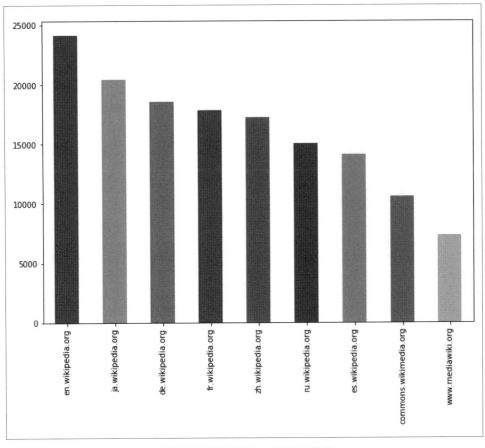

「維基百科國家頁面」的記錄分佈圖

上圖顯示了每個子頁面可用的時間序列數量。維基百科有不同語言的子頁面，我們可以看到，我們的資料集包含了英文（en）、日文（ja）、德文（de）、法文（fr）、中文（zh）、俄文（ru）和西班牙文（es）等維基百科網站的頁面。

在我們產生的條形圖中，你可能也注意到了兩個非國家的維基百科網站。commons.wikimedia.org 網站以及 www.mediawiki.org 網站皆用於承載影像等的媒體檔案。

讓我們再次執行這個程式碼指令，這一次的重點是上網類型，如下所示：

```
train.Access.value_counts().plot(kind='bar')
```

執行此程式碼後，我們將看到下面輸出的條形圖：

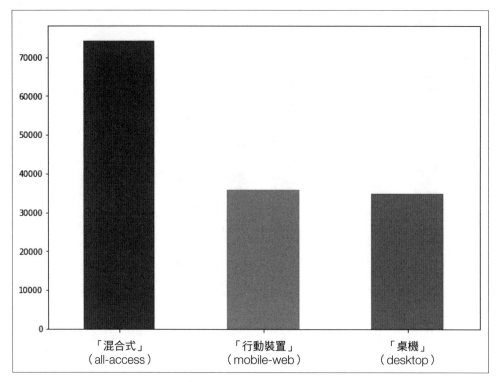

「上網類型」的記錄分佈圖

有兩種可能的上網方式：「**行動裝置**」（**mobile**）和「**桌機**」（**desktop**）。還有第三種選項「**混合式**」（**all-access**），「混合式」結合了「行動裝置」和「桌機」的統計方式。

然後，我們可以透過執行下列程式碼來繪製出「上網代理程式」的記錄分佈情況：

```
train.Agent.value_counts().plot(kind='bar')
```

執行程式碼後，我們將輸出以下圖表：

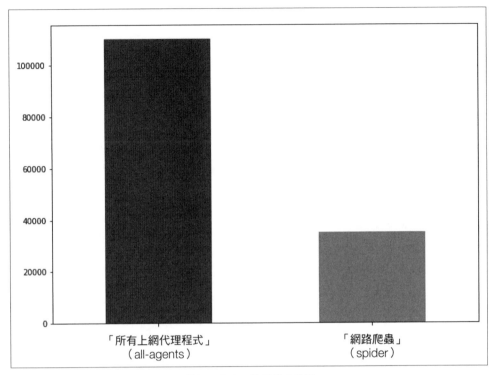

「代理程式」的記錄分佈圖

時間序列不僅可以用於網路爬蟲，還可用於所有其他上網類型。在經典的統計建模中，下一步將是分析每個全域特徵的影響，並圍繞它們建構模型。但是，如果有足夠的資料和運算能力，則不需要這樣做。

如果是這樣，那麼神經網路就能夠發現全域特徵本身的影響，並根據它們之間的相互作用建立新的特徵。對於全域特徵而言，只有兩個真正需要考慮的因素：

- **特徵分佈是不是歪斜（skewed）的很嚴重？**如果是這樣的話，可能只有少數物件擁有全域特徵，我們的模型可能會「過度擬合」此全域特徵。請想像一下，資料集中只有少數來自中文維基百科的文章。該演算法可能會根據此少數特徵進行過多區分，於是對少數的中文項目產生「過度擬合」現象。我們在此的分佈比較均勻，所以你不用擔心這個。

- **特徵可以被輕鬆編碼（encoded）嗎？**有些全域特徵不能被「獨熱編碼」。設想一下，我們得到了一篇有時間序列的維基百科文章全文。要直接使用這篇文章的特徵是不可能的，因為要使用它必須要做一些繁重的預處理。在我們的案例中，有幾個相對簡單的類別可以進行「獨熱編碼」。但是，主題名稱（subject names）並不能進行「獨熱編碼」，因為它們的數量太多。

檢驗樣本時間序列

為了研究我們資料集的全域特徵，我們必須查看一些樣本時間序列，以便瞭解我們可能面臨的挑戰。在本節中，我們將繪製美國雙人音樂組合 Twenty One Pilots（二十一名飛行員樂團）的英文頁面瀏覽量。

將「實際的頁面瀏覽量」（actual page views）與「10 天的滾動平均值」（10-day rolling mean）一起繪製出來，如下列程式碼所示：

```
idx = 39457

window = 10


data = train.iloc[idx,0:-4]
name = train.iloc[idx,-4]
days = [r for r in range(data.shape[0] )]

fig, ax = plt.subplots(figsize=(10, 7))

plt.ylabel('Views per Page')
plt.xlabel('Day')
plt.title(name)

ax.plot(days,data.values,color='grey')
ax.plot(np.convolve(data,
                    np.ones((window,))/window,
                    mode='valid'),color='black')


ax.set_yscale('log')
```

在這段程式碼中，發生了很多事情，值得我們一步步去了解。首先，我們定義要繪製哪一列。Twenty One Pilots 文章是訓練資料集中的第 39,457 列。從那裡，我們定義「滾動平均值」的視窗大小。

我們使用 pandas 的 `iloc` 工具將「頁面瀏覽資料和名稱」與整體資料集分開。這樣我們就可以依照「列」和「行」座標對資料進行索引。計算天數，而不是顯示所有的測量日期，這樣可以使「繪製出來的圖（plot）」更容易閱讀，因此我們要為 X 軸建立一個天數計數器（a day counter）。

接下來，我們設定好「圖」，並透過設定 `figsize` 來確定它具有我們想要的大小。我們還定義了軸的「標籤」和「標題」。接下來，我們繪製「實際的頁面瀏覽量」。我們的 X 座標是「天數」，Y 座標是「頁面瀏覽量」。

為了計算平均值，我們將使用一個**卷積（convolve）**演算法，你在「**第 3 章**」中已經學習過卷積演算法了。此卷積演算法建立一個以 1 除以視窗大小（在本例中為 10）的向量。該卷積演算法在頁面窗格上滑動向量，將 10 個頁面窗格乘以 1/10，然後再將所有向量相加起來。這就形成了一個滾動的平均值，窗格大小為 10。我們將這個平均值用黑色繪製出來。最後，我們指定 Y 軸使用對數刻度（a log scale）：

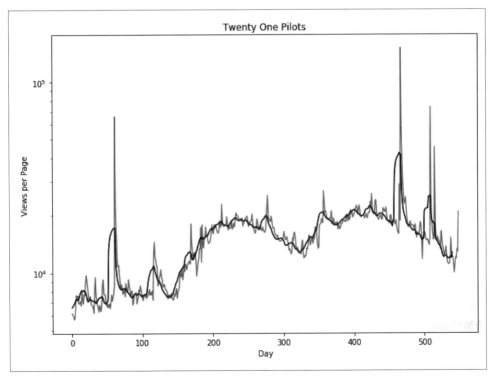

Twenty One Pilots 維基百科頁面的「上網統計資訊」（access statistics）與「滾動平均值」

你可以看到，在我們剛才產生的 Twenty One Pilots 圖表中，有一些相當大的峰值（spikes），即使我們使用了對數軸。在某些日子裡，瀏覽量暴增到前幾天的 10 倍。正因為如此，我們很快就會發現，一個好的模型必須能夠處理這樣的極端峰值。

在繼續往下看之前，值得指出的是，我們也可以清楚地看到，隨著時間的推移，頁面瀏覽量一般都會增加，這也是全球的趨勢。

為了方便起見，讓我們來繪製一下所有語言版本之 Twenty One Pilots 的大眾喜好程度，如下列程式碼所示：

```
fig, ax = plt.subplots(figsize=(10, 7))
plt.ylabel('Views per Page')
plt.xlabel('Day')
plt.title('Twenty One Pilots Popularity')
ax.set_yscale('log')

for country in ['de','en','es','fr','ru']:
    idx= np.where((train['Subject'] == 'Twenty One Pilots')
                  & (train['Sub_Page'] ==
'{}.wikipedia.org'.format(country)) &
(train['Access'] == 'all-access') &
(train['Agent'] == 'all-agents'))

    idx=idx[0][0]

    data = train.iloc[idx,0:-4]
    handle = ax.plot(days,data.values,label=country)


ax.legend()
```

這段程式碼中，我們首先像以前一樣設定圖形。然後，我們在語言程式碼上走訪，找到 Twenty One Pilots 的索引值。這個索引值是一個封裝在元組中的陣列，所以我們必須提取指定「實際索引的整數」。然後，我們從訓練資料集中提取「頁面流量資料」，並繪製頁面的流量圖。

在下面的圖表中，我們可以瀏覽剛才產生的程式碼輸出：

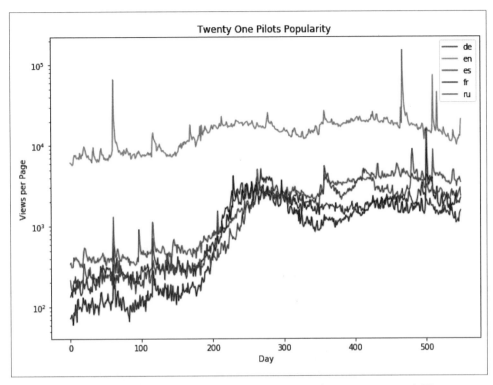

依國家分類的 Twenty One Pilots「上網統計資訊」（access statistics）圖

時間序列之間顯然存在某種相關性。維基百科的英文版（第一列）是到目前為止最受歡迎的，這並不令人驚訝。我們還可以看到，我們資料集中的時間序列顯然不是穩態的（stationary）；它們會隨著時間改變「平均值」和「標準差」。

穩態的過程是指其無條件的「聯合機率分配」（joint probability distribution）會隨時間保持不變。換句話說，諸如序列的平均數或標準差之類的東西應該維持不變。

不過，大家可以看到，在上圖中第 200 到 250 天之間，頁面上的平均瀏覽量變化很大。這一結果破壞了許多經典建模方法的一些假設。然而，金融時間序列的「資料穩態性」幾乎是不存在的，所以處理這些問題是值得的。透過處理這些問題，我們便會熟悉幾個有用的工具，可以幫助我們處理「非穩態性」的問題。

不同類型的穩態性

「穩態性」（Stationarity）可以有不同的含義，關鍵是要理解手頭的任務需要哪種穩態性。為了簡單起見，我們在這裡只看兩種穩態性：**平均值穩態**（**mean stationarity**）和**變異數穩態**（**variance stationarity**）。下圖顯示了四種具有不同程度的（非）穩態性的時間序列：

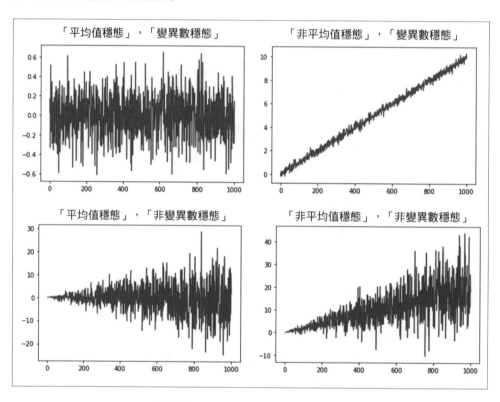

「平均值穩態」是指一系列數的級別是恆定的（constant）。當然，在這裡，個別資料點可能會偏離，但長期平均值應該是穩定的。「變異數穩態」是指與平均值的變異數不變。同樣地，可能有「離群值」（outliers）和「短序列」（short sequences），其變異數似乎更高，但「總體變異數」應該在同一級別。第三種穩態是**共變異數穩態**（**covariance stationarity**），這種穩態難以視覺化，這裡就不展示了。這是指不同「滯後」（lags）之間的共變異數是恆定的。當人們提到「共變異數穩態」時，通常指的是平均值、變異數和共變異數穩態的特殊條件。許多計量經濟學模型，特別是風險管理模型，都是在這種「共變異數穩態」假設下操作的。

為什麼穩態性很重要？

許多經典的計量經濟學方法都假設了某種形式的穩態性。這其中的一個關鍵原因是，當時間序列處於穩態時，推理（inference）和假設檢驗（hypothesis testing）的效果更好。然而，即使從純預測的角度來看，穩態性也是很有幫助的，因為它從我們的模型中抽走了一些工作。看一下前面圖表中的「**非平均值穩態序列**」（**Not Mean Stationary series**）。你可以看到，預測序列的一個主要部分是認識到「序列向上移動」的事實。如果我們能在模型之外捕捉到這個事實，那麼模型要學習的東西就會少一些，可以把它的能力應用在其他方面。另一個原因是，它可以使「我們輸入到模型中的值」維持在同一範圍內。請記住，在使用神經網路之前，我們需要將資料標準化（standardize）。如果一支股票價格從 1 美元增長到 1,000 美元，我們最終會得到「非標準化」的資料，這反過來又會增加訓練的難度。

使時間序列處於穩態

在金融資料（尤其是價格）中實現「平均值穩態」（mean stationarity）的標準方法稱為「**差分法**」（**differencing**）。它是指從價格中計算收益率（returns）。在下圖中，你可以看到 S&P 500 指數的原始版（**左**）和差分版（**右**）。原始版的數值並不是隨著數值的增長而平均固定，但差分版的數值大致固定。

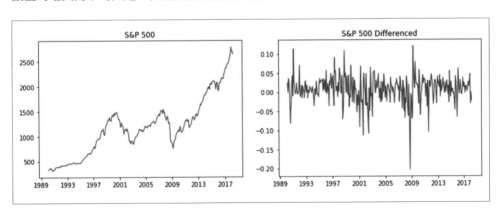

另一種平均值穩態的方法是基於線性迴歸（linear regression）。這裡，我們對資料進行線性模型擬合。這種經典建模的常用程式庫是 statsmodels，它有一個內建的線性迴歸模型（linear regression model）。下面的例子顯示了如何使用 statsmodels 從資料中去除「線性趨勢」（linear trend）：

```
time = np.linspace(0,10,1000)
series = time
```

```
series = series + np.random.randn(1000) *0.2
mdl = sm.OLS(time, series).fit()
trend = mdl.predict(time)
```

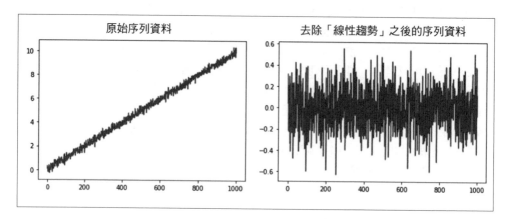

值得強調的是，**穩態性是建模的一部分，應該只在訓練集上進行擬合**。這對差分法來說問題不大，但可能會導致「線性去趨勢化」（linear detrending）的問題。

去除「變異數」（variance）的非穩態性比較困難。一個典型的方法是計算一些「滾動變異數」，然後用這個變異數除以新值。在訓練集上，你還可以**將資料學生化**（**studentize the data**，T 化）。要做到這一點，你需要計算「每日變異數」，然後將所有的值除以其根。同樣地，你可以只在訓練集上進行，因為變異數計算需要你已經知道這些值。

什麼時候可以忽略穩態性的問題？

有些時候，你不應該擔心「穩態性」的問題。舉例來說，在預測「突然變化」（a sudden change）時，或所謂的 structural break（「結構性斷裂」或「結構性變動」）等等。在維基百科的例子中，我們感興趣的是要知道這些網站何時開始比以前更頻繁地被造訪。在這種情況下，去除等級的差異會阻止我們的模型學習預測這種變化。同樣的，我們可能會很輕易地將「非穩態性」納入到我們的模型之中，或者在流程的後期階段就可以保證「非穩態性」。我們通常只在整個資料集的「一小部分子序列」上訓練神經網路。如果我們將每個子序列標準化，那麼子序列內的平均值移動或許可以忽略不計，我們就不用擔心這個問題。「預測」（forecasting）是一項比「推理」（inference）和「假設檢驗」（hypothesis testing）更寬鬆／寬容（forgiving）的工作，所以如果我們的模型能夠注意到這些「非穩態性」，我們將可以擺脫一些「非穩態性」問題。

快速傅立葉變換

關於時間序列，我們經常想要計算的另一個有趣統計資訊是「**傅立葉變換**」（Fourier transformation，**FT**）。「傅立葉變換」不用深究數學，它可以告訴我們一個函數中某一頻率內的振盪量（amount of oscillation）。

你可以將它想像成老式 FM 收音機上的調頻器（tuner）。當你打開調頻器時，你搜尋不同的頻率。每隔一段時間，你會發現，某一個頻率能給你某個特定電台的清晰訊號。「傅立葉變換」基本上是掃描整個頻譜，記錄哪些頻率有強訊號。就時間序列而言，這對試圖在資料中找到「週期模式」非常有幫助。

請想像一下，我們發現「每週一次的頻率」給了我們一個強而有力的模式。這表示，瞭解「一週前」同一天的流量狀況是什麼，將有助於我們的模型。

當「函數」和「傅立葉變換」都是離散資料時（在一系列日常量測中都是如此），它被稱為「**離散傅立葉變換**」（discrete Fourier transform，**DFT**）。在計算 DFT 的過程中，有一種非常快速的演算法，名為「**快速傅立葉變換**」（Fast Fourier Transform，**FFT**），如今已經成為科學計算中的重要演算法。1805 年，數學家 Carl Gauss 就知道了這一套理論，但直到近代才被美國數學家 James W. Cooley 和 John Tukey 於 1965 年將這一理論公諸於世。

關於「傅立葉變換」是如何工作的，以及為什麼要進行「傅立葉變換」，這已超出了本章節的範圍，所以在本節中我們只做一個簡單的介紹。請把我們的函數想像成一條鐵絲。我們拿著這根鐵絲，繞著一個點，如果你把這根鐵絲「繞著點所旋轉的次數」與「訊號的頻率」相匹配，那麼所有的訊號峰值都會在極點的一側。這意味著，這根鐵絲的中心質量會偏離我們所纏繞的點。

在數學中，可以透過將函數 $g(n)$ 乘以 $e^{-2\pi i f n}$ 來實現繞點函數（a function around a point），其中 f 是繞點頻率（frequency of wrapping），n 是數列中的項數（the number of the item from the series），i 是 -1 的虛平方根（imaginary square root）。不熟悉虛數的讀者可以把虛數看成座標，每一組數都是一個由「實數」（real number）和「虛數」（imaginary numbers）組成的二維座標（two-dimensional coordinate）。

為了計算出中心質量（center of mass），我們將「離散函數中的點座標」求取平均值。因此，DFT 公式如下所示：

$$y[f] = \sum_{n=0}^{N-1} e^{-2\pi i \frac{fn}{N}} x[n]$$

這裡 $y[f]$ 是變換後序列中的第 f 個元素，$x[n]$ 是輸入序列 x 中的第 n 個元素。N 為輸入序列中的總點數。請注意 $y[f]$ 是一個帶有實數和離散元素的數值。

為了偵測頻率，我們只對 $y[f]$ 的整體量值（overall magnitude）感興趣。為了得到這個量值，我們需要計算虛部和實部平方和的根。在 Python 中，我們不必擔心所有的數學問題，因為我們可以使用 scikit-learn 的 fftpack，它內建了 FFT 函數。

如下列程式碼所示：

```
data = train.iloc[:,0:-4]
fft_complex = fft(data)
fft_mag = [np.sqrt(np.real(x)*np.real(x)+
                   np.imag(x)*np.imag(x)) for x in fft_complex]
```

這裡，我們首先從訓練集中提取沒有全域特徵的時間序列測量值。然後，我們執行 FFT 演算法，最後計算變換的量值。

執行上述程式碼後，我們資料集中的所有時間序列值都完成了「傅立葉變換」。為了能夠更清楚了解「傅立葉變換」的一般通則，我們可以透過簡單地執行下列程式來求取它們的平均值：

```
arr = np.array(fft_mag)
fft_mean = np.mean(arr,axis=0)
```

在計算平均值之前，我們首先將量值變成一個 NumPy 陣列。我們要計算每個頻率的平均值，而不僅僅是計算所有量值的平均值，因此，我們需要指定取平均值的軸（axis）。

在這種情況下，這些序列是以「列」（row）堆疊而成的，所以取「行」（column）上的平均值（軸為零），就會得到「每個頻率的平均值」（frequency-wise means）。為了更好地繪製變換後的數值，我們需要建立一個頻率測試列表。頻率的格式為：每天資料集中的日期／所有天數，諸如像是 1/550、2/550、3/550，依此類推。

以下是建立列表的程式碼：

```
fft_xvals = [day / fft_mean.shape[0] for day in
range(fft_mean.shape[0])]
```

在這個視覺化中，我們只關心每週的頻率範圍，所以我們將刪除後半部的變換，如下列程式碼所示：

```
npts = len(fft_xvals) // 2 + 1
fft_mean = fft_mean[:npts]
fft_xvals = fft_xvals[:npts]
```

最後，我們可以繪製出我們的變換圖：

```
fig, ax = plt.subplots(figsize=(10, 7))
ax.plot(fft_xvals[1:],fft_mean[1:])
plt.axvline(x=1./7,color='red',alpha=0.3)
plt.axvline(x=2./7,color='red',alpha=0.3)
plt.axvline(x=3./7,color='red',alpha=0.3)
```

繪製出變換圖之後，我們將成功製作出一個類似下方的圖表：

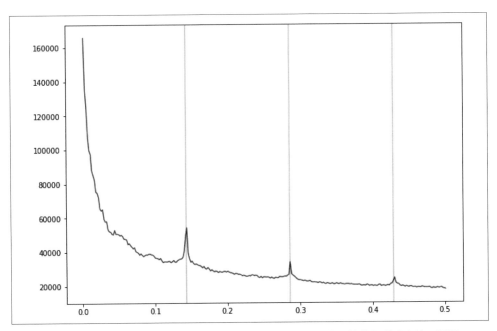

維基百科「上網統計資訊」（access statistics）的傅立葉變換。峰值用「垂直線」標記。

從我們製作的圖表中可以看到，大概有 1/7（0.14）、2/7（0.28）和 3/7（0.42）的峰值。因為一週有 7 天，也就是每週有 1 次、每週有 2 次、每週有 3 次的頻率。換句話說，頁面統計每週都會重複（大約）一次，因此，舉例來說，「一個週六的上網量」與「前一個週六的上網量」相互關聯。

自相關性

「**自相關性**」（**Autocorrelation**）是在一個序列中兩個元素之間的相關性，由「一個給定的間隔」隔開。例如，我們假設上一步的知識有助於我們預測下一步。但是 2 個時步（time steps）之前或 100 個時步之前的知識，又會如何呢？

執行 autocorrelation_plot 將繪製不同延遲時間（lag times）元素之間的相關性，可以幫助我們回答這些問題。事實上，pandas 有一個方便的自相關繪圖工具。若要使用此工具，我們必須傳遞序列資料。在我們的例子中，我們傳遞的是隨機選擇的頁面瀏覽量。

如下列程式碼所示：

```
from pandas.plotting import autocorrelation_plot

autocorrelation_plot(data.iloc[110])
plt.title(' '.join(train.loc[110,['Subject', 'Sub_Page']]))
```

這將為我們呈現如下圖表：

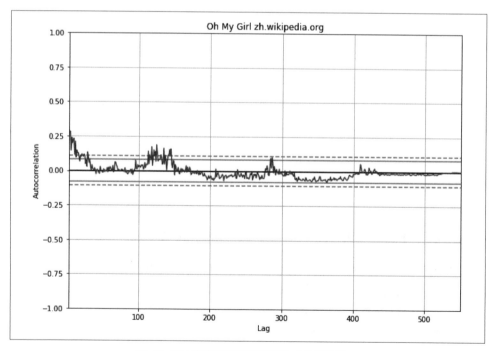

Oh My Girl 中文維基百科頁面的「自相關性」

上圖顯示的是 Oh My Girl（南韓女子偶像團體）的維基百科頁面在「中文維基百科頁面」中的頁面瀏覽量「相關性」。

讀者可以看到，在 1 到 20 天之間的「較短時間間隔」顯示出比「較長時間間隔」還要更高的「自相關性」。同樣，也有怪異的尖峰值，例如大約在 120 天和 280 天左右。有可能每年、每季或每月的活動都會導致 Oh My Girl 維基百科頁面的造訪頻率增加。

我們可以透過繪製 1,000 個「自相關性」圖來研究這些頻率的一般規律。如下列程式碼所示：

```
a = np.random.choice(data.shape[0],1000)

for i in a:
    autocorrelation_plot(data.iloc[i])

plt.title('1K Autocorrelations')
```

此程式碼片段首先在我們的資料集中隨機抽取 1,000 個 0 至本序列數之間的樣本數，在我們的案例中，這個數字大約是 145,000。我們用這些資料作為索引，從資料集中隨機抽取「列」上的樣本，然後繪製「自相關性」圖，如下圖所示：

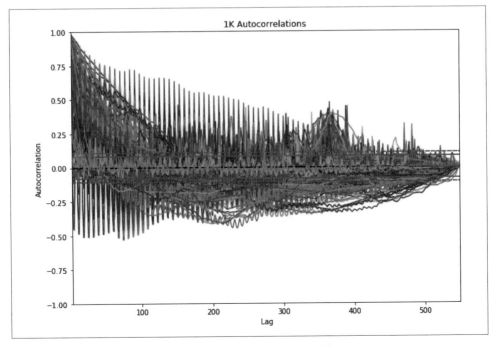

1,000 個維基百科頁面的「自相關性」

如你所見，不同序列的「自相關性」可能有很大的差異，而且圖表中存在著很多雜訊。在 350 天標線（the 350-day mark）附近，似乎有一個普遍的趨勢，那就是「自相關性」越來越高。

因此，將「年度延遲的頁面瀏覽量」（annual lagged page views）合併為「時間相依性特徵」（time-dependent feature）以及將「一年時間間隔的自相關性」（autocorrelation for one-year time intervals）合併為「一個全域特徵」（a global feature），是有意義的。每季延遲和半年延遲的情況也是如此，因為這些似乎有很高的「自相關性」，有時甚至是相當負（negative）的「自相關性」，這使得它們也很有價值。

時間序列分析，如前面的例子所示，可以幫助我們設計模型的特徵。理論上，複雜的神經網路可以自行發掘所有這些特徵。然而，若能提供神經網路一些幫助（如我們所知的特徵），便可以簡化我們分析的負擔，尤其是在處理「長時間」（long periods of time）的資訊的時候。

建立訓練和測試規則

即使有大量的可用資料，我們也必須捫心自問：我們該如何在「訓練」、「驗證」、「測試」之間拆分資料。這個資料集已經有了未來的測試集，所以我們不需要擔心測試集的問題，但是對於驗證集來說，有兩種拆分方式：一種是「**前移式拆分**」（**walk-forward split**），一種是「**並排式拆分**」（**side-by-side split**）。

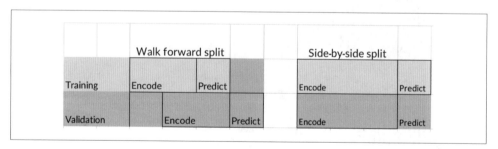

可能的測試規則

在「前移式拆分」中，我們對所有 145,000 個序列進行訓練。為了驗證，我們將使用所有序列中「較近期的資料」進行驗證。在「並排式拆分」中，我們抽取一些序列進行訓練，並使用其餘的序列進行驗證。

這兩種方法都有其優點和缺點。「前移式拆分」的缺點是,我們不能用「所有序列的觀測值(observations)」進行預測。「並排式拆分」的缺點是,我們不能用「所有的序列」進行訓練。

如果我們有幾組序列,但每組序列有多個資料觀測值,那麼最好採用「前移式拆分」。但是,如果我們有很多序列,但每個序列的觀測資料很少,那麼最好採用「並排式拆分」。

建立訓練和測試規則也更符合當前的預測問題。在「並排式拆分」中,模型可能會在預測期內受到全球事件的影響而產生「過度擬合」現象。請想像一下,在使用「並排式拆分」的預測期間,維基百科已經掛掉(down)一週了。這個事件會減少所有頁面的瀏覽量,結果會導致模型「過度擬合」這個全球事件。

我們不會在我們的驗證集中捕捉到「過度擬合」,因為預測期間也會受到全球事件的影響。然而,在我們的案例中,我們維基百科有多組時間序列,但每組序列只有大約 550 個觀測資料。因此,在該段期間之內,似乎不會有「會對所有維基百科頁面造成重大影響」的全球事件。

然而,有一些全球事件確實會影響一些頁面的瀏覽量,比如說,「冬奧會」(Winter Olympics)。然而,在這種情況下,這種風險是合理的,因為受這種全球事件影響的頁面仍然很少。由於我們有大量的序列,而且每個序列的觀測值只有幾個,所以在我們的情況中,「並排式拆分」是比較可行的。

在這一章中,我們主要是對 50 天的流量進行預測。所以,我們必須先把每組序列的「最後 50 天的資料」從剩餘的序列之中拆分出來,如下面的程式碼所示,然後再拆分成「訓練集」和「驗證集」:

```
from sklearn.model_selection import train_test_split

X = data.iloc[:,:500]
y = data.iloc[:,500:]

X_train, X_val, y_train, y_val = train_test_split(X.values,
                                                  y.values,
                                                  test_size=0.1,
                                                  random_state=42)
```

拆分資料時，我們使用 x.value 來只擷取資料，而不是擷取包含資料的「資料框」。拆分後，我們只剩下 130,556 個序列用於訓練，14,507 個序列用於驗證。

在本例中，我們將使用「**平均絕對百分比誤差**」（mean absolute percentage error，**MAPE**）作為損失和評估的指標。如果 y 的真值為零，MAPE 會導致除零的錯誤。因此，為了防止發生除零錯誤，我們將額外加入一個小錯誤值，如下列程式碼所示：

```
def mape(y_true,y_pred):
    eps = 1
    err = np.mean(np.abs((y_true - y_pred) / (y_true + eps))) *
100
    return err
```

回溯測試說明

在系統投資（systematic investing）和演算法交易（algorithmic trading）中，選擇「訓練集」和「測試集」的特殊性尤為重要。測試交易演算法的主要方式是一個被稱為「**回溯測試**」（**backtesting**）的過程。

「回溯測試」是指我們在某個時間段的資料上訓練演算法，然後在舊的資料上測試其效能。例如，我們可以在「2015 年至 2018 年間」的日期範圍資料之上進行「訓練」，然後在「1990 年至 2015 年間」的資料之上進行「測試」。藉由這樣做，不僅測試了模型的準確性，而且「回溯測試」的演算法也執行了虛擬交易（virtual trades），因此可以評估其盈利能力。之所以要進行「回溯測試」，是因為有大量的過去資料可用。

說了這麼多，「回溯測試」確實存在一些偏差。讓我們看一下我們需要注意的「四種最重要的偏差」說明：

- **前視偏差（Look-ahead bias）**：如果在模擬中的某一點意外包含了未來的資料，而該資料還沒有出現，那麼我們便引起了「前視偏差」現象。這可能是「模擬器的技術錯誤」造成的，但也有可能是「參數計算」造成的。例如，如果一個策略利用了兩個證券之間的相關性，而相關性只計算了一次，那麼就會產生一個「前視偏差」。最大值或最小值的計算也是如此。
- **倖存者偏差（Survivorship bias）**：如果在測試時僅將「仍存在的股票」納入模擬中，就會出現這種偏差。例如，請思考一下造成許多公司破產的 2008 年金融危機。如果在 2018 年建立模擬器的時候，把這些公司的股票排除在外，便會引入「倖存者偏差」現象。畢竟在 2008 年的時候，該演算法本來可以投資這些股票的。

- **心理承受力偏差（Psychological tolerance bias）**：在「回溯測試」中看起來不錯的東西，在「現實生活」中可能並不好。請考慮一個連續虧損四個月的演算法，然後再進行「回溯測試」。我們可能會對這個演算法感到滿意。然而，如果這個演算法在「現實生活」中連續虧損四個月，且我們不知道它是否能賺回這筆錢，那麼，我們是坐收漁翁之利還是拔苗助長呢？在「回溯測試」中，我們知道最終的結果，但在「現實生活」中，我們不知道。
- **過度擬合（Overfitting）**：這是所有機器學習演算法都會遇到的問題，但是在「回溯測試」中，「過度擬合」是一個長期存在的隱伏（insidious）問題。不僅演算法有可能會出現「過度擬合」，演算法的設計者也可能會利用過去的知識，建構出一個「過度擬合」的演算法。後知後覺的事後選股方式當然很容易，你可以將知識融入模型中，然後在「回溯測試」中看起來很棒。雖然這可能看起來很微妙，例如依賴於某些「在過去表現良好」的相關性，但很容易在「回溯測試」中評估的模型之上建構出偏差。

任何量化投資公司或密集從事預測工作者的核心活動，就是建立良好的測試機制。除了「回溯測試」之外，測試演算法的另一種流行策略是在資料上測試模型，這些資料在統計上與股票資料相似，但不同的是，這些資料是由我們產生的。我們或許可以建立一個資料產生器，用於產生「非常接近真實（但並非真實）的股票資料」，從而避免「真實市場事件的知識」滲透到我們的模型之中。

另一種選擇是默默部署模型，並在未來進行測試。這樣演算法只會執行「虛擬交易」，若一旦出現問題，也不會損失任何資金。這種方法利用未來的資料而不是過去的資料。然而，這種方法的缺點是，我們必須等待相當長的時間才能使用該算法。

在實踐中，我們採用的是組合方案。統計學家精心設計了制度，來看看一個演算法對不同模擬的反應。在我們的網路網路流量預測模型中，我們將簡單地在不同的頁面上進行驗證，然後在未來的資料上進行測試。

預測中位數

「中位數」（medians）是一種良好的「完整性檢查」（sanity check）方式，也是一個經常被低估的預測工具。「中位數」是將分佈的「上半部分」與「下半部分」分開的一個值；它正好位於分佈的中間位置。「中位數」的優點是可以消除雜訊，再加上它們比「平均值」更不容易受到「離群值」的影響，而且「中位數」可以捕捉到分佈的中點（midpoint），這意味著它們也很容易計算。

為了進行預測，我們在訓練資料中計算「前視偏差」視窗的「中位數」。在本例中，我們使用的窗口大小為 50，但你可以嘗試使用其他值。下一步是從我們的 X 值中選擇最後 50 個值，然後計算出「中位數」。

請花一點時間注意，在 NumPy「中位數」函數中，我們必須設定 keepdims=True。這樣可以確定我們保留一個二維矩陣，而不是平面陣列，這在計算「誤差」時很重要。所以，要做一個預測，我們需要執行下列程式碼：

```
lookback = 50

lb_data = X_train[:,-lookback:]

med = np.median(lb_data,axis=1,keepdims=True)

err = mape(y_train,med)
```

傳回的輸出顯示，我們得到的「誤差」（error）約為 68.1%；考慮到我們的方法的簡單性，這個結果還不錯。為了理解「中位數」是如何工作的，讓我們繪製一個隨機頁面的 X 值、真實 Y 值和預測值，如下列程式碼所示：

```
idx = 15000

fig, ax = plt.subplots(figsize=(10, 7))


ax.plot(np.arange(500),X_train[idx], label='X')
ax.plot(np.arange(500,550),y_train[idx],label='True')

ax.plot(np.arange(500,550),np.repeat(med[idx],50),
        label='Forecast')

plt.title(' '.join(train.loc[idx,['Subject', 'Sub_Page']]))
ax.legend()
ax.set_yscale('log')
```

如你所見，我們的繪圖包括繪製三張圖。對於每一張圖，我們必須指定該圖的 X 和 Y 值。對於 X_train 來說，X 值的範圍是 0 到 500，對於 y_train 和預測值而言，它們的範圍是 500 到 550。然後，我們從訓練資料中選擇我們要繪製的序列。由於我們只有一個「中位數」，所以我們對想要的序列「重複預測」中位數 50 次，以繪製出我們的預測圖。

以下是輸出結果：

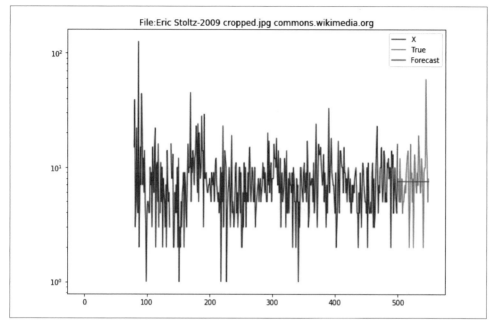

存取影像檔案頁面的「中位數」預測值和實際值。
「真值」是在圖的右側,預測「中位數」是在它們中間的水平線上。

從前面的輸出「中位數」預測中可以看到,這個案例頁面的資料(美國演員 Eric Stoltz 的圖片)有很多雜訊,而「中位數」可以將所有的雜訊都切割掉。在這裡,「中位數」對於那些「造訪頻率不高、又沒有明顯趨勢或模式」的頁面而言,特別管用。

「中位數」所能做的事情還有很多。除了我們剛才討論的之外,你還可以使用不同的「中位數」,例如:你可以在週末使用不同的「中位數」,或者使用多個「前視偏差」期間的「中位數」之中的「中位數」。像這類「中位數」預測的簡單工具,若能搭配智慧特徵工程,就能帶來好的結果。因此,在使用進階的方法之前,先花一些時間將「中位數」預測實作為基準預備工作,並執行「完整性檢查」,這是有意義的。

ARIMA

之前,在討論探索性資料分析的小節中,我們談到了「季節性」(seasonality)和「穩態性」(stationarity)是預測時間序列時的重要因素。事實上,「中位數」預測在這兩個方面都有問題。如果一個時間序列的平均值連續發生變化(continuously shifts),那麼「中位數」預測就不會延續趨勢;如果一個時間序列呈現週期性(cyclical behavior),那麼「中位數」就不會隨著週期的變化而延續。

ARIMA 是 **Autoregressive Integrated Moving Average**（整合移動平均自迴歸模型）的縮寫，由以下三個核心部分組成：

- **自迴歸模型（Autoregression）**：模型使用「一個值」與「若干個滯後觀測值（lagged observations）」之間的關係。
- **整合分析（Integrated）**：模型利用「原始觀測值」之間的差異，來使時間序列（保持）穩態。「連續向上的時間序列」將有一個平面積分（flat integral），因為「點之間的差異」總是相同的。
- **移動平均值（Moving Average）**：該模型使用移動平均值的殘差。

我們必須手動指定要包含多少個滯後觀測值（p）、區分序列的頻率（d）、以及移動平均值視窗應該有多大（q）。然後，ARIMA 會對所有區分序列（differentiated series）上的「滯後觀測值」和「移動平均殘差」，進行「線性迴歸」。

我們可以在 Python 程式上，匯入 statsmodels 中的 ARIMA，這是一個程式庫，有許多有用的統計工具，如下列程式碼所示：

```
from statsmodels.tsa.arima_model import ARIMA
```

然後，為了建立一個新的 ARIMA 模型，在本例中，我們從之前中文維基百科的「2NE1 瀏覽量」例子中獲得資料，並按此 p、d 和 q 值的順序傳遞參數來擬合我們的資料。在這種情況下，我們希望納入 5 個滯後觀測值，將序列區分 1 次，並取大小為 5 的移動平均視窗，如下列程式碼所示：

```
model = ARIMA(X_train[0], order=(5,1,5))
```

然後我們可以使用 model.fit() 對模型進行擬合：

```
model = model.fit()
```

這時執行 model.summary() 會輸出所有的係數以及統計分析的顯著性質。然而，我們更感興趣的是，我們的模型在預測方面表現如何。所以，為了完成這一點，並看到輸出結果，我們只需執行下列程式：

```
residuals = pd.DataFrame(model.resid)
ax.plot(residuals)

plt.title('ARIMA residuals for 2NE1 pageviews')
```

執行上面的程式碼之後，我們就可以輸出 2NE1 的頁面瀏覽量結果，如下圖所示：

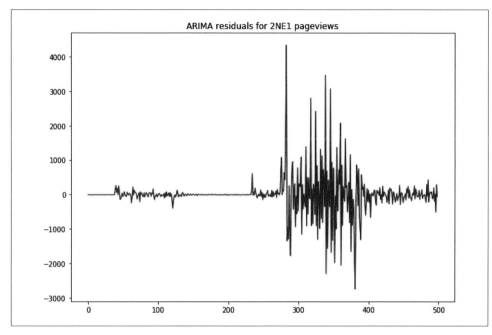

ARIMA 預測的殘差（residual error）

在前面的圖表中，我們可以看到，該模型在開始時做得很好，但到了 300 天標線（300-day mark）左右就開始掙扎了。這可能是因為頁面瀏覽量較難預測，也可能是因為這個時期的波動性較大。

為了確保我們的模型不歪斜（skewed），我們需要檢查「殘差」的分佈。我們可以透過繪製一個「內核密度估計器」（kernel density estimator）來達成這個目的，這是一種數學方法，旨在估計分佈，而不需要建立模型。

如下列程式碼所示：

```
residuals.plot(kind='kde',
               figsize=(10,7),
               title='ARIMA residual distribution 2NE1 ARIMA',
               legend = False)
```

然後這個程式碼會輸出下面的圖形：

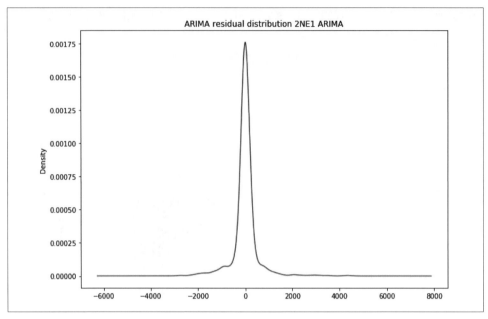

ARIMA 預測的近似常態分佈殘值（Approximately normally distributed residuals）

如你所見，我們的模型大致呈現了平均值為 0 的「高斯分佈」（Gaussian distribution）。所以，在前端的表現都很好，但問題來了，『我們該如何進行預測呢？』

要使用這個模型進行預測，我們所能做的就是指定我們要預測的天數，如下列程式碼所示：

```
predictions, stderr, conf_int = model.forecast(50)
```

這個預測函數不僅會給我們預測值，還會給我們「標準誤差」（standard error）和「信賴區間」（confidence interval，預設為 95%）。

讓我們來繪製「預測瀏覽量」對「實際瀏覽量」的圖，來看看我們的運作情況。這張圖顯示了過去 20 天的預測基礎，以及預測的可讀性。為了產生這張圖，我們必須執行下列程式碼：

```
fig, ax = plt.subplots(figsize=(10, 7))

ax.plot(np.arange(480,500),basis[480:], label='X')
ax.plot(np.arange(500,550),y_train[0], label='True')
ax.plot(np.arange(500,550),predictions, label='Forecast')

plt.title('2NE1 ARIMA forecasts')
ax.legend()
ax.set_yscale('log')
```

此程式碼將輸出下列圖形：

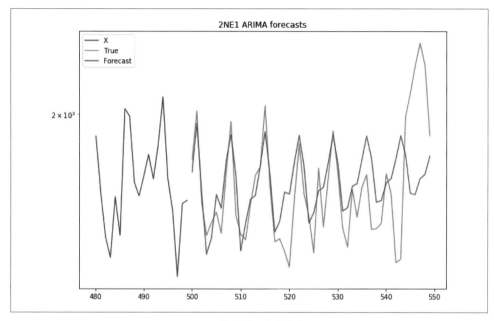

ARIMA 的預測和實際上網量

你可以看到，ARIMA 很好地捕捉到了這個序列的週期性（periodicity）。它的預測在接近尾聲時確實有些偏離，但在開始時，它表現得很好。

卡爾曼過濾器

「**卡爾曼過濾器**」（**Kalman filters**）是一種從雜訊或不完全測量中提取訊號的方法。它是由匈牙利裔美國工程師 Rudolf Emil Kalman 所發明的，目的是用於電機工程，並於 1960 年代首次用於阿波羅太空計劃（Apollo Space program）。

「卡爾曼過濾器」的中心思想是，系統中存在一些我們無法直接觀察到的隱藏狀態，但我們可以獲得一些雜訊測量值（noisy measurements）。設想一下，你想測量火箭引擎（rocket engine）內部的溫度。你不能把測量裝置直接放在引擎內部，因為太熱了，但你可以在引擎的外部有一個裝置。

當然，這種測量自然不會是完美的，因為有很多外部因素是在引擎外面發生的，使得測量的雜訊很大。因此，想要估計火箭內部的溫度，就需要一種能夠處理雜訊的方法。我

們可以把「頁面預測之內部狀態」視為人們對特定頁面的實際愛好程度,其中頁面瀏覽量已內含測量的雜訊。

這裡的想法是,在時間 k 處的內部狀態 x_k 是狀態轉換矩陣 A,乘以先前的內部狀態 x_{k-1},再加上一些過程雜訊 q_{k-1}。人們對 2NE1 維基百科頁面的愛好發展趨勢,在某種程度上是隨機的。隨機性被假定為遵循「高斯常態分佈」(Gaussian normal distribution),其平均值為 0,變異數為 Q,如下列公式所示:

$$x_k = Ax_{k-1} + q_{k-1}, \qquad q_{k-1} \sim N(0, Q)$$

在時間 k 時獲得的測量值 y_k 是一個觀測模型 H,描述了「狀態」如何轉換為測量值乘以狀態,x_k,加上一些觀測雜訊,r_k。觀測雜訊被假定為遵循「高斯常態分佈」,其平均值為 0,變異數為 R,如下列公式所示:

$$y_k = Hx_k + r_k, \qquad r_k \sim N(0, R)$$

大致上來說,「卡爾曼過濾器」是藉由估計 A、H、Q 和 R 來擬合一個函數。依次對「時間序列的每個成員」更新參數的過程,被稱為「平滑過程」(smoothing)。如果我們想做的只是預測,那麼估計過程的確切數學知識就很複雜,也沒有太大的相關性。然而,重要的是,我們需要提供這些數值的「先驗值」(priors)。

我們要注意的是,我們的狀態並不一定只有一個數值。在這種情況下,我們的狀態是一個八維向量,除了一個隱藏層之外,還有七層來捕捉每週的「季節性」,如下列程式碼所示:

```
n_seasons = 7

state_transition = np.zeros((n_seasons+1, n_seasons+1))

state_transition[0,0] = 1

state_transition[1,1:-1] = [-1.0] * (n_seasons-1)
state_transition[2:,1:-1] = np.eye(n_seasons-1)
```

「狀態轉移矩陣」(transition matrix)A,如下表所示,可被視為一種隱藏層,我們可以把它詮釋為「人們對頁面的真實愛好程度」,也可將其視為「季節性模型」,如下列程式碼所示:

```
array([[ 1.,  0.,  0.,  0.,  0.,  0.,  0.,  0.],
       [ 0., -1., -1., -1., -1., -1., -1.,  0.],
       [ 0.,  1.,  0.,  0.,  0.,  0.,  0.,  0.],
       [ 0.,  0.,  1.,  0.,  0.,  0.,  0.,  0.],
```

```
 [ 0.,  0.,  0.,  1.,  0.,  0.,  0.,  0.],
 [ 0.,  0.,  0.,  0.,  1.,  0.,  0.,  0.],
 [ 0.,  0.,  0.,  0.,  0.,  1.,  0.,  0.],
 [ 0.,  0.,  0.,  0.,  0.,  0.,  1.,  0.]])
```

「觀測模型」*H* 將「大眾愛好」和「季節性」都映射到單一測量值上，如下列程式碼所示：

```
observation_model = [[1,1] + [0]*(n_seasons-1)]
```

觀測模型如下所示：

[[1, 1, 0, 0, 0, 0, 0, 0]]

雜訊「先驗值」只是用「平滑因子」（smoothing factor）來進行縮放的估計，這使得我們可以控制更新過程：

```
smoothing_factor = 5.0

level_noise = 0.2 / smoothing_factor
observation_noise = 0.2
season_noise = 1e-3

process_noise_cov = np.diag([level_noise, season_noise] +
[0]*(n_seasons-1))**2
observation_noise_cov = observation_noise**2
```

process_noise_cov 是一個八維向量，可匹配八維狀態的向量。同時，observation_noise_cov 是單一數值，因為我們僅進行一次測量。對這些「先驗值」的唯一真正要求是，它們的「形狀」（shapes）必須允許矩陣乘法的運算，如前面提到的兩個公式所示。除此之外，我們可以任意指定「轉移模型」（transition models）。

數學家 Otto Seiskari 是「原創維基百科流量預測大賽」的第 8 名（**編輯注**：有興趣的讀者請見 https://www.kaggle.com/c/web-traffic-time-series-forecasting/leaderboard），他寫了一個非常快速的「卡爾曼過濾器」程式庫，我們將在這裡使用它。他的程式庫允許對「多個獨立時間序列」進行向量化處理。如果你有 145,000 個時間序列要處理，這個程式庫將是非常方便的。

請注意：你可以在 **https://github.com/oseiskar/simdkalman** 找到這個程式庫儲存庫。

你可以使用下列指令安裝此程式庫：

pip install simdkalman

請執行下列程式碼來匯入此程式庫：

```
import simdkalman
```

雖然 simdkalma 是非常複雜的程式庫，但它的用法卻相當簡單。首先，我們要用剛才定義的「先驗值」來指定一個「卡爾曼過濾器」，如下列程式碼所示：

```
kf = simdkalman.KalmanFilter(state_transition = state_transition,
                             process_noise = process_noise_cov,
                             observation_model =
observation_model,
                             observation_noise =
observation_noise_cov)
```

從這裡我們就可以一步到位地估計「參數」並計算出「預測值」，如下列程式碼所示：

```
result = kf.compute(X_train[0], 50)
```

再一次，我們對 2NE1 的中文頁面進行預測，建立一個 50 天的預測值。也請花點時間注意，我們也可以傳遞多個序列，比如說「前 10 個序列」，用 X_train[:10]，同時對所有的序列進行單獨的過濾計算。

計算函數的結果包含了平滑過程中的「狀態」和「觀測估計值」以及預測的內部「狀態」和「觀測值」。狀態和觀測值是「高斯分佈」，所以要得到一個可繪製成圖形的值，我們需要獲取它們的平均值。

我們的狀態是八維的，但是我們只關心非季節性的狀態值，所以我們需要對平均值進行索引，我們可以透過執行下列程式碼來實作：

```
fig, ax = plt.subplots(figsize=(10, 7))
ax.plot(np.arange(480,500),X_train[0,480:], label='X')
ax.plot(np.arange(500,550),y_train[0],label='True')

ax.plot(np.arange(500,550),
        result.predicted.observations.mean,
        label='Predicted observations')

ax.plot(np.arange(500,550),
        result.predicted.states.mean[:,0],
        label='predicted states')
```

```
ax.plot(np.arange(480,500),
        result.smoothed.observations.mean[480:],
        label='Expected Observations')

ax.plot(np.arange(480,500),
        result.smoothed.states.mean[480:,0],
        label='States')



ax.legend()
ax.set_yscale('log')
```

然後，以上程式碼將輸出下列圖表：

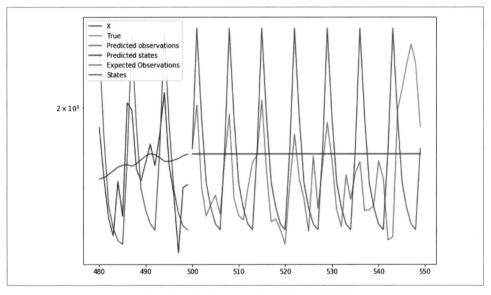

來自「卡爾曼過濾器」的預測值和內部狀態

在上圖中，我們可以清楚看到我們先前的建模對預測的影響。我們可以看到該模型預測的週線震盪（weekly oscillation）較強，比實際觀測到的還要強。同樣地，我們也可以看到，這個模型也沒有預測到任何趨勢，因為我們在之前的模型中並沒有看到模型的趨勢。

「卡爾曼過濾器」是一種非常實用的工具，從電機工程到金融的許多應用中都有使用。事實上，直到最近，「卡爾曼過濾器」還是時間序列建模的最佳工具。智慧建模者能夠建立清楚描述時間序列的智慧型系統。然而，「卡爾曼過濾器」的一個弱點是不能自行發現模式，需要精心設計的「先驗值」才能發揮作用。

在本章後半段，我們將探討基於神經網路的方法，這些方法可以自動建立時間序列的模型，而且往往具有較高的準確度。

利用神經網路進行預測

本章後半段將全神貫注探討神經網路。在第一部分中，我們將建構一個簡單的神經網路，僅預測下一個時步。由於該序列中的峰值非常大，因此，我們將在「輸入」和「輸出」中使用轉換成對數的頁面瀏覽量。我們也可藉由將預測結果回饋給網路，來利用「短期預測神經網路」進行長期預測。

在深入研究並開始建立預測模型之前，我們需要做一些「預處理」和「特徵工程」。神經網路的優點是，除了可以使用非常高維度的資料之外，還可以接受大量的特徵。缺點是，我們必須小心翼翼地考慮輸入哪些特徵。還記得我們在本章前面討論過的「前視偏差」嗎？其中還包括預測時無法得到的未來資料，這也是「回溯測試」的一個問題所在。

準備資料

茲將該序列的特徵彙整如下：

- log_view：頁面瀏覽量的自然對數。由於 0 的對數是無法定義的，所以我們將使用 log1p，即頁面瀏覽量的自然對數加 1。
- days：工作日使用獨熱編碼的格式。
- year_lag：365 天前的 log_view 值。如果沒有可用的值，則為 -1。
- halfyear_lag：182 天前的 log_view 值。如果沒有可用的值，則為 -1。
- quarter_lag：91 天前的 log_view 值。如果沒有可用的值，則為 -1。
- page_enc：獨熱編碼的子頁面。
- agent_enc：獨熱編碼的代理人。
- acc_enc：獨熱編碼的上網方式。
- year_autocorr：365 天序列的自相關性。
- halfyr_autocorr：182 天序列的自相關性。
- quarter_autocorr：91 天序列的自相關性。
- medians：「前視偏差」期間頁面瀏覽量的中位數。

以上這些特徵會針對每個時間序列進行組合，為我們的輸入資料提供形狀（批次大小，「前視偏差」大小，29）。

工作日

「星期幾」很重要。與週一（人們可能是為工作而查閱資料）相比，週日可能會表現出不同的上網行為（人們在沙發上瀏覽資料）。所以我們需要對工作日（weekday）進行編碼。我們可以使用一個簡單的獨熱編碼方式，如下列程式碼所示：

```
import datetime
from sklearn.preprocessing import LabelEncoder
from sklearn.preprocessing import OneHotEncoder

weekdays = [datetime.datetime.strptime(date, '%Y-%m
-%d').strftime('%a')
            for date in train.columns.values[:-4]]
```

首先，我們把日期字串（如 2017-03-02）變成它們的工作日（週四）。這個操作非常簡單，用下面的程式碼就可以完成：

```
day_one_hot = LabelEncoder().fit_transform(weekdays)
day_one_hot = day_one_hot.reshape(-1, 1)
```

然後我們將工作日編碼為整數，使「星期一」變成 1，「星期二」變成 2，依此類推。我們將產生的陣列轉換成形狀為（陣列長度，1）的「第二階」（rank-2）張量，這樣「獨熱編碼器」（one-hot encoder）就會知道我們有許多觀察項目，但是每個項目僅含有一個特徵，如下列程式碼所示：

```
day_one_hot =
OneHotEncoder(sparse=False).fit_transform(day_one_hot)
day_one_hot = np.expand_dims(day_one_hot,0)
```

最後，我們對工作日進行一次獨熱編碼。然後我們在張量中增加一個新的維度，以表明我們只有一「列」（row）的工作日。之後我們將沿著這個軸重複走訪此陣列，如下列程式碼所示：

```
agent_int = LabelEncoder().fit(train['Agent'])
agent_enc = agent_int.transform(train['Agent'])
agent_enc = agent_enc.reshape(-1, 1)
agent_one_hot = OneHotEncoder(sparse=False).fit(agent_enc)

del agent_enc
```

稍後，當我們對每個序列的代理人進行編碼時，我們將需要代理人的編碼器。

在這裡，我們首先建立一個 LabelEncoder 物件，它可以將代理人名稱字串轉換為整數。然後，我們將所有代理人轉換為這樣一個整數字串，以便設定一個可以對代理人進行獨熱編碼的 OneHotEncoder 物件。為了節省記憶體，我們將刪除已經編碼的代理人。

對於子頁面和上網方法，我們也會使用相同的步驟，如下所示：

```
page_int = LabelEncoder().fit(train['Sub_Page'])
page_enc = page_int.transform(train['Sub_Page'])
page_enc = page_enc.reshape(-1, 1)
page_one_hot = OneHotEncoder(sparse=False).fit(page_enc)

del page_enc

acc_int = LabelEncoder().fit(train['Access'])
acc_enc = acc_int.transform(train['Access'])
acc_enc = acc_enc.reshape(-1, 1)
acc_one_hot = OneHotEncoder(sparse=False).fit(acc_enc)

del acc_enc
```

現在我們來談談「滯後特徵」（lagged features）。理論上來說，神經網路可以發現「哪些過去的事件」會與預測本身相關。然而，這相當困難，因為梯度消失的問題，這將在本章的「LSTM 小節」詳細介紹（本書第 158 頁）。現在，讓我們先來設定一個小函數，建立一個延遲數天的陣列，如下所示：

```
def lag_arr(arr, lag, fill):
    filler = np.full((arr.shape[0],lag,1),-1)
    comb = np.concatenate((filler,arr),axis=1)
    result = comb[:,:arr.shape[1]]
    return result
```

這個函數首先建立一個新陣列，它將填補移位後的「空位」（empty space）。這個新陣列的列數和原來的陣列一樣多，但它的序列長度，或者說寬度，是我們想要滯後的天數。然後，我們將這個陣列附加到原始陣列的前面。最後，我們從後面的陣列中刪除元素，以得到原始陣列的序列長度或寬度。我們要告知我們的模型在不同時間間隔的自相關量。為了計算單一序列的自相關量，我們依循測量自相關的滯後量來移動序列。然後，我們計算出自相關量，如以下公式所示：

$$R(\tau) = \frac{\sum((X_t - \mu_t) * (X_{t+\tau} - \mu_{t+\tau}))}{\sigma_t * \sigma_{t+\tau}}$$

在這個公式中，τ 是「滯後指標」（lag indicator）。我們不只是使用 NumPy 函數，因為除數很可能為零。在這種情況下，我們的函數將只傳回 0，如下列程式碼所示：

```
def single_autocorr(series, lag):
    s1 = series[lag:]
    s2 = series[:-lag]
    ms1 = np.mean(s1)
    ms2 = np.mean(s2)
    ds1 = s1 - ms1
```

```
    ds2 = s2 - ms2
    divider = np.sqrt(np.sum(ds1 * ds1)) * np.sqrt(np.sum
(ds2 * ds2))
    return np.sum(ds1 * ds2) / divider if divider != 0 else 0
```

我們編寫的這個單序列函數，是為了建立一批「自相關性」特徵，如下列程式碼所示：

```
def batc_autocorr(data,lag,series_length):
    corrs = []
    for i in range(data.shape[0]):
        c = single_autocorr(data, lag)
        corrs.append(c)
    corr = np.array(corrs)
    corr = np.expand_dims(corr,-1)
    corr = np.expand_dims(corr,-1)
    corr = np.repeat(corr,series_length,axis=1)
    return corr
```

首先，我們計算出該批次中每個序列的自相關性。然後，我們將這些相關性融入到一個
NumPy 陣列中。由於自相關性是一個全域特徵，所以我們需要為該序列的長度建立一
個新的維度，並建立另一個新的維度來表明「這只是一個特徵」。然後我們在整個序列
的長度上重複執行自相關性。

get_batch 函數利用了所有這些工具來為我們提供一批資料，如下列程式碼所示：

```
def get_batch(train,start=0,lookback = 100):                      #1
    assert((start + lookback) <= (train.shape[1] - 5))            #2
    data = train.iloc[:,start:start + lookback].values           #3
    target = train.iloc[:,start + lookback].values
    target = np.log1p(target)                                     #4
    log_view = np.log1p(data)
    log_view = np.expand_dims(log_view,axis=-1)                   #5
    days = day_one_hot[:,start:start + lookback]
    days = np.repeat(days,repeats=train.shape[0],axis=0)          #6
    year_lag = lag_arr(log_view,365,-1)
    halfyear_lag = lag_arr(log_view,182,-1)
    quarter_lag = lag_arr(log_view,91,-1)                         #7
    agent_enc = agent_int.transform(train['Agent'])
    agent_enc = agent_enc.reshape(-1, 1)
    agent_enc = agent_one_hot.transform(agent_enc)
    agent_enc = np.expand_dims(agent_enc,1)
    agent_enc = np.repeat(agent_enc,lookback,axis=1)             #8
    page_enc = page_int.transform(train['Sub_Page'])
    page_enc = page_enc.reshape(-1, 1)
    page_enc = page_one_hot.transform(page_enc)
    page_enc = np.expand_dims(page_enc, 1)
    page_enc = np.repeat(page_enc,lookback,axis=1)              #9
```

```
    acc_enc = acc_int.transform(train['Access'])
    acc_enc = acc_enc.reshape(-1, 1)
    acc_enc = acc_one_hot.transform(acc_enc)
    acc_enc = np.expand_dims(acc_enc,1)
    acc_enc = np.repeat(acc_enc,lookback,axis=1)              #10
    year_autocorr = batc_autocorr(data,lag=365,
series_length=lookback)
    halfyr_autocorr = batc_autocorr(data,lag=182,
series_length=lookback)
    quarter_autocorr = batc_autocorr(data,lag=91,
series_length=lookback)                                       #11
    medians = np.median(data,axis=1)
    medians = np.expand_dims(medians,-1)
    medians = np.expand_dims(medians,-1)
    medians = np.repeat(medians,lookback,axis=1)              #12
    batch = np.concatenate((log_view,
                            days,
                            year_lag,
                            halfyear_lag,
                            quarter_lag,
                            page_enc,
                            agent_enc,
                            acc_enc,
                            year_autocorr,
                            halfyr_autocorr,
                            quarter_autocorr,
                            medians),axis=2)
    return batch, target
```

這裡的程式碼很多,所以讓我們花一點時間來逐步解說,以求充分理解它們:

1. 確保有足夠的資料可從「給定的起始點(starting point)」建立一個「前視偏差」視窗和目標。

2. 將「前視偏差」視窗與訓練資料分開。

3. 分開目標,然後取其對數加 1。

4. 取「前視偏差」視窗的對數加 1,並增加一個特徵維度。

5. 從預先計算的獨熱編碼的天數中獲取天數,並針對批次處理中的每個時間序列重複該操作。

6. 計算年滯後、半年滯後和季度滯後的滯後特徵。

7. 此步驟將使用前面定義的編碼器對全域特徵進行編碼。接下來的兩個步驟(**步驟 8** 和**步驟 9**),將重複相同的角色。

8. 此步驟重複**步驟 7**。

9. 此步驟重複**步驟 7** 和**步驟 8**。

10.計算年度、半年度和季度的自相關性。

11.計算「前視偏差」資料的「中位數」。

12.將所有這些特徵合併為一組批次。

最後,我們可以使用 get_batch 函數來編寫一個產生器,就像我們在「第 3 章」中所做的那樣。這個產生器走訪原始訓練集上的資料,並將一個子資料集傳遞至 get_batch 函數。然後,它就會產生所獲得的批次處理結果。

需要注意的是,我們選擇「隨機的起始點」以充分利用我們的資料,如下列程式碼所示:

```
def generate_batches(train,batch_size = 32, lookback = 100):
    num_samples = train.shape[0]
    num_steps = train.shape[1] - 5
    while True:
        for i in range(num_samples // batch_size):
            batch_start = i * batch_size
            batch_end = batch_start + batch_size

            seq_start = np.random.randint(num_steps - lookback)
            X,y = get_batch(train.iloc[batch_start:batch_end],
start=seq_start)
            yield X,y
```

這個函數就是我們要訓練和驗證的內容。

Conv1D 卷積層

你可能還記得「第 3 章」的「卷積神經網路」(ConvNets 或 CNNs),在「卷積神經網路」的討論中,我們簡單介紹了屋頂和保險。在電腦視覺中,卷積過濾器可以在影像上進行二維滑動。也有另一個版本的卷積過濾器可以在一維的序列上滑動,其輸出是另一個序列,就像二維卷積的輸出是另一個影像一樣。除此之外,一維卷積的其他功能,都與二維卷積完全相同。

在本節中,我們將從建立一個 ConvNet 開始,期望有一個固定的輸入長度,如下列程式碼所示:

```
n_features = 29
max_len = 100

model = Sequential()
```

```
model.add(Conv1D(16,5, input_shape=(100,29)))
model.add(Activation('relu'))
model.add(MaxPool1D(5))

model.add(Conv1D(16,5))
model.add(Activation('relu'))
model.add(MaxPool1D(5))
model.add(Flatten())
model.add(Dense(1))
```

請注意，這個網路在 Conv1D 和 Activation（激勵函數）圖層之後，還另外連接兩個圖層。MaxPool1D 的工作原理與我們在本書前面使用的 MaxPooling2D 完全一樣，它取一段指定長度的序列，並傳回序列中的最大元素。這與它在二維卷積網路中傳回小視窗最大元素的方式類似。

請注意，最大池化總是傳回每個頻道的最大元素。Flatten 函數將二維序列張量轉換為一維平面張量。若要將 Flatten 函數與 Dense 函數合併使用，我們需要在輸入形狀中指定序列長度。這裡，我們用 max_len 變數來設定它。我們這樣做是因為 Dense 函數期望一個固定的輸入形狀，而 Flatten 函數會根據其輸入的大小傳回一個張量。

Flatten 函數的替代方案是使用 GlobalMaxPool1D，而 GlobalMaxPool1D 會傳回整個序列中的最大元素。由於序列的大小是固定的，所以之後可以使用密集（Dense）層，而不需要固定的輸入長度。

我們的模型會以你要的方式來編譯，如下列程式碼所示：

```
model.compile(optimizer='adam',
loss='mean_absolute_percentage_error')
```

然後，我們在前面寫的產生器上對其進行訓練。為了獲得單獨的訓練集和驗證集，我們必須首先分割整體資料集，然後基於這兩個資料集來建立兩個產生器。要做到這一點，請執行下面的程式碼：

```
from sklearn.model_selection import train_test_split

batch_size = 128
train_df, val_df = train_test_split(train, test_size=0.1)
train_gen = generate_batches(train_df,batch_size=batch_size)
val_gen = generate_batches(val_df, batch_size=batch_size)

n_train_samples = train_df.shape[0]
n_val_samples = val_df.shape[0]
```

最後，我們可以仿照電腦視覺章節所述的方式，在產生器上訓練我們的模型，如下列程式碼所示：

```
model.fit_generator(train_gen,
                    epochs=20,
                    steps_per_epoch=n_train_samples // batch_size,
                    validation_data= val_gen,
                    validation_steps=n_val_samples // batch_size)
```

你的驗證集損失還是相當高，大概是 12,798,928 左右。絕對損失值從來就不會是模型表現的好指南。你會發現，最好使用其他測量指標，以便查看你的預測是否有用。不過，請注意，我們將會在本章後面顯著減少損失。

擴張和因果卷積層

如「回溯測試說明」小節所述（本書第 136 頁），我們必須確定我們的模型並不會受「前視偏差」的影響，如下圖所示：

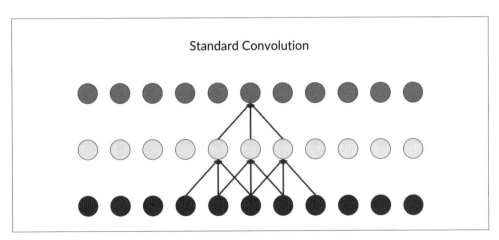

標準卷積（Standard Convolution）不考慮卷積方向

當卷積過濾器在資料上滑動時，它既看到了未來資料，也看到過去資料。因果卷積（Causal Convolution）確定了「時間 t 的輸出」只來自於「時間 $t-1$ 的輸入」，如下圖所示：

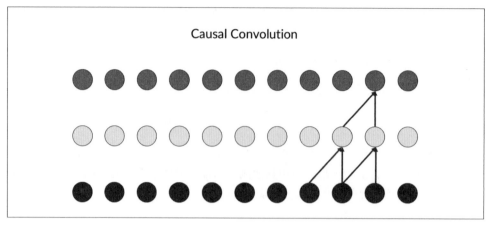

「因果卷積」將過濾器往「正確的方向」移動

在 Keras 中,我們要做的就是將 padding 參數設定為 causal,如下列程式碼所示:

```
model.add(Conv1D(16,5, padding='causal'))
```

另一個有用的技巧是「擴張卷積網路」(dilated convolutional networks)。「擴張」(dilated)意味著過濾器只走訪「第 n 個元素」,如下圖所示:

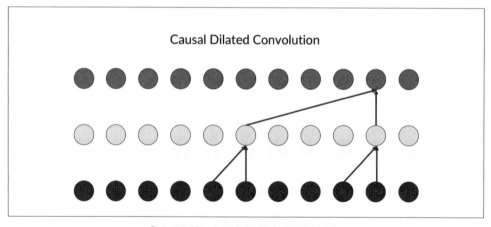

「擴張卷積」在進行卷積時「跳過輸入」

在上圖中,上層卷積層的擴張率為 4,下層的擴張率為 1,我們可以在 Keras 中設定「擴張率」(dilation rate),如下列程式碼所示:

```
model.add(Conv1D(16,5, padding='causal', dilation_rate=4))
```

簡易 RNN

在神經網路中，另一個讓「順序」變得重要的方法是「為網路賦予某種記憶」。到目前為止，我們所有的神經網路都是做了一次前向傳遞，沒有對傳遞前後發生的事情進行任何記憶。現在該是時候用**遞歸神經網路**（recurrent neural network，**RNN**）來改變這種情況了，如下圖所示：

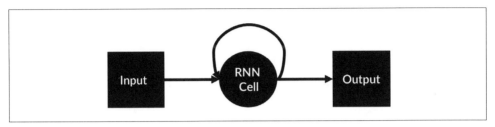

RNN 簡易流程圖

RNN 包含「遞歸層」（recurrent layers）。遞歸層可以記住它們「上一次的激勵狀態」，並將其作為自己的「輸入」，如下列公式所示：

$$A_t = activation\left(W * in + U * A_{t-1} + b\right)$$

「遞歸層」以一個序列作為輸入。接著它對每個元素，計算矩陣乘法（$W*in$），就像 Dense 層一樣，然後執行激勵函數（如 relu）輸出結果。然後，它保留了自己的激勵函數結果。當序列中的下一項目到達時，它像之前一樣執行矩陣乘法，但是這次它還將其之前的激勵函數結果與第二個矩陣相乘（$U*A_{t-1}$）。「遞歸層」將這兩個操作的結果加在一起，透過激勵函數再次傳遞給「遞歸層」。

在 Keras 中，我們可以使用一個簡易的 RNN，如下所示：

```
from keras.layers import SimpleRNN

model = Sequential()
model.add(SimpleRNN(16,input_shape=(max_len,n_features)))
model.add(Dense(1))

model.compile(optimizer='adam',
loss='mean_absolute_percentage_error')
```

我們唯一需要指定的參數是「遞歸層」的大小。這和設定 Dense 層的大小基本上是一樣的，因為 SimpleRNN 層和 Dense 層非常相似，只是前者將「輸出」作為「輸入」回饋回來。RNN 在預設情況下只傳回序列的「最後一次輸出」。

要堆疊多個 RNN，我們需要將 return_sequences 設定為 True，如下列程式碼所示：

```
from keras.layers import SimpleRNN

model = Sequential()
model.add(SimpleRNN(16,return_sequences=True,
input_shape=(max_len,n_features)))
model.add(SimpleRNN(32, return_sequences = True))
model.add(SimpleRNN(64))
model.add(Dense(1))

model.compile(optimizer='adam',
loss='mean_absolute_percentage_error')

You can then fit the model on the generator as before:

model.fit_generator(train_gen,
                    epochs=20,
                    steps_per_epoch=n_train_samples // batch_size,
                    validation_data= val_gen,
                    validation_steps=n_val_samples // batch_size)
```

這段程式碼的結果顯示，一個簡易的 RNN 比卷積模型做得更好，損失大約是 1,548,653。你還記得以前我們的損失是 12,798,928 吧。然而，若使用更複雜的 RNN 版本，我們就可以做得更好。

LSTM

在上一節中，我們學習了基本的 RNN。從理論上來說，簡易的 RNN 甚至應該能夠保留「長期記憶」。然而，在實際應用中，這種方法往往會因為梯度消失問題而落空。

在經歷了許多時步的過程中，網路很難保持「有意義的梯度」。雖然這不是本章的重點所在，但是你可以閱讀 Yoshua Bengio、Patrice Simard 和 Paolo Frasconi 於 1994 年發表的論文：《*Learning long-term dependencies with gradient descent is difficult*》（https://ieeexplore.ieee.org/document/279181），來瞭解為什麼會發生這種情況。

針對簡單 RNN 的梯度消失問題，專家提出了**長短期記憶層**（Long Short-Term Memory，**LSTM**）的概念。這種圖層在「較長的時間序列」上表現得更好。然而，如果相關的觀測結果在時間序列中落後幾百步，那麼即使是 LSTM 也將舉步維艱。這就是為什麼我們需手動包含一些滯後的觀測結果。

在深入了解細節之前，我們先來看看一個隨時間展開的簡易 RNN，如下圖所示：

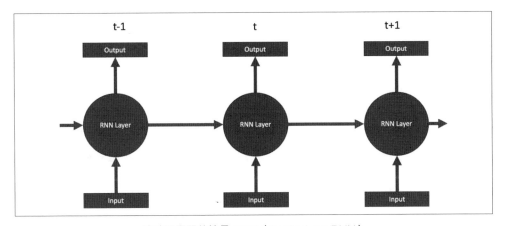

隨時間展開的簡易 RNN（A rolled out RNN）

你可以看到，這與我們在「**第 2 章**」中看到的 RNN 是一樣的，只是這次的 RNN 是隨時間的流逝而展開。

記憶攜帶

LSTM 圖層比 RNN 圖層還額外新增了一個名為「**記憶攜帶**」（**carry**）的運算機制。「記憶攜帶」就像沿著 RNN 層傳遞的「輸送帶」（conveyor belt）一樣。在每個時步中，「記憶攜帶」狀態會被饋送至 RNN 圖層。我們可以在 RNN 圖層之外，分開運算「記憶攜帶」狀態。新的「記憶攜帶」狀態可透過「輸入」、「RNN 輸出」和「舊的記憶攜帶狀態」計算出來，如下圖所示：

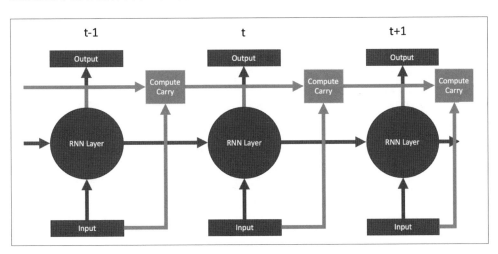

LSTM 簡易流程圖

想了解什麼是「記憶攜帶演算法」（Compute Carry），我們應從「輸入」和「狀態」中確定該加些什麼，如以下公式所示：

$$i_t = a(s_t \cdot Ui + in_t \cdot Wi + bi)$$

$$k_t = a(s_t \cdot Uk + in_t \cdot Wk + bk)$$

在上面的公式中，s_t 是時間 t 時的狀態（簡易 RNN 層的輸出），in_t 是時間 t 時的輸入，而 Ui、Wi、Uk 和 Wk 是要學習的模型參數（矩陣）。$a()$ 是一個激勵函數。

要從「狀態」和「輸入」中確定應該遺忘的內容，我們需要使用以下公式：

$$f_t = a(s_t \cdot Uf) + in_t \cdot Wf + bf$$

「記憶攜帶」新狀態的計算公式，如下所示：

$$c_{t+1} = c_t * f_t + i_t * k_t$$

雖然標準理論聲稱，LSTM 層會學習「哪些東西該加入、哪些東西該遺忘」，但實際上，沒有人真正知道 LSTM 內部到底發生了什麼事。然而，LSTM 模型已經被證明在學習長期記憶方面是相當有效的。

在這裡需要注意的是，LSTM 層不需要額外的激勵函數，因為它們已經自帶了 tanh 激勵函數。

LSTM 的使用方法與 SimpleRNN 的使用方法相同，如下列程式碼所示：

```
from keras.layers import LSTM

model = Sequential()
model.add(LSTM(16,input_shape=(max_len,n_features)))
model.add(Dense(1))
```

為了繼續新增這些圖層，你還需要將 return_sequences 設定為 True。請注意，你可以使用下列程式碼，輕鬆地將 LSTM 和 SimpleRNN 結合起來：

```
model = Sequential()
model.add(LSTM(32,return_sequences=True,
input_shape=(max_len,n_features)))
model.add(SimpleRNN(16, return_sequences = True))
model.add(LSTM(16))
model.add(Dense(1))
```

請注意：如果你使用的是 GPU 和以 TensorFlow 為後端的 Keras，那麼請使用 CuDNNLSTM 而不是 LSTM。在工作方式完全相同的情況下，前者的速度會明顯加快許多。

我們現在可以像之前那樣編譯和執行模型了，如下列程式碼所示：

```
model.compile(optimizer='adam',
loss='mean_absolute_percentage_error')

model.fit_generator(train_gen,
                    epochs=20,
                    steps_per_epoch=n_train_samples // batch_size,
                    validation_data= val_gen,
                    validation_steps=n_val_samples // batch_size)
```

這一次，損失低至 88,735，比我們最初的模型好幾個數量級。

遞歸丟棄

閱讀本書迄今，你已經學到了「丟棄」（Dropout）的概念。「丟棄」會隨機刪除輸入層的某些元素。在 RNN 中，有一個常見的重要工具就是「**遞歸丟棄**」（**recurrent dropout**），它不刪除「圖層之間的輸入」，而是刪除「時步之間的輸入」，如下圖所示：

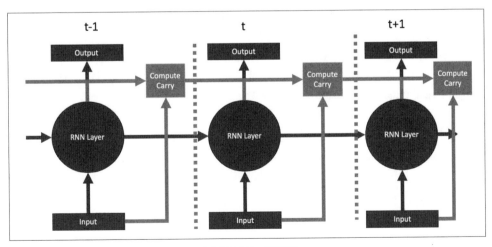

「遞歸丟棄」示意圖

就像「正規化丟棄」（regular dropout）一樣，「遞歸丟棄」也有正規化的作用，可以防止過度擬合。它在 Keras 中的使用，只需傳遞一個參數到 LSTM 或 RNN 層即可。

從下方的程式碼中我們可以看到，與「正規化丟棄」不同，「遞歸丟棄」並沒有自己的圖層：

```
model = Sequential()
model.add(LSTM(16,
               recurrent_dropout=0.1,
               return_sequences=True,
               input_shape=(max_len,n_features)))

model.add(LSTM(16,recurrent_dropout=0.1))

model.add(Dense(1))
```

貝葉斯深度學習

我們現在有了一整套可以對時間序列進行預測的模型。但這些模型給出的「點估計」是合理的估計，或者只是隨機猜測的呢？這個模型有多確定？大多數經典的概率論建模技術，如「卡爾曼過濾器」等，都可以給出預測的「信賴區間」，而一般的深度學習無法做到這一點。「貝葉斯深度學習」（Bayesian deep learning）領域將「貝葉斯方法」與「深度學習」結合，使模型能夠表達「不確定性」。

「貝葉斯深度學習」的中心觀念是，模型中存在著固有的「不確定性」。有時，這是透過學習許多權重的平均值和標準差來完成的，而不是僅透過單一的權重值來完成的。但是，這種方法增加了所需參數的數量，所以並沒有得到普及。還有一個更簡單的破解方法是將「一般深度學習網路」轉換為「貝葉斯深度學習網路」，就可以在預測期間啟動「遞歸丟棄」功能，然後再進行多次預測。

在本節中，我們將使用一個比以前更簡單的資料集。我們的 x 值是 20 個在 -5 至 5 之間的隨機值，而我們的 y 值只是使用這些 x 值的「正弦函數」（sine function）。

我們首先執行下列程式碼：

```
X = np.random.rand(20,1) * 10-5
y = np.sin(X)
```

我們的神經網路也相對簡單明瞭。請注意，Keras 不允許我們把「丟棄」層作為第一層，所以我們僅需要增加一個傳遞輸入值的 Dense 層就可以了，如下列程式碼所示：

```
from keras.models import Sequential
from keras.layers import Dense, Dropout, Activation

model = Sequential()

model.add(Dense(1,input_dim = 1))
model.add(Dropout(0.05))

model.add(Dense(20))
model.add(Activation('relu'))
model.add(Dropout(0.05))

model.add(Dense(20))
model.add(Activation('relu'))
model.add(Dropout(0.05))

model.add(Dense(20))
model.add(Activation('sigmoid'))

model.add(Dense(1))
```

為了擬合這個函數，我們需要一個相對較低的學習率，所以我們匯入 Keras 標準的「隨機梯度下降優化器」（stochastic gradient descent optimizer）來設定學習率。然後我們對模型進行 10,000 輪的訓練。由於我們對「訓練日誌」（training logs）不感興趣，所以我們將 verbose 設定為 0，這會讓模型「靜靜地」（quietly）訓練。

我們透過執行以下程式碼來做到這一點：

```
from keras.optimizers import SGD
model.compile(loss='mse',optimizer=SGD(lr=0.01))
model.fit(X,y,epochs=10000,batch_size=10,verbose=0)
```

我們想在更大的值範圍內測試我們的模型，所以我們建立了一個測試資料集，在 0.1 的區間內有 200 個值，範圍從 –10 到 10，如下列程式碼所示：

```
X_test = np.arange(-10,10,0.1)
X_test = np.expand_dims(X_test,-1)
```

現在，神奇的一幕出現了！藉由使用 keras.backend，我們可以將設定值傳遞給 TensorFlow，TensorFlow 會在後台執行操作。我們使用後台將學習階段的參數設定為 1，這使得 TensorFlow 相信我們正在訓練，所以它將應用「丟棄」原理。然後，我們對我們的測試資料進行 100 個預測。這 100 個預測的結果就是每個 x 物件的 y 值概率分佈。

請注意：為了讓這個例子起作用，你必須在定義和訓練模型之前載入「後端」（backend）程式、清除當前「工作階段」（session）內容並設定「學習階段」，因為訓練過程會將設定值保留在 TensorFlow 圖之中。你也可以儲存「訓練好的模型」，清除「工作階段」的內容，然後重新載入模型。關於這個實作，請參閱本節的程式碼。

為了開始這個過程，我們首先執行下列程式碼：

```
import keras.backend as K
K.clear_session()
K.set_learning_phase(1)
```

現在我們可以用下列程式碼獲得我們的分佈：

```
probs = []
for i in range(100):
    out = model.predict(X_test)
    probs.append(out)
```

接下來我們可以計算出我們分佈的平均值和標準差，如下列程式碼所示：

```
p = np.array(probs)

mean = p.mean(axis=0)
std = p.std(axis=0)
```

最後，我們用 1、2、4 個標準差（對應不同深淺的藍色）來繪製模型的預測結果，如下列程式碼所示：

```
plt.figure(figsize=(10,7))
plt.plot(X_test,mean,c='blue')

lower_bound = mean - std * 0.5
upper_bound =  mean + std * 0.5
plt.fill_between(X_test.flatten(),upper_bound.flatten(),
lower_bound.flatten(),alpha=0.25, facecolor='blue')

lower_bound = mean - std
upper_bound =  mean + std
plt.fill_between(X_test.flatten(),upper_bound.flatten(),
lower_bound.flatten(),alpha=0.25, facecolor='blue')

lower_bound = mean - std * 2
upper_bound =  mean + std * 2
plt.fill_between(X_test.flatten(),upper_bound.flatten(),
```

```
lower_bound.flatten(),alpha=0.25, facecolor='blue')

plt.scatter(X,y,c='black')
```

執行這段程式碼後，我們將看到下圖：

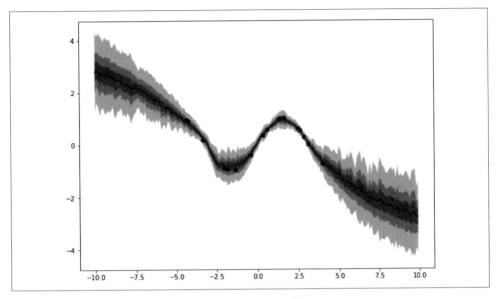

不確定性範圍之預測圖

如你所見，模型在有資料的區域周圍是相對有信心的，離資料點越遠，信心就會越來越小。從我們的模型中獲得「不確定性估計」（uncertainty estimates），會增加我們可以從模型中獲得的價值。如果我們能夠偵測到模型在哪些地方過於自信或信心不足，也有助於改進模型。目前，「貝葉斯深度學習」還處於初級階段，未來幾年我們肯定會看到很多進步。

練習題

現在我們已經介紹到了本章的結尾，何不嘗試下列的練習題呢？你可以將本章中的各節內容，當作完成這些練習的指南：

- 有一個絕佳的技巧是在一維卷積層上使用 LSTM，因為一維卷積可以在使用較少的參數的情況下，對大型序列進行卷積。請試著設計一個架構，在此架構中，首先使用幾個卷積層和池化層，然後使用幾個 LSTM 層。在網路流量資料集上嘗試一下這個架構。然後請嘗試納入「遞歸丟棄」機制。你能戰勝 LSTM 模型嗎？

- 為你的網路流量預測增加「不確定性」。要做到這一點,請記得在預測時開啟 dropout 功能,來執行你的模型。你將獲得一個時步的多個預測值。請思考一下這對交易和股票價格的意義為何?
- 請造訪 Kaggle 資料集頁面,搜尋時間序列資料。製作一個預測模型。這涉及到使用「自相關性」和「傅立葉變換」的特徵工程,從介紹的模型(例如,ARIMA 與神經網路)中挑選合適的模型,然後訓練你的模型。這是一項艱鉅的任務,但你會學到很多東西!任何資料集都可以,但我建議你可以嘗試一下「股市資料集」(https://www.kaggle.com/szrlee/stock-time-series-20050101-to-20171231),或者「電力消耗資料集」(https://www.kaggle.com/uciml/electric-power-consumption-data-set)。

小結

在本章中,你瞭解了處理時間序列資料的各種常見工具。你還學習了一維卷積和遞歸架構,最後你還學習了一種簡單的方法,讓你的模型表達不確定性。

時間序列是最具有代表性的金融資料。本章提供了一個豐富的工具箱,可以用來處理時間序列。讓我們回顧一下,我們在為維基百科預測網路流量的範例中介紹的所有內容:

- 使用基本資料探索來瞭解我們正在處理的內容
- 利用「傅立葉變換」和「自相關性」作為特徵工程和資料理解的工具
- 使用簡單的「中位數」預測作為基準和完整性檢查
- 瞭解並使用 ARIMA 和「卡爾曼過濾器」作為經典的預測模型
- 使用特徵設計,其中包括為我們所有的時間序列建立「資料加載機制」
- 使用一維卷積以及像是「因果卷積」和「擴張卷積」等等的變形
- 瞭解 RNN 及其更強大的變形(LSTM)的「目的」和「用途」
- 掌握如何使用「遞歸丟棄」技巧來為我們的預測增加不確定性,這是我們邁入「貝葉斯學習」的第一步

這個豐富的時間序列技術工具箱,在下一章中將特別有用,我們也將在下一章中介紹「自然語言處理」(natural language processing)。語言基本上是「單詞」(words)的序列,或者說是「單詞」的時間序列。這意味著我們可以將時間序列建模的工具用於「自然語言處理」。

在下一章中,你將學習如何在文字中搜尋「公司名稱」,如何依照「主題」對文字進行分類,甚至使用神經網路對文字進行「翻譯」。

5

使用自然語言處理
解析文字資料

Renaissance Technologies（文藝復興科技公司），它是史上最成功的「量化交易對沖基金公司」（quantitative hedge funds）之一，它的聯合首席執行長（Co-CEO）Peter Brown 以前曾任職於 IBM，在 IBM 任職期間，他將機器學習應用於自然語言問題之上，這件事並非空穴來風。

如我們在前面幾章中所探討的，現今時代的金融業全為資訊所推動，而最重要的資訊來源是「書面文件」及「口述語言文字」。請試著詢問任何一位金融專業人士，他們到底把時間花在何處？你會發現他們的大部分時間都花在閱讀上。從閱讀股票行情的頭條新聞，到閱讀 10-K 表格（年度財經報表）或各種分析師報告等等，這類「財經文件閱讀清單」不勝枚舉。若能自動處理這些資訊，便可以提高觸發交易速度以及擴大交易時考慮的資訊範圍，同時亦降低總體成本。

自然語言處理（Natural language processing，**NLP**）技術正開始進軍金融領域。例如，保險公司越來越希望能夠自動處理「理賠事務」，而零售銀行則試圖簡化「客戶服務」並向其客戶提供更好的產品。電腦對文字的理解技術，正逐漸成為機器學習在金融領域的最佳應用。

從歷史角度來看，NLP 依賴的是語言學家手工打造的規則。如今，語言學家正被神經網路取代，神經網路能夠學習「複雜的、往往難以編寫的語言規則」。

在本章中，你將學習如何使用 Keras 來建構強大的自然語言模型，以及如何使用 spaCy NLP 程式庫。

以下是本章的學習重點：
- 針對你自定義的應用程式，來微調 spaCy 的模型
- 搜尋「詞性」並映射句子的語法結構
- 使用「詞袋」（Bag-of-Words）和 TF-IDF 等技術進行分類
- 了解如何使用 Keras 函數式 API 建構進階模型
- 訓練注意力集中的模型，以及使用「序列至序列（seq2seq）模式」來訓練模型翻譯句子

那麼，讓我們開始吧！

spaCy 入門指引

spaCy 是一個用於進階 NLP 的程式庫。這個程式庫的執行速度相當快，還自帶了一系列實用的工具和預訓練模型，讓 NLP 變得更加簡易可靠。如果你已經設定了 Kaggle 網頁，你就不需要下載 spaCy，因為 Kaggle 已預先安裝所有的模型。

若要在本機使用 spaCy，你需要安裝此程式庫並各別下載其預訓練模型。

以下是安裝 spaCy 程式庫的指令：

```
$ pip install -U spacy
$ python -m spacy download en
```

 請注意：本章使用英語語言模型，但還有更多可用的模型。這個程式庫的大多數功能亦可適用於英語、德語、西班牙語、葡萄牙語、法語、義大利語及荷蘭語等語言。「實體識別」（Entity recognition）可以透過「多語言模型」在更多語言之中使用。

spaCy 的核心是由 Doc 類別和 Vocab 類別組成。Doc 物件是一份文件（document），其中包括「文字」（text）、「標記化版本」（tokenized version）和「識別實體」（recognized entities）。Vocab 類別同時亦會在許多文件中追蹤所有搜尋到的共用資訊。

spaCy 的「管道」（Pipeline）功能非常實用，其中包含 NLP 所需的許多元素。如果這些現在對你來說看起來有點抽象，請不用擔心，因為本章會教導你如何將 spaCy 應用於寬廣的實務之上。

 你可以在 Kaggle 的網址上找到本節的資料和程式碼：**https://www.kaggle.com/jannesklaas/analyzing-the-news**。

我們在本節中使用的資料，來自 15 份美國出版品中所收集的 143,000 篇文章。這些資料分佈在三個檔案上。我們將分別載入它們，將它們合併到一個大資料框中，然後刪除各個資料框，以節省記憶體。

要做到上述事項，我們必須執行下列程式碼：

```
a1 = pd.read_csv('../input/articles1.csv',index_col=0)
a2 = pd.read_csv('../input/articles2.csv',index_col=0)
a3 = pd.read_csv('../input/articles3.csv',index_col=0)

df = pd.concat([a1,a2,a3])

del a1, a2, a3
```

資料最終會看起來像這樣：

id	title	publication	author	date	year	month	url	content
17283	House Republicans Fret...	New York Times	Carl Hulse	2016-12-31	2016.0	12.0	NaN	WASHINGTON — Congressional Republicans...

當我們的資料變成上面表格的狀態之後，我們可以繪製「出版商」的分佈圖，來了解一下我們要處理的是什麼類型的新聞。

要做到上述事項，我們必須執行下列程式碼：

```
import matplotlib.pyplot as plt
plt.figure(figsize=(10,7))
df.publication.value_counts().plot(kind='bar')
```

在成功執行這段程式碼後，我們會看到這張圖表，其顯示了我們資料集中的新聞來源分佈情況，如下圖所示：

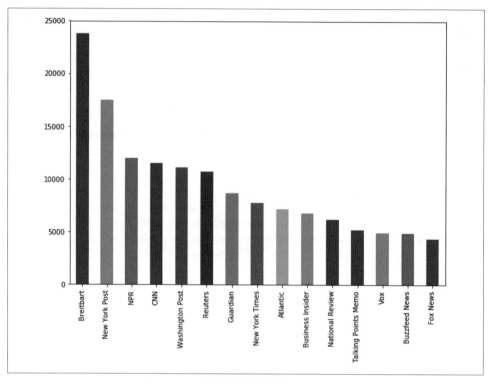

新聞頁面分佈圖

從上圖中可以看到，我們提取的資料集中，沒有任何來自「經典財經新聞媒體」的文章，且大部分的文章都是來自「主流和政治傾向的出版品」。

命名實體識別

NLP 常見的一個功能被稱為「**命名實體識別**」（named entity recognition，**NER**）。NER 就是搜尋某文字明確引用的內容。在討論更多的內容之前，讓我們直接進入資料集中的「第一篇文章」，並做一些實際的 NER 操作。

除了英語語言處理的模型之外，我們需要做的第一件事是載入 spaCy，如下列程式碼所示：

```
import spacy
nlp = spacy.load('en')
```

接下來，我們必須從資料中選取文章的文字，如下列程式碼所示：

```
text = df.loc[0,'content']
```

最後，我們將透過「英語模型管道」處理這段文字。這將建立一個 Doc 物件，這一點我們在本章前面已經解釋過了。這個 Doc 物件將儲存很多資訊，包括「命名實體」（named entities）在內，如下列程式碼所示：

```
doc = nlp(text)
```

spaCy 最好的特點之一就是它自帶了一個名為 display 的視覺化工具，我們可以用它來顯示文字中的「命名實體」。為了讓視覺化工具依據「我們文章的文字」來產生顯示的資料，我們必須執行下列程式碼：

```
from spacy import displacy
displacy.render(doc,              #1
                style='ent',      #2
                jupyter=True)     #3
```

執行了這些程式碼後，這表示我們做了三件重要的事情，分別為：

1. 我們已經傳遞了一整份文件
2. 我們已經指定要繪製實體
3. 我們讓 display 知道我們正在 Jupyter 筆記本上執行程式，這樣繪製功能就能正常運作

使用 spaCy 標籤（tags）的前一個 NER 輸出

瞧！如你所見，這裡有一些意外，例如「空白處」（blank spaces）被歸類為「組織」（organizations），「歐巴馬」（Obama）被歸類為「地名」（place）等。

那麼，為什麼會出現這種情況呢？這是因為「標記」（tagging）是由神經網路完成的，而神經網路對其進行訓練的資料有很強的依賴性。所以，由於這些不完善的地方，我們可能會發現，我們需要對「標籤模型」進行微調，以達到自己的目的。稍後，我們將了解其工作原理。

你也可以在我們的輸出中看到，NER 提供了各種各樣的標籤，其中有一些帶有奇怪的縮寫。現在，請不用擔心，因為我們將在本章後面的小節中研究「完整的標籤列表」。

現在，讓我們來回答一個不同的問題：我們的資料集中的「新聞」寫的是什麼機構／組織（organizations）？為了使這個練習執行得更快，我們將建立一條新的管線，在這條管線中，我們將禁用除了 NER 之外的所有東西。

要找到這個問題的答案，我們必須先執行下列程式碼：

```
nlp = spacy.load('en',
                 disable=['parser',
                          'tagger',
                          'textcat'])
```

在下一個步驟中，我們將走訪資料集的「前 1,000 篇文章」，可以用下列的程式碼來完成：

```
from tqdm import tqdm_notebook

frames = []
for i in tqdm_notebook(range(1000)):
    doc = df.loc[i,'content']                        #1
    text_id = df.loc[i,'id']                         #2
    doc = nlp(doc)                                   #3
    ents = [(e.text, e.start_char, e.end_char, e.label_)  #4
            for e in doc.ents
            if len(e.text.strip(' -—')) > 0]
    frame = pd.DataFrame(ents)                       #5
    frame['id'] = text_id                            #6
    frames.append(frame)                             #7
```

```
npf = pd.concat(frames)                          #8

npf.columns = ['Text','Start','Stop','Type','id']    #9
```

我們剛才建立的程式碼有九個關鍵要點。讓我們花點時間來剖析一下，這樣我們就有信心理解剛才寫的內容了。要注意的是，在前面的程式碼中，「井字號」（#）是指對應到以下項目的編號：

1. 我們得到第 i 列文章的內容。
2. 我們得到文章的 id。
3. 我們透過「管道」來處理文章。
4. 對於搜尋到的所有實體，我們儲存「其文字」、「第一個字元索引」、「最後一個字元索引」以及「標籤」。只有當「標籤」包含「多個空格和破折號」時，才會發生這種情況。若分類被標記為「空段」（empty segments）或「分隔符號」（delimiters）時，這會消除了我們之前遇到的一些意外。
5. 我們從建立的元組陣列中建立一個 pandas 資料框（DataFrame）。
6. 我們將文章的 id 加到我們命名實體的記錄中。
7. 我們將「包含了一個文件的所有標記實體的 DataFrame」增加到一個列表之中。這樣，我們就可以在大量文章上建立一個「標記實體集合」。
8. 我們將列表中的所有 DataFrames 合併起來，這意味著我們建立了一個包含所有標籤的大表格。
9. 為了方便使用，我們為這些「行」取了有意義的名字。

既然我們已經完成了上述的項目清單，下一步就是繪製我們搜尋到的實體類型的分佈圖。這段程式碼將產生一張圖表：

```
npf.Type.value_counts().plot(kind='bar')
```

以下是這段程式碼的輸出圖表：

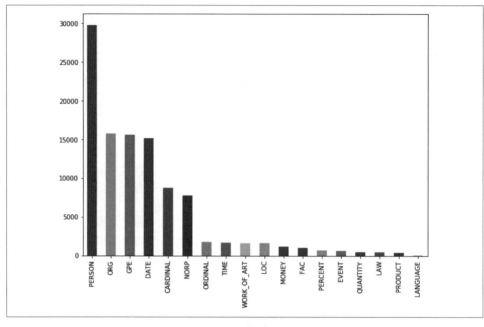

spaCy 標籤分佈圖

看完前面這張圖，我們或許會問：spaCy 能識別哪些類別？這些類別又來自哪裡。spaCy 自帶的「英語語言 NER」是一個在 **OntoNotes 5.0 語料庫**上訓練的神經網路，也就是說，它可以識別以下類別：

- **PERSON**：人，包括虛構的人物
- **ORG**：公司、機關、機構
- **GPE**：包括國家、城市和州在內的地方
- **DATE**：絕對日期（如 2017 年 1 月）或相對日期（如兩週）
- **CARDINAL**：其他類型未涵蓋的數字
- **NORP**：國籍或宗教或政治團體
- **ORDINAL**：「第一」（first）、「第二」（second）等等。
- **TIME**：少於一天的時間（例如，兩小時）
- **WORK_OF_ART**：書籍、歌曲等的標題
- **LOC**：非 GPE 的地點，例如：山脈或河流
- **MONEY**：貨幣價值
- **FAC**：機場、高速公路或橋樑等設施
- **PERCENT**：百分比
- **EVENT**：已命名的颱風、戰事、體育賽事等

- **QUANTITY**：測量，例如：重量或距離
- **LAW**：作為法律的已命名文件
- **PRODUCT**：物體、車輛、食物等等
- **LANGUAGE**：任何已命名的語言

利用這份列表，我們現在來看一下「15 個最常見的已命名組織」，它們被歸類為 **ORG**。作為這項工作的一部分，我們將製作一個類似的圖表，來為我們顯示這些資訊。

請執行下列程式碼，來繪製圖表：

```
orgs = npf[npf.Type == 'ORG']
orgs.Text.value_counts()[:15].plot(kind='bar')
```

由此產生的程式碼將為我們提供以下圖形：

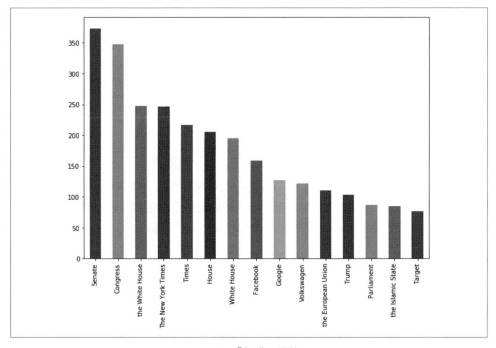

spaCy「組織」距離

如你所見，在我們的新聞資料集中，**senate**（參議院）等政治機構的名稱出現頻率最高。同樣地，在圖中也可以找到一些受媒體關注的公司，比如說，**Volkswagen**（台灣譯為福斯汽車）。花點時間，我們也會發現，**the White House**（白宮）和 **White House**（白宮）是如何被列為兩個獨立的機構的，儘管我們知道它們是同一個實體。

依據你的需要，你可能需要做一些「後處理」（post-processing），比如說，從組織名稱中刪除「the」。Python 內建了一個「字串替換方法」（string replacement method），你可以透過 pandas 來使用這個「字串替換」功能。這將讓你可以執行「後處理」功能。不過，這並不是我們要在這裡深入講解的內容。

如果你想更詳細地了解「字串替換方法」，你可以從這個連結獲取說明文件和範例：https://pandas.pydata.org/pandas-docs/stable/reference/api/pandas.Series.str.replace.html。

另外，請注意 **Trump**（川普）在這裡是作為一個「組織」出現的。但是，如果你看一下被標記的文字，你也會發現，Trump 多次被標記為一個 **NORP**（一種政治組織）。之所以出現這種情況，是因為 NER 從上下文中推斷出標記的類型。由於 Trump 是美國總統，所以他的名字經常被用在「與（政治）組織相同」的上下文之中。

這個「已預訓練過的 NER」提供了一個強大的工具，可以解決許多常見的 NLP 工作。所以，實際上，你可以從這裡開始進行其他各種調查／測試。例如，我們可以複製並修改這個 notebook，來看看「**New York Times**（紐約時報）被提及的時候」，是否比 **Washington Post**（華盛頓郵報）或 **Breitbart**（布萊巴特新聞）「更經常被視為不同的實體」。

微調 NER

你可能會發現的一個常見問題是，「預訓練的 NER」在你要使用的「特定類型的文字」上表現得不夠好。要解決這個問題，你將需要使用「自定義資料」訓練 NER 模型來對其進行微調（fine-tune）。要做到這一點將是本節的重點。

你使用的訓練資料應該是下列這種格式：

```
TRAIN_DATA = [
    ('Who is Shaka Khan?', {
        'entities': [(7, 17, 'PERSON')]
    }),
    ('I like London and Berlin.', {
        'entities': [(7, 13, 'LOC'), (18, 24, 'LOC')]
    })
]
```

如你所見，你提供了一份字串的元組列表、起始點、結束點，以及要標記的**實體類型**。

像這種格式的資料一般是透過手工標記收集的，常出現在 Amazon 的 **Mechanical Turk**（**MTurk**，亞馬遜土耳其機器人）等平台之上。

spaCy 幕後的公司（Explosion AI）還製作了一個名為「**Prodigy**」（神器）的（付費）資料標記系統，可以讓你有效地收集資料。一旦你收集了足夠的資料，就可以微調預訓練的模型，或者初始化一個全新的模型。

若要加載和微調模型，我們需要使用 load() 函數：

```
nlp = spacy.load('en')
```

另外，如果要從頭開始建立一個新的空模型，並打算使用英語語言，請使用 blank 函數：

```
nlp = spacy.blank('en')
```

無論哪種方式，我們都需要使用 NER 元件。如果已經建立了一個空白模型，則需要建立一個「NER 管道元件」並將其新增到模型之中。

如果已經加載了現有的模型，則只需執行以下程式碼，即可使用其現有的 NER，如下所示：

```
if 'ner' not in nlp.pipe_names:
    ner = nlp.create_pipe('ner')
    nlp.add_pipe(ner, last=True)
else:
    ner = nlp.get_pipe('ner')
```

下一步是確定我們的 NER 能夠識別我們擁有的標籤。假設我們的資料包含一種新的命名實體，例如：ANIMAL（動物）。我們可以使用 add_label 函數，來為 NER 新增標籤類型。

你可以在下列程式碼中看到這個實作，但如果你現在還沒有理解，也不用擔心，我們接下來將對其進行分解：

```
for _, annotations in TRAIN_DATA:
    for ent in annotations.get('entities'):
        ner.add_label(ent[2])
import random
                                                    #1
other_pipes = [pipe for pipe in nlp.pipe_names if pipe != 'ner']
with nlp.disable_pipes(*other_pipes):
```

```
optimizer = nlp._optimizer                      #2
if not nlp._optimizer:
    optimizer = nlp.begin_training()
for itn in range(5):                            #3
    random.shuffle(TRAIN_DATA)                  #4
    losses = {}                                 #5
    for text, annotations in TRAIN_DATA:        #6
        nlp.update(                             #7
            [text],
            [annotations],
            drop=0.5,                           #8
            sgd=optimizer,                      #9
            losses=losses)                      #10
    print(losses)
```

我們剛才寫的程式內容是由 10 個關鍵元素組成的，如下所示：

1. 我們關閉所有「不是 NER」的管道元件，首先得到所有「不是 NER」的元件列表，然後關閉它們來進行訓練。
2. 預訓練的模型內建有優化器。如果你有一個空白模型，你需要建立一個新的優化器。請注意：這也會重新設定模型權重。
3. 我們現在訓練若干輪，在這個範例中為 5 輪。
4. 在每一輪的開始，我們使用 Python 內建的「隨機（random）模組」對訓練資料進行洗牌（shuffle）。
5. 我們建立一個「空字典」來追蹤損失。
6. 然後，我們走訪訓練資料中的文字和註解。
7. nlp.update 執行一次向前和向後的傳遞，並更新了的神經網路權重。我們需要提供文字和註解，如此一來，這個函數才能從中找出訓練網路的方法。
8. 我們可以手動指定我們想要在訓練時使用的「丟棄率」（dropout rate）。
9. 我們傳遞一個「隨機梯度下降優化器」，來執行模型更新。請注意：這裡不能只傳遞一個 Keras 或 TensorFlow 優化器，因為 spaCy 有自己的優化器。
10.我們還可以傳遞字典來記錄稍後要列印的損失值，以便監控進度。

在執行了這段程式碼後，輸出應該會是這個樣子：

```
{'ner': 5.0091189558407585}
{'ner': 3.9693684224622108}
{'ner': 3.984836024903589}
{'ner': 3.457960373417813}
{'ner': 2.570318400714134}
```

你看到的是 spaCy 管道（命名實體識別引擎／NER 引擎）的一部分損失值。與我們在前幾章中討論的「交叉熵損失原理」類似，這個實際值很難詮釋，也不能告訴你很多資訊。在這裡，重要的是「損失值」會隨著時間的流逝而減少，而且它達到的損失值比「初始的損失值」低得多。

詞性（POS）標記

2017 年 10 月 10 日星期二，上午 9:34 至 9:36 之間，美國道瓊斯通訊社（US Dow Jones newswire）發生了技術錯誤，導致其發佈了一些奇怪的頭條新聞。其中一則是：Google to buy Apple（即「谷歌將收購蘋果」）。這四個字使得 Apple 股價上漲了 2% 以上。

此演算法交易系統在這裡顯然無法理解，這樣的收購是不可能的，因為當時 Apple 的市值高達 8,000 億美元，此外，這個舉動很可能得不到監管部門的批准。

那麼，問題來了，為什麼此交易演算法會根據這四個字來選購股票呢？答案是可以透過「**詞性**」（part-of-speech，**POS**）標記技術。「詞性」標記（POS tagging）可以理解句子中哪些單詞有哪些功能，以及這些詞之間是如何相互關聯的。

spaCy 配有一個方便的、預先訓練好的 POS 標記器（tagger）。在本節中，我們將把它應用到 Google ／ Apple 的新聞報導之中。要啟動 POS 標記器，我們需要執行以下程式碼：

```
import spacy
from spacy import displacy
nlp = spacy.load('en')

doc = 'Google to buy Apple'
doc = nlp(doc)
displacy.render(doc,style='dep',jupyter=True,
options={'distance':120})
```

我們將再次加載預訓練的英語模型，並透過它來執行我們的句子。然後，我們將使用 displacy，就像我們對 NER 所做的那樣。

為了使圖形更符合本書尺寸，我們將 distance（距離）選項設定為「比預設值短」的距離（在本例中為 1,120），這樣單詞的顯示距離就會更近，如下圖所示：

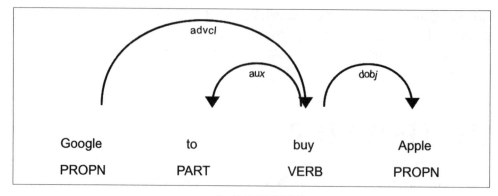

spaCy 的 POS 標記器

如你所見，POS 標記器識別出 **buy** 是動詞，並識別出 **Google** 和 **Apple** 是句子中的名詞。它還識別出 **Apple** 是動詞（**buy**）的受詞，**Google** 是動詞（**buy**）的執行者。

我們可以透過下列程式碼來獲取名詞的資訊：

```
nlp = spacy.load('en')
doc = 'Google to buy Apple'
doc = nlp(doc)

for chunk in doc.noun_chunks:
    print(chunk.text, chunk.root.text, chunk.root.dep_,
chunk.root.head.text)
```

執行上面的程式碼之後，我們得到了下面的表格結果：

Text	Root Text	Root dep	Root Head Text
Google	Google	ROOT	Google
Apple	Apple	dobj	buy

在本例子中，**Google** 是句子的根部，而 **Apple** 是句子的受詞。**Apple** 的動詞是 **buy**。

從這裡開始，它只是一個「在一次收購下（目標股票需求上升，價格隨之上升）」價格發展的硬編碼模型（a hard-coded model of price developments）和「一個單純的事件驅動交易演算法」的股票查詢表格（a stock lookup table）。然而，讓這些演算法理解「上下文」和「合理性」則是另外一回事。

基於規則的匹配方式

在「深度學習」和「統計建模」接管「自然語言處理」之前，NLP 只不過是一些基於規則的技術而已。這並不是說基於規則的系統已經死了！在做簡單的任務時，通常很容易設定它們，而且效能非常好。

請想像一下，你想在一篇文字中找到所有提到「Google」的地方。你真的會訓練一個基於神經網路的命名實體識別器嗎？如果你這樣做的話，你就必須透過神經網路執行所有的文字，然後在實體文字中尋找「Google」。或者，你會寧願使用經典搜尋演算法，來搜尋與「Google」完全匹配的文字？好吧，我們很幸運，因為 spaCy 提供了一個易於使用的「規則匹配器」（rule-based matcher），讓我們可以這樣做。

在開始本節之前，首先，我們必須確定我們重新載入「英語語言模型」並匯入「匹配器」。這是一個非常簡單的任務，可以透過執行下列程式碼來完成：

```
import spacy
from spacy.matcher import Matcher

nlp = spacy.load('en')
```

「匹配器」搜尋的模式可以編碼為「字典列表」。除了標點符號和數字之外，它是以一個標記（token）接著一個標記來運作的（即「逐字操作」，word for word），而其中若有單一的符號也可以視為是標記。

首先，讓我們搜尋這句短語：「hello，world」。為此，我們將定義一個「模式」（pattern），如下所示：

```
pattern = [{'LOWER': 'hello'}, {'IS_PUNCT': True},
{'LOWER': 'world'}]
```

如果小寫的第一個標記是 hello，則此標記就可以滿足本模式。LOWER 屬性會先將這兩個單詞都轉換為小寫，然後再進行匹配。也就是說，如果實際的標記文字是 **Hello** 或 **HELLO**，都會滿足本模式的要求。第二個標記必須是標點符號（例如：逗號），所以像「hello.world」或「hello! world」的短語都能用，但「hello world」就不行。

第三個標記的小寫必須是「world」，所以「WoRlD」也可以。下面列出所有可能的標記屬性：

- ORTH：標記文字必須完全符合
- LOWER：標記的小寫字母必須符合
- LENGTH：標記文字的長度必須符合
- IS_ALPHA，IS_ASCII，IS_DIGIT：標記文字必須由「文字數字式字元」（alphanumeric characters）、「ASCII 符號」或「數字」組成
- IS_LOWER，IS_UPPER，IS_TITLE：標記文字必須為「小寫」、「大寫」或「標題大寫」（title case，最常見的是每一個單詞的第一個字母大寫）
- IS_PUNCT，IS_SPACE，IS_STOP：標記文字必須為「標點符號」、「空格」或「停用詞」（a stop word）
- LIKE_NUM，LIKE_URL，LIKE_EMAIL：標記文字必須與「數字」、「URL」或「電子郵件」相似
- POS、TAG、DEP、LEMMA、SHAPE：標記的「詞性」（POS）、標記的「標籤」（TAG）、標記的「相依性」（DEP）、標記的「詞條」（lemma）或標記的「形狀」（SHAPE）都必須匹配
- ENT_TYPE：NER 中的標記實體類型（token's entity type）必須匹配

spaCy 的「詞形還原」（lemmatization）非常有用。詞條（lemma）是一個單詞（word）的基礎形態（base version）。例如：「was」是「be」的一個形態，所以「be」是「was」的詞條，但也是「is」的詞條。spaCy 可以根據上下文對單詞進行「詞形還原化」，這表示 spaCy 使用周圍的單詞來確定「一個單詞的實際基礎形態」是什麼。

若要建立一個「匹配器」，我們必須傳遞「匹配器」工作的詞彙（vocabulary）。在本範例中，我們可以執行下列程式碼，來傳遞我們英語語言模型的詞彙：

```
matcher = Matcher(nlp.vocab)
```

為了將所需的屬性加到「匹配器」，我們必須使用下列程式碼：

```
matcher.add('HelloWorld', None, pattern)
```

add 函數需要三個參數。第一個參數是「模式」的名稱，在本例中是 HelloWorld，這樣我們就可以追蹤加入的「模式」。第二個參數是一個函數，此函數一旦找到匹配，就可以處理匹配。這裡我們使用 None，表示不傳遞任何函數，但我們稍後將會使用此工具。最後一個參數是要搜尋的標記屬性列表。

若要使用我們的「匹配器」，我們只要呼叫 matcher(doc) 就可以了。這將傳回「匹配器」找到的所有匹配結果。我們可以執行下面的程式碼來呼叫「匹配器」：

```
doc = nlp(u'Hello, world! Hello world!')
matches = matcher(doc)
```

如果我們列印匹配結果，我們可以看到下列的匹配結構：

matches
[(15578876784678163569, 0, 3)]

匹配的第一件事是找到字串的「雜湊值」（hash）。這只是識別內部找到了什麼，我們不會在這裡使用它。接下來的兩個數字表示「匹配器」找到某物的範圍（標記 0 到 3）。

我們可以透過「原始文件的索引」來找回對應的文字內容，如下所示：

```
doc[0:3]
```

Hello, world

在下一節中，我們將看看如何為「匹配器」增加自定義函數。

為「匹配器」增加自定義函數

我們再來看看一個比較複雜的案例。我們知道，「iPhone」是一項產品。然而，基於神經網路的「匹配器」經常將其歸類為一個「組織」（organization）。之所以會出現這種情況，是因為「iPhone」這個詞在類似於「組織」的上下文中被大量使用，比如說：「iPhone 提供了……」或者「iPhone 賣出了……」。

讓我們建立一個基於規則的「匹配器」，好讓「iPhone」這個單詞被歸類為一個產品實體（product entity）。

首先，我們要得到「PRODUCT」這個詞的「雜湊值」。spaCy 中的單詞可以透過「雜湊值」來識別。實體類型也可以透過「雜湊值」來識別。要設定一個產品類型的實體，我們必須為實體名稱提供「雜湊值」。

我們可以執行下列程式碼，從語言模型的詞彙中獲取名稱：

```
PRODUCT = nlp.vocab.strings['PRODUCT']
```

接下來，我們需要定義一個 on_match 規則。這個函數將在每次「匹配器」發現匹配時被呼叫。on_match 規則有四個參數，如下所示：

- matcher：進行匹配的「匹配器」。
- doc：匹配的文件。
- i：匹配的索引。文件中第一個匹配項的索引值為 0，第二個匹配項的索引值為 1，依此類推。
- matches：所有匹配列表。

在我們的 on_match 規則中發生了兩件事：

```
def add_product_ent(matcher, doc, i, matches):
    match_id, start, end = matches[i]          #1
    doc.ents += ((PRODUCT, start, end),)       #2
```

讓我們分解它們，如下所示：

1. 我們對所有的匹配項目建立索引值，可在索引值為 i 處找到我們的匹配項目，一個匹配項目是一個元組，由「match_id」、「匹配項目的開始」和「匹配項目的結束」所組成。
2. 我們將新實體加到文件的命名實體之中。實體是一個元組，由「實體類型的雜湊值（這裡指的是 PRODUCT 這個單詞的雜湊值）」、「實體的開始」和「實體的結束」所組成。要附加一個實體，我們必須將它嵌套在另一個元組之中。僅含有一個值的元組需要在末尾加上一個逗號。重要的是不要覆寫 doc.ents，否則我們會刪除所有已經找到的實體。

既然我們現在有了 on_match 規則，我們可以開始定義我們的「匹配器」了。

我們應該注意，「匹配器」可讓我們增加多個模式，所以我們可以只為「iPhone」這個單詞增加一個「匹配器」，並為帶有版本號碼的「iPhone」單詞（如「iPhone 5」）增加另一個新模式，如下列程式碼所示：

```
pattern1 = [{'LOWER': 'iPhone'}]                           #1
pattern2 = [{'ORTH': 'iPhone'}, {'IS_DIGIT': True}]        #2
matcher = Matcher(nlp.vocab)                               #3
matcher.add('iPhone', add_product_ent,pattern1, pattern2)  #4
```

那麼，是什麼讓這些程式碼發揮作用呢？

1. 我們定義第一個模式。
2. 我們定義第二個模式。

3. 我們新建立了一個空的「匹配器」。
4. 我們將兩個模式加到「匹配器」中。兩個模式都將屬於名為「iPhone」的規則，並且都將呼叫我們的 on_match 規則（名為 add_product_ent）。

現在，我們將透過「匹配器」傳遞一則新聞，如下列程式碼所示：

```
doc = nlp(df.content.iloc[14])          #1
matches = matcher(doc)                  #2
```

這個程式碼比較簡單，只有兩個步驟，如下所示：

1. 我們透過「管線」執行含有此文字的程式，來建立一個註解文件（an annotated document）。
2. 我們透過「匹配器」執行該文件。這將修改前一個步驟所建立的文件。
   我們並不在乎「匹配器」，而是在乎 on_match 方法是如何將「匹配器」作為「實體」增加到我們的文件之中的。

既然「匹配器」已經設定好了，我們需要將它加入「管線」之中，以便 spaCy 可以自動使用它。這將是下一節的重點。

將「匹配器」加入管線之中

分別呼叫「匹配器」是有些麻煩的。要把「匹配器」加入到管線之中，我們必須把它包裝成一個函數，我們可以透過執行以下程式碼來達到目的：

```
def matcher_component(doc):
    matches = matcher(doc)
    return doc
```

spaCy 管線會將「管線中的元件」當作「函數」來呼叫，並總是希望傳回「註解文件」。傳回任何其他內容都有可能破壞管線。

然後，我們可以將「匹配器」加到主管線之中，如下所示：

```
nlp.add_pipe(matcher_component,last=True)
```

「匹配器」現在是管線的最後一個區塊。從這裡開始，「iPhone」現在將依據「匹配器」的規則進行標記。

轟！所有提到「iPhone」這個單詞的地方（不區分大小寫字型）現在都被標記為「產品類型」的命名實體。你可以使用 displacy 來顯示這些實體，以驗證這一點，如下列程式碼所示：

```
displacy.render(doc,style='ent',jupyter=True)
```

下面的截圖顯示了程式碼的結果：

services, as well as uncommon surfaces on which to enlarge photos for display, be it burlap, wood boards, acrylic or fabric. Why not try some fresh sites and methods? I recently sent some `ORG` quality `iPhone PRODUCT` vacation photos to a handful of companies that I'd never used before and had them enlarged to various sizes and printed on different surfaces. I've also offered some guidance about bulk digitizing those boxes of old travel photos sitting in your closet or basement so that you can begin `the New Year EVENT` if not with a vacation, then with a `ORG` home. Of all the ways to turn photos into wall art, I was most interested in trying engineer prints, named for the large, lightweight prints used by architects. For less than the cost of a couple of movie tickets, you can make huge enlargements. Mind you, it's a particular aesthetic, one that's most likely to appeal to people who are after an industrial, shabby chic or bohemian look. The paper is thin and the

spaCy 現在將 iPhone 視為產品

結合規則系統和學習系統

spaCy 的管線系統有一個特別有意思的地方，就是將其不同方面組合起來是相對容易的。例如，我們可以把「基於神經網路」的命名實體識別和「基於規則」（rule-based）的匹配器結合起來，來找到像是「主管薪酬」（executive compensation）之類的資訊。

媒體經常報導「主管薪酬」，但卻很難從總體（aggregate）中找到。以下是一種「基於規則」的「主管薪酬」匹配模式：

```
pattern = [{'ENT_TYPE':'PERSON'},
           {'LEMMA':'receive'},
           {'ENT_TYPE':'MONEY'}]
```

具有上述這種搜尋模式的「匹配器」會先選取一個人名的任意組合（如 John Appleseed 或 Daniel），然後選取「receive」這個單詞的任何形態（例如：received，receives 等等），最後會選取金錢的表達形態（如 400 萬美元）。

我們可以使用 on_match 規則在大型文字語料庫上執行此匹配器，並將找到的片段資訊輕鬆儲存到資料庫之中。「命名實體的機器學習方法」和「基於規則的方法」會在此運作中緊密結合在一起。

由於有更多的訓練資料可以用姓名和金錢的註解，而不是有關主管培訓的陳述，因此，將「NER」與「基於規則的方法」結合在一起，要比訓練一個全新的 NER 容易得多。

正規表示法

「正規表示法」（Regular expressions 或 regexes）是一種基於規則匹配的強大法則。
「正規表示法」早在 1950 年代就已發明出來，之後在很長一段時間裡，它一直是在文字
中搜尋事物的最有效方式，且其支持者至今認為，「正規表示法」仍然是最好的方式。

若本書沒有提及「正規表示法」，那麼本書關於 NLP 的內容就不算完整。話雖如此，
本節絕不是一個完整的「正規表示法」教學。本節的目的是介紹一般的概念，並展示如
何在 Python、pandas 和 spaCy 中使用「正規表示法」。

一個非常簡單的「正規表示法」模式可以是 **a.**。這只會搜尋到「小寫字母 a 後面跟著
一個點」的例子。然而「正規表示法」還讓你加入模式範圍，例如 **[a-z].** 可以找到「任
何小寫字母後面跟著一個點」，而 **xy.** 只能找到「字母 x 或 y 後面跟著一個點」。

「正規表示法」是區分大小寫的，因此 **A-Z** 只能捕捉到大寫字母。如果我們搜尋「拼
字經常不同」的表達式，這將非常有用；例如，**seriali[sz]e** 模式將捕捉到該單詞的英
式和美式英語版本（UK：serialise；US：serialize）。

數字也是如此。**0-9** 可以捕捉 0 到 9 的所有數字。要搜尋重複項目，你可以使用 * 來捕
獲 0 或多個重複項目，或使用 + 來捕捉一個或多個重複項目。舉例來說，**[0-9]+** 將捕
捉任何數字序列，這在尋找年份時可能很有用。例如，**[A-Z][a-z]+[0-9]+** 可以找到所
有「以大寫字母開頭、後面跟著一個或多個數字」的單詞，比如說，**March 2018**，但
也可以找到 **Jaws 2**。

大括號可以用來定義重複的次數。例如，**[0-9]{4}** 可以找到正好是四位數的數字序列。
如你所見，「正規表示法」並沒有試圖理解文字中的內容，而是提供了一種尋找「符合
模式的文字」的巧妙方法。

金融業的一個實際應用案例是在 invoice（發票）中尋找公司的 VAT number（增值稅
編號）。這些在大多數的國家都遵循了一種相當嚴格的模式，可以很容易地進行編碼。
例如，荷蘭的增值稅編號就遵循了此「正規表示法」模式：**NL[0-9]{9}B[0-9]{2}**。

使用 Python 的「正規表示法」模組

Python 有一個名為 re 的內建「正規表示法」工具。我們並不需要安裝 Python 的「正
規表示法」，因為它是 Python 本身的一部分，我們可以用下列程式碼匯入 re：

```
import re
```

請想像一下，我們正在開發一個自動發票處理程式（an automatic invoice processor），我們想找到向我們寄送發票的公司的「增值稅編號」。為了簡單起見，我們只處理荷蘭增值稅編號（荷蘭語的 VAT 是 **BTW**）。如前所述，我們知道荷蘭增值稅編號的模式，如下所示：

```
pattern = 'NL[0-9]{9}B[0-9]{2}'
```

用於尋找 BTW 編號的字串可能如下所示：

```
my_string = 'ING Bank N.V. BTW:NL003028112B01'
```

因此，要想找到字串中所有出現的 BTW 編號，我們可以呼叫 re.findall，它將傳回所有與模式相匹配的字串列表，如下列程式碼所示：

```
re.findall(pattern,my_string)
```

['NL003028112B01']

re 還允許傳遞旗標（flags），使「正規表示法」模式的開發更加容易。例如，想要在匹配「正規表示法」時忽略字母的大小寫，可以加入 re.IGNORECASE 的旗標，如下列程式碼所示：

```
re.findall(pattern,my_string, flags=re.IGNORECASE)
```

通常，我們會對更多的匹配資訊感興趣。為此，讓我介紹一個匹配物件：re.search。re.search 在找到第一個匹配項目時，會產生一個匹配物件：

```
match = re.search(pattern,my_string)
```

我們可以從這個物件中獲得更多的資訊，比如說，我們匹配的位置，如下所示：

```
match.span()
```

(18, 32)

span 函數會輸出我們匹配的「開始」至「結束」的位置，也就是從「字元 18」到「字元 32」的範圍。

Pandas 的正規表示法

NLP 的資料通常來自 pandas 的資料框。對我們來說，幸運的是 pandas 也原生支援「正規表示法」。例如，如果我們要尋找新聞資料集中的任何文章「是否包含荷蘭 BTW 編號」，則可以使用下列程式碼：

```
df[df.content.str.contains(pattern)]
```

這將產生「所有包含荷蘭 BTW 編號的文章」，但毫不奇怪的是，我們的資料集中並沒有任何包含 BTW 編號的文章。

何時該使用「正規表示法」，何時則不該使用？

「正規表示法」（regex）是一個強大的工具，而這篇非常簡短的介紹並沒有對它做出公正的評價。事實上，有好幾本比本書還要厚的書，會專門介紹「正規表示法」這個主題。不過，為了本書的目的，我們只打算簡單介紹一下這個主題。

「正規表示法」作為一種工具，可以很好地處理簡單且明確定義的模式。VAT/BTW 編號就是一個很好的例子，電子郵件位址和電話號碼也是很好的例子，兩者都是「正規表示法」很受歡迎的應用案例。然而，當模式難以定義或只能從上下文中推斷時，「正規表示法」就會失效。我們不可能透過「基於規則」的模式來建立可以辨識人名的命名實體識別器，因為「名字」沒有遵循清晰的區分模式。

所以下次當你發現人類容易辨識但「很難用規則描述」的東西時，請使用「基於機器學習」的解決方案。同樣地，當你下次尋找一些可以明確編碼的東西時（如 VAT 編號），請使用「正規表示法」。

文字分類任務

一個常見的 NLP 任務是對文字進行分類。最常見的文字分類（text classification）是「情感分析」（sentiment analysis），即把文字分為「正面情緒」（positive）或「負面情緒」（negative）。在本節中，我們將思考一個稍微難一點的問題，對一則「推文」（tweet）是否涉及實際發生的災難事故，來進行分類。

如今，投資者已經開發出了許多從「推文」中獲取資訊的方法。「推文」使用者往往比新聞媒體還要更快報導災難事故（如火災或洪水）。在金融領域中，這種速度優勢可以利用並轉化為「事件驅動」（event-driven）的交易策略。

然而，並非所有包含「與災難相關的詞語」的「推文」都是關於災難的。舉例來說，像「舊金山附近的加州森林著火」（California forests on fire near San Francisco）這樣的「推文」應該引起重視，而「加州這個週末熱情如火，舊金山的美好時光」（California this weekend was on fire, good times in San Francisco）則可以放心忽略。

這裡的任務目標是建立一個分類器，可將與真實災難相關的「推文」以及無關的「推文」分開。我們正在使用的資料集含有手工標記的「推文」，我們獲得這些「推文」的方式是搜尋災難性「推文」中常見的詞語，如「火燒」（ablaze）或「火災」（fire）等。

 請注意：為本節做準備，讀者可以在 Kaggle 上找到程式碼和資料：`https://www.kaggle.com/jannesklaas/nlp-disasters`。

準備資料

準備文字本身就是一項任務。這是因為在現實世界中，文字往往是亂七八糟的，不是簡單的幾個縮放操作就能解決的。例如：人們在加入不必要的字元後，經常會出現錯別字，因為他們加入的是我們無法閱讀的文字編碼。NLP 有它自己的一系列「資料清除」挑戰和技術。

清理字元

要儲存文字，電腦需要將字元編碼為「位元」（bits）。有幾種不同的方法可以執行此編碼操作，但並不是所有的方法都可以處理所有字元。

將所有文字檔案都儲存為相同編碼格式（通常是 UTF-8）是一個很好的做法，當然，這種情況並不一定可行。檔案也可能已經損壞，這意味著一些「位元」已關閉，因此某些字元無法讀取。所以，在我們做其他事情之前，我們需要清理我們的輸入。

Python 提供了一個有用的 codecs 程式庫，它允許我們處理不同的編碼。我們的資料格式是 UTF-8 編碼，但其中有一些特殊字元不容易讀取。因此，我們必須清理這些特殊字元的文字，可以透過下列程式碼來達成：

```
import codecs
input_file = codecs.open('../input/socialmedia-disaster-tweets-
DFE.csv',
                         'r',
                         encoding='utf-8',
                         errors='replace')
```

在前面的程式碼中，codecs.open 可以用來替換 Python 標準檔案開啟的函數（Python's standard file opening function）。它傳回一個檔案物件，我們之後可以逐列讀取它。我們指定「要讀取檔案的輸入路徑」（使用 r）、「預期的編碼格式」以及「如何處理錯誤」。在本例中，我們將用一個「特殊的不可讀字元標記」（a special unreadable character marker）來替換「錯誤」。

要寫入至一個輸出檔案，我們可以使用 Python 的標準 open() 函數。這個函數將在指定的檔案路徑上，建立一個我們可以寫入的檔案，如下列程式碼所示：

```
output_file = open('clean_socialmedia-disaster.csv', 'w')
```

現在完成了，我們所要做的就是在輸入檔案中走訪我們用 codecs 讀取器（reader）讀取的每一列文字，並再次將其儲存為一般的 CSV 檔案。我們可以透過執行下列程式碼來達成：

```
for line in input_file:
    out = line
    output_file.write(line)
```

同樣地，最好在之後關閉檔案物件，如下列程式碼所示：

```
input_file.close()
output_file.close()
```

現在我們可以用 pandas 讀取清理過的 CSV 文件，如下列程式碼所示：

```
df = pd.read_csv('clean_socialmedia-disaster.csv')
```

詞形還原

在本章中，「Lemma」（詞條）已經多次出現。語言學領域中的「Lemma」亦被稱為「headword」（詞條或標題字），是指一組在詞典中出現的相關詞或形式。例如，「was」和「is」出現在「be」之下，「mice」出現在「mouse」之下，依此類推。通常，單詞的具體形式並不重要，所以最好先將所有文字轉換成「詞條」形式。

spaCy 提供了一種方便的方法，可對文字進行「詞形還原化」，所以我們將再次載入 spaCy 管線。只是在這種情況下，除了 Tokenizer 程序之外，我們不需要任何管線模組。Tokenizer 將文字分割成各自獨立的單詞，通常是用「空格」來分割的。這些獨立的單詞，或者說「標記」（token），就可以被用來搜尋它們的「詞條」。在我們的例子中，它看起來像這樣：

```
import spacy
nlp = spacy.load('en',disable=['tagger','parser','ner'])
```

「詞形還原」可能很慢，對於大型檔案來說尤其如此，所以追蹤我們的進度是有意義的。tqdm 允許我們在 pandas 應用（apply）函數上顯示進度條。我們要做的就是匯入 tqdm 和筆記本元件，以便在我們的工作環境中進行漂亮的繪製。然後，我們必須告訴 tqdm，我們要透過 panda 來使用 tqdm。我們可以執行下列程式碼來完成此操作：

```
from tqdm import tqdm, tqdm_notebook
tqdm.pandas(tqdm_notebook)
```

我們現在可以在資料框上執行 progress_apply，就像我們使用標準的 apply 方法一樣，但這裡它有一個進度條。

對於每一列文字，我們都會在「文字行」（text column）的每一個單詞上進行走訪，並將該單詞的「詞條」儲存在新的「詞條」行中，如下列程式碼所示：

```
df['lemmas'] = df["text"].progress_apply(lambda row:
[w.lemma_ for w in nlp(row)])
```

我們的 lemmas 行現在裝滿了許多列表，所以為了將「這些列表」變回「文字」，我們將用「空格」作為分隔符號來將「列表中的所有元素」連接起來，如下列程式碼所示：

```
df['joint_lemmas'] = df['lemmas'].progress_apply
(lambda row: ' '.join(row))
```

準備目標

在這個資料集中有幾個可能的預測目標。在我們的案例中，人類被要求對一則「推文」進行評分，且他們被賦予了三個選項：Relevant（相關）、Not Relevant（不相關）和 Can't Decide（無法決定），如同「詞形還原」文字的原理一樣：

```
df.choose_one.unique()
array(['Relevant', 'Not Relevant', "Can't Decide"], dtype=object)
```

對我們來說，人類無法決定「這是否為一場真正災難」的推文，我們並不感興趣。因此，我們將只刪除這個分類（Can't Decide），如下列程式碼所示：

```
df = df[df.choose_one != "Can't Decide"]
```

我們也只對將文字對應到「相關性」感興趣，因此我們可以刪除所有其他中繼資料，只保留這兩行，如下列程式碼所示：

```
df = df[['text','choose_one']]
```

最後，我們要把「目標」轉換為「數字」。這是一個二進制分類任務，因為只有兩個分類。所以我們將 Relevant 對應為 1，Not Relevant 對應為 0，如下列程式碼所示：

```
f['relevant'] = df.choose_one.map({'Relevant':1,'Not Relevant':0})
```

準備訓練資料集和測試資料集

在開始建立模型之前，我們將把我們的資料分成兩組，即「訓練資料集」和「測試資料集」。要做到這一點，我們只需執行下列程式碼：

```
from sklearn.model_selection import train_test_split
X_train, X_test, y_train, y_test = train_test_split(df['joint_
lemmas'],
                                        df['relevant'],
                                        test_size=0.2,
                                        random_state=42)
```

詞袋

一個簡單而有效的文字分類方法是把文字看成一個「詞袋」（bag-of-words）。這表示我們並不在乎單詞在文字中出現的順序，而只在乎文字中出現了哪些單詞。

「詞袋」分類的方法之一是簡單計算文字中「不同單詞的出現次數」。這是用一個所謂的「**計數向量**」（**count vector**）來完成的。每個單詞都有一個索引值，對於每個文字而言，該索引位置的「計數向量」值就是該索引單詞的「出現次數」。

請想像一下這個例子：I see cats and dogs and elephants（我看到了貓和狗以及大象），這段文字的「計數向量」如下所示：

i	see	cats	and	dogs	elephants
1	1	1	2	1	1

實際上，「計數向量」是很稀疏的。在我們的文字語料庫中大約有 23,000 個不同的單詞，所以限制我們想要包含在「計數向量」中的單詞數量是有意義的。也就是說，我們需要排除那些通常只是胡言亂語或沒有意義的錯別字。順便說一句，如果我們保留所有的罕見單詞，這可能會變成是一個過度擬合的來源。

我們使用的是 sklearn 內建的「計數向量器」。透過設定 max_features，我們可以控制我們想要在「計數向量」中使用多少個單詞。在本例中，我們將只考慮 10,000 個最常用的單詞：

```
from sklearn.feature_extraction.text import CountVectorizer
count_vectorizer = CountVectorizer(max_features=10000)
```

我們的「計數向量器」現在可以將文字轉化為「計數向量」。每個「計數向量」將有10,000 個維度，如下列程式碼所示：

```
X_train_counts = count_vectorizer.fit_transform(X_train)
X_test_counts = count_vectorizer.transform(X_test)
```

我們一旦獲得了「計數向量」值，就可以對它們進行簡單的「邏輯迴歸」（logistic regression）。雖然我們可以像「第 1 章」所做的那樣，使用 Keras 來進行「邏輯迴歸」，但通常使用 scikit-learn 中的「邏輯迴歸類別」會更容易一些，如下列程式碼所示：

```
from sklearn.linear_model import LogisticRegression
clf = LogisticRegression()

clf.fit(X_train_counts, y_train)

y_predicted = clf.predict(X_test_counts)
```

現在我們有了來自「邏輯迴歸」的預測值，我們可以用 sklearn 來測量它的準確率，如下列程式碼所示：

```
from sklearn.metrics import accuracy_score
accuracy_score(y_test, y_predicted)
```

```
0.8011049723756906
```

如你所見，我們有 80% 的準確率，對於一個簡單方法來說已經相當不錯了。基於「計數向量」的簡易分類可以作為「更進階方法」的基線，我們將在後面討論。

TF-IDF

TF-IDF 代 表「**詞 頻 － 逆 向 文 件 頻 率**」（Term Frequency, Inverse Document Frequency）。它旨在解決一個簡單的單詞計數（word counting）問題，即「經常出現在一份文字中的單詞很重要，而出現在許多份文字中的單詞並不重要」。

「TF 元件」類似於「計數向量」，只是 TF 將計數除以文字中的單詞總數。此外，「IDF 元件」是將整個語料庫文字總數除以包含特定單詞的文字數，然後再將此結果取對數值。

TF-IDF 是這兩個測量值的乘積。「TF-IDF 向量」就像「計數向量」一樣，不同之處在於它們包含「TF-IDF 分數」而不是計數值。罕見單詞會在「TF-IDF 向量」中獲得高分。

我們建立「TF-IDF 向量」，就像我們用 `sklearn` 建立計數向量一樣，如下列程式碼所示：

```
from sklearn.feature_extraction.text import TfidfVectorizer
tfidf_vectorizer = TfidfVectorizer()

X_train_tfidf = tfidf_vectorizer.fit_transform(X_train)
X_test_tfidf = tfidf_vectorizer.transform(X_test)
```

一旦我們有了「TF-IDF 向量」，我們就可以像訓練「計數向量」一樣，對它們進行「邏輯迴歸」訓練，如下列程式碼所示：

```
clf_tfidf = LogisticRegression()
clf_tfidf.fit(X_train_tfidf, y_train)

y_predicted = clf_tfidf.predict(X_test_tfidf)
```

在這種情況下，TF-IDF 的效果略低於「計數向量」。但是由於效能差異很小，這種效能較差的原因可能是由於某種偶然因素造成的，如下列程式碼所示：

```
accuracy_score(y_pred=y_predicted, y_true=y_test)
```

`0.7978821362799263`

主題模型

最後一個非常有用的單詞計數應用是「主題模型」（topic modeling）。若給定一組文字，我們是否能夠找到主題的集群呢？這個方法被稱為 **LDA**（**Latent Dirichlet allocation**，隱含狄利克雷分佈）。

> **請注意**：你可以在 Kaggle 的網址上找到本節的資料和程式碼：
> **https://www.kaggle.com/jannesklaas/topic-modeling-with-lda**。

雖然這個名稱有點拗口，但這個演算法卻是非常有用的，所以我們將一步一步地研究它。LDA 對文字的書寫方式做了如下假設：

1. 首先，選擇一個主題分佈，比如說，「70% 的機器學習」和「30% 的金融」。
2. 第二，選擇每個主題的單詞分佈。例如，主題「機器學習」可能由 20% 的單詞「張量」、10% 的單詞「梯度」等組成。這意味著我們的主題分佈是「分佈的分佈」（distribution of distributions），這也被稱為「狄利克雷（Dirichlet）分佈」。

3. 文字一旦寫好後，對每一個單詞進行兩個概率決策：首先，從「文件主題的分佈」
   中選擇一個主題。然後，從「文件單詞的分佈」中選擇一個單詞。

需要注意的是，並不是語料庫中的所有文件都有相同的主題分佈。我們需要指定固定數
量的主題。在學習過程中，我們首先將語料庫中的每個單詞隨機分配一個主題。然後對
於每個文件，我們計算以下公式：

$$p(t \mid d)$$

上面的公式是每一個主題（ t ）在文件（ d ）中被收錄的概率，對於每一個單詞，我們再
計算以下公式：

$$p(w \mid t)$$

那就是一個單詞（ w ）屬於一個主題（ t ）的概率，然後我們把這個單詞分配到一個新主
題（ t ），其概率公式如下所示：

$$p(t \mid d) * p(w \mid t)$$

換言之，我們假設除了「目前正在考慮的單詞」之外，所有的單詞都已正確分配給主
題。然後，我們嘗試將單詞分配給主題，以使「文件的主題分佈」更加統一。這樣一
來，真正屬於主題的單詞就會集群（cluster）在一起。

Scikit-learn 提供了一個易於使用的 LDA 工具，可以幫助我們實現這一目標。要使用
這個工具，首先我們必須建立一個新的 LDA 分析器（analyzer），並指定我們所期望
的主題數量，其被稱為「元件」（component）。

如下列程式碼所示：

```
from sklearn.decomposition import LatentDirichletAllocation
lda = LatentDirichletAllocation(n_components=2)
```

然後我們建立「計數向量」，就像我們做「詞袋」分析一樣。對於 LDA 來說，重要的
是要「去除」那些沒有任何意義的頻繁字詞，例如：「an」或「the」，即所謂的「停
用詞」（stop words）。CountVectorizer 自帶了一個內建的「停用詞」字典，可以自
動刪除這些字詞。要使用這個功能，我們需要執行下列程式碼：

```
from sklearn.feature_extraction.text import TfidfVectorizer,
CountVectorizer
vectorizer = CountVectorizer(stop_words='english')
tf = vectorizer.fit_transform(df['joint_lemmas'])
```

接下來，我們將 LDA 與「計數向量」進行擬合：

```
lda.fit(tf)
```

為了檢查我們的結果，我們可以把每個主題「最常出現的字詞」列印出來。為此，我們首先需要指定每個主題要列印的字數，在本範例中，要列印的字數為 5。我們還需要提取映射到單詞的「單詞計數向量索引值」，如下列程式碼所示：

```
n_top_words = 5
tf_feature_names = vectorizer.get_feature_names()
```

我們現在可以在 LDA 的主題上走訪，來列印出「最頻繁的單詞」，如下列程式碼所示：

```
for topic_idx, topic in enumerate(lda.components_):
        message = "Topic #%d: " % topic_idx
        message += " ".join([tf_feature_names[i]
                            for i in topic.argsort()[:-
n_top_words - 1:-1]])
        print(message)
Topic #0: http news bomb kill disaster
Topic #1: pron http like just https
```

如你所見，LDA 似乎已經發現，在沒有給定目標的情況下，它自己將「推文」分為嚴肅的「推文」和非嚴肅的「推文」。

這種方法對新聞文章的分類也很有用。回到金融界，投資者可能想知道是否有一篇新聞報導提到了他們面臨的風險因素。面對消費者組織的支援請求也是如此，可以透過這種方式進行集群。

詞嵌入

文字的順序很重要。因此，我們可以期望更高的效能，如果我們不只是把文字看作集合，而是把它們看作一個序列。本節使用了前一章中討論的許多技術；但是，在這裡我們將增加一個關鍵的要素：「詞向量」（word vector）。

單詞和單詞標記都是一種「分類特徵」（categorical features）。因此，我們不能直接將它們輸入神經網路。在之前章節中，我們是透過將「分類資料」轉換為一個「獨熱編碼」向量來處理它。但對於單詞來說，這是不切實際的。由於我們的詞彙表含有 10,000 個單詞，每個向量將包含 10,000 個數字，這些數字除了 1 以外都是 0。這是非常低效的，所以我們將使用「詞嵌入」（word embedding）。

實際上，嵌入的工作方式就像一個查詢表格（lookup table）。對於每個「標記」，它們都會儲存一個向量。當將「標記」交給嵌入層時，它會傳回該「標記」的向量，並將其傳遞給神經網路。隨著網路的訓練，嵌入的內容也得到優化了。

請記住，神經網路的工作原理是計算「損失函數」對模型參數（權重）的導數。透過「倒傳遞法」，我們也可以計算「損失函數」對模型輸入的導數。因此，我們可以優化「詞嵌入」以提供理想的輸入值來幫助改善我們的模型。

「詞向量」訓練的預處理

在開始訓練單詞的「詞嵌入」之前，我們需要做一些預處理步驟。也就是說，我們需要為每個單詞標記分配一個數字，並建立一個包含眾多序列的 NumPy 陣列。

為每個「標記」分配一組數字可以使訓練過程更流暢，並可讓「標記化」過程與「詞向量」分離。Keras 有一個 Tokenizer 類別，它可以為單詞建立數字化的「標記」。預設情況下，此「標記化」類別是以「空格」來分隔文字的。雖然這在英語中大部分都能正常工作，但可能會出現問題，並導致其他語言的問題。一個關鍵學習要點是，最好先用 spaCy 對文字進行標記，就像我們之前的兩種方法一樣，然後再使用 Keras 分配數值給標記。

Tokenizer 類別還讓我們指定要用多少個單詞，所以我們再次只使用 10,000 個最常用的單詞，如下列程式碼所示：

```
from keras.preprocessing.text import Tokenizer
import numpy as np

max_words = 10000
```

「標記化」的工作原理和 sklearn 的 CountVectorizer 很相似。首先，我們建立一個新的 tokenizer 物件。然後，我們對 Tokenizer 進行擬合，最後我們可以將文字轉換為「標記化」序列：

```
tokenizer = Tokenizer(num_words=max_words)
tokenizer.fit_on_texts(df['joint_lemmas'])
sequences = tokenizer.texts_to_sequences(df['joint_lemmas'])
```

sequences 變數現在將所有文字儲存為「數值標記」。我們可以使用下列程式碼從 Tokenizer 的單詞索引中查詢「單詞」到「數值」的映射值：

```
word_index = tokenizer.word_index
print('Token for "the"',word_index['the'])
```

```
 print('Token for "Movie"',word_index['movie'])
```
Token for "the" 4
Token for "Movie" 333

如你所看到的，像「the」這個經常使用的單詞比像「movie」這個不經常使用的單詞有「更低的標記數值」，你也可以看到 word_index 是一個字典。如果要在生產中使用該模型，可以將此字典儲存到磁碟機上，以便之後將單詞轉換為標記。

最後，我們需要把我們的序列轉換成「等長度的序列」。這不一定是必要的，因為某些模型類型可以處理不同長度的序列，但這通常是有意義的，並且經常是必需的。我們將在下一節建立「自定義 NLP 模型」時研究哪一些模型需要「等長度序列」。

Keras 的 pad_sequences 函數允許我們可以「切斷序列」或「在序列末端加入 0」，輕鬆地將所有序列帶到相同的長度。我們將使所有的「推文」長度達到 140 個字元，這在很長一段時間內是「推文」的最大長度，如下列程式碼所示：

```
from keras.preprocessing.sequence import pad_sequences

maxlen = 140

data = pad_sequences(sequences, maxlen=maxlen)
```

最後，我們將我們的資料分為「訓練集」和「驗證集」，如下列程式碼所示：

```
from sklearn.model_selection import train_test_split
X_train, X_test, y_train, y_test = train_test_split(data,
                                   df['relevant'],
                                   test_size = 0.2,
                                   shuffle=True,
                                   random_state = 42)
```

現在我們已經準備好訓練自己的「詞向量」了。

「詞嵌入」是 Keras 中自己的層類型。要使用它們，我們必須指定我們想要的「詞向量」有多大。我們選擇使用的「50 維向量」即使對於相當大的詞彙表也能捕捉到良好的「詞嵌入」。此外，我們還需要指定「我們想要嵌入的單詞有多少」、「我們的序列有多長」。我們的模型現在是一個簡單的邏輯迴歸器，可以訓練自己的「詞嵌入」，如下列程式碼所示：

```
from keras.models import Sequential
from keras.layers import Embedding, Flatten, Dense

embedding_dim = 50
```

```
model = Sequential()
model.add(Embedding(max_words, embedding_dim,
input_length=maxlen))
model.add(Flatten())
model.add(Dense(1, activation='sigmoid'))
```

請注意，我們不需要指定輸入形狀。即使指定輸入長度，也只是「當下面的層需要知道輸入長度」時，才需要這麼做。Dense 層需要知道輸入大小，但由於我們是直接使用 Dense 層，所以這裡需要指定輸入長度。

「詞嵌入」有很多參數。以下是你在列印出「模型摘要」時可以看到的內容：

```
model.summary()
```

Layer (type)	Output Shape	Param #
embedding_2 (Embedding)	(None, 140, 50)	500000
flatten_2 (Flatten)	(None, 7000)	0
dense_3 (Dense)	(None, 1)	7001

```
Total params: 507,001
Trainable params: 507,001
Non-trainable params: 0
```

如你所見，嵌入層有 50 個參數，10,000 個單詞相當於總共有 500,000 個參數。眾多的參數會使得訓練速度變慢，並且會增加過度擬合的機率。

下一步，我們要像往常一樣編譯和訓練我們的模型，如下列程式碼所示：

```
model.compile(optimizer='adam',
              loss='binary_crossentropy',
              metrics=['acc'])

history = model.fit(X_train, y_train,
                    epochs=10,
                    batch_size=32,
                    validation_data=(X_test, y_test))
```

該模型在「測試集」上的準確率約為 76%，但在「訓練集」上的準確率超過 90%。然而，自定義「詞嵌入」中的大量參數會導致我們的過度擬合。為了避免過度擬合，並減少訓練時間，通常建議最好使用預訓練的「詞嵌入」。

載入預訓練的詞向量

與電腦視覺一樣，NLP 模型可以從「使用其他模型的預訓練片段」之中受益。在本例中，我們將使用預訓練的 GloVe 向量。**GloVe** 代表 Word 8 的**全域向量**（**Global Vectors**），是史丹佛 NLP 小組的一項專案。GloVe 提供了在不同文字中訓練的「各式各樣的向量集」。

在本節中，我們將使用在「維基百科文字」以及「Gigaword 資料集」上訓練的「詞嵌入」。總體來說，這些向量是在「60 億個標記的文字」上進行訓練的。

話雖如此，還有許多 GloVe 之外的選擇，例如：Word2Vec。GloVe 和 Word2Vec 是相對類似的，不過它們的訓練方法不同。它們各有優缺點，在實務上往往都值得一試。

GloVe 向量有一個很好的特點，它們是在「向量空間」中編碼詞義的，這樣「詞代數」（word algebra）就成為可能。例如，「國王」（king）的向量減去「男人」（man）的向量，再加上「女人」（woman）的向量，得到的向量就非常接近「女王」（queen）。這意味著「男人」和「女人」的向量的差異，與「國王」和「女王」的向量的差異是一樣的，因為兩者的區別特徵幾乎相同。

同樣地，描述類似事物的單詞（如「青蛙／ frog」和「蟾蜍／ toad」）在 GloVe 向量空間中，彼此會非常接近。將「語義」編碼成「向量」，可為「文件相似性」和「主題模型」提供許多其他令人興奮的機會，我們將在本章的後面做介紹。「語義向量」對於各種 NLP 任務來說也非常有用，例如我們的文字分類問題。

GloVe 向量實際上是儲存在一個文字檔案之中。我們將使用在 60 億個「標記」上訓練過的「50 維嵌入向量」。要做到這一點，我們需要開啟一個檔案，如下列程式碼所示：

```
import os
glove_dir = '../input/glove6b50d'
f = open(os.path.join(glove_dir, 'glove.6B.50d.txt'))
```

然後我們建立一個空的字典，這個字典稍後會將「單詞」映射到「嵌入向量」之中，如下列程式碼所示：

```
embeddings_index = {}
```

在資料集中，每一列代表一個新的「詞嵌入」。該列以「單詞」開頭，後面是「嵌入值」。我們可以這樣讀取「嵌入值」，如下列程式碼所示：

```
for line in f:                                                    #1
    values = line.split()                                         #2
    word = values[0]                                              #3
    embedding = np.asarray(values[1:], dtype='float32')           #4
    embeddings_index[word] = embedding dictionary                 #5
f.close()                                                         #6
```

但這意味著什麼呢？讓我們用一分鐘的時間來剖析程式碼背後的含義，它有六個關鍵要素，如下所示：

1. 我們走訪檔案中的每一列。每一列都包含一個「單詞」和「嵌入向量」。
2. 我們用「空格」來分割列。
3. 列中的第一個項目是「單詞」。
4. 然後是「嵌入向量值」。我們立即將它們轉換為 NumPy 陣列，並確定它們都是浮點數（即小數）。
5. 然後我們將「嵌入向量」儲存在「嵌入字典」中。
6. 完成後，我們關閉檔案。

執行這段程式碼後，我們就會有一個字典，可將「單詞」映射到「嵌入向量」，如下所示：

```
print('Found %s word vectors.' % len(embeddings_index))
```

Found 400000-word vectors.

這個版本的 GloVe 有 400,000 個單詞的向量，應該足以涵蓋我們將遇到的大部分單詞。但是，可能有一些單詞我們還是沒有向量。對於這些單詞，我們將只建立「隨機向量」。為了確定這些向量不會相差太遠，最好對「隨機向量」使用與訓練向量相同的平均值和標準差。

為此，我們需要計算 GloVe 向量的平均值和標準差，如下列程式碼所示：

```
all_embs = np.stack(embeddings_index.values())
emb_mean = all_embs.mean()
emb_std = all_embs.std()
```

我們的嵌入層將是一個矩陣，每個單詞有一列，嵌入的每個元素有一行。因此，我們需要指定一個嵌入層有多少個維度。我們之前載入的 GloVe 版本有「50 個維度」的向量，如下列程式碼所示：

```
embedding_dim = 50
```

接下來,我們需要找出我們到底有多少個單詞。雖然我們將最大值設定為 10,000 個,但我們的語料庫可能會有比較少的單詞個數。這時,我們還可以從 Tokenizer 中檢索出「單詞索引值」,我們稍後可以使用這個索引值,如下列程式碼所示:

```
word_index = tokenizer.word_index
nb_words = min(max_words, len(word_index))
```

為了建立我們的嵌入矩陣,我們首先建立一個與嵌入矩陣具有相同「平均值」(mean)和「標準差」(std)的隨機矩陣,如下列程式碼所示:

```
embedding_matrix = np.random.normal(emb_mean,
                                    emb_std,
                                    (nb_words, embedding_dim))
```

「嵌入向量」需要與其「標記編號」在同一位置。「標記」1 的單詞需要在「第 1 列」(列從 0 開始),依此類推。現在,我們可以為「已經訓練好的嵌入字詞」替換「隨機嵌入向量」,如下列程式碼所示:

```
for word, i in word_index.items():                  #1
    if i >= max_words:                              #2
        continue
    embedding_vector = embeddings_index.get(word)   #3
    if embedding_vector is None:                    #4
        embedding_matrix[i] = embedding_vector
```

上述程式碼有四個關鍵要素,我們應該在繼續之前詳細探討它們:

1. 我們走訪單詞索引中的所有單詞。
2. 如果我們超過了我們想要使用的單詞數量,我們就什麼都不做。
3. 我們得到單詞的嵌入向量。如果某個單詞沒有嵌入向量,這個操作可能傳回 None。
4. 如果這個字詞有嵌入向量,我們就把它放入嵌入矩陣之中。

要使用「預先訓練好的嵌入向量」,我們只需要將「嵌入層中的權重」設定為我們剛剛建立的嵌入矩陣。為了確保精心建立的權重不被破壞,我們要將該層設定為不可訓練的(non-trainable),我們可以執行下列程式來實現:

```
model = Sequential()
model.add(Embedding(max_words,
                    embedding_dim,
                    input_length=maxlen,
```

```
                        weights = [embedding_matrix],
                        trainable = False))

    model.add(Flatten())
    model.add(Dense(1, activation='sigmoid'))
```

這個模型可以像其他 Keras 模型一樣被編譯和訓練。你會注意到,它的訓練速度比我們訓練自己嵌入模型快得多,而且受「過度擬合」的影響較小。然而,在「測試集」上的整體效能是大致相同的。

「詞嵌入」在「減少訓練時間」和「幫助建立準確的模型」方面相當酷炫。然而,語義嵌入還可以更進一步。例如,它們可以用來衡量兩份文字在語義層面上的相似程度,即使它們包含的單詞內容不同。

帶有「詞向量」的時間序列模型

文字是一個時間序列。不同的單詞互相跟隨,它們的順序很重要。因此,上一章的每一個「基於神經網路的技術」也都可以用於 NLP。此外,在「**第 4 章**」中並沒有介紹一些對 NLP 有用的建構區塊。

讓我們從一個 LSTM(也就是所謂的「長短期記憶/ long short-term memory」)開始吧。與上一章的實作相比,你所要改變的就是「網路的第一層」應該是一個嵌入層。下面這個例子使用的是 CuDNNLSTM 層,它的訓練速度比一般的 LSTM 層快得多。

除此之外,圖層保持不變。如果你沒有 GPU,請將 CuDNNLSTM 替換為 LSTM,如下列程式碼所示:

```
from keras.layers import CuDNNLSTM
model = Sequential()
model.add(Embedding(max_words,
                    embedding_dim,
                    input_length=maxlen,
                    weights = [embedding_matrix], trainable =
False))
model.add(CuDNNLSTM(32))
model.add(Dense(1, activation='sigmoid'))
```

在 NLP 中經常使用(但在時間序列預測中較少使用)的一種技術是**雙向遞歸神經網路**(bidirectional recurrent neural network,**bidirectional RNN**)。「雙向 RNN」實際上就是兩個 RNN,其中一個「向前」輸入序列,而另一個「向後」輸入序列,如下圖所示:

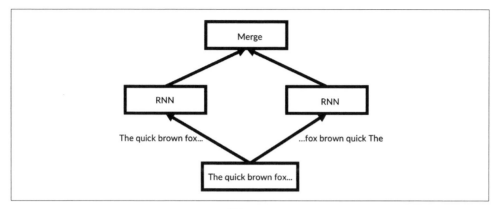

雙向 RNN

在 Keras 中，有一個雙向層（Bidirectional），我們可以在其中將「任何 RNN 層（如 LSTM）」包裝起來。我們在下列的程式碼中實現了此目的：

```
from keras.layers import CuDNNLSTM
model = Sequential()
model.add(Embedding(max_words,
                    embedding_dim,
                    input_length=maxlen,
                    weights = [embedding_matrix], trainable =
False))
model.add(CuDNNLSTM(32))
model.add(Dense(1, activation='sigmoid'))
```

「詞嵌入」很好，因為它們豐富了神經網路。它們是一種空間效率高、功能強大的方法，可以讓我們將「單詞」轉換成「神經網路可以處理的數值」。說到這裡，將語義編碼為向量還有更多的優勢，比如說，我們如何對它們進行向量數學（vector math）！如果我們想測量兩個文字之間的相似性，這就很有幫助。

「詞嵌入」的文件相似性

「詞向量」的實際應用範例是比較文件之間的語義相似性（semantic similarity）。如果你是一家零售銀行、保險公司或任何其他向最終客戶銷售的公司，你將不得不處理「客服支援請求」（support requests）。你經常會發現，很多客戶都有類似的請求，所以透過找出相似文字的語義，之前對類似請求的回覆，就可以被重複使用，而你的組織的整體服務將可以得到改善。

spaCy 內建了一個測量兩個句子之間「相似度」（similarity）的功能。它還自帶 Word2Vec 模型的預訓練向量，與 GloVe 類似。這種方法的工作原理是對文字中所有

單詞的「詞嵌入向量」（embedding vectors）求取平均值，然後測量「平均向量」之間的餘弦角度（cosine of the angle）。兩個指向大致相同方向的向量會有很高的相似度得分，而指向不同方向的向量則會有很低的相似度得分。如下圖所示：

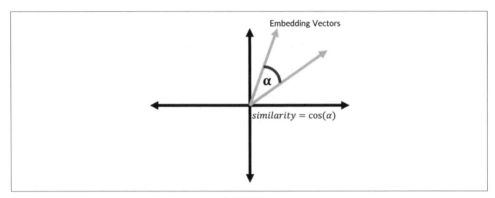

向量相似度

透過執行下列程式碼，我們可以看到兩個短語之間的相似性：

```
sup1 = nlp('I would like to open a new checking account')
sup2 = nlp('How do I open a checking account?')
```

你可以看到，這些請求非常相似，達到了 70% 的比率：

```
sup1.similarity(sup2)
```

0.7079433112862716

如你所見，它們的「相似度得分」相當高。這種簡單的平均法效果相當不錯。不過，它無法捕捉到像是「否定句」或「單一偏離向量」之類的東西，然而這些可能不會對「平均值」產生太大影響。

舉例來說，**I would like to close a checking account**（我想關閉一個支票帳戶）與 **I would like to open a checking account**（我想開一個支票帳戶）在語義上有不同的含義。然而，模型認為它們是相當「相似」的。不過，這個方法仍然是有用的，並且很好地說明了將語義表示為「向量」的優點。

快速瀏覽 Kera 函數式 API

到目前為止，我們已經使用了序列模型（sequential model）。在序列模型中，當我們呼叫 `model.add()` 時，圖層會被疊加在一起。「函數式 API」的優點是簡單，可以防止錯誤。缺點是它只讓我們線性地堆疊圖層，如下圖所示：

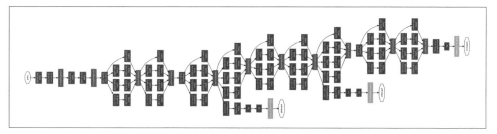

GoogLeNet 架構，來自 Szegedy 及其他人所發表的論文：《*Going Deeper with Convolutions*》

請看一下前面的「GoogLeNet 架構」。雖然這個圖非常詳細，但我們需要了解的是，這個模型並不只是一些層層疊加的模型。而是有多個層「平行」；在這種情況下，模型有三個輸出。然而，問題仍然是，作者是如何建立這個複雜模型的？「序列式 API」不會允許他們這樣做，但「函數式 API」讓他們很容易將圖層像「珍珠串鍊」一樣串接起來，並建立如上圖一樣的架構。

對於許多 NLP 應用程式而言，我們需要更複雜的模型，例如，其中有兩個獨立的圖層可以平行執行。在 Keras 的「函數式 API」中，我們有更多的控制權，可以指定各圖層應該如何連接。我們可以利用這一點來建立更進階、更複雜的模型。

從現在開始，我們將使用更多的「函數式 API」。本章的這一節旨在提供 Keras「函數式 API」的簡要概述，因為我們會在後面的章節中更深入討論。讓我們先從「序列式」和「函數式」這兩個方面來看一個簡單的雙圖層網路（two-layer network），如下列程式碼所示：

```python
from keras.models import Sequential
from keras.layers import Dense, Activation

model = Sequential()
model.add(Dense(64, input_dim=64))
model.add(Activation('relu'))
model.add(Dense(4))
model.add(Activation('softmax'))
model.summary()
```

Layer (type)	Output Shape	Param #
dense_1 (Dense)	(None, 64)	4160
activation_1 (Activation)	(None, 64)	0
dense_2 (Dense)	(None, 4)	260
activation_2 (Activation)	(None, 4)	0

```
Total params: 4,420
Trainable params: 4,420
Non-trainable params: 0
```

前面的模型是以「序列式 API」實作一個簡單模型。請注意,到目前為止,我們在本書中一直是這樣做的。現在我們將在「函數式 API」中實作同樣的模型,如下列程式碼所示:

```
from keras.models import Model                          #1
from keras.layers import Dense, Activation, Input

model_input = Input(shape=(64,))                        #2
x = Dense(64)(model_input)                              #3
x = Activation('relu')(x)                               #4
x = Dense(4)(x)
model_output = Activation('softmax')(x)

model = Model(model_input, model_output)                #5
model.summary()
```

請注意與「序列式 API」的區別,如下所示:

1. 現在不是先用 model = Sequential() 來定義模型,而是先定義「運算圖」,然後用 Model 類別把它轉換成一個模型。
2. 「輸入」現在是它們自己的層。
3. 你不再使用 model.add(),而是定義圖層,然後傳遞「輸入層」或「上一層的輸出張量」。
4. 你可以透過在鏈(chain)上串接圖層來建立模型。比如說,Dense(64)(model_input) 傳回一個張量。你把這個張量傳遞給下一層,就像 Activation('relu')(x) 一樣。這個函數將傳回一個「新的輸出張量」,你可以將其傳遞給下一層,以此類推。如此一來,你就建立了一個像串接鏈子(chain)一樣的運算圖。
5. 要建立一個模型,你將「模型輸入層」以及你的圖的「最終輸出張量」都傳遞到 Model 類別之中。

「函數式 API 模型」可以像「序列式 API 模型」一樣使用。事實上,從這個模型的摘要輸出中可以看到,它和我們剛才用「序列式 API」建立的模型差不多:

Layer (type)	Output Shape	Param #
input_2 (InputLayer)	(None, 64)	0
dense_3 (Dense)	(None, 64)	4160
activation_3 (Activation)	(None, 64)	0

dense_4 (Dense)	(None, 4)	260
activation_4 (Activation)	(None, 4)	0

```
=================================================================
Total params: 4,420
Trainable params: 4,420
Non-trainable params: 0
```

你可以看到，與「序列式 API」相比，「函數式 API」可以用較進階的方式來連接圖層。我們還可以把圖層的「建立」和「連接」步驟分開來。這樣可以保持程式碼的簡潔，並讓我們將同一個圖層用於不同的目的。

以下程式碼片段將建立「與前一段程式碼完全相同」的模型，但卻有單獨的圖層「建立」和「連接」步驟，如下列程式碼所示：

```
model_input = Input(shape=(64,))

dense = Dense(64)

x = dense(model_input)

activation = Activation('relu')

x = activation(x)

dense_2 = Dense(4)

x = dense_2(x)

model_output = Activation('softmax')(x)

model = Model(model_input, model_output)
```

圖層可以重複使用。例如，我們可以在一個運算圖中訓練一些圖層，然後將它們用於另一個運算圖，就像我們將在本章後面的「seq2seq 模型」小節中所做的那樣（本書第213頁）。

在我們繼續使用「函數式 API」建立進階模型之前，還有一個注意事項，就是我們應該注意到，任何圖層的「激勵函數」也可以直接在該圖層中指定。到目前為止，我們已經使用了一個單獨的激勵層，這雖然增加了清晰度，但並不是嚴格要求的。具有 relu「激勵函數」的 Dense 層也可以指定為：

```
Dense(24, activation='relu')
```

使用「函數式 API」，這比新增「激勵函數」還更容易。

注意力機制

你正在集中注意力嗎?如果是這樣,當然不是對每個人的注意力都一樣。在任何文字中,某些單詞比其他單詞更重要。**注意力機制**(**attention mechanism**)是神經網路專注於「序列中某個元素」的一種方式。對於神經網路來說,「重點關注」(focusing)意味著放大(amplifying)重要的內容:

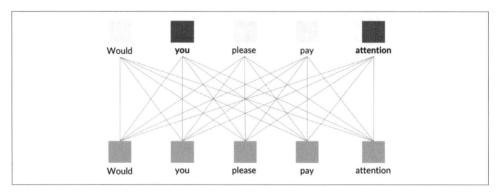

注意力機制的一個例子

「注意力圖層」是完全連接圖層,它接收一個序列並輸出該序列的權重。然後將該序列與權重相乘,如下列程式碼所示:

```
def attention_3d_block(inputs,time_steps,
single_attention_vector = False):
    input_dim = int(inputs.shape[2])                              #1
    a = Permute((2, 1),name='Attent_Permute')(inputs)            #2
    a = Reshape((input_dim, time_steps),name='Reshape')(a)       #3
    a = Dense(time_steps, activation='softmax',
    name='Attent_Dense')(a) # Create attention vector            #4
    if single_attention_vector:                                   #5
        a = Lambda(lambda x: K.mean(x, axis=1),
            name='Dim_reduction')(a)                              #6
        a = RepeatVector(input_dim, name='Repeat')(a)            #7
        a_probs = Permute((2, 1), name='Attention_vec')(a)       #8
    output_attention_mul = Multiply(name='Attention_mul')
    ([inputs, a_probs])                                           #9
    return output_attention_mul
```

讓我們分解一下我們剛剛建立的序列。如下所示,它是由九個關鍵要素組成的:

1. 我們的輸入的形狀是 (batch_size, time_steps, input_dim),其中 time_steps 是序列的長度,input_dim 是輸入的維度。如果我們直接將其應用於「使用嵌入向量的文字序列」,input_dim 將為 50,與嵌入維度相同。

2. 然後，我們將 `time_steps` 和 `input_dim` 的「軸」對調（swap，即置換，permute），以便使「張量的形狀」為 (`batch_size, input_dim, time_steps`)。

3. 如果一切順利，我們的張量已經是我們想要的形狀了。在這裡，為了確定一下，我們增加了一個重塑（reshaping）的操作。

4. 現在，訣竅來了。我們以「softmax 激勵函數的 dense 層」來跑我們的輸入。這將為「序列中的每個元素」產生一個權重，就像之前所顯示的那樣。這個 dense 層就是 attention 區塊裡面訓練出來的。

5. 預設情況下，dense 層會單獨計算每個輸入維度的注意力。也就是說，對於我們的「詞向量」，它會計算出 50 種不同的權重。如果我們在處理時間序列模型時，「輸入維度」實際上代表了不同的東西，這將很有幫助。在這種情況下，我們要把「單詞」作為一個整體來加權。

6. 為了建立每個單詞的注意力值，我們將在輸入維度上求取「注意力層」平均值。我們「新張量的形狀」是 (`batch_size, 1, time_steps`)。

7. 為了將「注意力向量」與「輸入」相乘，我們需要在輸入維度上重複加權。重複之後，張量又有了形狀 (`batch_size, input_dim, time_steps`)，但整個 `input_dim` 維度的權重相同。

8. 為了匹配輸入的形狀，我們將 `time_steps` 和 `input_dim` 的「軸」置換回來，使「注意力向量」再次具有 (`batch_size, time_steps, input_dim`) 的形狀。

9. 最後，我們將「注意力」應用於「輸入」，按元素將「注意力向量」與「輸入」相乘。我們最後傳回的結果是一個張量。

以下流程圖概述了這個過程：

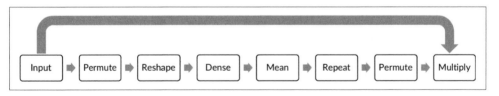

「注意力機制」流程區塊

請注意前面的函數定義是如何將「張量」作為「輸入」，定義一個流程區塊圖，並傳回一個張量。現在我們可以「呼叫這個函數」作為我們模型建構過程的一部分，如下所示：

```
input_tokens = Input(shape=(maxlen,),name='input')

embedding = Embedding(max_words,
                      embedding_dim,
                      input_length=maxlen,
                      weights = [embedding_matrix],
                      trainable = False,
name='embedding')(input_tokens)
```

```
attention_mul = attention_3d_block(inputs = embedding,
                                    time_steps = maxlen,
                                    single_attention_vector = True)

lstm_out = CuDNNLSTM(32, return_sequences=True, name='lstm')
(attention_mul)


attention_mul = Flatten(name='flatten')(attention_mul)
output = Dense(1, activation='sigmoid',name='output')
(attention_mul)
model = Model(input_tokens, output)
```

在這個例子中,我們在執行完「嵌入向量」之後使用「注意力機制」。這意味著我們可以放大或抑制某些「詞嵌入」。同樣地,我們也可以在「LSTM」之後使用「注意力機制」。在很多情況下,你會發現,當涉及到建立「可以處理任何類型的序列的模型」時(特別是在 NLP 中),「注意力機制」將是你的工具庫中的強大工具。

若要對「函數式 API 的圖層串接方式」以及「注意力機制的重塑張量流程」更加得心應手,請仔細看看下列模型摘要:

```
model.summary()
```

Layer (type) Connected to	Output Shape	Param #	
input (InputLayer)	(None, 140)	0	
embedding (Embedding) [0]	(None, 140, 50)	500000	input[0]
Attent_Permute (Permute) embedding[0][0]	(None, 50, 140)	0	
Reshape (Reshape) Permute[0][0]	(None, 50, 140)	0	Attent_
Attent_Dense (Dense) Reshape[0][0]	(None, 50, 140)	19740	

```
Dim_reduction (Lambda)       (None, 140)         0       Attent_
Dense[0][0]


Repeat (RepeatVector)        (None, 50, 140)     0       Dim_
reduction[0][0]


Attention_vec (Permute)      (No  ne, 140, 50)   0
Repeat[0][0]


Attention_mul (Multiply)     (None, 140, 50)     0
embedding[0][0]
Attention_vec[0][0]


flatten (Flatten)            (None, 7000)        0
Attention_mul[0][0]


output (Dense)               (None, 1)           7001
flatten[0][0]
================================================================
========================
Total params: 526,741
Trainable params: 26,741
Non-trainable params: 500,000
```

這個模型可以像任何 Keras 模型一樣進行訓練,在驗證集上達到大約 80% 的準確率。

Seq2seq 模型

2016 年,Google 宣佈用一個神經網路取代整個 Google 翻譯演算法。「Google 神經機器翻譯(Google Neural Machine Translation)系統」的特別之處在於它只用「單一模型」就能「以端到端(end-to-end)的方式」來翻譯多國語言。它的工作原理是對句子的語義進行編碼,然後將語義解碼成所需的輸出語言。

這種完全可行的系統讓許多語言學家和其他研究人員感到困惑,因為它展現了:在不賦予任何明確的規則情況下,「機器學習」可以建立準確捕捉「高階含義和語義」的系統。

這些語義含義是以編碼向量（encoding vector）的方式來呈現的，雖然我們還不太清楚如何解釋這些向量內容，但它們有很多實用的應用方式。這是一個從「一種語言」翻譯到「另一種語言」的熱門方法，而且我們還可以使用類似的原理將「報告」翻譯為「摘要」。「文字摘要」（Text summarization）技術已取得了顯著的進步，但缺點是它需要「大量的計算能力」來提供有意義的結果，所以我們將專注於語言翻譯。

Seq2seq 架構概述

如果所有短語的長度完全相同，我們只要使用一個 LSTM（或多個 LSTM）即可。請記住，LSTM 會傳回「與輸入序列長度相同」的完整序列。然而，在許多情況下，序列的長度不會相同。

為了處理不同長度的短語，我們需要建立一個「編碼器」（encoder），以捕捉句子的語義。然後我們再建立一個「解碼器」（decoder）來處理這兩個輸入：「編碼語義」（encoded semantics）和「已產生的序列」（the sequence that was already produced）。「解碼器」將接著預測「序列中的下一個項目」。對於我們的字元翻譯器來說，它看起來像這樣：

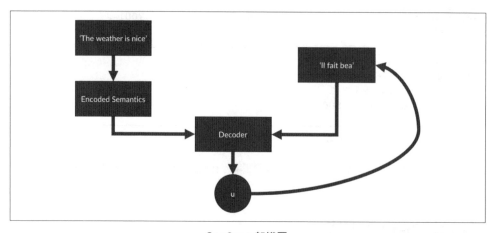

Seq2seq 架構圖

請注意「解碼器的輸出」如何再次被用作「解碼器的輸入」。這個過程只有在「解碼器」產生 <STOP> 標籤之後才會停止（表示「序列結束」）。

請注意：你可以在 Kaggle 網址上找到本節的資料和程式碼：`https://www.kaggle.com/jannesklaas/a-simple-seq2seq-translator`。

資料

我們使用一份資料集，其中含有英語短語及其對應的翻譯文字。這份資料集是取自
Tabotea 專案，這是一個翻譯資料庫，你可以在 Kaggle 上找到附加到程式碼的檔案。
我們在字元層面上實作了這個模型，這意味著與之前的模型不同，我們不會對「單詞」
（words）進行標記，而是對「字元」（characters）進行標記。這將為我們的網路增
加任務困難度，因為它現在還得學習如何拼寫單詞！然而，另一方面，「字元的數量」
要比單詞少得多，因此我們僅需使用一個「獨熱編碼」字元，而不必使用嵌入向量方
式。這使得我們的模型變得更簡單一些。

在開始之前，我們必須設定一些參數，如下所示：

```
batch_size = 64              #1
epochs = 100                 #2
latent_dim = 256             #3
num_samples = 10000          #4
data_path = 'fra-eng/fra.txt'   #5
```

但是我們要設定的參數有哪些呢？

1. 訓練的批次大小（batch size）。
2. 訓練的輪數（number of epochs）。
3. 編碼向量的維度（dimensionality），即編碼「單一句子的意義」所需的數值個數。
4. 訓練的樣本數量（number of samples）。整個資料集大約有 140,000 個樣本。但
   是，由於記憶體容量和時間的因素，我們會在較少的樣本上進行訓練。
5. （通往）磁碟機上資料 .txt 檔案的路徑。

「輸入語言」（英語）和「目標語言」（法語）在資料檔案中用「tab」分隔。每一列
代表一句新的短語。譯文用「tab」分隔（跳脫字元：\t）。因此，我們依序在每一
列文字上執行時，可以透過在「tab」跳脫字元之處將「該列文字」分割出來，以讀取
「輸入文字」和「目標文字」。

為了建立我們的 Tokenizer，我們還需要知道資料集中存在哪些字元。所以，對於所有
的字元，我們需要檢查它們是否已經位於「我們的字元集」中，如果沒有，則將它們加
入到「我們的字元集」中。

為此，首先，我們必須設定文字和字元的保留變數（holding variables）：

```
input_texts = []
target_texts = []
input_characters = set()
target_characters = set()
```

然後,我們會盡量走訪我們想要的樣本列數,並提取其中的文字和字元,如下列程式碼所示:

```
lines = open(data_path).read().split('\n')
for line in lines[: min(num_samples, len(lines) - 1)]:

    input_text, target_text = line.split('\t')          #1

    target_text = '\t' + target_text + '\n'             #2
    input_texts.append(input_text)
    target_texts.append(target_text)
    for char in input_text:                             #3
        if char not in input_characters:
            input_characters.add(char)

    for char in target_text:                            #4
        if char not in target_characters:
            target_characters.add(char)
```

我們把上面的程式碼分解一下,讓我們更詳細了解這段程式碼:

1. 「輸入文字」和「目標文字」是以「tab」分隔(即「英文文字」TAB「法文文字」),所以我們用許多「tab」定位字元來分隔「許多列的文字」,以便獲取「輸入文字」和「目標文字」。
2. 我們用 \t 作為目標文字的「序列開始字元」(start sequence),用 \n 作為「序列結束字元」(end sequence)。如此一來,我們就可以知道什麼時候該停止解碼了。
3. 我們走訪「輸入文字中的字元」,將「還沒有看到的所有字元」都新增到我們的「輸入字元集」內。
4. 我們走訪「輸出文字中的字元」,將「還沒有看到的所有字元」都新增到我們的「輸出字元集」內。

字元編碼

現在我們需要建立「依字母排序」的輸入和輸出字元列表,如下列程式碼所示:

```
input_characters = sorted(list(input_characters))
target_characters = sorted(list(target_characters))
```

我們還要計算我們有多少個輸入和輸出字元。這一點很重要,因為我們需要知道我們的「獨熱編碼」應該有多少個維度。我們可以透過下列程式碼找到答案:

```
num_encoder_tokens = len(input_characters)
num_decoder_tokens = len(target_characters)
```

我們不使用 Keras Tokenizer,而是建立我們自己的字典,來將「字元」映射到「標記」編號。我們可以透過執行下列程式碼來實現:

```
input_token_index = {char: i for i,
char in enumerate(input_characters)}
target_token_index = {char: i for i,
char in enumerate(target_characters)}
```

我們可以透過列印短句中「所有字元的標記編號」來了解其工作原理:

```
for c in 'the cat sits on the mat':
    print(input_token_index[c], end = ' ')
```

63 51 48 0 46 44 63 0 62 52 63 62 0 58 57 0 63 51 48 0 56 44 63

接下來,我們建立我們的模型訓練資料。請記住,我們的模型有兩個輸入,但只有一個輸出。雖然我們的模型可以處理任意長度的序列,然而用 NumPy 準備資料則可以得知我們的最長序列有多長:

```
max_encoder_seq_length = max([len(txt) for txt in input_texts])
max_decoder_seq_length = max([len(txt) for txt in target_texts])

print('Max sequence length for inputs:', max_encoder_seq_length)
print('Max sequence length for outputs:', max_decoder_seq_length)
```

Max sequence length for inputs: 16
Max sequence length for outputs: 59

現在我們要為我們的模型準備輸入和輸出資料。encoder_input_data 是一個 3D 形狀的陣列 (num_pairs, max_english_sentence_length, num_english_characters),其中包含了英語句子的「獨熱編碼」向量,如下列程式碼所示:

```
encoder_input_data = np.zeros((len(input_texts),
max_encoder_seq_length, num_encoder_tokens),dtype='float32')
```

decoder_input_data 是一個 3D 形狀的陣列 (num_pairs, max_french_sentence_length, num_french_characters),其中包含法語句子的「獨熱編碼」向量,如下列程式式碼所示:

```
decoder_input_data = np.zeros((len(input_texts),
max_decoder_seq_length, num_decoder_tokens),dtype='float32')
```

decoder_target_data 和 decoder_input_data 相同，但偏移（offset）了一個時步。
decoder_target_data[:, t, :] 將與 decoder_input_data[:, t + 1, :] 相同。

```
decoder_target_data = np.zeros((len(input_texts),
max_decoder_seq_length, num_decoder_tokens),dtype='float32')
```

你可以看到，「解碼器」的輸入和輸出是一樣的，只是輸出提前了一個時步。我們可以
將不完整的序列提供給「解碼器」，以預測下一個字元的想法，這是非常合理的。我們
將使用「函數式 API」來建立一個「有兩個輸入的模型」。

你可以看到「解碼器」也有兩個輸入：「**解碼器輸入**」（**decoder inputs**）和「**編碼語
義**」（**encoded semantics**）。然而「編碼語義」並不直接是「LSTM 編碼器」的輸
出，而是它的「**狀態**」（**states**）。在 LSTM 中，「狀態」是單元的隱藏記憶。發生
的情況是，「解碼器」的「第一個記憶」（first memory）是「編碼語義」。為了提供
「第一個記憶」給「解碼器」，我們可以用「LSTM 編碼器」的「狀態」來初始化它
的「狀態」。

為了傳回「狀態」，我們必須設定 return_state 參數，並配置一個 RNN 圖層以傳回
列表，列表的第一個項目是輸出，接下來的項目是 RNN 內部「狀態」。我們再一次使
用 CuDNNLSTM。如果你沒有 GPU，可以用 LSTM 代替，但要注意，在沒有 GPU 的情況
下，訓練這個模型可能需要很長的時間才能完成，如下列程式碼所示：

```
encoder_inputs = Input(shape=(None, num_encoder_tokens),
                       name = 'encoder_inputs')          #1
encoder = CuDNNLSTM(latent_dim,
                    return_state=True,
                    name = 'encoder')                    #2
encoder_outputs, state_h, state_c = encoder(encoder_inputs)   #3

encoder_states = [state_h, state_c]                      #4
```

我們來看看上述程式碼的四個關鍵要素：

1. 我們為我們的「編碼器」建立一個輸入層。
2. 我們建立「LSTM 編碼器」。
3. 我們將「LSTM 編碼器」連接到輸入層，並取回「輸出」和「狀態」。
4. 我們丟棄 encoder_outputs，並僅保留「狀態」。

現在我們定義一下「解碼器」。「解碼器」使用「編碼器」的狀態作為其解碼 LSTM 的初始「狀態」。

你可以這樣想：請想像你是一名將「英語」翻譯成「法語」的翻譯人員。當被委以翻譯的任務時，你會先聽英語演講者的演講，並在腦海中形成關於「演講者想說什麼」的想法，然後你會用這些想法形成一個「表達相同想法」的法語句子。

重要的是，你要明白我們傳遞的不僅僅是一個「變數」，還傳遞了一份「運算圖」（computational graph）。這意味著，我們以後可以從「解碼器」反推回「編碼器」。比方說，在前面的翻譯人員比喻中，你可能會認為你的法語翻譯面臨了「對英語句子的理解不夠透徹」的問題，所以你可能會根據「法語翻譯的結果」，開始改變「你對英語的理解」，如下列程式碼所示：

```
decoder_inputs = Input(shape=(None, num_decoder_tokens),
                       name = 'decoder_inputs')                     #1
decoder_lstm = CuDNNLSTM(latent_dim,
                         return_sequences=True,
                         return_state=True,
                         name = 'decoder_lstm')                     #2

decoder_outputs, _, _ = decoder_lstm(decoder_inputs,
                                     initial_state=encoder_states) #3

decoder_dense = Dense(num_decoder_tokens,
                      activation='softmax',
                      name = 'decoder_dense')

decoder_outputs = decoder_dense(decoder_outputs)                   #4
```

上述程式碼是由四個關鍵要素組成的：

1. 設定「解碼器」的輸入。
2. 我們設定我們的「解碼器」以傳回完整的輸出序列，並且也要傳回內部「狀態」。我們在訓練模型時不使用傳回狀態，但我們將使用它們進行推論。
3. 將「解碼器」連接到「解碼器」的輸入，並指定內部「狀態」。如前所述，我們在訓練時，不使用「解碼器」的內部「狀態」，所以我們在這裡捨棄它們。
4. 最後，我們需要決定使用哪個字元作為下一個字元。這是一項分類任務，所以我們將使用一個內含 softmax 激勵函數的簡易 Dense 圖層。

現在我們有了所需要的元件，可用來定義「含有兩個輸入和一個輸出的模型」，如下列程式碼所示：

```
model = Model([encoder_inputs, decoder_inputs], decoder_outputs)
```

如果你有安裝 graphviz 程式庫，你可以使用下列程式碼繪製出不錯的視覺化模型。但不幸的是，這段程式碼在 Kaggle 上無法使用：

```
from IPython.display import SVG
from keras.utils.vis_utils import model_to_dot

SVG(model_to_dot(model).create(prog='dot', format='svg'))
```

如你所見，視覺化如下圖所示：

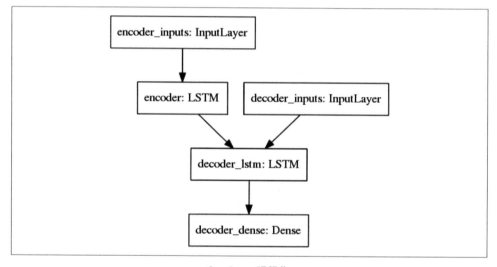

Seq2seq 視覺化

現在你可以編譯和訓練模型了。因為我們必須在「下一個輸出的可能字元」中進行選擇，所以這基本上是一個「多類別分類任務」。因此，我們將使用「分類交叉熵損失」（categorical cross-entropy loss），如下列程式碼所示：

```
model.compile(optimizer='rmsprop',
loss='categorical_crossentropy')
history = model.fit([encoder_input_data, decoder_input_data],
                    decoder_target_data,
                    batch_size=batch_size,
                    epochs=epochs,
                    validation_split=0.2)
```

訓練過程在 GPU 上大約需要 7 分鐘。然而,如果我們繪製模型的進度,你會看到它的「過度擬合」現象,如下所示:

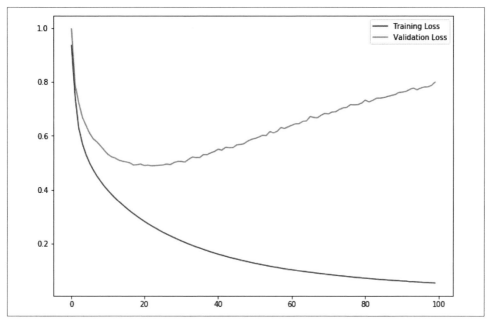

Seq2seq 過度擬合

它「過度擬合」的主要原因是我們只用了 10,000 個相對較短的「句子對」(sentence pairs)。為了得到一個更大的模型,真正的翻譯或摘要系統需要在「更多的例子」上進行訓練。為了讓你能夠在不擁有大型資料中心的情況下,也能跟上這些範例,我們只使用一個較小的模型來舉例說明「seq2seq 架構」能做什麼。

建立推論模型

無論是否會發生「過度擬合」現象,我們現在想使用我們的模型。使用 seq2seq 模型進行推論(在本例中是進行翻譯)需要我們建立一個單獨的「推論模型」(inference model),該模型使用「在訓練模型中訓練的權重」,但流程路線稍有不同。更具體地說,我們將分離「編碼器」和「解碼器」。如此一來,我們可以先建立一次「編碼」,然後使用它進行「解碼」,而不是一次又一次地建立編碼。

此「編碼器」模型會從「編碼器輸入」映射到「編碼器狀態」,如下列程式碼所示:

```
encoder_model = Model(encoder_inputs, encoder_states)
```

最後，「解碼器模型」將以「編碼器記憶」加上「最後一個字元的自身記憶」作為輸入。「解碼器模型」接著輸出一個預測並加上它自己的記憶，以便用於下一個字元，如下列程式碼所示：

```
#Inputs from the encoder
decoder_state_input_h = Input(shape=(latent_dim,))      #1
decoder_state_input_c = Input(shape=(latent_dim,))

#Create a combined memory to input into the decoder
decoder_states_inputs = [decoder_state_input_h,
decoder_state_input_c]                                  #2

#Decoder
decoder_outputs, state_h, state_c = decoder_lstm(decoder_inputs,
initial_state=decoder_states_inputs)                    #3

decoder_states = [state_h, state_c]                     #4

#Predict next char
decoder_outputs = decoder_dense(decoder_outputs)        #5

decoder_model = Model(
    [decoder_inputs] + decoder_states_inputs,
    [decoder_outputs] + decoder_states)                 #6
```

我們來看看這段程式碼的六個要素：

1. 「編碼器」記憶由兩種「狀態」組成。我們需要為它們建立兩個輸入。
2. 然後我們將這兩種「狀態」合併成一個記憶。
3. 然後我們將之前訓練的「LSTM 解碼器」連接到「解碼器輸入」和「編碼器記憶」。
4. 我們將「LSTM 解碼器」的兩種「狀態」合併為一個記憶。
5. 我們重新使用「解碼器」的「密集層」（dense layer）來預測下一個字元。
6. 最後我們建立「解碼器模型」來接收「字元輸入」和「狀態輸入」，並將其映射到「字元輸出」和「狀態輸出」。

進行翻譯

我們現在可以開始使用我們的模型了。為此，我們首先必須建立一個索引，將「標記」再次映射到「字元」，如下列程式碼所示：

```
reverse_input_char_index = {i: char for char,
i in input_token_index.items()}
reverse_target_char_index = {i: char for char,
i in target_token_index.items()}
```

當我們翻譯一句短語時，我們首先必須對「輸入」進行編碼。然後依序將「解碼器狀態」傳遞回「解碼器」，直到接收到 STOP 為止；在我們的例子中，我們使用 tab 字元來表示 STOP。

target_seq 是一個 NumPy 陣列，代表「解碼器」預測的最後一個字元，如下列程式碼所示：

```
def decode_sequence(input_seq):

    states_value = encoder_model.predict(input_seq)          #1

    target_seq = np.zeros((1, 1, num_decoder_tokens))        #2

    target_seq[0, 0, target_token_index['\t']] = 1.          #3

    stop_condition = False                                   #4
    decoded_sentence = ''

    while not stop_condition:                                #5

        output_tokens, h, c = decoder_model.predict(
            [target_seq] + states_value)                     #6

        sampled_token_index = np.argmax(output_tokens[0, -1, :]) #7

        sampled_char = reverse_target_char_index[
sampled_token_index]                                         #8

        decoded_sentence += sampled_char                     #9


        if (sampled_char == '\n' or                          #10
            len(decoded_sentence) > max_decoder_seq_length):
             stop_condition = True

        target_seq = np.zeros((1, 1, num_decoder_tokens))    #11
        target_seq[0, 0, sampled_token_index] = 1.
```

```
        states_value = [h, c]                                    #12

    return decoded_sentence
```

現在讓我們最後一次為本章分析程式碼：

1. 將「輸入」編碼為「狀態向量」
2. 產生一個長度為 1 的空目標序列
3. 用「起始字元」填充「目標序列的第一個字元」
4. 沒有 STOP 符號，解碼後的序列「到目前為止」是空的
5. 走訪，直到我們收到 STOP 符號為止
6. 獲取解碼器的「輸出」和「內部狀態」
7. 獲取預測的「標記」（概率最高的「標記」）
8. 獲取「標記編號」的字元
9. 在「輸出」後面加入字元
10. 退出條件：「達到最大長度」或「找到 STOP 字元」
11. 更新目標序列（長度為 1）
12. 更新狀態

現在我們可以把「英語」翻譯成「法語」了！至少對於一些短語來說，它的效果相當好。由於我們並沒有向我們的模型提供任何關於法語單詞或語法的規則，這個程式讓我們覺得很了不起。當然，Google Translate 等翻譯系統使用的資料集和模型要大得多，但其基本原理是一樣的。

為了翻譯一份文字，我們首先建立一個充滿 0 的「佔位符號（placeholder）陣列」，如下列程式碼所示：

```
my_text = 'Thanks!'
placeholder = np.zeros((1,len(my_text)+10,num_encoder_tokens))
```

然後，我們將字元「標記編號」索引位置的元素設定為 1，並對文字中的所有字元進行「獨熱編碼」，如下列程式碼所示：

```
for i, char in enumerate(my_text):
    print(i,char, input_token_index[char])
    placeholder[0,i,input_token_index[char]] = 1
```

這將列印出「字元的標記編號」、「字元本身」及「其在文件中的位置」，如下所示：

```
0 T 38
1 h 51
2 a 44
3 n 57
4 k 54
5 s 62
6 ! 1
```

現在我們可以將這個「佔位符號」輸入至「解碼器」，如下列程式碼所示：

```
decode_sequence(placeholder)
```

我們得到的翻譯回饋，如下所示：

'Merci !\n'

「Seq2seq 模型」不僅適用於語言之間的翻譯，它們也可以對任何有輸入和輸出的序列進行訓練。

還記得我們上一章的預測任務嗎？預測問題的最終解決方案是「seq2seq 模型」。「文字摘要」（Text summarization）則是另一個實用的應用。「seq2seq 模型」也可被訓練成輸出一系列的行動，比如說，一個能將「大額訂單的影響」最小化的「交易序列」（a sequence of trades）。

練習題

現在我們到了本章的結尾，讓我們複習一下我們學到了什麼。作為這一章的總結，我包括了三個練習題，這些練習題將依據我們在本章介紹的內容向你提出挑戰：

1. 為「翻譯模型」的「編碼器」增加一個額外的圖層。如果翻譯模型有更多的能力來學習法語句子的結構，可能會有更好的效果。再增加一個 LSTM 圖層，對於學習函數式 API 來說，將是一個很好的練習。

2. 在「翻譯模型」的「編碼器」上增加「注意力機制」。「注意力機制」會讓模型專注於翻譯「真正重要的（英語）單詞」。最好將「注意力機制」放到最後一個圖層。本練習題比上一個練習題要難一些，但你會更清楚理解「注意力機制」的內部運作。

3. 請造訪 **Daily News for Stock Market Prediction**（`https://www.kaggle.com/
aaron7sun/stocknews`）來進行股市預測。這個任務是利用「每日新聞」作為預測
股價的輸入。現在已經有一些內核可以幫助你完成這個任務。使用你在本章所學的
技術，來預測一些股票價格吧！

小結

在本章中，你已經學會了最重要的 NLP 技術。我們學到了很多東西，以下整理了本章
介紹的項目，你現在應該有信心來理解所有這些知識：

- 搜尋命名實體
- 為「你的自定義應用程式」微調 spaCy 的模型
- 搜尋詞性和映射句子的語法結構
- 使用「正規表式法」
- 為「分類任務」準備文字資料
- 使用「詞袋」和 TF-IDF 等技術進行分類
- 使用 LDA 對文字中的可能主題進行建模
- 使用預先訓練好的單詞嵌入
- 使用 Keras「函數式 API」建立進階模型
- 使用「注意力機制」訓練你的模型
- 使用「seq2seq 模型」翻譯句子

現在你的工具箱中已經備有一大堆工具了，可以讓你解決 NLP 問題。在本書的其餘
章節中，你將再次看到其中的一些技術，在不同的情境中被用於解決困難的問題。這
些技術在整個產業中都很有用處，無論是零售銀行或是對沖基金投資等方面。雖然你
的機構要解決的問題可能需要做一些調整，但一般來說，這些方法都是可以轉移的
（transferable）。

在下一章中，我們將介紹一種自 DeepMind 擊敗人類圍棋冠軍以來，備受關注的技
術：「強化學習」（reinforcement learning）。在金融市場工作時，這項技術特別有
用。在許多方面，這項技術是眾多量化投資公司做法的自然延伸。所以請繼續閱讀吧，
我們下一章見！

6

使用生成模型

「生成模型」（Generative models）會產生新的資料。在某種程度上，「生成模型」
與我們在前面幾章中所處理的模型完全相反。「影像分類器」會接收高維度的輸入和影
像，卻輸出低維度的東西（如影像的內容），而「生成模型」的方式則完全相反。例
如，它可能會依據「影像的內容描述」來繪製影像。

「生成模型」還處於研發的實驗階段，目前主要用於影像的應用。但「生成模型」是一
個重要的模型，事實已證明，已經有幾個應用程式使用了「生成模型」，而這些應用曾
在業界掀起軒然大波。

2017 年，所謂的 **DeepFake**（深偽技術）已開始出現在網際網路上。我們在本章後面
介紹的**生成對抗網路**（Generative Adversarial Network，**GAN**）曾用於產生由「名
人」飾演的色情影片。而前一年（也就是 2016 年），研究人員展示了一個系統，在該
系統中，他們可以產生「政客」的影片，並讓「政客」說出「研究人員希望他們說的
任何話」，還配有逼真的嘴部動作和臉部表情。我們可以看看 2018 年 BuzzFeed 新聞
網站的一個經典例子，這是美國前總統 Barack Obama 的假演講：https://youtu.be/
cQ54GDm1eL0 。

這種技術並不是完全負面的，也有積極正面的應用，尤其是在「生成模型」資料是稀疏
的情況下。如果是這種情況，「生成模型」可以產生真實的資料，好讓其他模型可以在
這些資料之上進行訓練。「生成模型」還能夠「翻譯」影像，一個典型的例子是將「衛
星影像」轉換為「街道地圖」。另一個例子是「生成模型」可以從「網站截圖」產生
「程式碼」。正如我們將在「**第 9 章**，對抗偏差或偏見」中所見，它們甚至可以用來對
抗「機器學習模型」中的不公平和歧視。

「金融領域」經常有稀疏（sparse）的資料。請回想一下「**第 2 章**」中的詐欺案例，我們根據交易「中繼資料」（metadata）對詐欺交易進行分類。我們發現，在我們使用的資料集中，發生的詐欺行為並不多，所以模型很難偵測出「詐欺行為」何時發生。通常，當這種情況發生時，工程師會做出假設並建立合成資料。然而，「機器學習模型」可以自行合成資料，在這個過程中，「機器學習模型」甚至可能會發掘一些有用的特徵，有助於詐欺偵測。

在演算法交易中，資料經常在模擬器中產生。想知道你的演算法在全球拋售（global selloff）中的表現嗎？幸運的是，全球拋售的情況並不多，所以量化分析公司的工程師們花了很多時間來建立「拋售」的模擬器。這些模擬器往往會受「工程師的經驗」及「他們對拋售的感覺」影響。然而，如果模型能夠瞭解「拋售」的基本情況，然後建立資料來描述「無限數量的拋售」，那會怎麼樣呢？

在本章中，我們將專注於介紹兩個「生成模型」系列：**自動編碼器**（**autoencoders**）和 **GAN**。首先是「自動編碼器」系列，其目的是將資料壓縮成「較低維度的表示」形式，然後忠實地重建資料。第二個是「GAN」系列，其目的是訓練一個生成器（generator），使單獨的「判別器」（discriminator）無法分辨「假影像」和「真影像」。

了解自動編碼器

理論上，「自動編碼器」並不是生成模型，因為它們無法創造全新類型的資料。然而微調版本的「變分自動編碼器」（variational autoencoders，VAE）卻可以。所以，在加入「生成性元素」之前，先了解一下「自動編碼器」是有意義的。

「自動編碼器」本身具有一些有趣的特性，可以用於偵測信用卡詐欺之類的應用，這對我們關注的金融領域很有幫助。

給定輸入 x，「自動編碼器」學習如何輸出 x。它的目的是找到一個函數 f，使以下方程式為真：

$$x = f(x)$$

乍聽之下可能很瑣碎，但這裡的訣竅是，「自動編碼器」有一個瓶頸（bottleneck）。「中間隱藏層的大小」小於「輸入 x 的大小」，因此，模型必須學習一個「壓縮表示法」（compressed representation），在一個較小的向量中捕捉 x 的所有重要元素。

這可以最好地反映在以下示意圖中，我們可以看到「自動編碼器」的壓縮表示法：

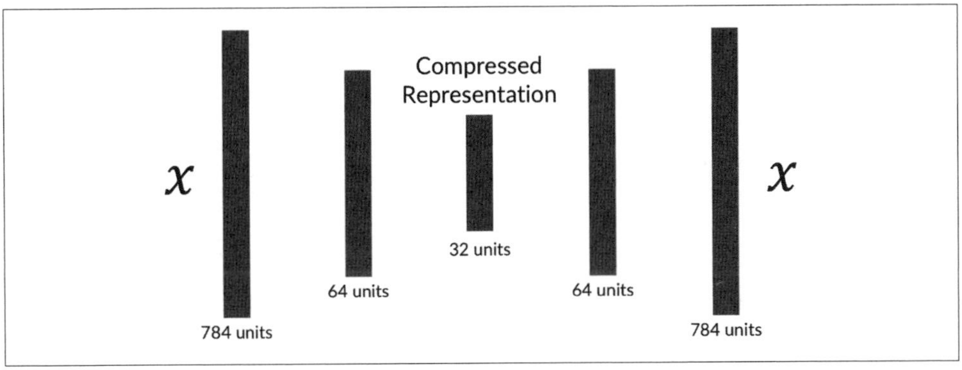

```
                    Compressed
                    Representation

 X                                          X

                     32 units

         64 units              64 units
 784 units                          784 units
```

「自動編碼器」表示法

這種壓縮表示法的目的是捕捉「輸入」的本質，結果顯示它對我們很有用處。例如，我們可能希望捕捉「詐欺交易」與「真實交易」的本質區別。「陽春的自動編碼器」（vanilla autoencoders）透過類似於標準**主成分分析**（principal component analysis，**PCA**）的方法來實現這個特性。它們使我們能夠降低資料的維度，並專注於重要的東西。但與 PCA 不同的是，我們可以擴充「自動編碼器」以生成更多特定類型的資料。例如，「自動編碼器」可以產生更好的影像或影片資料，因為它們可以利用「卷積層」來善用資料的空間性。

在本節中，我們將建立兩個「自動編碼器」。第一個將用於「MNIST 資料集」的手寫數字。對於視覺資料來說，「生成模型」更容易 debug 和理解，這是因為人類在直覺上擅長判斷「兩張圖片是否相似」，但不太擅長判斷「抽象資料」。第二個自動編碼器是針對「詐欺偵測」任務的，使用方法與「MNIST 資料集」類似。

MNIST 的自動編碼器

讓我們從一個簡單的「MNIST 手寫數字資料集」的自動編碼器開始吧。一張 MNIST 影像的像素為 28×28，可以扁平化成一個「有 784 個元素的向量」（等同於 28×28）。透過使用「自動編碼器」，我們將把這些資料壓縮成一個「只有 32 個元素的向量」。

在深入研究這裡所述的程式碼之前，請確定你已經將「MNIST 資料集」儲存至正確的路徑，並成功匯入 NumPy 與 Matplotlib 程式庫，以及設定一個隨機種子，來確認你的實驗結果是可重複實現的。

請注意：你可以在 `https://www.kaggle.com/jannesklaas/mnist-autoencoder-vae` 找到 MNIST「自動編碼器」和「變分自動編碼器」的程式碼。

我們現在要設定編碼維度超參數，以便之後使用：

```
encoding_dim = 32
```

然後，我們使用 Keras 函數式 API 建立「自動編碼器」。雖然使用序列式 API 可以建立一個簡易的「自動編碼器」，但這對我們來說是一個很好的複習，讓我們了解函數式 API 的工作原理。

首先，我們匯入 Model 類別，它讓我們建立函數式 API 模型。我們還需要匯入輸入層（Input）和密集層（Dense）。前面的章節說過，函數式 API 需要一個單獨的輸入層，而序列式 API 則不需要。為了匯入這兩個層，我們需要執行以下程式碼：

```
from keras.models import Model
from keras.layers import Input, Dense
```

現在，我們將「自動編碼器」的各個圖層連接起來：先是一個「輸入層」，然後是一個「密集層」，此密集層會將影像編碼成較小的表示形式。

接著是「密集的解碼層」（Dense decoding layer），目的是重建原始影像，如下列程式碼所示：

```
input_img = Input(shape=(784,))

encoded = Dense(encoding_dim, activation='relu')(input_img)

decoded = Dense(784, activation='sigmoid')(encoded)
```

在我們建立並連接圖層之後，我們就可以建立一個模型，將「輸入」映射到「解碼影像」，如下列程式碼所示：

```
autoencoder = Model(input_img, decoded)
```

為了深入理解發生了什麼事情，我們可以使用下列程式碼繪製「自動編碼器」模型的視覺化效果：

```
from keras.utils import plot_model
plot_model(autoencoder, to_file='model.png', show_shapes=True) plt.
figure(figsize=(10,10))
plt.imshow(plt.imread('model.png'))
```

以下是我們的「自動編碼器」模型圖：

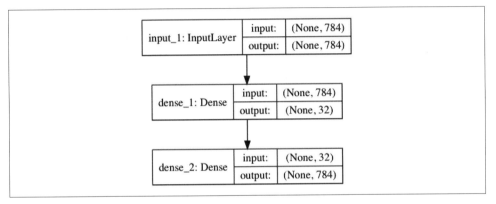

「自動編碼器」模型圖

我們可用下列程式碼來編譯「自動編碼器」模型：

```
autoencoder.compile(optimizer='adadelta',
loss='binary_crossentropy')
```

為了訓練這個「自動編碼器」，我們將 X 值作為輸入和輸出，如下列程式碼所示：

```
autoencoder.fit(X_train_flat, X_train_flat,
                epochs=50,
                batch_size=256,
                shuffle=True,
                validation_data=(X_test_flat, X_test_flat))
```

在我們訓練這個「自動編碼器」之後（需要一到兩分鐘），我們可以直觀地檢查它的工作情況。為此，我們首先從「測試集」中提取單一影像，然後再為影像增加一批次的維度，使其在模型之中執行，這就是我們使用 np.expand_dims 的目的，如下列程式碼所示：

```
original = np.expand_dims(X_test_flat[0],0)
```

現在我們要用「自動編碼器」跑原始影像。你會記得 MNIST 原始影像顯示的是數字 7，所以我們希望「自動編碼器」的輸出也顯示 7，如下列程式碼所示：

```
seven = autoencoder.predict(original)
```

接下來，我們要將「自動編碼器」輸出以及原始影像都重塑回「28×28 像素的影像」，如下列程式碼所示：

```
seven = seven.reshape(1,28,28)
original = original.reshape(1,28,28)
```

然後，我們將原始影像和重建的影像彼此相鄰繪製。matplotlib 不允許影像具有批次的維度，因此，我們需要傳遞一個沒有批次維度的陣列。透過用 [0,:,:] 對影像進行索引，我們將只傳遞「批次維度中的第一個項目」。

現在，第一個項目不再具有批次的維度，如下列程式碼所示：

```
fig = plt.figure(figsize=(7, 10))
a=fig.add_subplot(1,2,1)
a.set_title('Original')
imgplot = plt.imshow(original[0,:,:])

b=fig.add_subplot(1,2,2)
b.set_title('Autoencoder')
imgplot = plt.imshow(seven[0,:,:])
```

在執行程式碼之後，你將看到我們想要的結果已經實現了！與原始影像（左）相比，我們的「自動編碼器」影像（右）也顯示了一個 7 ！如下圖所示：

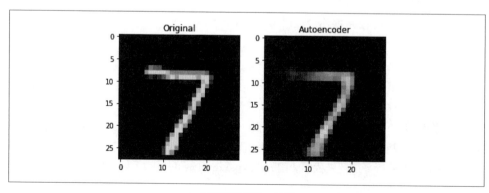

「自動編碼器」結果

正如截圖所示，重建後的 7 仍然是 7，所以「自動編碼器」能夠捕捉到 7 的大致概念。不過它並不完美，你可以看到它的邊緣有點模糊，尤其是在左上角。看來，雖然「自動編碼器」不確定線條的長度，但它確實很清楚一個 7 有兩條線，而且它知道它們遵循的大致方向。

像這樣的「自動編碼器」會執行「非線性 PCA」。它可以學習哪些成分對一個 7 來說是最重要的。學習這種表示方法的好用之處不僅僅是影像。在信用卡詐欺偵測中，這種「主成分」將成為其他分類器能夠使用的良好特徵。

在下一節中，我們將應用「自動編碼器」來解決信用卡詐欺問題。

信用卡自動編碼器

在本節中，我們將再次處理信用卡詐欺問題。這一次，我們將使用與「**第 2 章**」略有不同的資料集。

這個新的資料集包含了匿名特徵的實際信用卡交易記錄；但是，它本身並不適合進行特徵工程。因此，我們將不得不依賴「端到端」的學習方法來建立一個良好的詐欺偵測器。

 請 注 意： 你 可 以 在 `https://www.kaggle.com/mlg-ulb/creditcardfraud` 上找到資料集。實作「自動編碼器」和「變分自動編碼器」的筆記本，請見：`https://www.kaggle.com/jannesklaas/credit-vae`。

按照慣例，我們先載入資料。Time 特徵顯示的是「交易」（transaction）的絕對時間，這使得資料在這裡處理起來有點困難。因此，我們直接丟棄 Time 特徵，如下列程式碼所示：

```
df = pd.read_csv('../input/creditcard.csv')
df = df.drop('Time',axis=1)
```

然後，我們將「交易的 x 資料」與「交易的分類」分開，並提取 NumPy 陣列，作為 pandas DataFrame 的基礎，如下列程式碼所示：

```
X = df.drop('Class',axis=1).values
y = df['Class'].values
```

現在我們需要對「特徵」進行縮放。「特徵縮放」使我們的模型更容易學習資料的良好
表示方式。這一次，我們將採用與之前稍有不同的「特徵縮放」方法。我們將把所有的
特徵縮放到「0 和 1 之間」，而不是平均值為 0，標準差為 1。透過這樣做，我們確保
了資料集中既不會有很高的值，也不會有很低的值。

我們必須知道，這種方法的結果容易受到「離群值」（outliers）的影響。對於每一
行，我們先減去「最小值」，使「新的最小值」變為 0。接著，我們除以「最大值」，
使「新的最大值」變成 1。

透過指定 axis=0，我們按「行」進行縮放，如下列程式碼所示：

```
X -= X.min(axis=0)
X /= X.max(axis=0)
```

最後，我們對資料進行分割，如下列程式碼所示：

```
from sklearn.model_selection import train_test_split
X_train, X_test, y_train,y_test =
train_test_split(X,y,test_size=0.1)
```

然後，我們建立與之前完全相同的「自動編碼器」；但是，這次我們用不同的維度來
做。現在我們的輸入有 29 個維度。我們將其壓縮並降到 12 個維度，然後再將其恢復
到原來的 29 維度輸出。

雖然在這裡「12 個維度」的選擇有點武斷，但卻能允許「足夠的容量」來捕捉所有相
關資訊，同時還能顯著壓縮資料，如下列程式碼所示：

```
from keras.models import Model
from keras.layers import Input, Dense
```

我們將使用 Sigmoid 激勵函數來處理解碼的資料。這是唯一可能的，因為我們已經將
資料縮放為「0 和 1 之間的值」。我們還在編碼層內使用 Tanh 激勵函數。這只是一種
選擇樣式，在實驗中效果很好，並確保編碼值都在「−1 和 1 之間」。話雖如此，你可
以根據你的個人需求使用不同的激勵函數。

如果你使用的是影像或更深層的網路，ReLU 激勵函數通常是一個不錯的選擇。但是，
如果你使用的是一個較淺層的網路，就像我們在這裡做的那樣，那麼 Tanh 激勵函數往
往效果很好，如下列程式碼所示：

```
data_in = Input(shape=(29,))
encoded = Dense(12,activation='tanh')(data_in)
decoded = Dense(29,activation='sigmoid')(encoded)
autoencoder = Model(data_in,decoded)
```

在這個例子中,我們使用了「均方誤差損失」(mean squared error loss)。乍看之下,使用 Sigmoid 激勵函數和「均方誤差損失」似乎是有點不尋常的選擇,然而它是有道理的。大多數人認為,Sigmoid 激勵函數必須與「交叉熵損失」(cross-entropy loss)一起使用,但「交叉熵損失」鼓勵「數值必須為 0 或 1」,在此情況下,這對於分類任務來說是非常有效的。

在我們的信用卡例子中,大部分的值會落在 0.5 左右。下列程式碼中的「均方誤差」更適合處理目標是非二元的連續值。「二元交叉熵」(binary cross entropy)會迫使數值接近 0 或 1,而這並不是我們一直想要的:

```
autoencoder.compile(optimizer='adam',loss='mean_squared_error')
```

經過大約兩分鐘的訓練之後,「自動編碼器」會收斂到低損失,如下列程式碼所示:

```
autoencoder.fit(X_train,
                X_train,
                epochs = 20,
                batch_size=128,
                validation_data=(X_test,X_test))
```

雖然重建後的損失值變低了,但是我們怎麼知道我們的「自動編碼器」是否運作良好呢?「視覺檢測」(visual inspection)再次派上用場。正如我們之前所解釋的,人類很擅長用視覺來判斷事物,但不太擅長判斷抽象的數字。

要進行「視覺檢測」,首先我們必須做出一些預測,在這些預測中,我們將透過「自動編碼器」執行我們的一部分測試集,如下列程式碼所示:

```
pred = autoencoder.predict(X_test[0:10])
```

下列程式碼會產生「疊加的條形圖」,可讓你比較「原始交易資料」與「重建的交易資料」:

```
import matplotlib.pyplot as plt
import numpy as np
```

```
width = 0.8

prediction   = pred[9]
true_value   = X_test[9]

indices = np.arange(len(prediction))

fig = plt.figure(figsize=(10,7))

plt.bar(indices, prediction, width=width,
        color='b', label='Predicted Value')

plt.bar([i+0.25*width for i in indices], true_value,
        width=0.5*width, color='r', alpha=0.5, label='True Value')

plt.xticks(indices+width/2.,
           ['V{}'.format(i) for i in range(len(prediction))] )

plt.legend()

plt.show()
```

這段程式碼會產生以下圖表：

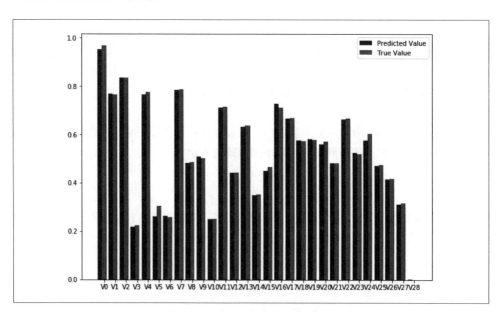

「自動編碼器」重建資料與原始資料

如你所見，我們的模型在「重建原始值」這方面做得很好。重建後的值往往與「真實值」相吻合，如果不吻合，那麼它們只會有很小的偏差。如你所見，「視覺檢測」比「查看抽象數字」更有洞察力。

使用 t-SNE 視覺化潛在空間

我們現在有了一個「自動編碼器」，它可以接收信用卡交易，並輸出一個看起來差不多的信用卡交易。然而，這並不是我們建立「自動編碼器」的原因。「自動編碼器」的主要優點是，我們現在可以將交易編碼成一個「低維度」的表示形式，以捕捉交易的主要元素。

要建立編碼器模型，我們要做的就是定義一個新的 Keras 模型，該模型會將「輸入」映射到「編碼狀態」，如下列程式碼所示：

```
encoder = Model(data_in,encoded)
```

請注意，你不需要再訓練這個模型了。這些圖層保留了之前訓練「自動編碼器」的權重。

為了對我們的資料進行編碼，我們現在使用編碼器模型：

```
enc = encoder.predict(X_test)
```

但我們如何知道這些編碼是否含有任何「有意義的詐欺資訊」呢？再說一次，「視覺呈現」是關鍵。雖然我們的編碼比輸入資料的維度少，但它們仍然有 12 個維度。人類不可能思考一個 12 維度的空間，所以我們需要在一個較低維度的空間中畫出我們的編碼，同時還要保留我們在乎的特徵。

在我們的案例中，我們在乎的特徵是「鄰近性」（proximity）。我們希望在 12 維度空間中「相互接近的點」在 2 維度的圖中也能「相互接近」。更準確地說，我們關心的是「鄰近關係」（neighborhood）。我們希望在高維度空間中「彼此最接近的點」在低維度空間中「彼此也是最接近的」。

保留「鄰近關係」很重要，因為我們要找到詐欺集群（clusters of fraud）。如果我們發現詐欺交易在我們的高維度編碼中形成了一個集群，那麼我們可以使用一個簡單的檢查方法，也就是說，如果一個新的交易落入詐欺集群之中，就可以將該交易標記為詐

欺。一種常用的方法是將「高維度資料」投射到「低維度的圖」之中,同時保留「鄰近關係」,這種方法被稱為 **t- 分佈隨機鄰近嵌入法**(t-distributed stochastic neighbor embedding,**t-SNE**)。

簡而言之,t-SNE 的目標是忠實地表示「所有點的隨機樣本」中「兩個點是相鄰點」的概率。也就是說,它試圖找到資料的低維度表示形式,其中「隨機樣本中的點」與「高維度資料中的點」成為「最近鄰點」的概率相同,如下圖所示:

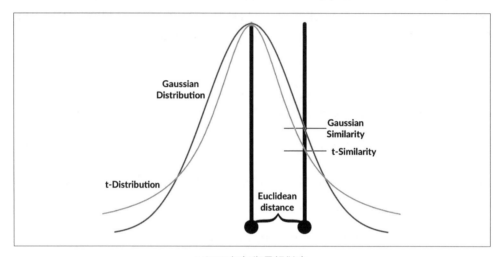

t-SNE 如何衡量相似度

t-SNE 演算法遵循以下步驟:

1. 計算所有點之間的「高斯相似度」(Gaussian similarity)。這是計算點之間的「歐幾里德(空間)距離」(Euclidean (spatial) distance),然後在該距離處計算「高斯曲線的值」來完成的,如上圖所示。從點 i 開始,所有點 j 的「高斯相似度」,計算方式如下所示:

$$p_{i|j} = \frac{exp\left(-\left\|x_i - x_j\right\|^2 \big/ 2\sigma_i^2\right)}{\sum_{k \neq i} exp\left(-\left\|x_i - x_k\right\|^2 \big/ 2\sigma_i^2\right)}$$

在前面的公式中,σ_i^2 是高斯分佈的變異數。我們將在本章後面中探討如何確定這個變異數。請注意,由於點 i 和 j 之間的相似度,是由 i 和其他所有點(用 k 表示)之間的「距離和」來縮放的,所以 i 和 j 之間的相似度($p_{i|j}$),可以與 j 和 i 之間的相似度($p_{j|i}$)不同,因此,我們對這兩個相似度求其「平均值」,以獲得我們將繼續工作的最終相似度,如下列公式所示:

$$p_{ij} = \frac{p_{i|j} + p_{j,i}}{2n}$$

在前面的公式中，n 是資料點的數量。

2. 隨機定位「低維度空間」中的資料點。

3. 計算低維度空間中「所有點之間的 t 相似度（t-similarity）」：

$$q_{ij} = \frac{\left(1 + \|y_i - y_j\|^2\right)^{-1}}{\sum_{k \neq l}\left(1 + \|y_k - y_l\|^2\right)^{-1}}$$

4. 就像訓練神經網路一樣，我們將依照「損失函數的梯度」來優化「資料點」在低維度空間的位置。在這種情況下，損失函數是高維度和低維度空間相似度之間的「**KL 散度**」（Kullback-Leibler divergence，**KL divergence**）。我們將在下一節「變分自動編碼器」中仔細研究「KL 散度」。目前，只需「KL 散度」視為衡量兩種分佈之間差異的一種方式。對低維度空間資料點 i 的位置 y_i，其損失函數的導數如下：

$$\frac{dL}{dy_i} = 4\sum \left(p_{ij} - q_{ij}\right)\left(y_i - y_j\right)\left(1 + \|y_i - y_j\|^2\right)^{-1}$$

5. 利用「梯度下降法」調整低維度空間的資料點，將高維度資料中「靠近的點」移近，將「距離較遠的點」移遠，如下列公式所示：

$$y^{(t)} = y^{(t-1)} + \frac{dL}{dy} + \alpha(t)\left(y^{(t-1)} - y^{(t-2)}\right)$$

6. 你會發現，這是一種帶有動量（momentum）的梯度下降形式，因為之前的梯度被納入到「更新（updated）的位置」之中。

使用的「t 分佈」（t-distribution）始終具有一個自由度。這種自由度使公式更簡單，還有一些不錯的數值特性，從而導致更快的計算和更有用的圖表。

「高斯分佈」的標準差會受到使用者的「困惑度超參數」（perplexity hyperparameter）影響。「困惑度」（Perplexity）可以解釋為我們對一個點所期望的鄰近數。「低困惑度值」強調局部的鄰近性，而「高困惑度值」強調「全域的困惑度值」。從數學上來說，「困惑度」可用如下公式計算：

$$Perp(P_i) = 2^{H(P_i)}$$

這裡的 P_i 是資料集中所有資料點位置的概率分佈，$H(P_i)$ 是這個分佈的「夏農熵」
（Shanon entropy），其計算方法如下：

$$H\left(P_i\right)=-\sum p_{j|i}log_2 p_{j|i}$$

雖然這個公式的細節與使用 t-SNE 的關係不大，但重要的是要知道 t-SNE 會對標準差
σ 的值進行搜尋，從而找到一個全域分佈 P_i，對這個分佈來說，我們資料上的「熵」是
我們所期望的「困惑度」。換句話說，你需要手動指定「困惑度」，但這個「困惑度」
對你的資料集意味著什麼也取決於資料集本身。

t-SNE 的發明者 Laurens Van Maarten 和 Geoffrey Hinton 表示，該演算法對於 5 到
50 之間的「困惑度」選擇相對穩健。多數程式庫的預設值是 30，這對於大多數資料集
來說是個不錯的值。但是，如果你發現你的視覺化效果不理想，那麼「調整困惑度值」
可能是你首先要做的事情。

雖然這利用了複雜的數學，使用 t-SNE 卻是令人驚訝地簡單。scikit-learn 有一個方便
的 t-SNE 實作，我們可以像 scikit-learn 的任何其他演算法一樣使用 t-SNE。

我們首先匯入 TSNE 類別，然後就可以建立一個新的 TSNE 物件。我們定義我們要訓練
5,000 輪，並使用 30 個預設的「困惑度」和 200 個預設的「學習率」。我們還指定我
們希望在訓練過程中進行「輸出」。然後我們呼叫 fit_transform，將我們的 12 個編
碼轉換為二維投影，如下列程式碼所示：

```
from sklearn.manifold import TSNE
tsne = TSNE(verbose=1,n_iter=5000)
res = tsne.fit_transform(enc)
```

有一點需要特別留意，即 t-SNE 的速度很慢，因為它需要計算所有點之間的距離。預
設情況下，scikit-learn 使用的是更快的 t-SNE 版本，名為 Barnes Hut 近似（Barnes
Hut approximation）。雖然它沒有那麼精確，但速度卻明顯更快。

還有另一個更快的「t-SNE 的 Python 實作」，可以用來取代 scikit-learn 的實作。然
而，「t-SNE 的 Python 實作」並沒有像 scikit-learn 的實作一樣擁有良好的說明文
件，而且「t-SNE 的 Python 實作」所包含的功能也較少，所以我們並不會在這本書中
涵蓋「t-SNE 的 Python 實作」。

 請注意：你可以在 https://github.com/DmitryUlyanov/
Multicore-TSNE 找到包含安裝說明的更快實作。

然後我們可以將 t-SNE 結果繪製成「散點圖」（scatterplot）。為了說明這一點，我們將用顏色來區分「詐欺」和「非詐欺」，「詐欺」用紅色繪製，「非詐欺」用藍色繪製。由於 t-SNE 的實際值沒有那麼重要，我們將「軸」隱藏起來，如下列程式碼所示：

```
fig = plt.figure(figsize=(10,7))
scatter =plt.scatter(res[:,0],res[:,1],c=y_test,
cmap='coolwarm', s=0.6)
scatter.axes.get_xaxis().set_visible(False)
scatter.axes.get_yaxis().set_visible(False)
```

現在我們來看看「輸出圖」的樣子：

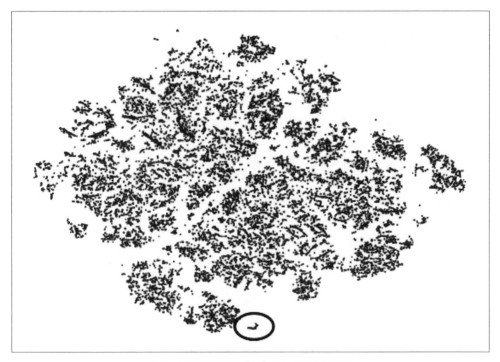

t-SNE 的結果是以「散點圖」的形式呈現

為了便於識別，同時也為了讓閱讀紙本書的讀者看清楚，凡是含有最多詐欺行為的群組（即那些標示為「紅色」的群組），已經用「圓圈」標出。你可以看到，詐欺行為與其他真實交易（即「藍色」）完全分開。很明顯，我們的「自動編碼器」已經找到了一種方法來區分詐欺和真實交易，而不需使用標籤。這是一種非監督式學習的形式。

事實上，一般的「自動編碼器」執行的是 PCA 近似，這對非監督式學習很有用。在輸出圖中，你可以看到還有幾個集群，這些集群與其他交易明顯分開，但這些並不是詐欺行為。透過使用「自動編碼器」和「非監督式學習」，我們可以用以前想都想不到的方式對資料進行「分離」（separate）和「分組」（group）。例如，我們可以依照「購買類型」（purchase type）對交易進行集群分組。

使用我們的「自動編碼器」，我們現在可以將「編碼資訊」作為分類器的特徵。然而，更棒的是，只需對「自動編碼器」稍加修改，我們就可以生成更多具有詐欺案件的基本屬性資料，同時具有不同的特徵。這是透過「變分自動編碼器」完成的，這將是下一節的重點。

變分自動編碼器

「自動編碼器」基本上是 PCA 的近似。然而，它們卻可以被擴充為「生成模型」。給定一個輸入，**變分自動編碼器**（variational autoencoders，**VAEs**）可以建立編碼分佈（encoding distributions）。這表示，對於一個詐欺案例，編碼器將產生一個可能的編碼分佈，這些編碼都代表了交易的最重要特徵。然後，解碼器再把所有編碼轉換回原始交易。

這是很有用的，因為它讓我們產生交易的資料。關於詐欺偵測，我們之前發現的的一個問題是「並沒有那麼多的詐欺交易」。因此，透過使用 VAE，我們可以對「任何數量的交易編碼」進行採樣，並用「更多的詐欺交易資料」來訓練我們的分類器。

那麼，VAE 是如何做到的呢？ VAE 並不是只有一個壓縮向量表示形式，而是有兩個，一個是平均編碼（μ），另一個則是這個編碼的標準差（σ），如下圖所示：

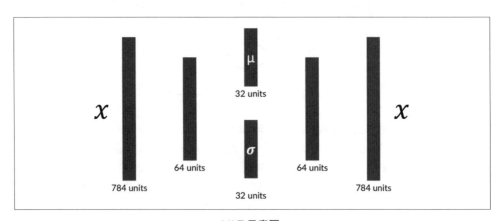

VAE 示意圖

「平均值」和「標準差」都是向量，就像我們在「陽春自動編碼器」（vanilla autoencoder）中使用的編碼向量一樣。然而，為了建立實際的編碼，我們只需要在編碼向量中加入「帶有標準差 σ 的隨機雜訊」即可。

為了計算廣泛的值分佈，我們的網路結合了「兩種類型的損失」來進行訓練：「重建損失」（你從「陽春自動編碼器」就知曉的），以及「編碼分佈」和「標準差為 1 的標準高斯分佈」之間的「KL 散度損失」。

MNIST 範例

現在開始我們的第一個 VAE。這個 VAE 將與 MNIST 資料集一起工作，並讓你更清楚瞭解 VAE 是如何工作的。在下一節中，我們將為「信用卡詐欺偵測」建立相同的 VAE。

首先，我們需要匯入幾個元素，如下列程式碼所示：

```
from keras.models import Model
from keras.layers import Input, Dense, Lambda
from keras import backend as K
from keras import metrics
```

請注意這裡有兩個新的匯入（Lambda 圖層和 metrics 模組）。metrics 模組提供了度量，如「交叉熵損失」，我們將用它來建立我們的自定義損失函數。同時 Lambda 圖層允許我們把「Python 函數」當作圖層使用，我們將使用它從「編碼分佈」之中採樣。我們稍後將看到 Lambda 圖層是如何工作的，但首先，我們需要設定神經網路的其餘部分。

首先我們需要做的是定義一些超參數。我們資料的原始維度為 784，我們將其壓縮成一個 32 維度的潛在向量（latent vector）。我們的網路在「輸入」和「潛在向量」之間有一個中間圖層，它有 256 個維度。我們將訓練 50 輪，批次大小為 100，如下列程式碼所示：

```
batch_size = 100
original_dim = 784
latent_dim = 32
intermediate_dim = 256
epochs = 50
```

出於計算上的原因，學習「標準差的對數」比學習「標準差本身」還更容易。為此，我們建立了網路的前半部分，其中輸入 x 映射到中間層 h。從這一層，我們的網路分裂成 z_mean（以 μ 表示）和 z_log_var（以 $log\,\sigma$ 表示）：

```
x = Input(shape=(original_dim,))
h = Dense(intermediate_dim, activation='relu')(x)
z_mean = Dense(latent_dim)(h)
z_log_var = Dense(latent_dim)(h)
```

使用 Lambda 圖層

Lambda 圖層可將任意運算式（即 Python 函數）包裝成 Keras 圖層。然而，要使這項工作發揮作用，有幾個要求。要讓「倒傳遞」（backpropagation）起作用，函數必須是可微分的。畢竟，我們希望透過「損失的梯度」來更新網路權重。幸運的是，Keras 的 backend（後端）模組中有許多函數都是可微分的，或像 $y = x + 4$ 一樣的簡單 Python 數學也可行。

另外，一個 Lambda 函數只能接受一個輸入參數。在我們要建立的圖層中，輸入只是上一層的輸出張量。在這種情況下，我們想要建立一個有兩個輸入（即 μ 和 σ）的層。因此，我們將把這兩個輸入包裝成一個元組，然後我們可以分開來使用。

採樣（sampling）函數如下所示：

```
def sampling(args):
    z_mean, z_log_var = args                                      #1
    epsilon = K.random_normal(shape=(K.shape(z_mean)[0],
latent_dim),
                              mean=0.,
                              stddev=1.0)                          #2
    return z_mean + K.exp(z_log_var / 2) * epsilon                #3
```

讓我們花一分鐘時間來分析這個函數：

1. 我們把「輸入元組」拆開，得到兩個輸入張量。
2. 我們建立一個含有「隨機常態分佈雜訊」的張量，其平均值為 0，標準差為 1。該張量的形狀與我們的輸入張量（batch_size, latent_dim）一樣。
3. 最後，我們將「隨機雜訊」與「標準差」相乘，得到「學習的標準差」，再加上「學習的平均值」。由於我們學習的是「對數標準差」，所以我們必須將「指數函數」應用到我們學習的張量之上。

由於我們使用的是 Keras 的後端函數，所以所有這些操作都是可微分的。現在我們可以把這個函數變成一個圖層，並用一列程式碼把它和「前面兩個圖層」連接起來：

```
z = Lambda(sampling)([z_mean, z_log_var])
```

就是這樣！現在我們已經有了一個自定義圖層，此圖層會從兩個張量描述的「常態分佈」之中採樣。Keras 可以自動透過該圖層進行「倒傳遞」流程，並訓練它前面各個圖層的權重。

既然我們已經編碼了我們的資料，我們也需要對其進行解碼。我們可以用兩個 Dense 層做到這一點，如下列程式碼所示：

```
decoder_h = Dense(intermediate_dim, activation='relu')(z)
x_decoded = Dense(original_dim, activation='sigmoid')
decoder_mean(h_decoded)
```

我們的網路現已完成。這個網路會將任何 MNIST 影像「編碼」成含有「平均值」和「標準差」的張量，然後從中「解碼」以重建影像。唯一缺少的是需有一個「自定義損失函數」來刺激網路，以重建影像，並用其編碼來產生「常態高斯分佈」。我們現在就來解決這個問題吧。

Kullback-Leibler 散度

要為 VAE 建立自定義損失，我們需要一個自定義損失函數。這個損失函數將基於 **KL**（**Kullback-Leibler**）散度。

就像「交叉熵」一樣，「KL 散度」是機器學習從資訊理論中繼承下來的度量標準之一。儘管它的使用頻率很高，但當你想了解它時，會遇到很多困難。

「KL 散度」的核心原理是要衡量「當分佈 p 近似於分佈 q 時」會損失多少資訊。

請想像一下，你正在研究一個財務模型，並為證券投資的收益（returns of a security investment）收集了資料。你的財務模型工具都假設「收益率」為常態分佈。下圖顯示了「實際（actual）的收益分佈」與「使用常態分佈模型的近似值（approximation）」。在這個例子中，我們假設只有離散的收益。在我們繼續之前，請放心，後面我們會介紹連續分佈：

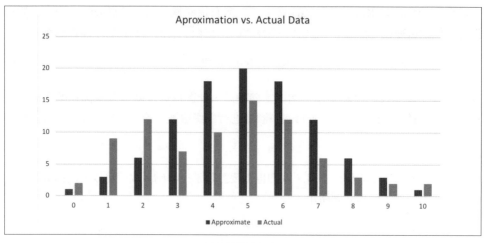

近似值與實際值

當然，你資料中的「收益率」並不完全是常態分佈。那麼，如果你真的失去了「近似值」，你會失去多少關於收益的資訊呢？這正是「KL 散度」測量的結果：

$$D_{KL}\left(p\|q\right) = \sum_{i=1}^{N} p\left(x_i\right) \cdot \left(log\, p\left(x_i\right) - log\, q\left(x_i\right)\right)$$

這裡的 $p(x_i)$ 和 $q(x_i)$ 是「x（在本例中為收益）具有某個值 i（如 5%）」的概率。前面的公式有效地表達了分佈 p 和分佈 q 的概率對數的預期差：

$$D_{KL} = E\left[log\, p\left(x\right) - log\, q\left(x\right)\right]$$

如果用分佈 q 來求取分佈 p 的近似值，則「對數概率的預期差」（expected difference of log probabilities）會與「所遺失的平均資訊」相同。如下所示：

$$log\, a - log\, b = log\, \frac{a}{b}$$

「KL 散度」通常寫為：

$$D_{KL}\left(p\|q\right) = \sum_{i=1}^{N} p\left(x_i\right) \cdot log\, \frac{p\left(x_i\right)}{q\left(x_i\right)}$$

「KL 散度」的連續形態也可以寫成：

$$D_{KL}\left(p\|q\right) = \int_{-\infty}^{\infty} p\left(x_i\right) \cdot log\, \frac{p\left(x_i\right)}{q\left(x_i\right)}$$

對於 VAE 來說,我們希望這個編碼的分佈類型是「平均值為 0」和「標準差為 1」的常態高斯分佈。

當「使用常態高斯分佈 $N(0,1)$ 代替 p」且「近似 q 是平均值為 μ、標準差為 σ 的常態分佈 $N(\mu,\sigma)$」時,「KL 散度」可簡化為:

$$D_{KL} = -0.5 * \left(1 + log\left(\sigma\right) - \mu^2 - \sigma\right)$$

因此,我們的「平均值向量」和「標準差向量」的偏微分如下所示;「平均值向量」的偏微分為:

$$\frac{dD_{KL}}{d\mu} = \mu$$

「標準差向量」的偏微分為:

$$\frac{dD_{KL}}{d\sigma} = -0.5 * \frac{\left(\sigma - 1\right)}{\sigma}$$

你可以看到:如果 μ 為 0,則對 μ 的微分也為 0;如果 σ 為 1,則對 σ 的微分為 0。該損失值會計入「重建損失」之中。

建立自定義損失

VAE 損失是兩個損失的組合:一個是刺激模型以重建輸入的「重建損失」,另一個則是會刺激模型利用編碼以近似常態高斯分佈的「KL 散度損失」。要建立這種組合的損失,我們首先要分別計算兩個損失分量,然後再合併它們。

「重建損失」與我們用於「陽春自動編碼器」的損失相同。「二元交叉熵」很適合作為重建 MNIST 的損失。由於用 Keras 實作的「二進位交叉熵損失」已取得整個批次的平均值(這是我們稍後才要做的一項操作),所以我們必須擴大增加損失,以便我們可以將其除以輸出維度,如下列程式碼所示:

```
reconstruction_loss = original_dim *
metrics.binary_crossentropy(x, x_decoded)
```

「KL 散度損失」是「KL 散度」的簡化版本,我們在前面「KL 散度」一節中討論過,如下所示:

$$D_{KL} = -0.5 * \left(1 + log\left(\sigma\right) - \mu^2 - \sigma\right)$$

用 Python 表示的「KL 散度損失」，如下列程式碼所示：

```
kl_loss = - 0.5 * K.sum(1 + z_log_var - K.square(z_mean)
                            - K.exp(z_log_var), axis=-1)
```

那麼我們的最終損失就是「重建損失」和「KL 散度損失」之和的平均值，如下列程式碼所示：

```
vae_loss = K.mean(reconstruction_loss + kl_loss)
```

由於我們已經使用 Keras 後端進行了所有的計算，因此產生的損失是一個可以自動區分的張量。現在我們可以像往常一樣建立我們的模型，如下列程式碼所示：

```
vae = Model(x, x_decoded)
```

因為我們使用的是「自定義損失」，所以損失是單獨的，而我們不能只是把它加到 compile 語句之中：

```
vae.add_loss(vae_loss)
```

現在我們將編譯此模型。由於我們的模型已經有了損失，我們只需要指定優化器：

```
vae.compile(optimizer='rmsprop')
```

自定義損失的另一個副作用是，它將「VAE 的輸出」與「VAE 的輸入」進行比較，這在我們想要重建輸入時是有道理的。因此，我們不必指定 y 值，因為只指定一個輸入就夠了：

```
vae.fit(X_train_flat,
        shuffle=True,
        epochs=epochs,
        batch_size=batch_size,
        validation_data=(X_test_flat, None))
```

在下一節中，我們將學習如何使用 VAE 來產生資料。

使用 VAE 產生資料

那麼，我們已經有了「自動編碼器」，但我們如何產生更多的資料呢？舉例來說，我們輸入一張「7」的圖片，然後在「自動編碼器」中執行多次。由於「自動編碼器」是從一個分佈中隨機抽樣的，所以每次執行的輸出將略有不同。

為了展示這一點，我們將從我們的測試資料中挑選「7」來測試：

```
one_seven = X_test_flat[0]
```

然後我們增加一個批次的維度，並在整個批次中重複使用了 4 次的「7」。之後，在此批次中，我們就會有 4 個相同的「7」了：

```
one_seven = np.expand_dims(one_seven,0)
one_seven = one_seven.repeat(4,axis=0)
```

然後，我們可以對此批次進行預測，在這種情況下，我們就會得到重建後的「7」：

```
s = vae.predict(one_seven)
```

接下來的步驟分為兩個部分。首先，我們要把所有的「7」重新塑造回「影像」的形態：

```
s= s.reshape(4,28,28)
```

然後我們將繪製它們：

```
fig=plt.figure(figsize=(8, 8))
columns = 2
rows = 2
for i in range(1, columns*rows +1):
    img = s[i-1]
    fig.add_subplot(rows, columns, i)
    plt.imshow(img)
plt.show()
```

在執行完我們剛才解說過的程式碼後，我們會看到以下截圖，顯示了我們 4 個輸出的「7」：

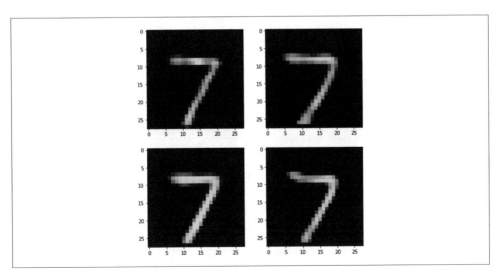

「數字 7」集合

如你所見，所有的影像都顯示為「7」。雖然它們看起來很相似，但是如果你仔細觀察，你會發現它們有幾個明顯的不同。左上角「7」的筆劃比左下角「7」的筆劃更不明顯。同時，右下角的「7」在末端呈現出反曲線。

我們剛剛看到的是 VAE 成功建立了新的資料。雖然「使用這些資料進行更多的訓練」並不如「使用全新的真實世界資料」，它還是非常有用的。雖然像這樣的生成模型看起來不錯，但我們現在將討論如何將這項技術用於「信用卡詐欺偵測」。

用於端到端詐欺偵測系統的 VAE

若要把 VAE 從 MNIST 的例子轉移到真實的詐欺偵測問題之上，我們只需要改變三個超參數：「輸入」、「中間參數」和「信用卡 VAE 的潛在維度」，它們都比 MNIST VAE 小。其他一切都保持不變：

```
original_dim = 29
latent_dim = 6
intermediate_dim = 16
```

下列視覺化顯示了所得到的 VAE，其中包括輸入和輸出形狀：

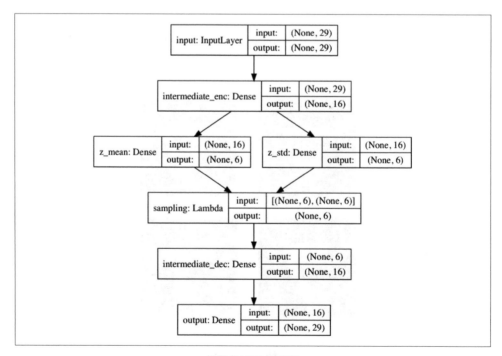

信用卡 VAE 概述圖

有了能夠編碼和生成信用卡資料的 VAE，我們現在可以處理端到端詐欺偵測系統的任務了。這可以減少預測的偏差，因為我們可以直接從資料中學習複雜的規則。

我們使用「自動編碼器」的編碼部分作為一個特徵提取器，以及一種在我們需要時提供更多資料的方法。具體的工作原理將在「主動學習」（active learning）一節中介紹，但現在，我們先岔開話題，看看 VAE 是如何應用於時間序列的。

用於時間序列的 VAE

本節介紹了時間序列 VAE 的方法和原因，並列舉了幾個使用它們的例子。時間序列是金融界的一個大話題，我們已在「**第 4 章**」中關注討論過了。

「自動編碼器」已經找到了與時間序列相關的應用，因為它們能夠將「長時間序列」編碼成一個單一的描述性向量。然後，這個向量可用於有效地將「一個時間序列」與「另一個時間序列」進行比較，例如基於無法以「簡易相關性」進行捕捉的特殊複雜模式。

想想 2010 年的 **Flash Crash**（閃電崩盤）吧。2010 年 5 月 6 日，從 02 點 32 分開始，美國市場出現了重大損失。道瓊工業平均指數（Dow Jones Industrial Average）下跌約 9%，相當於在幾分鐘之內就蒸發了約一萬億美元的價值。36 分鐘之後，崩盤結束了，大部分損失的價值得以恢復，人們開始感覺疑惑，剛剛到底發生了什麼事？

五年之後，一位名叫 Navinder Singh Sarao 的人被逮捕了，原因是他在一定程度上造成了 Flash Crash，並在這個過程中賺取了 4,000 萬美元。Sarao 參與了一種名為 **spoofing**（欺騙、幌騙、炒作）的手法，他利用「自動機器人」下達大筆賣單，這些賣單在市場上無法成交，但會推動價格下跌。

機器人的下單只會在「證券交易所的訂單簿」中保留一小段時間，然後取消訂單。同時，Sarao 將會以「新的低價」買入股票，然後在取消訂單之後，股票開始反彈而獲利。Sarao 當然不是造成「閃電崩盤」的唯一原因，但是諸如此類的欺騙手法現已成為「非法行為」，在 NASDAQ（美國那斯達克）、東京（日本）和孟買（印度）等證券交易所進行交易時，現在都必須針對此類案件進行監控和標記。

如果你回顧那些與「高頻交易」（high-frequency trading）有關的舊部落格文章，例如彭博社（Bloomberg）的《*Spoofers Keep Markets Honest*》（https://www.bloomberg.com/opinion/articles/2015-01-23/high-frequency-trading-spoofers-

and-front-running），你會發現，一些在大公司工作的交易者公開推薦「欺騙手法」或「搶先交易大額訂單」，但這又是另外一個故事了。

我們如何偵測到有人在進行「欺騙交易」呢？一種方法是使用「自動編碼器」。透過使用大量訂單簿上的資訊，我們可以訓練一個「自動編碼器」來重建「正常」的交易行為。對於交易模式「大幅偏離」正常交易的交易者來說，針對交易訓練出來的「自動編碼器」，其「重建損失」將非常高。

另一種選擇是對「自動編碼器」進行不同類型的模式訓練，無論這些模式是否非法，然後在「潛在空間」中對這些模式進行集群，就像我們對「欺詐性信用卡交易」所做的那樣。

預設情況下，「遞歸神經網路」（RNN）接收一個時間序列及輸出單一向量。如果 Keras 的 return_sequences 參數設為 True，那麼「遞歸神經網路」亦可以輸出序列。使用像 LSTM 這類型的「遞歸神經網路」，則可以使用下列程式碼來建立時間序列的「自動編碼器」：

```
from keras.models import Sequential
from keras.layers import LSTM, RepeatVector
model = Sequential()                                              #1
model.add(LSTM(latent_dim, input_shape=(maxlen, nb_features)))    #2
model.add(RepeatVector(maxlen))                                   #3
model.add(LSTM(nb_features, return_sequences=True))              #4
```

讓我們暫停一下，先分解上述的程式碼。如你所見，程式碼有四個關鍵要素：

1. 使用序列式 API 建立一個簡單的「自動編碼器」。
2. 我們首先將「序列長度 maxlen」以及把「等於 nb_features 的特徵數量」輸入 LSTM。LSTM 只會傳回最後的輸出（即維度為 latent_dim 的單一向量）。這個向量就是我們序列的編碼。
3. 要解碼此向量，我們需要在該時間序列的長度範圍內重複走訪它。這是由 RepeatVector 圖層完成的。
4. 現在我們將「重複編碼的序列」輸入到「進行解碼的 LSTM」之中，這一次，LSTM 傳回的是完整的序列。

VAE 也可以用於交易。VAE 可以透過產生「新的、從未見過的測試資料」來增強「回測」（backtesting）。同樣地，對於有資料遺失的合約，我們也可以使用 VAE 來產生關於該合約的資料。

我們可以合理假設，僅僅因為「兩個市場日的交易結果」看起來有點不同，就有可能是相同的力量在起作用。在數學上，我們可以假設市場資料 $\{x_k\}$ 是從機率分佈 $p(x)$ 之中取樣的，其中有少量的潛在變數（h）。使用「自動編碼器」，我們可以逼近 $p(h|x)$（即給定 x 的 h 分佈）。這將讓我們分析市場中的驅動力（h）。

這就解決了「**標準極大似然模型**」（**standard maximum likelihood model**）的問題，因為這類問題原本在計算上是難以解決的。另外兩種方法亦可達成相同的效果，它們分別是「**馬可夫鏈蒙地卡羅**」（**Markov Chain Monte Carlo**）方法和「**哈密爾頓蒙地卡羅**」（**Hamilton Monte Carlo**）方法。雖然在後面的章節中會介紹這兩種方法，但在這裡我們並不會深入討論，值得了解的是，VAE 以一種「計算上易懂的方式」解決了數學金融中長期存在的問題。

「生成模型」也可用於解決傳統方法範圍之外的問題。金融市場從根本上來說是「對抗性」的環境，在這種環境中，投資者都在努力實現一些總體上不可能實現的目標：高於平均水平的收益（above-average returns）。知道一家公司做得很好是不夠的：如果大家都知道這家公司做得很好，那麼股價就會很高，收益率就會很低。關鍵是知道一家公司做得很好，而其他人都認為它做得很差。市場是一個「**零和賽局論**」（**zero-sum game-theoretic**）的環境。GAN 利用這些動態來產生真實的資料。

GAN

GAN 的工作很像藝術品偽造者（art forger）和博物館館長（museum curator）。每天，藝術品偽造者試圖向博物館出售一些假藝術品，而館長每天都試圖區分某件藝術品是真是假。偽造者從失敗中記取教訓。透過試圖愚弄館長並觀察導致成功和失敗的原因，他們成為了更好的偽造者。但館長也學會了。透過走在偽造者前面，他們成為更好的館長。隨著時間的流逝，偽造品變得更好，鑑別過程也變得更好。經過多年的鬥爭，藝術品偽造者成為了一位與畢卡索不相上下的高手，而館長也成為了一位能從微小的細節中分辨出真畫的專家。

理論上，GAN 是由兩個神經網路組成：一個是「**生成器**」（**generator**），可從隨機的潛在向量中產生資料；另一個則是「**判別器**」（**discriminator**），可將資料分類成「真」（real，即源於「訓練集」），或「假」（fake，即源於「生成器」）。

以下是 GAN 的視覺化流程圖：

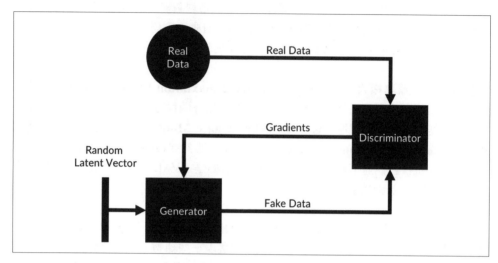

GAN 流程圖

同樣的原理，「生成模型」在生成影像時會更容易讓人理解，因此在本節中，雖然我們可以使用各類型的資料，但我們將探究的是影像資料。

GAN 的訓練過程如下所示：

1. 建立一個包含隨機數的潛在向量。
2. 將潛在向量送入生成器，以產生影像。
3. 將一組來自生成器的假影像與一組來自訓練集的真影像混合。「判別器」是在真假資料的二元分類中進行訓練的。
4. 「判別器」被訓練一段時間之後，我們再次輸入假影像。這一次，我們將假影像的標籤設為「真」。我們透過「判別器」進行「倒傳遞」，得到相對於「判別器」輸入的「損失梯度」。我們並不根據這些資訊來更新「判別器」的權重。
5. 我們現在有了梯度，來描述我們如何改變「假影像」，以便「判別器」將其分類為真影像。我們使用這些梯度來進行「倒傳遞」和訓練「生成器」。
6. 我們透過新改良的「生成器」，再次建立假影像，並與真影像混合，以訓練「判別器」，而這個「判別器」的梯度值又會再次用於訓練「生成器」。

請注意： GAN 的訓練方式與我們在「第 3 章」中討論的網路層視覺化有很多相似之處。只是這一次，我們不僅是要建立一個可以「最大化」激勵函數的影像，而是要建立一個「生成網路」，可專門致力於「最大化」另一個網路的激勵函數。

以數學理論來說，「生成器」（G）和「判別器」（D）使用「價值函數」（value function）$V(G,D)$ 來玩一個「極小化極大演算法」（Minimax）的兩人賽局（two-player game）：

$$\min_G \max_D V(G,D) = \mathbb{E}_{x \sim p_{data}(x)}\left[\log D(x)\right] + \mathbb{E}_{z \sim p_z(z)}\left[\log\left(1 - D\left(G(z)\right)\right)\right]$$

在上述公式中，x 是一個從真實資料分佈（p_{data}）中採樣的一個項目，z 是一個從潛在向量空間（p_z）中採樣的潛在向量。

「生成器」的輸出分佈被稱為 p_g。由此可以看出，本賽局的全域最佳值為 $p_g = p_{data}$（即如果「生成資料的分佈」等於「實際資料的分佈」）。

GAN 遵循了賽局理論（Game Theory）的「價值函數」來進行優化。「利用深度學習解決這類型的優化問題」是一個活躍的研究領域，我們將在「第 8 章，隱私權、除錯和發佈你的產品」中再次討論它，而在該章中我們也將探討「強化學習」。事實上，「深度學習」可以用於解決「極小化極大演算法」的賽局，這對於金融和經濟來說（這些領域有很多這樣的問題）是令人振奮的消息。

利用 MNIST 資料集訓練 GAN

現在讓我們實作一個 GAN，來生成 MNIST 字元。在開始之前，我們需要匯入一些程式庫。GAN 是大型模型，在本節中，你將看到如何結合「序列式 API 模型」與「函數式 API 模型」，以方便建立模型：

```
from keras.models import Model, Sequential
```

在本例中，我們將使用一些新的層類型：

```
from keras.layers import Input, Dense, Dropout, Flatten
from keras.layers import LeakyReLU, Reshape
from keras.layers import Conv2D, UpSampling2D
```

讓我們看看一些關鍵要素吧:

- LeakyReLU 與 ReLU 一樣,除了該激勵函數允許「較小的負值」之外。這樣可以防止梯度變為 0。這個激勵函數對 GAN 很有效,我們將在下一節中討論,如下圖所示:

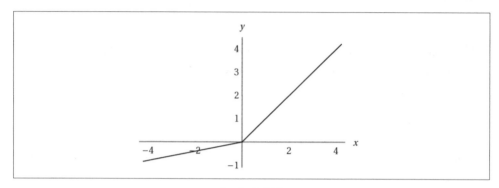

LeakyReLU

- Reshape 和 np.reshape 一樣:它將張量帶入一個新的形式。
- 例如,UpSampling2D 可以透過重複處理特徵圖中的所有數字,將「二維特徵圖的比例」放大一倍。

我們將像往常一樣使用 Adam 優化器:

```
from keras.optimizers import Adam
```

神經網路層的初始值是隨機的。通常,這些隨機值是從一個支援學習良好的分佈之中採樣的。事實證明,對於 GAN 而言,常態高斯分佈是較好的選擇,如下列程式碼所示:

```
from keras.initializers import RandomNormal
```

現在我們將建立生成器模型:

```
generator = Sequential()                                          #1

generator.add(Dense(128*7*7, input_dim=latent_dim,
              kernel_initializer=RandomNormal(stddev=0.02)))      #2

generator.add(LeakyReLU(0.2))                                     #3
generator.add(Reshape((128, 7, 7)))                              #4
generator.add(UpSampling2D(size=(2, 2)))                         #5

generator.add(Conv2D(64,kernel_size=(5, 5),padding='same'))     #6
```

```
generator.add(LeakyReLU(0.2))                               #7
generator.add(UpSampling2D(size=(2, 2)))                    #8

generator.add(Conv2D(1, kernel_size=(5, 5),
                        padding='same',
                        activation='tanh'))                 #9

adam = Adam(lr=0.0002, beta_1=0.5)
generator.compile(loss='binary_crossentropy', optimizer=adam) #10
```

我們再來看看生成器模型的程式碼吧，它包括十個重要步驟：

1. 我們將生成器建立為一個序列式模型。

2. 第一層接收隨機潛在向量，並將其映射到維度為 128 * 7 * 7 = 6,272 的向量。它已經大大擴充了我們生成的資料維度。對於這個全連接層來說，懂得利用「有相對較小標準差的常態高斯分佈」來「初始化」權重是非常重要的。相對於均勻分佈，高斯分佈會有「較少的極端值」，這將使訓練更容易一些。

3. 第一層的激勵函數為 LeakyReLU。我們需要指定「負輸入的斜率」有多陡；以此為例，我們使用「負輸入乘以 0.2」來當作斜率。

4. 現在我們將我們的平面向量重塑成一個 3D 張量。這與我們在「**第 3 章**」中使用「扁平化」層的做法相反。現在我們在 7×7 像素的影像或特徵圖中，得到了一個有 128 頻道的張量。

5. 使用 UpSampling2D，我們將這張影像放大到 14×14 像素。size 參數指定了寬度和高度的倍數係數。

6. 現在我們可以應用一個標準的 Conv2D 圖層。與大多數影像分類器的情況不同，我們使用了一個相對較大的 5×5 像素的內核大小。

7. 在 Conv2D 圖層之後的激勵函數是另一個 LeakyReLU。

8. 我們再次放大影像樣本，使影像達到 28×28 像素，與 MNIST 影像的尺寸相同。

9. 我們生成器的「最後一個卷積層」只輸出一個單頻道影像，因為 MNIST 影像只有黑白兩色。請注意這「最後一層的激勵函數」是如何使用 tanh 進行的。tanh 激勵函數將所有的值都壓縮到 –1 和 1 之間。這可能出乎意料，因為影像資料通常不會出現任何低於 0 的值。然而從經驗上來看，事實證明，對 GAN 的效果來說，tanh 激勵函數比 sigmoid 激勵函數要好得多。

10. 最後，我們編譯「生成器」，使用 Adam 優化器，並以「極小的學習率」和「比一般還要小的動量」來進行訓練。

此「判別器」是一個比較標準的影像分類器,可以將影像分為真或假。只有一些 GAN 特有的地方需要修改,如下列程式碼所示:

```
#Discriminator
discriminator = Sequential()
discriminator.add(Conv2D(64, kernel_size=(5, 5),
                         strides=(2, 2),
                         padding='same',
                         input_shape=(1, 28, 28),
                         kernel_initializer=RandomNormal(stdd
ev=0.02)))                                              #1

discriminator.add(LeakyReLU(0.2))
discriminator.add(Dropout(0.3))
discriminator.add(Conv2D(128, kernel_size=(5, 5),
                         strides=(2, 2),
                         padding='same'))
discriminator.add(LeakyReLU(0.2))
discriminator.add(Dropout(0.3))                         #2
discriminator.add(Flatten())
discriminator.add(Dense(1, activation='sigmoid'))
discriminator.compile(loss='binary_crossentropy', optimizer=adam)
```

這裡有兩個關鍵因素:

1. 與「生成器」一樣,我們應從高斯分佈中隨機初始化「判別器」的第一層。
2. 「丟棄」(Dropout)常用於影像分類器。對於 GAN 來說,它也應該在「最後一層之前」使用。

現在我們有了一個「生成器」及一個「判別器」。為了訓練「生成器」,我們必須從「判別器」求得梯度值,以進行「倒傳遞」流程並訓練「生成器」。這就是 Keras 模組化設計的威力發揮作用之處。

 請注意:Keras 模型的處理方式就像 Keras 圖層一樣。

以下程式碼建立了一個 GAN 模型，可利用「判別器」的梯度來訓練「生成器」：

```
discriminator.trainable = False                          #1
ganInput = Input(shape=(latent_dim,))                    #2
x = generator(ganInput)                                  #3
ganOutput = discriminator(x)                             #4
gan = Model(inputs=ganInput, outputs=ganOutput)          #5
gan.compile(loss='binary_crossentropy', optimizer=adam)  #6
```

上面的程式碼有六個主要階段：

1. 訓練「生成器」時，我們不希望訓練「判別器」（discriminator）。當把「判別器」設定為「不可訓練」時，只有用不可訓練的「權重」來編譯模型，「權重」才會被凍結。也就是說，我們仍然可以單獨訓練「判別器」模型，但只要它再次成為編譯 GAN 模型的一部分，它的權重就會被凍結。

2. 我們為我們的 GAN 建立一個新輸入，它接收隨機的潛在向量。

3. 我們將「生成器」模型連接到 ganInput 圖層。該模型的使用方式與「函數式 API 下的圖層」使用方式一樣。

4. 我們現在將權重凍結（frozen）的「判別器」連接到「生成器」。呼叫此模型就像再次使用「函數式 API 圖層」一樣。

5. 我們建立一個模型，將輸入映射到「判別器」輸出。

6. 我們編譯我們的 GAN 模型。由於我們在這裡呼叫 compile，所以只要「判別器」模型的權重是 GAN 模型的一部分，該權重就會被凍結。Keras 會在訓練時拋出警告，聲明「判別器」模型的權重實際上並沒有被凍結。

訓練我們的 GAN 需要一些自定的訓練流程，以及一些 GAN 特有的技巧。更具體地說，我們必須編寫自己的訓練迴圈，如下列程式碼所示：

```
epochs=50
batchSize=128
batchCount = X_train.shape[0] // batchSize                    #1

for e in range(1, epochs+1):                                  #2
    print('-'*15, 'Epoch %d' % e, '-'*15)
    for _ in tqdm(range(batchCount)):                         #3

        noise = np.random.normal(0, 1,
                                 size=[batchSize, latent_dim]) #4
        imageBatch = X_train[np.random.randint(0,
```

```
                                         X_train.shape[0],
                                         size=batchSize)] #5

        generatedImages = generator.predict(noise)          #6
        X = np.concatenate([imageBatch, generatedImages])   #7

        yDis = np.zeros(2*batchSize)                         #8
        yDis[:batchSize] = 0.9

        labelNoise = np.random.random(yDis.shape)            #9
        yDis += 0.05 * labelNoise + 0.05

        discriminator.trainable = True                       #10
        dloss = discriminator.train_on_batch(X, yDis)        #11

        noise = np.random.normal(0, 1,
                              size=[batchSize, latent_dim])  #12
        yGen = np.ones(batchSize)                            #13
        discriminator.trainable = False                      #14
        gloss = gan.train_on_batch(noise, yGen)              #15

    dLosses.append(dloss)                                    #16
    gLosses.append(gloss)
```

我們剛才介紹了很多程式碼。所以現在讓我們暫停一下,來思考這十六個關鍵步驟:

1. 我們要寫一個自定義迴圈程式來走訪每個批次的資料。為了知道有多少個批次,我們需要將「資料集大小」除以「批次大小」,進行整數除法。
2. 在「外迴圈」中,我們迭代計算我們想要訓練的輪數。
3. 在「內迴圈」中,我們迭代計算每一輪要訓練的批次數。tqdm 工具可以幫助我們追蹤每一批次的進度。
4. 我們建立一批「隨機潛在向量」。
5. 我們「隨機採樣」一批次的 MNIST 真影像。
6. 我們使用「生成器」產生一批次的 MNIST 假影像。
7. 我們把真的和假的 MNIST 影像堆疊在一起。
8. 為我們的「判別器」建立目標。假影像編碼為 0,而真影像編碼為 0.9。這種技術被稱為「軟標籤」(soft labels)。我們不使用「硬標籤」(hard labels,0 和 1),而是使用一些較軟的標籤,以避免過於激進地訓練 GAN。這項技術已被證實可讓 GAN 訓練更加穩定。

9. 除了使用「軟標籤」之外，我們還為標籤增加一些雜訊。這將再一次使訓練更加穩定。

10. 我們確認「判別器」是可訓練的。

11. 我們用一批真假資料訓練「判別器」。

12. 我們建立更多「隨機潛在向量」來訓練「生成器」。

13. 「生成器」訓練的目標只有一個。我們希望「判別器」提供的梯度，會讓假影像看起來像真影像。

14. 為了安全起見，我們將「判別器」設定為不可訓練，這樣我們就不會意外破壞任何東西。

15. 我們訓練 GAN 模型。我們輸入一批隨機的潛在向量，並訓練 GAN 的「生成器」，以便「判別器」會將產生的影像分類為真影像。

16. 我們儲存訓練後的損失。

在下圖中，你可以看到一些生成的 MNIST 字元：

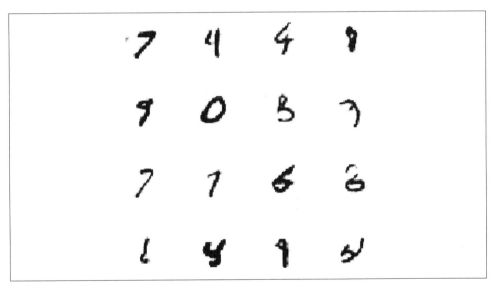

GAN 生成的 MNIST 字元

大部分的字元數字幾乎是可辨識的，儘管有些字元（如左下角和右下角的字元）看起來有點不對勁。

我們程式碼的輸出圖表如下圖所示，我們可以看到每一輪中「判別器」和「生成器」的損失情況。

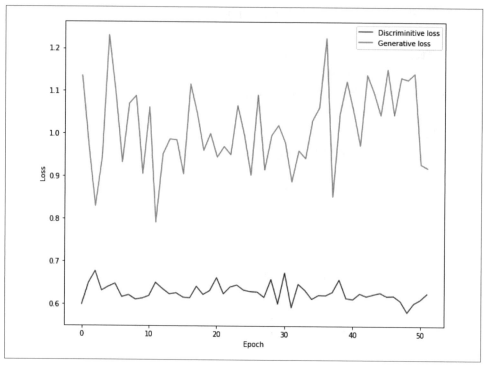

GAN 訓練進展情況

請注意，GAN 訓練後的損失是無法解釋的，因為它是屬於監督式學習。GAN 的損失並不會隨著 GAN 的改進而減少。

「生成器」和「判別器」的損失取決於對方模型的表現。如果「生成器」在愚弄「判別器」方面越做越好，那麼「判別器」的損失就會一直居高不下。如果其中一個損失為0，就意味著另一個模型輸掉了比賽，就不能再愚弄或正確判別另一個模型了。

這是 GAN 訓練如此困難的原因之一：**GAN 不會收斂到一個低損失的解（a low loss solution）**；它們會收斂到一個平衡點（equilibrium），在這個平衡點中，「生成器」並不是每次都能騙過「判別器」，但可多次騙過。這個平衡點並非總是穩定的。在標籤和網路本身中加入這麼多雜訊的部分原因是「它增加了平衡點的穩定性」。

由於 GAN 並不太穩定，難度又高，但卻很有用，所以經過一段時間之後，人類已經發展出一些技巧，可使得 GAN 訓練更加穩定。了解這些技巧有助於你建立 GAN 的過程，並讓你省下無數的時間，儘管這些技巧的作用往往沒有理論上的根據。

瞭解 GAN 潛在向量

對於「自動編碼器」來說，「潛在空間」（latent space）是 PCA 的一種比較直接的近似方法。VAE 建立了一個潛在空間分佈，雖然很有用，但還是很容易被視為 PCA 的一種形態。如果我們在訓練過程中只是從中隨機採樣，那麼 GAN 的「潛在空間」會是什麼樣子呢？事實證明，GAN 會自行建構「潛在空間」。透過利用 GAN 的「潛在空間」，你仍然可以依據「MNIST 影像顯示的字元」對其進行集群。

研究發現，GAN 的「潛在空間」往往具有一些令人驚訝的特徵，例如：「微笑向量」（smile vectors）會依據「人的微笑寬度」來排列人臉影像。研究人員還指出，GAN 可以用於「潛在空間」代數運算，將不同物體的潛在特徵相加，就能創造出真實的新物體。然而，目前 GAN「潛在空間」的相關研究還處於起步階段，從「潛在空間」特徵中得出關於世界的結論是一個活躍的研究領域。

GAN 訓練技巧

GAN 是很難訓練的。GAN 可能會以多種不同的方式崩解、分化或失敗。研究人員和從業人員想出了一些技巧，可讓 GAN 發揮更好的作用。雖然 GAN 的這種現象看起來似乎很奇怪，但我們仍不知道 GAN 為什麼有用，對我們來說，重要的是 GAN 實際上是有所幫助的，但需注意以下幾點：

- **標準化輸入**：GAN 對極值（extreme values）的處理不是很好，所以請確定你的輸入總是在 –1 和 1 之間。這也是為什麼你應該使用「Tanh 函數」作為你的「生成器」輸出的原因。
- **切勿使用理論上正確的「損失函數」**：如果你有閱讀 GAN 的相關論文，你會發現「生成器」優化目標的公式如下：

$$min\ log(1{-}D)$$

在這個公式中，D 是「判別器」的輸出。事實上，如果「生成器」目標的公式如下所示，則效果會更好：

$$max\ log\ D$$

換句話說，與其將負的「判別器」輸出最小化，倒不如將「判別器」輸出最大化。這是因為在 GAN 訓練過程開始的時候，第一個目標通常具有「逐漸消失梯度」的特性。

- **從「常態高斯分佈」中採樣**：從常態分佈而不是均勻分佈之中採樣，這有兩個原因。首先，GAN 對極值的處理效果不好，而「常態分佈的極值」比「均勻分佈」少。另外，事實證明，如果潛在向量從常態分佈之中採樣，那麼「潛在空間」就會變成一個球體。在這個球體中，「潛在向量之間的關係」比「立方體空間中的潛在向量」更容易描述。

- **使用批次正規化**：我們已經看到，GAN 對極值的處理效果不好，因為它非常脆弱。減少極值的另一種方法是使用「批次正規化」（batch normalization），正如我們在「第 3 章」中討論的那樣。

- **將真資料和假資料的批次分離**：一開始時，真資料和假資料可能有非常不同的分佈。由於「批次正規化」就是使用批次的「平均值」和「標準差」在批次上進行「正規化」處理，因此，建議將真資料和假資料分離。雖然這確實會導致「梯度估計的準確度」變差，但卻因此有「較少的極值」而獲得「很大的收益」。

- **使用軟標籤和雜訊標籤**：GAN 是脆弱的；使用「軟標籤」可以減少梯度，防止梯度翻轉（tipping over）。在標籤中加入一些「隨機雜訊」也有助於穩定系統。

- **使用基本的 GAN**：現在有各式各樣的 GAN 模型存在。其中有許多模型聲稱效能可得到極大的改進，但實際上它們的運作並沒有比簡單的「**深度卷積生成對抗網路**」（deep convolutional generative adversarial network，**DCGAN**）好多少，甚至往往更差。這並不意味著它們沒有存在的理由，但對於大多數的任務來說，使用「較基本的 GAN」會表現得比較好。另一種效果很好的 GAN 是「**對抗式自動編碼器**」（adversarial autoencoder），它透過使用「判別器的梯度」來訓練「自動編碼器」，並將 VAE 與 GAN 結合起來。

- **避免使用 ReLU 和 MaxPool**：「ReLU 激勵函數」和「MaxPool 圖層」經常應用於深度學習，但缺點是會產生「**稀疏梯度**」（**sparse gradients**）。「ReLU 激勵函數」對於「負值的輸入」不會有任何梯度，而「MaxPool 圖層」對於「所有不是最大值的輸入」不會有任何梯度。由於梯度是「生成器」訓練的內容，所以「稀疏梯度」會傷害「生成器」的訓練。

- **使用 Adam 優化器**：這個優化器已證實對 GAN 非常有效，而有許多其他優化器對 GAN 的效果並不好。

- **儘早追蹤失敗因素**：有時 GAN 可能會因為隨機原因而失敗。僅僅是選擇了「錯誤的隨機種子」，就可能讓你的訓練運作失敗。通常可以透過觀察「輸出」來了解 GAN 是否完全偏離軌道。GAN 應該逐漸變得愈來愈像「真資料」。
  舉例來說，如果「生成器」完全偏離軌道，並只產生 0，那麼在要花費「數天的 GPU 時間」進行毫無意義的訓練之前，你將能夠看到失敗因素所在。

- **切勿使用「統計資料」來平衡損失**：保持「生成器」和「判別器」之間的平衡（balance）是一項微妙的任務。因此，許多從業者試圖以「統計資料」對「生成

器」或「判別器」進行多一點的訓練,來幫助平衡。一般的情況下,這並不奏效。GAN 是非常「反直覺」的,試圖用直觀的方法來幫助 GAN,通常會使事情變得更糟。這並不是說無法協助解決 GAN 平衡,而是幫助 GAN 應該要有原則,例如:等到「生成器」損失高於某 *X* 值的時候,才開始訓練「生成器」。

- **如果你有標籤,請使用標籤**:稍微複雜一點的 GAN「判別器」不僅可以將資料分為真假,還可以對「資料的類別」進行分類。在 MNIST 例子中,判別器會有 11 個輸出:「10 個真數字的輸出」以及「1 個假數字的輸出」。這使得我們可以建立一個「可以顯示較多特定影像的 GAN」。這在「半監督式學習領域」很有用,我們將在下一節中介紹。

- **新增「輸入」雜訊,隨時間降低雜訊**:雜訊增加了 GAN 訓練的穩定性,因此,雜訊輸入有助於「提高」GAN 的穩定性就不足為奇了,尤其是在訓練 GAN 的早期,不穩定的階段時。然而,後來,它會使影像變得模糊,使 GAN 無法生成逼真的影像。所以我們應該「減少輸入」隨時間變化而產生的雜訊。

- **在訓練和測試階段都使用 G 的「丟棄」技術**:有些研究人員發現,在推理過程中使用「丟棄」(dropout)技術可以使生成的資料得到更好的結果。至於為什麼會出現這種情況,目前還是一個懸而未決的問題。

- **歷史平均法**:在訓練過程中,GAN 容易產生「**振盪**」(**oscillate**)波動,其權重會在「平均值」附近快速跳動。「歷史平均法」(Historical averaging)會懲罰「離歷史平均數太遠的權重」,並減少振盪。因此,它增加了 GAN 訓練的穩定性。

- **重播緩衝區**:「重播緩衝區」(Replay buffers)保留了一些較早生成的影像,因此可以重複使用「重播緩衝區」來訓練判別器。這與「歷史平均法」有類似的效果,即減少振盪,增加穩定性。它還可以減少相關性和測試資料。

- **目標網路**:另一個「**反振盪**」(**anti-oscillation**)技巧是使用目標網路(target network)。也就是說,先建立「生成器」和「判別器」的副本,然後用「判別器」的凍結副本(frozen copy)訓練「生成器」,用「生成器」的凍結副本訓練「判別器」。

- **熵正規化**:「熵正規化」(Entropy regularization)意味著獎勵網路「輸出更多不同的值」。這可以防止「生成器」網路只產生幾樣東西,比如說,只產生數字 7。這是一種正規化方法,因為它可以防止過度擬合。

- **使用「丟棄」技術或雜訊圖層**:雜訊對 GAN 有好處。Keras 不僅具有「丟棄」圖層的功能,而且還具有許多雜訊圖層,這些「雜訊圖層」(noise layers)可以為「網路中的激勵函數」增加不同類型的雜訊。你可以參閱這兩種圖層的說明文件,看看它們是否對你的特定 GAN 應用有所幫助:https://keras.io/layers/noise/。

使用較少的資料－主動學習

無論是 GAN 還是 VAE，「生成模型」的部分動機，就是可讓我們產生資料，故不需要較多的資料。由於資料本身就很稀梳，尤其是在金融業，我們永遠都不會有足夠的資料，因此，「生成式模型」似乎就是經濟學家警告我們的免費午餐。然而，即使是最好的 GAN 也是在「沒有資料」的情況下工作的。在本節中，我們將介紹「盡可能地使用越少的資料」來指導模型的各種方法。這種方法也被稱為「主動學習」（active learning）或「半監督式學習」（semi-supervised learning）。

非監督式學習使用「未標記的資料」以不同的方式對資料進行集群。「自動編碼器」就是一個例子，其中「影像」可以轉換為學習過的向量和潛在向量，然後可以將它們集群，而不需要影像的標籤描述。

監督式學習使用「帶有標籤的資料」。一個例子就是我們在「**第 3 章**」中建立的「影像分類器」，我們在本書中建立的大多數其他數模型都是屬於「監督式學習法」。

半監督式學習的使用時機通常是當「監督式模型」的手頭資料量不足時，也適用於使用「非監督式模型」或生成方法。這有三種可行的方式：第一，可利用人類的智慧；第二，善用未標記的資料；第三，使用生成式模型。

高效運用「標記製作」預算

雖然大家都在談論人工智慧取代人類，但卻需要大量的人類來訓練人工智慧系統。雖然目前並不清楚這樣的人工需求量有多大，但可以肯定的是，Amazon 的 Mturk 服務上有 50 萬到 75 萬名註冊的 Mechanical Turkers（土耳其機械人）。

MTurk 是一個 Amazon 網站，根據其網站所述，它提供了「透過 API 實現人類智慧」的工作。實際上，這意味著公司和研究人員發佈一些簡單的工作，例如「填寫一份調查表」或「對影像進行分類」，只需給付來自世界各地的人們「幾美分的酬勞」就可以完成這些任務。為了讓人工智慧學習，人類需要提供「標記資料」。如果這項任務是大規模的，那麼許多公司就會雇用 Mturk 使用者，由「人類」製作標記。如果這是一項小任務，你經常會發現「公司自己的員工」在資料上製作標記。

令人驚訝的是，這些人竟然很少思考要為什麼貼標籤。並非所有的標籤都同樣有用。下圖是一個「線性分類器」（linear classifier）。如你所見，「邊界點」（靠近兩個分類

之間的邊界）確定了「決策邊界」的位置，而後面的點則不那麼相關：

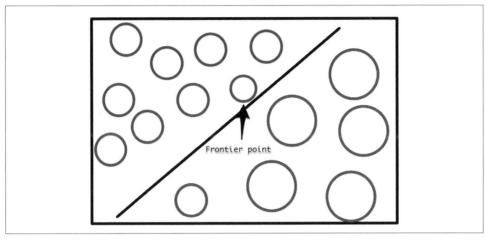

邊界點（frontier points）更有價值

因此，「邊界點」比「遠離決策邊界的點」更有價值。你可以透過以下方式在「較少的資料」上進行訓練：

1. 僅標記幾個影像
2. 訓練一個弱模型（weak model）
3. 讓該弱模型對一些「未標記的影像」進行預測
4. 標記該模型「最沒有把握的影像」，並將其加入你的訓練集之中
5. 重複上述整個過程

這個「標記資料的過程」比「單純的隨機標記資料」要有效率，可以大幅度地加快你的工作進度。

利用機器進行人工標記

在貼標記（labeling）方面，很多公司都依賴微軟 Excel 試算表。他們讓人類標記員看著要貼標記的東西，例如一張圖片或一段文字，然後這個人就會把標記輸入 Excel 試算表中。雖然這種做法效率非常低，而且容易出錯，但這是一種常見的做法。一些稍微高級一點的標記操作包括建立一些簡單的網頁應用程式，讓客戶看到要貼標記的物品，並直接點擊標記或按熱鍵（hotkey）。這可以大大加快貼標記的過程。然而，如果標記類別很多的話，這仍然不是最佳的選擇。

另一種方法是再次標記一些影像，並對「弱模型」進行「預訓練」。在進行標記的時候，電腦向「貼標記者」顯示資料和標記。「貼標記者」只需決定這個標記是否正確。這可以透過熱鍵輕鬆完成，而且為一個項目貼標記「所需的時間」會大幅下降。如果標記是錯誤的，標記介面可以「顯示」一個可能選項的列表，按分配給它們的模型的概率「排序」，或者直接將物品放回堆疊之中，下次再顯示「下一個最有可能的標記」。

這項技術的一個很好的應用是「**Prodigy**」（神器），這是一個由 spaCy 公司開發的標記工具，我們在「**第 5 章**」中學過，我們可以在下面的截圖中看到 Prodigy 工具的一個範例：

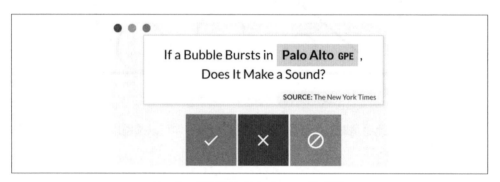

Prodigy 標記工具（labeling tool）截圖

Prodigy 是一款利用機器的標記工具，請閱讀它的官方文件來了解更多的相關資訊：https://prodi.gy/。

 請注意：「設計精良的使用者介面」和「弱模型的智慧實作」可加快標記的速度和品質。

對未標記資料貼上假標記

通常有大量未標記的資料可用，但有標記的資料數量卻很少。這些未標記的資料仍然可以使用。首先根據你擁有的標記資料訓練模型，然後讓該模型對未標記資料的語料庫進行預測。你可將這些預測結果視為「真標記」，並在完整的「假標記」資料集上訓練你的模型。然而在實際上，「真標記」應該比「假標記」（pseudo labels）使用得更為頻繁才對。

「假標記」的採樣率可能因不同的情況而有所不同。這在「誤差是隨機的」條件下是有效的。如果它們有偏差，你的模型也會有偏差。這種簡單的方法出奇的有效，可以大大減少標記的工作量。

使用生成模型

事實證明，GAN 很自然地擴展到半監督式訓練。透過給予「判別器」兩種輸出，我們可以把「判別器」也訓練成一個分類器。

「判別器」的第一個輸出只對資料進行真假分類，就像之前的 GAN 一樣。第二個輸出按照「資料的類別」對資料進行分類，例如：「影像所表示的數字」或額外加入的「是假的」（is fake）分類。在 MNIST 的例子中，分類輸出會有 11 個分類（即「10 個數字」加上 1 個「是假的」的分類）。這個訣竅在於「生成器」是一個模型，只有輸出（即最後一圖層）是不同的。這就迫使「是否為真」（real or not）的分類與「哪個數字」（which digit）的分類器「共享權重」。

這個想法是，為了判斷一張圖片是真的還是假的，分類器必須弄清楚它是否能把這張圖片分成一類。如果能，那麼這張圖片很可能是真的。這種方法被稱為「**半監督式生成對抗網路**」（semi-supervised generative adversarial network，**SGAN**），其已經被證明可以生成「更真實的資料」，並能在「有限的資料範圍」內提供比標準監督式學習更好的結果。當然，GAN 不僅僅可以應用於影像。

在下一節中，我們將把它們應用到我們的詐欺偵測任務之中。

將 SGAN 應用於詐欺偵測

這是本章最後的應用專案，讓我們再次思考信用卡問題。在本節中，我們將建立一個 SGAN，如下所示：

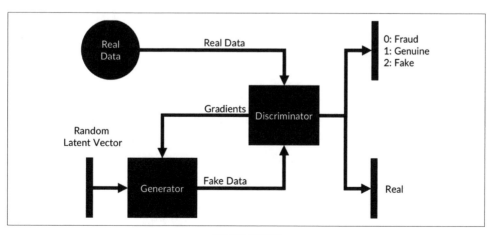

SGAN 示意圖

我們將在不到 1,000 筆交易的情況下訓練這種模式,並仍然會得到一個像樣的詐欺偵測器。

 請注意:你可以在 `https://www.kaggle.com/jannesklaas/semi-supervised-gan-for-fraud-detection/code` 找到 SGAN 的程式碼。

在這種情況下,我們的資料有 29 個維度。我們將我們的「潛在向量」設定為 10 個維度:

```
latent_dim=10
data_dim=29
```

我們把「生成器」模型建構為全連接網路,並採用「LeakyReLU 激勵函數」和「批次正規化」。輸出激勵函數是 tanh:

```
model = Sequential()
model.add(Dense(16, input_dim=latent_dim))
model.add(LeakyReLU(alpha=0.2))
model.add(BatchNormalization(momentum=0.8))
model.add(Dense(32, input_dim=latent_dim))
model.add(LeakyReLU(alpha=0.2))
model.add(BatchNormalization(momentum=0.8))
model.add(Dense(data_dim,activation='tanh'))
```

為了善用「生成器」模型,我們將我們建立的模型包裝成一個「函數式 API 模型」,該模型將「雜訊向量」映射到「生成的交易記錄」之中。由於大部分的 GAN 文獻都是關於影像的,而「交易記錄」(transaction record)有點難以形容,因此,我們只把我們的「交易記錄」命名為「影像」:

```
noise = Input(shape=(latent_dim,))
img = model(noise)

generator = Model(noise, img)
```

就像我們對「生成器」所做的那樣,我們以「序列式 API」建構「判別器」。「判別器」有兩種輸出:一個是「分類」輸出,另一個是「假或不假」的輸出。我們首先只建立模型的基本架構:

```
model = Sequential()
model.add(Dense(31,input_dim=data_dim))
model.add(LeakyReLU(alpha=0.2))
model.add(BatchNormalization(momentum=0.8))
model.add(Dropout(0.25))
```

```
model.add(Dense(16,input_dim=data_dim))
model.add(LeakyReLU(alpha=0.2))
```

現在我們使用「函數式 API」將「判別器」的「輸入」映射到它的兩個模型圖層：

```
img = Input(shape=(data_dim,))                              #1
features = model(img)                                       #2
valid = Dense(1, activation="sigmoid")(features)            #3
label = Dense(num_classes+1, activation="softmax")(features) #4

discriminator = Model(img, [valid, label])                  #5
```

讓我們花一點時間，看看前面程式碼的五個關鍵要素：

1. 我們為雜訊向量建立一個輸入「佔位符號」
2. 我們從「判別器」基礎模型中得到特徵張量
3. 我們建立了一個 Dense 層，用於將交易分類為「真或不真」，並將其映射到特徵向量
4. 我們建立了第二個 Dense 層，用於將交易分類為「真」或「假」
5. 我們建立一個模型，來讓「輸入」映射到這兩個模型圖層

要編譯具有兩個模型圖層的「判別器」，我們需要使用一些進階的模型編譯技巧，如下列程式碼所示：

```
optimizer = Adam(0.0002, 0.5)                               #1
discriminator.compile(loss=['binary_crossentropy',
                            'categorical_crossentropy'],    #2
                      loss_weights=[0.5, 0.5],              #3
                      optimizer=optimizer,                  #4
                      metrics=['accuracy'])                 #5
```

將上列程式碼分解之後，我們得到五個關鍵要素，如下所示：

1. 我們定義一個「學習率為 0.0002，動量為 0.5」的 Adam 優化器。
2. 由於我們有兩個模型圖層，我們可以指定兩種「損失」。我們的「假或不假」的模型圖層為「二元分類器」，所以我們用 binary_crossentropy 來表示它。我們的「分類」模型圖層為一個「多元分類器」（multi-class classifier），所以我們對「第二個模型圖層」使用 categorical_crossentropy。
3. 我們可以指定這兩種不同「損失」的加權方式。在本例中，我們給予所有「損失」50% 的權重。
4. 我們對我們預定義的 Adam 優化器進行優化。
5. 只要我們不使用「軟標籤」，我們就可以使用準確指標來追蹤進度。

最後，我們建立我們組合的 GAN 模型：

```
noise = Input(shape=(latent_dim,))                    #1
img = generator(noise)                                #2
discriminator.trainable = False                       #3
valid,_ = discriminator(img)                          #4
combined = Model(noise , valid)                       #5
combined.compile(loss=['binary_crossentropy'],
                            optimizer=optimizer)
```

再來看一下程式碼，我們可以看到以下要點：

1. 我們為雜訊向量輸入建立一個「佔位符號」。
2. 我們將「生成器」映射到雜訊「佔位符號」之上，得到一個代表生成影像的張量。
3. 我們將「判別器」設定為「不可訓練」來確保我們不會破壞它。
4. 我們只希望「判別器」相信生成的交易為「真」，這樣就可以拋棄分類輸出張量。
5. 我們將「雜訊輸入」映射到「判別器」的「假或不假」的輸出。

至於訓練方式，我們定義了一個「處理所有訓練」的 train 函數，如下列程式碼所示：

```
def train(X_train,y_train,
          X_test,y_test,
          generator,discriminator,
          combined,
          num_classes,
          epochs,
          batch_size=128):

    f1_progress = []                                        #1
    half_batch = int(batch_size / 2)                        #2

    cw1 = {0: 1, 1: 1}                                      #3
    cw2 = {i: num_classes / half_batch for i in
range(num_classes)}
    cw2[num_classes] = 1 / half_batch

    for epoch in range(epochs):

        idx = np.random.randint(0, X_train.shape[0], half_batch)  #4
        imgs = X_train[idx]
```

```
        noise = np.random.normal(0, 1, (half_batch, 10))           #5
        gen_imgs = generator.predict(noise)

        valid = np.ones((half_batch, 1))                           #6
        fake = np.zeros((half_batch, 1))

        labels = to_categorical(y_train[idx],
num_classes=num_classes+1)                                         #7
        fake_labels = np.full((half_batch, 1),num_classes)         #8
        fake_labels = to_categorical(fake_labels,
num_classes=num_classes+1)
        d_loss_real = discriminator.train_on_batch(imgs,
                                   [valid, labels],
                                   class_weight=[cw1, cw2])         #9
        d_loss_fake = discriminator.train_on_batch(gen_imgs,
                                   [fake, fake_labels],
                                   class_weight=[cw1, cw2])         #10
        d_loss = 0.5 * np.add(d_loss_real, d_loss_fake)            #11

        noise = np.random.normal(0, 1, (batch_size, 10))           #12
        validity = np.ones((batch_size, 1))
        g_loss = combined.train_on_batch(noise,
                                   validity,
                                   class_weight=[cw1, cw2])        #13

        print ("%d [D loss: %f] [G loss: %f]" % (epoch, g_loss))   #14

        if epoch % 10 == 0:                                        #15
            _,y_pred = discriminator.predict(X_test,
                    batch_size=batch_size)
            y_pred = np.argmax(y_pred[:,:-1],axis=1)

            f1 = f1_score(y_test,y_pred)
            print('Epoch: {}, F1: {:.5f}'.format(epoch,f1))
            f1_progress.append(f1)

    return f1_progress
```

讓我們花點時間思考一下：這是一個非常漫長且複雜的函數程式碼。在本章結束之前，讓我們先看看該程式碼的十五個關鍵要素：

1. 我們建立一個空陣列來監控「判別器」在測試集上的「F1 分數」。
2. 由於我們對真資料和假資料各自使用單獨的批次處理訓練步驟，因此，對於每個訓練步驟，我們可有效使用「半批次」的處理。
3. 「判別器」的分類模型有一個「這是假的」（this is fake）的分類標籤。由於有一半的影像是假的，所以我們要給這個分類「高一點的權重」。
4. 我們現在隨機採樣一個真資料的樣本。
5. 我們生成一些隨機雜訊向量，並使用「生成器」建立一些假資料。
6. 對於「假或不假」的模型，我們建立標籤。所有的真影像都有標籤 1（真），而所有的假影像都有標籤 0（假）。
7. 我們對真資料的標籤進行了「獨熱編碼」。我們讓我們的資料比實際多出一個分類，這樣我們就可為「是假的」（is fake）分類留有空間。
8. 我們的假資料都貼上了「是假的」（is fake）的標籤。我們為這些標籤建立一個向量，並對它們進行「獨熱編碼」。
9. 首先，我們以真資料來訓練「判別器」。
10. 然後，我們以假資料來訓練「判別器」。
11. 「判別器」在這一輪的「總損失」是真假資料損失的平均值。
12. 現在我們來訓練「生成器」。我們生成一整個批次的雜訊向量，以及一整個批次的「這是真資料」（this is real data）標籤。
13. 有了這些資料，我們就可以訓練「生成器」了。
14. 為了追蹤進度，我們把進度列印出來。請記住，我們不希望「損失」下降；我們希望「損失」保持大致不變。如果「生成器」或「判別器」開始表現得比「對方」好得多，那麼「平衡」會就此打破。
15. 最後，我們將「判別器」作為此資料的詐欺偵測分類器，以計算並輸出「F1 分數」。這一次，我們僅在乎「分類資料」，並拋棄「真或假」模型。我們按照分類器不是「是真的」（is real）分類結果的最高值，來對交易進行分類。

現在我們已經完成了所有的設定，我們將訓練我們的 SGAN 5,000 輪。這在 GPU 上大約需要 5 分鐘，但如果你沒有 GPU，可能需要更長的時間，如下列程式碼所示：

```
f1_p = train(X_res,y_res,
             X_test,y_test,
             generator,discriminator,
             combined,
             num_classes=2,
```

```
        epochs=5000,
        batch_size=128)
```

最後，我們繪製這個「半監督式詐欺分類器」隨時間變化的 F1 分數：

```
fig = plt.figure(figsize=(10,7))
plt.plot(f1_p)
plt.xlabel('10 Epochs')
plt.ylabel('F1 Score Validation')
```

輸出將如下圖所示：

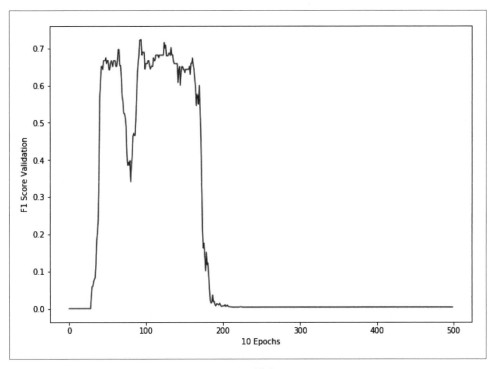

SGAN 進度

如你所見，模型一開始的學習速度相當快，但後來隨著「F1 分數」歸零而崩潰。這是一個 GAN 崩潰（a collapsing GAN）的教科書範例。如前所述，GAN 是不穩定的。如果「生成器」和「判別器」之間的微妙平衡被打破了，GAN 的效能就會迅速下降。

讓 GAN 更穩定是一個活躍的研究領域。到目前為止，許多從業者只會用「不同的超參數」和「隨機種子」進行多次嘗試，並期待獲得好運。另一種熱門方法是每隔幾輪就把

模型儲存起來。儘管模型接受了不到 1,000 筆交易的訓練，但大約在第 150 輪左右，模型似乎是一個相當不錯的詐欺偵測器。

練習題

要想對生成模型更加得心應手，不妨試試這些練習：

1. 建立一個 SGAN 來訓練「MNIST 影像分類器」。你可以使用多少張影像來達到 90% 以上的分類準確率？
2. 使用 LSTM，你可以為「股票價格變動」（stock price movements）建立一個「自動編碼器」。使用一個像是「DJIA 股票價格」（DJIA stock prices）的資料集來建立一個「自動編碼器」，對股票變動進行編碼。然後，當你在「潛在空間」之中移動時，請繪製輸出結果。你可以在這裡找到資料集：https://www.kaggle.com/szrlee/stock-time-series-20050101-to-20171231。

小結

在本章中，你已經了解兩種最重要的生成模型類型：「自動編碼器」和 GAN。我們首先為 MNIST 影像開發了一個「自動編碼器」。然後，我們使用類似的架構對信用卡資料進行編碼並偵測詐欺行為。之後，我們將「自動編碼器」擴充為 VAE。這使我們能夠了解編碼的分佈，並產生我們可以用於訓練的新資料。

之後，我們學習了 GAN 的原理，同樣是先學習「MNIST 影像」的主題，然後再來學習「信用卡詐欺」的主題。我們使用 SGAN 來「減少」我們訓練詐欺偵測器所需的資料量。透過「主動學習」和更具智慧的標籤介面，我們使用模型的輸出來「減少」所需的標籤量。

我們還討論並學習了「潛在空間」以及其在「金融分析」之中的用途。我們看到了「t-SNE 演算法」，以及如何使用 t-SNE 來視覺化「更高維度的（潛在）資料」。你也對機器學習如何解決「賽局理論優化問題」有了第一印象。GAN 解決的是一個最小最大化的問題，這在經濟和金融領域是經常出現的。

在下一章中，我們將深入探討這種類型的確切優化情況，因為我們將涵蓋「強化學習」。

7

在金融市場中應用強化學習

人類不會從「成千上萬的標記例子」中學習。反之，我們經常從「與我們的行為有關」的正面或負面經驗中學習。孩童只要觸碰過一次高溫的瓦斯爐或電磁爐，他們就不敢再碰了。從「經驗」及與之相關的「獎勵」（reward）或「懲罰」（punishment）之中學習，就是「**強化學習**」（Reinforcement Learning，**RL**）背後的核心思想。RL 可以讓我們在「完全沒有資料」的情況下學習複雜的決策規則。透過這種方法，人工智慧領域出現了幾項備受矚目的突破，例如 2016 年擊敗世界圍棋冠軍的 AlphaGo。

在金融領域，強化學習（RL）也在不斷進步。在 2017 年的報告中（《*Machine learning in investment management*》：https://www.man.com/maninstitute/machine-learning），Man AHL 概述了一個用於外匯和期貨市場「訂單傳遞」（Order Routing）的強化系統。「訂單傳遞」是量化金融中的一個經典問題。下訂單時，基金通常可以選擇不同的經紀商，在不同的時間下單。目標是盡可能便宜地完成下單。這也意味著盡量減少對市場的影響，因為大訂單會抬高股票的價格。

有著栩栩如生名稱的傳統演算法（如「Sniper ／狙擊手」或「Guerilla ／遊擊隊」等），依賴於歷史資料和智慧工程的統計數據。以 RL 為基礎的「傳遞系統」（routing system）會自行學習最佳的傳遞策略。其優勢在於，這個系統可以適應不斷變化的市場，正因為如此，它在資料豐富的市場（如外匯市場）中的表現優於傳統方法。

然而，RL 可以做得更多。OpenAI 的研究人員已經使用 RL 來預測「代理人」（agent）何時會合作或戰鬥。與此同時，在 DeepMind 公司，研究人員已經利用 RL 對大腦「前額葉皮層」（frontal cortex）的工作原理和「多巴胺激素」（dopamine hormone）的作用產生了新的見解。

本章將從一個簡單的 **catch the fruit game**（抓果遊戲）開始，用直覺方式介紹 RL。然後，我們將深入研究基礎理論，接著討論較進階的 RL 應用。本章的例子依賴於視覺化圖形，而這些視覺化圖形在 Kaggle 內核中是不容易呈現的。為了簡化它們，本範例的演算法並未針對 GPU 使用進行優化。因此，最好在本機上執行這些範例。

本章的演算法執行速度相對較快，所以你不必等待太長時間就能執行它們。本章的程式碼是在一款 2012 年中期的 MacBook Pro 上編寫的（這是蘋果筆記型電腦的一種款式），而所有在這台筆記型電腦中執行的例子，執行時間都沒有超過 20 分鐘。當然，你也可以在 Kaggle 上執行這些程式碼，然而視覺化圖形在那裡無法呈現出來。

Catch：強化學習的快速入門

Catch（抓果遊戲）是一款簡單易懂的街機遊戲（arcade game），你可能小時候玩過。水果從螢幕上方落下，玩家要用籃子接住它。每抓到（catch）一個水果，玩家就得 1 分。每失去一個水果，玩家就會失去 1 分。

這裡的目標是讓電腦自己玩 Catch。為了簡化任務，我們將在本例中使用簡化版本，如下圖所示：

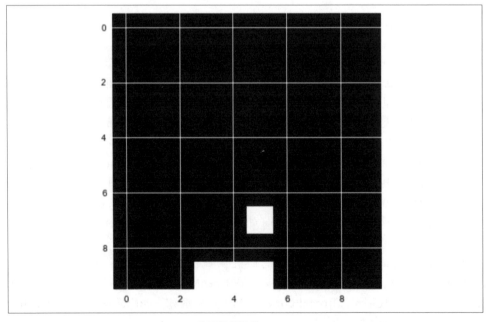

我們將創造的 Catch

在玩 Catch 時，玩家要在「三種可能的行動（actions，動作）」之中做出決定。他們可以將籃子向左移動、向右移動，或者讓它保持不動。

這個決策的基礎是遊戲的當前狀態，換句話說，即落下的水果和籃子的位置。我們的目標是建立一個模型，在給定遊戲畫面內容的情況下，選擇能夠「獲得最高分數」的行動。這個任務可被視為一個簡單的分類問題。我們可以讓「專業的人類玩家」多次玩遊戲，並記錄他們的行動。然後，我們可以訓練一個模型來選擇「反映」專家玩家的「正確」行動。

然而，人類不是這樣學習的。人類可以在無人指導的情況下，自己學習像 Catch 這樣的遊戲。這是非常有用的，請想像一下，如果你每次想學習像 Catch 這樣簡單的東西時，都要聘請一群專家來執行任務數千次，這將是昂貴且緩慢的。

在強化學習中，模型從「經驗」中進行訓練，而不是從「標籤資料」訓練。我們沒有為模型提供「正確」的行動，而是為它提供「獎勵」和「懲罰」。該模型接收有關「環境」當前狀態的資訊，例如：電腦遊戲螢幕。然後輸出一個行動，比如說，搖桿的移動。環境會對這個行動做出反應，並提供下一個狀態，以及任何「獎勵」，如下圖所示：

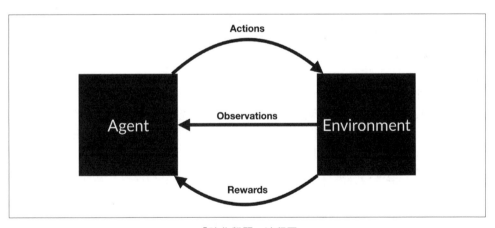

「強化學習」流程圖

然後，該模型學會尋找能帶來最大「獎勵」的行動。在實務中，有很多方法可以讓此模型發揮作用。現在，我們要來看看「Q- 學習」（**Q-learning**）。「Q- 學習」在訓練電腦玩「Atari 電玩遊戲」時引起了轟動。今天，它仍然是一個相當重要的概念。大多數現代的 RL 演算法都是依照「Q- 學習」改良而成的。

理解「Q- 學習」的一個很好方法是將玩 Catch 與「下棋」進行比較。在這兩種遊戲中，你都會得到一個狀態（s）。在下棋時，這是棋盤上人物（figures，即棋盤上的棋種）的位置。在玩 Catch 時，這是水果和籃子的位置。然後，玩家必須採取一個行動（a）。在下棋時，這是移動一個人物。在玩 Catch 時，這是將籃子向左或向右移動或保留於目前位置。

因此會有一些「獎勵」（r）和一個新的狀態（s'）。Catch 和下棋的問題是，「獎勵」不會在「行動」之後立即出現。

在 Catch 中，只有當水果撞到籃子或掉在地上時，你才能獲得「獎勵」。而在下棋遊戲中，你只有在贏得或輸掉遊戲時才能獲得「獎勵」。這意味著「獎勵」是稀疏分佈的。大多數時候，r 會是 0。當有「獎勵」時，它不一定是「緊接著之前採取的行動」的結果。「很久以前採取的一些行動」亦可能導致了勝利。弄清楚哪一個「行動」導致「獎勵」，這通常被稱為「**信用分配問題**」（**credit assignment problem**）。因為「獎勵」是延遲的，所以好的棋手不會只根據「眼前的獎勵」來選擇他們的棋步。反之，他們選擇的是預期的「未來獎勵」。

例如，他們不僅考慮下一步能否剷除對手的人物，他們還得考慮「現在採取具體行動」對自己的長遠發展有何幫助。在「Q- 學習」中，我們根據未來最高的預期「獎勵」來選擇行動。我們使用「**Q- 函數**」（**Q-function**）來計算這個問題。這是一個數學函數，它需要兩個參數：「遊戲的目前狀態」和「一個給定的行動」。我們可以將其寫成 $Q(state, action)$。

當我們處於狀態 s 時，我們估計每一個可能的行動 a 的未來「獎勵」。我們假設在我們採取了行動 a 並進入下一個狀態 s' 之後，一切都完美進行。對於給定的狀態和行動，預期的未來「獎勵」$q(s,a)$ 被計算為眼前的「獎勵」，加上之後的預期未來「獎勵」$Q(s', a')$，我們假設下一步行動 a' 是最佳的。由於未來存在不確定性，我們用 gamma（γ）因子來對 $Q(s', a')$ 進行打折（discount），因此，我們得到了預期的獎勵，如下列公式所示：

$$Q(s,a) = r + \gamma * \max Q(s',a')$$

請注意：我們對 RL「未來獎勵」進行打折的原因與我們對金融「未來收益」進行打折的原理相同。它們是不確定的。我們的選擇反映了我們對未來回報的重視程度。

優秀的棋手非常善於在腦海中「估計」未來的回報。換句話說，他們的「Q- 函數」$Q(s,a)$ 是非常精確的。

大多數的下棋練習都圍繞著發展更好的「Q-函數」。棋手們會仔細研究許多老棋局，以了解過去具體的棋步是如何走出來的，以及一個特定的行動會有多大的可能性贏得勝利。然而，這就產生了一個問題，機器如何才能估計出一個好的「Q-函數」呢？這就是神經網路發揮作用的地方。

「Q-學習」將 RL 轉變成「監督式學習」

在玩遊戲的時候，我們會產生很多「經驗」（experiences，體驗）。這些「經驗」包括以下內容：

- 初始狀態（s）
- 所採取的行動（a）
- 賺取的「獎勵」（r）
- 隨後的狀態（s'）

這些「經驗」就是我們的訓練資料。我們可以把估計 $Q(s,a)$ 的問題框定為一個迴歸問題。為了解決這個問題，我們可以使用神經網路。給定一個由 s 和 a 組成的輸入向量，神經網路應該預測 $Q(s,a)$ 的值等於目標（target）：$r + \gamma * maxQ(s',a')$。如果我們善於對不同狀態（s）和行動（a），來預測 $Q(s,a)$，那麼我們將有一個很好的「Q-函數」的近似值。

 請注意：我們透過與 $Q(s,a)$ 相同的神經網路來估計 $Q(s', a')$。這會導致一些不穩定性，因為我們的「目標」現在隨著網路的學習而改變，就像「生成對抗網路」（GAN）一樣。

給定一批「經驗」參數（$<s,a,r,s'>$），訓練過程將如下所示：

1. 對於每一個可能的行動 a'（左、右、停留），用神經網路預測未來的預期「獎勵」$Q(s', a')$。
2. 選擇三種預測中的最高值作為最大值 $Q(s', a')$。
3. 計算 $r + \gamma * maxQ(s',a')$。這就是神經網路的目標值。
4. 使用「損失函數」訓練神經網路。這是一個計算「預測值」與「目標值」相差多遠的函數。這裡，我們將使用 $0.5*(predicted_Q(s, a) - target)^2$ 作為「損失函數」。我們希望有效地「最小化」預測和目標之間的「平方誤差」（squared error）。「係數 0.5」只是為了讓梯度更好。

在遊戲過程中，所有的「經驗」都會被儲存在「重播記憶」（replay memory）之中。這就像一個簡單的緩衝區，我們在其中儲存這些參數配對 $<s,a,r,s'>$。ExperienceReplay 類別還處理「為訓練準備資料」，如下列程式碼所示：

```python
class ExperienceReplay(object):                              #1
    def __init__(self, max_memory=100, discount=.9):
        self.max_memory = max_memory                         #2
        self.memory = []
        self.discount = discount

    def remember(self, states, game_over):                   #3
        self.memory.append([states, game_over])
        if len(self.memory) > self.max_memory:
            del self.memory[0]                               #4

    def get_batch(self, model, batch_size=10):               #5
        len_memory = len(self.memory)                        #6
        num_actions = model.output_shape[-1]
        env_dim = self.memory[0][0][0].shape[1]

        inputs = np.zeros((min(len_memory, batch_size), env_dim)) #7
        targets = np.zeros((inputs.shape[0], num_actions))

        for i, idx in enumerate(np.random.randint(0, len_memory,
                                size=inputs.shape[0])):      #8
            state_t, action_t, reward_t, state_tp1 =
                self.memory[idx][0]                          #9
            game_over = self.memory[idx][1]

            inputs[i:i+1] = state_t                          #10

            targets[i] = model.predict(state_t)[0]           #11

            Q_sa = np.max(model.predict(state_tp1)[0])       #12

            if game_over:                                    #13
                targets[i, action_t] = reward_t
            else:
                targets[i, action_t] = reward_t + self.discount * Q_sa
        return inputs, targets
```

讓我們先暫停一下，來分析我們剛剛建立的程式碼吧：

1. 首先，我們實作一個「經驗重播緩衝區」的 Python 類別。「重播緩衝區物件」（replay buffer object）負責儲存「經驗」資料以及生成「訓練」的資料。因此，它必須實作「Q-學習」演算法中一些最關鍵的部分。

2. 為了初始化一個重播物件，我們需要讓它知道「它的緩衝區」應該有多大，以及折扣率（γ）是多少。「重播記憶體」本身就是一個遵循這個方案的列表中的列表，如下所示：

```
[...
[experience, game_over]
[experience, game_over]
...]
```

3. 在這個例子中，experience 是一個儲存經驗資訊的元組，game_over 是一個二元布林值，表示這一步之後「遊戲是否結束」。

4. 當我們想記住一個新的經驗時，我們就把它加入我們的經驗列表之中。由於我們不能儲存無限多的經驗，如果我們的緩衝區超過了最大長度，我們就會刪除「最舊的經驗」。

5. 透過 get_batch 函數，我們可以獲得單批次的訓練資料。為了計算 $Q(s', a')$，我們還需要一個神經網路，所以我們需要傳遞一個 Keras 模型來使用該函數。

6. 在開始生成批次處理之前，我們需要知道「我們的重播緩衝區」中儲存了多少經驗，有多少可能的行動，以及一個遊戲狀態有多少維度。

7. 然後，我們需要為訓練神經網路的「輸入」和「目標」設定「佔位符號陣列」（placeholder arrays）。

8. 我們以隨機順序循環播放過去的經驗，直到我們已經對「所有儲存的經驗」進行採樣，或者完成填滿這批次的經驗為止。

9. 我們從「重播緩衝區」加載「經驗資料」和「game_over（遊戲結束）指標」。

10. 我們把狀態 s 加到輸入矩陣之中。稍後，模型將訓練從「這個狀態」映射到「預期的獎勵」。

11. 然後，我們用目前模型計算出的預期獎勵來「填充」所有行動的預期獎勵。這確保我們的模型只對「實際採取的行動」進行訓練，因為所有其他行動的損失為 0。

12. 接下來，我們計算 $Q(s', a')$。我們簡單地假設，對於程式碼中的下一個狀態 s'，或 state_tp1，神經網路將完美地估計出「預期獎勵」。隨著網路的訓練，這個假設會慢慢變得真實。

13. 最後，如果遊戲在狀態（S）之後結束，則「行動（a）的預期獎勵」應該是收到的獎勵（r）。如果遊戲沒有結束，則預期獎勵應該是「收到的獎勵」加上「折扣後的預期未來獎勵」。

定義「Q-學習」模式

現在該是定義此模型的時候了，此模型會為 Catch 學習一個「Q-函數」。事實證明，一個相對簡單的模型已經可以很好地學習這個函數了。我們需要定義「可能行動的數量」以及「網格大小」。可能的行動有三種，分別是**向左移動、保持原地、向右移動**。另外，遊戲是在 10×10 像素的網格上進行的：

```
num_actions = 3
grid_size = 10
```

由於這是一個迴歸問題，所以最後一層沒有「激勵函數」，並且損失函數是「均方誤差損失」（mean squared error loss）。我們使用「隨機梯度下降法」來優化網路，並不需要「動量」或其他任何特殊功能，如下列程式碼所示：

```
model = Sequential()
model.add(Dense(100, input_shape=(grid_size**2,),
activation='relu'))
model.add(Dense(100, activation='relu'))
model.add(Dense(num_actions))
model.compile(optimizer='sgd', loss='mse')
```

訓練玩 Catch

「Q-學習」的最後一個要素就是探索（exploration）。日常生活透露，有時你不得不做一些奇怪的或隨機的事情來找出是否有比你「每天小跑步（trot）」還要更好的選擇。

「Q-學習」也是如此。如果總是選擇「最好的方案」，可能會錯過一些「從未探索過的路徑」。為了避免這種情況，學習者有時會選擇一個隨機的選項，而且不一定是最好的那一個。

現在我們可以定義訓練方法，如下列程式碼所示：

```
def train(model,epochs):
    win_cnt = 0                                    #1

    win_hist = []

    for e in range(epochs):                        #2
        loss = 0.
        env.reset()
```

```
        game_over = False
        input_t = env.observe()

        while not game_over:                                    #3
            input_tm1 = input_t                                 #4
            if np.random.rand() <= epsilon:                     #5
                action = np.random.randint(0, num_actions, size=1)
            else:
                q = model.predict(input_tm1)                    #6
                action = np.argmax(q[0])

            input_t, reward, game_over = env.act(action)        #7
            if reward == 1:
                win_cnt += 1
            exp_replay.remember([input_tm1, action, reward,
                                input_t],game_over)             #8

            inputs, targets = exp_replay.get_batch(model,
                            batch_size=batch_size)              #9

            batch_loss = model.train_on_batch(inputs, targets)

            loss += batch_loss

        win_hist.append(win_cnt)
    return win_hist
```

在繼續之前,讓我們分解一下程式碼,以便我們可以看到我們在做什麼:

1. 我們想要追蹤我們的「Q-學習器」的進度,所以我們會計算該模型在一段時間內的勝利數值。
2. 現在我們玩一些由 epoch 參數指定的遊戲。在遊戲開始時,我們首先重設遊戲,將 game_over 指標設定為 False,並觀察遊戲的初始狀態。
3. 然後我們將逐格進行遊戲,直到遊戲結束。
4. 在遊戲影格週期開始時,我們將之前觀察的輸入儲存為 input_tm1(時間 t 減 1 時的輸入)。
5. 現在是探索部分。我們在 0 和 1 之間隨機抽取一個數字。如果這個數字小於 epsilon(ε),我們就選擇一個隨機行動。這種技術也被稱為「ε 貪婪」(epsilon greedy),因為我們選擇一個「概率為 ε 的隨機行動」,並貪婪地選擇「有希望獲得最高獎勵的行動」。

6. 如果我們選擇一個非隨機行動，我們就會讓神經網路「預測」所有行動的預期獎勵。然後我們選擇「預期獎勵最高的行動」。

7. 我們現在用我們選擇的或隨機的「行動」，並觀察「新狀態」、「獎勵」、以及「遊戲是否結束的資訊」。如果我們獲勝了，該遊戲會給予一個獎勵，所以我們最終將增加「獲勝計數器」（win counter）的計數值。

8. 我們將「新的經驗」儲存於我們的「經驗重播緩衝區」之中。

9. 然後，我們從「經驗重播緩衝器」中抽取一個新的訓練批次，並在該批次上進行訓練。

下圖顯示獲勝遊戲的滾動平均值（rolling mean）。經過大約 2,000 輪的訓練之後，該神經網路應該非常擅長玩 Catch：

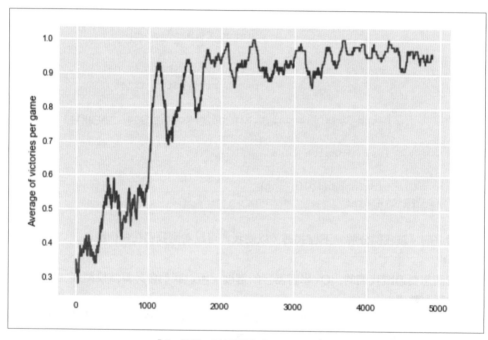

「Q- 學習」神經網路玩 Catch 的過程

從上面的圖來看，可以肯定地說，你現在已經成功建立你的第一個強化學習系統，因為在 5,000 輪之後，每場比賽的「平均勝利率」在 90% 到 100% 之間。在下一節中，我們將探索強化學習的理論基礎，並發現「學會玩 Catch」的這個系統，如何也能「學會在期貨市場上傳遞訂單」。

更正式地介紹 RL：「馬可夫過程」 和「貝爾曼方程式」

長久以來，「現代深度學習」是有更多 GPU 的「量化金融」（quantitative finance）的延續，而強化學習的理論基礎在於「馬可夫模型」（**Markov models**）。

 請注意：本節需要一點數學背景知識。如果你覺得困難，這裡有一個由 Victor Powell 所做的漂亮視覺化介紹：`http://setosa.io/ev/markov-chains/`。Analytics Vidhya 網站亦提供了更正式且簡單的介紹：`https://www.analyticsvidhya.com/blog/2014/07/markov-chain-simplified/`。

「馬可夫模型」描述了一個具有不同狀態的隨機過程，在此過程中，「最終處於特定狀態」的概率完全取決於「目前所處的狀態」。在下圖中，你可以看到一個簡單的「馬可夫模型」，它描述了對某檔股票的推薦方式：

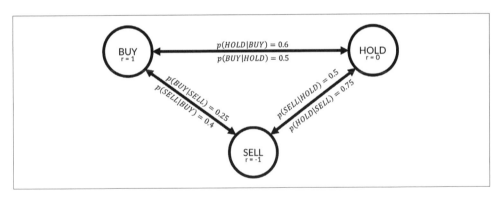

馬可夫模型

大家可以看到，在這個模型中有三種狀態：**BUY**（買入）、**HOLD**（持有）和**SELL**（賣出）。每兩個狀態都有一個轉移概率（transition probability）。例如，如果一個狀態在上一輪有 **HOLD** 的建議，則得到 **BUY** 推薦的概率用 $p(BUY \mid HOLD)$ 來描述（也就是概率等於 0.5）。目前處於 **HOLD** 的股票有 50% 的機會在下一輪會轉為 **BUY**。

「狀態」是與「獎勵」相關聯的。如果你擁有股票，而該股票的推薦是 **BUY**，那麼該股票就會上漲，你將獲得 **1** 的獎勵；如果該股票的推薦是 **SELL**，你將獲得 **−1** 的負獎勵或懲罰。

請注意：在某些教科書中，「獎勵」與「狀態轉換」（state transitions）有關，而不是與「狀態」本身有關。原來在數學上是等價的，為了方便表示，我們在這裡讓「獎勵」與「狀態」有關。

在「馬可夫模型」中，一個「代理人」可以遵循一個「策略」（policy），通常表示為 $\pi(s,a)$。一個「策略」描述了當「處於狀態（s）時」採取行動（a）的概率。假設你是一個交易員：你擁有一支股票，而這支股票得到了 **SELL** 的建議。在這種情況下，你可能在 50% 的情況下選擇「賣出」股票，在 30% 的情況下選擇「持有」股票，在 20% 的情況下選擇「買入」更多股票。換句話說，你對 **SELL** 狀態的「策略」可被描述為：

$$\pi(SELL, sell) = 0.5$$

$$\pi(SELL, hold) = 0.3$$

$$\pi(SELL, buy) = 0.2$$

有些交易員有更好的「策略」，可以比其他交易員從一個狀態中「賺更多的錢」。因此，狀態（s）的價值取決於策略（π）。值函數（V）描述了遵循策略（π）時狀態（s）的值。它是遵循策略（π）時，狀態（s）的預期收益，如下列公式所示：

$$V^{\pi}(s) = \mathbb{E}_{\pi}[R_t \mid s_t = s]$$

預期收益（expected return）是指「立即獲得的獎勵」加上「未來的折扣獎勵」，如下列公式所示：

$$R_t = r_{t+1} + \gamma * r_{t+2} + \gamma^2 * r_{t+3} + \gamma^3 * r_{t+3} = \sum_{k=0}^{\infty} \gamma^k * r_{t+k+1}$$

RL 中經常使用的另一個值函數是函數 $Q(s,a)$，我們在上一節已經看到了。Q 描述了如果遵循策略（π），在狀態（s）中採取行動（a）的預期收益，如下列公式所示：

$$Q^{\pi}(s,a) = \mathbb{E}[R_t \mid s_t = s, a_t = a]$$

 請注意：我們使用期望值，因為我們的環境和我們的行動是隨機的。我們不能肯定說我們會在一個特定的狀態下著陸，我們只能給出一個概率。

Q 和 V 描述的是同一件事。如果我們發現自己處於某種狀態，我們該怎麼辦？V 給出了「我們應該尋求哪種狀態」的建議，Q 給出了「我們應該採取哪種行動」的建議。當然，V 暗示我們必須採取一些行動，Q 假設我們行動的結果是在某種狀態下著陸。事實上，Q 和 V 都是從所謂的「貝爾曼方程式」（Bellman equation）推導出來的，這讓我們從本節開始就回到「馬可夫模型」。

如果你假設你所操作的環境可被描述為一個「馬可夫模型」，你真的會想知道兩件事。首先，你會想知道「狀態轉換的概率」（state transition probabilities）。如果你處於狀態（s），如果你採取行動（a），「$\mathcal{P}_{ss'}^{a}$ 在狀態（s'）結束」的可能性有多大？在數學上，如下列公式所示：

$$\mathcal{P}_{ss'}^{a} = Pr\left(s_{t+1} = s' \mid s_t = s, a_t = a\right)$$

同樣地，你也會對處於狀態（s）、採取行動（a）和最終處於狀態（s'）的預期獎勵（$\mathcal{R}_{ss'}^{a}$）感興趣，如下列公式所示：

$$\mathcal{R}_{ss'}^{a} = \mathbb{E}\left[r_{t+1} \mid s_t = s, s_{t+1} = s', a_t = a\right]$$

有鑑於此，我們現在可以推導出 Q 和 V 的兩個「貝爾曼方程式」。首先，我們重寫描述 V 的方程式，以包含 R_t 的實際公式，如下所示：

$$V^{\pi} = \mathbb{E}_{\pi}\left[\sum_{k=0}^{\infty} \gamma^k * r_{t+k+1} \mid s_t = s\right]$$

我們可以從「總和」中抽出「第一個獎勵」，如下列公式所示：

$$V^{\pi}(s) = \mathbb{E}_{\pi}\left[r_{t+1} + \gamma * \sum_{k=0}^{\infty} \gamma^k * r_{t+k+2} \mid s_t = s\right]$$

我們期望的第一部分是我們在「狀態（s）和下列策略（π）」之中直接獲得的「預期獎勵」，如下所示：

$$\mathbb{E}_{\pi}\left[r_{t+1} \mid s_t = s\right] = \sum_a \pi(s,a) \sum_{s'} \mathcal{P}_{ss'}^{a} \mathcal{R}_{ss'}^{a}$$

前面的公式顯示了一個巢狀運算總和（a nested sum）。首先，我們對所有行動（a），按其在策略（π）下發生的概率加權求和。對於每一個行動，我們在行動（a）之後，對狀態（s）移到下一個狀態（s'）的轉移獎勵分佈進行加權求和，其加權值是該轉移發生的概率 P（由轉移概率給出）。

我們期望的第二部分可以改寫成如下所示：

$$\mathbb{E}_\pi\left[\gamma\sum_{k=0}^{\infty}\gamma^k r_{t+k+2}|s_t=s\right]=\sum_a\pi(s,a)\sum_{s'}\mathcal{P}_{ss'}^a\gamma\mathbb{E}_\pi\left[\sum_{k=0}^{\infty}\gamma^k r_{t+k+2}|s_{t+1}=s'\right]$$

「狀態（s）之後的未來獎勵之預期折扣值」是「所有狀態的折扣預期未來值（s'）」，並依照「它們的出現概率 P」以及「遵循策略（π）採取行動（a）的概率」來加權。

這個公式相當難以形容，但它使我們對「值函數的遞迴（recursive）性質」有了一個初步的理解。如果我們現在替換「值函數」中的期望值，就會變得更加清晰了，如下列公式所示：

$$V^\pi(s)=\sum_a\pi(s,a)\sum_{s'}\mathcal{P}_{ss'}^a\left[\mathcal{R}_{ss'}^a+\gamma\mathbb{E}_\pi\left[\sum_{k=0}^{\infty}\gamma^k r_{t+k+2}|s_{t+1}=s'\right]\right]$$

內期望值（inner expectation）表示下一步的值函數（s'）！這意味著我們可以用「值函數」$V(s')$ 代替「期望值」，如下所示：

$$V^\pi(s)=\sum_a\pi(s,a)\sum_{s'}\mathcal{P}_{ss'}^a\left[\mathcal{R}_{ss'}^a+\gamma V^\pi(s')\right]$$

按照同樣的邏輯，我們可以得出「Q 函數」，如下所示：

$$Q(s,a)=\sum_{s'}\mathcal{P}_{ss'}^a\left[\mathcal{R}_{ss'}^a+\gamma Q^\pi(s',a')\right]$$

恭喜！你剛剛推導出了「貝爾曼方程式」！現在，暫停一下，花點時間思考一下，請確定你真正理解這些方程式背後的機制。此核心觀念是，一個狀態值可以用「其他許多狀態值」來表達。長期以來，優化「貝爾曼方程式」的必用方法是建立「底層馬可夫模型」（the underlying Markov model）以及「其狀態轉移和獎勵概率的模型」。

然而，「遞迴結構」（recursive structure）需要一種叫做**動態規劃**（**dynamic programming**）的技術。「動態規劃」背後的核心觀念是要解決較容易的子問題。你已經在 Catch 的例子中看到了這一點。在那裡，除了遊戲結束的狀態之外，我們使用了一個神經網路來估計 $Q^\pi(s',a')$。對於這類遊戲而言，找到「與狀態相關的獎勵」是很容易的：它是遊戲結束時獲得的「最終獎勵」。正是在這些狀態之下，神經網路首次對「函數 Q」進行了準確估計。從此，它就可以「向後退」（go backward），學習「離遊戲結束還更遠」的狀態數值。這種「動態規劃」和「無模型（model-free）的強化學習方法」還有更多可能的應用。

在我們使用這個理論基礎來建立不同類型的系統之前，我們先簡單介紹一下「貝爾曼方程式」在經濟學中的應用。凡是熟悉這些討論的讀者將會在這裡找到一個「參考點」，來深入理解「貝爾曼方程式」。對於那些不熟悉這些研究領域的讀者來說，他們會發現如何追尋「更深一層的閱讀方向」和本章所討論技術的「應用靈感」。

貝爾曼方程式之經濟學應用

雖然「貝爾曼方程式」在經濟學上的首次應用是發生在 1954 年，但 Robert C. Merton 於 1973 年的論文可能是最著名的經濟學應用：《*An Intertemporal Capital Asset Pricing Model*》（`http://www.people.hbs.edu/rmerton/Intertemporal%20 Capital%20Asset%20Pricing%20Model.pdf`）。利用「貝爾曼方程式」，Merton 發展了一個「資本資產定價模型」（capital asset pricing model），與「經典的 CAPM 模型」不同，該模型是屬「時間連續性」的，且能夠解釋投資機會的變化。

「貝爾曼方程式」的遞迴性啟發了「遞迴經濟學」（recursive economics）領域。Nancy Stokey、Robert Lucas 和 Edward Prescott 在 1989 年寫了一本影響深遠的著作《*Recursive Methods in Economic Dynamics*》（`http://www.hup.harvard. edu/catalog.php?isbn=9780674750968`），他們在書中應用「遞迴方法」來解決經濟理論中的問題。這本書啟發了其他人使用「遞迴經濟學」來解決一系列廣泛的經濟問題，從「委託代理問題」（principal-agent problem）到「最佳經濟增長」（optimal economic growth）都有。

Avinash Dixit 和 Robert Pindyck 在 1994 年出版的著作《*Investment Under Uncertainty*》（`https://press.princeton.edu/titles/5474.html`）成功地開發了該方法，並將其應用於資本預算編製（capital budgeting）。Patrick Anderson 在 2009 年的論文《*The Value of Private Businesses in the United States*》（`https://www. andersoneconomicgroup.com/the-value-of-private-businesses-in-the-united- states/`）中將它應用於私營企業的評量（valuation of private businesses）。雖然「遞迴經濟學」仍有許多問題，包括它所需的巨大計算能力，但它仍然是一個很有前途的科學分支。

優勢行動者 - 評論家模型

如我們在前面幾節中看到的，「Q- 學習」是非常有用的，但是它也有缺點。例如，由於我們必須估計「每個行動的 Q 值」，因此必須有一組離散的有限行動集。那麼，如

果「行動空間」是連續的或者非常大的話，又該怎麼辦呢？假設你正在使用「RL 演算法」建構一個股票投資組合。

在這種情況下，即使你的股票宇宙只包括兩檔股票，如 AMZN 和 AAPL，也會有大量的方法來平衡它們：「10% 投資於 AMZN」和「90% 投資於 AAPL」，或「11% 投資於 AMZM」和「89% 投資於 AAPL」等等。如果你的股票宇宙變得越來越大，那麼你可以組合股票的方式數量最後就會大到爆炸。

要想從這樣的「行動空間」中進行選擇，一個變通的辦法就是直接學習策略（π）。一旦你學會了一個策略，你可以直接給它一個狀態，它就會回饋許多行動的分佈。這意味著你的行動也將是隨機的。隨機策略有優勢，特別是在賽局理論之中。

請想像一下你在玩「剪刀、石頭、布」的遊戲，你遵循的是確定性（deterministic）的策略。如果你的策略是選擇石頭，你總是會選擇石頭，一旦你的對手發現「你總是選擇石頭」，你將永遠會「輸」。**Nash equilibrium**（**Nash 均衡**）是一種玩「剪刀、石頭、布」遊戲的非合作賽局（non-cooperative game）解法，它可以「隨機選擇」行動。只有「隨機策略」才能做到這一點。

要學習一個策略，我們必須能夠對「策略」計算梯度。與大多數人的期望相反，策略是可以區分的。在本節中，我們將逐步建立一個策略梯度，並用它來創造「可連續控制（continuous control）的優勢」，即**優勢行動者 - 評論家模型**（advantage actor-critic model，**A2C**）。

在區分策略的過程中，第一部分是看我們選擇某一個行動（a），而不是遵循策略（π），就可以獲得優勢，如下列公式示：

$$A(s,a) = Q_\pi(s,a) - V^p i(s)$$

行動（a）在狀態（s）中的優勢是「在 s 中執行 a 的值」減去「策略（π）下的 s 值」。我們用 $J(\pi)$ 來衡量我們的策略（π）有多好，$J(\pi)$ 是一個函數，以「起始狀態（s_0）的期望值」表示，如下列公式示：

$$J(\pi) = \mathbb{E}_p s_0 \left[V(s_0) \right]$$

現在，要計算策略的梯度，我們必須執行兩個步驟，這些步驟顯示在「策略梯度公式」的期望值中，如下列公式示：

$$\nabla_\theta J(\pi) = \mathbb{E}_{s \sim p^\pi, a \sim \pi(s)} \left[A(s,a).\nabla_\theta \pi(a|s) \right]$$

首先,我們要計算一個給定的行動(a)和 $A(s,a)$ 的優勢。然後我們要對遞增的概率($\pi(a|s)$)計算神經網路權重的導數(∇_θ),其中 a 是在策略(π)之下選取的。

對於具有「正面優勢」的行動($A(s,a)$),我們遵循讓 a 可能性更大的梯度。對於具有「負面優勢」的行動,我們會朝著「完全相反的方向」發展。期望值顯示,我們正在為「所有狀態」和「所有行動」這樣做。實際上,我們手動將「行動的優勢」與「新增的可能性梯度」相乘。

剩下的一件事是我們如何計算優勢。「採取某項行動的值」是指採取該行動之後「直接獲得的獎勵」,以及採取該行動之後「我們發現自己所處狀態的值」,如下所示:

$$Q(s,a) = r + \gamma V(s')$$

所以,我們可以在優勢計算中替換 $Q(s,a)$,如下列公式示:

$$A(s,a) = Q(s,a) - V(s) = r + \gamma V(s') - V(s)$$

由於計算 V 對於「計算策略梯度」來說很有幫助,研究人員提出了「A2C 架構」。具有兩個模型的單一神經網路可「同時學習」V 和 π。事實證明,用「共享權重方式」來學習它們會非常有用,因為如果兩個模型都必須從「環境」之中提取特徵,則可以「加快」訓練速度,如下圖所示:

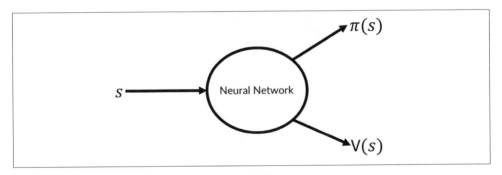

A2C 架構

如果你正在訓練一個對「高維度影像資料」進行操作的代理人,例如,「值函數」和「策略模型」兩者都需要學習如何解釋影像。共享權重將有助於掌握共同的任務。如果你是在「低維度資料」上進行訓練,不共享權重可能會更有道理。

如果「行動空間」是連續的,π 由兩個輸出表示,即平均值 μ 和標準差 σ。這使得我們可以像對「自動編碼器」那樣從「一個學習過的分佈」之中進行採樣。

A2C 方法的一個常見變形是「**異步優勢行動者 - 評論家模型**」（asynchronous advantage actor-critic，簡稱 **A3C**）。A3C 的工作原理與 A2C 完全相同，只是在訓練時，要「平行模擬」多個代理人。這意味著可以收集更多的獨立資料。獨立資料很重要，因為「過於相關的例子」會使模型「過度擬合」（overfit）特定情況而忘記其他情況。

由於 A3C 和 A2C 的工作原理相同，外加「平行遊戲」（parallel gameplay）的實作方式又實際引入了「混淆演算法」（obfuscation algorithm）的複雜性，所以在下面的例子中，我們僅堅持使用「A2C 架構」就好。

學會平衡

在本節中，我們將訓練一個 A2C 模型，來擺動（swing up）並平衡（balance）一個鐘擺（pendulum），如下圖所示：

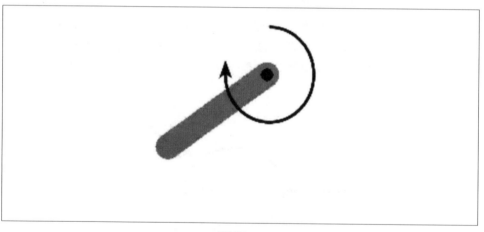

鐘擺 gym

鐘擺由一個旋轉力（rotational force）控制，這個旋轉力可以在任何方向上施加力量。在上圖中，你可以看到「箭頭」顯示所施加的力。控制力是連續的；代理人可以施加或多或少的力量。同時，「力」可以在兩個方向上作為「正力」和「負力」來施加。

這個相對簡單的控制任務是一個有用的「連續控制」例子，它可以很容易地擴展到「股票交易任務」之上，我們將在後面討論。此外，我們可以視覺化這項任務，如此一來，我們就可以直觀地掌握該演算法是如何學習的（包括任何可能的缺陷）。

請注意：在植入一個新的演算法時，請在一個「可以視覺化的任務」之上進行試驗。與透過查詢資料相比，視覺化更容易發現「細微的失誤地方」。

鐘擺環境是 OpenAI Gym 的一部分，它是一套為訓練「強化學習演算法」而製作的遊戲。你可以執行以下指令來安裝它：

```
pip install gym
```

 請注意：關於這套遊戲的更多資訊，請見 http://gym.openai. com/。

在開始之前，我們先匯入：

```
import gym                                    #1

import numpy as np                            #2

from scipy.stats import norm                  #3
from keras.layers import Dense, Input, Lambda
from keras.models import Model
from keras.optimizers import Adam
from keras import backend as K

from collections import deque                 #4
import random
```

有不少新的匯入，讓我們逐一介紹它們：

1. OpenAI 的 gym 是一個開發「強化學習演算法」的工具包。它提供了許多遊戲環境，從經典的控制任務（如鐘擺）到 Atari 遊戲和機器人模擬。
2. gym 是由 numpy 陣列連接而成的。狀態、行動和環境都會以「與 numpy 相容」的格式呈現。
3. 我們的神經網路會比較小，是以「函數式 API」為基礎。由於我們再次學習一個分佈，我們需要利用 SciPy 的「norm（範數）函數」來幫助我們取得「向量範數」（vector norm）。
4. deque 的 Python 資料結構是一種高效率的資料結構，可為我們方便地管理最大長度。不再需要「手動刪除」經驗了！我們可以使用 Python 的「random（隨機）模組」從 deque 之中隨機採樣。

現在是時候建立「代理人」了。以下所有「方法」會構成 A2CAgent 類別：

```python
def __init__(self, state_size, action_size):

    self.state_size = state_size                    #1
    self.action_size = action_size
    self.value_size = 1

    self.exp_replay = deque(maxlen=2000)            #2

    self.actor_lr = 0.0001                          #3
    self.critic_lr = 0.001
    self.discount_factor = .9

    self.actor, self.critic = self.build_model()    #4

    self.optimize_actor = self.actor_optimizer()    #5
    self.optimize_critic = self.critic_optimizer()
```

讓我們逐步解說這段程式碼：

1. 首先，我們需要定義一些遊戲相關的變數。「狀態空間大小」和「行動空間大小」由遊戲給出。鐘擺狀態由「取決於擺角（angle of the pendulum）的三個變數」組成。「狀態」是由「θ 的正弦」、「θ 的餘弦」和「角速度」組成。「狀態值」只是一個單一的「純量」（scalar）。

2. 接下來，我們設定我們的「經驗重播緩衝區」，它最多可以儲存 2,000 個狀態。較大的 RL 實驗有更大的重播緩衝區（通常有 500 萬次經驗左右），但對於此任務來說，可以進行 2,000 次。

3. 由於我們正在訓練一個神經網路，我們需要設定一些超參數。即便「行動者」（actor）和「評論家」（critic）共享權重，結果發現，「行動者」的學習率通常應該低於「評論家」的學習率。這是因為我們訓練「行動者」的策略梯度較不穩定。我們還需要設定「折扣率」（γ）。請記住，「強化學習的折扣率」與「一般金融領域的應用方式」是不同的。在金融領域中，我們透過「將未來價值除以 1 再加上折扣係數」來進行折扣計算。在強化學習中，我們與「折扣率」相乘。因此，較高的折扣係數（γ）意味著「未來價值的折扣率」較低。

4. 為了實際建立模型，我們下一步將定義一個單獨的方法。

5. 「行動者」和「評論家」的優化器是自定義的優化器。為了定義這些優化器，我們還建立了一個單獨的函數。優化器本身是可以在訓練時呼叫的函數，如下列程式碼所示：

```
def build_model(self):

    state = Input(batch_shape=(None, self.state_size))           #1

    actor_input = Dense(30,                                      #2
                    activation='relu',
                    kernel_initializer='he_uniform')(state)

    mu_0 = Dense(self.action_size,                              #3
                activation='tanh',
                kernel_initializer='he_uniform')(actor_input)

    mu = Lambda(lambda x: x * 2)(mu_0)                          #4

    sigma_0 = Dense(self.action_size,                          #5
                    activation='softplus',
                    kernel_initializer='he_uniform')(actor_input)

    sigma = Lambda(lambda x: x + 0.0001)(sigma_0)              #6

    critic_input = Dense(30,                                    #7
                    activation='relu',
                    kernel_initializer='he_uniform')(state)

    state_value = Dense(1, kernel_initializer='he_uniform')(critic_
input)                                                          #8

    actor = Model(inputs=state, outputs=(mu, sigma))           #9
    critic = Model(inputs=state, outputs=state_value)          #10

    actor._make_predict_function()                             #11
    critic._make_predict_function()

    actor.summary()                                            #12
    critic.summary()

    return actor, critic                                       #13
```

以上函數設定了 Keras 模型。這很複雜,讓我們來看看:

1. 當我們使用「函數式 API」時,我們必須定義一個輸入層,我們可以使用它將「狀態」傳送給「行動者」和「評論家」。

2. 「行動者」有一個隱藏的第一層作為「行動者」值函數的輸入。它有 30 個隱藏單元和一個 relu 激勵函數。它由一個「he_uniform 初始化器」初始化。這個「初始化器」與「預設的 glorot_uniform 初始化器」只有一點不同。he_uniform 初始化器會從一個極限為 $\pm\sqrt{6/i}$ 的均勻分佈之中取樣，其中 i 為「輸入維度」。預設的 glorot_uniform 會從一個極限為 $\pm\sqrt{6/(i+o)}$ 的均勻分佈之中取樣，而 o 為「輸出維度」。這兩者之間的差別相當小，但結果發現，he_uniform 初始化器對於學習「值函數」和「策略」的效果較好。

3. 鐘擺的「行動空間」範圍是從 –2 到 2。我們採用的是一般的 tanh 激勵函數，其範圍先是從 –1 到 1，然後再修正比例。

4. 為了修正「行動空間」的比例，我們現在將 tanh 函數的輸出乘以 2。利用 Lambda 圖層，我們可以在「計算圖」中手動定義這樣一個函數。

5. 「標準差」不應該是負數。原則上，softplus 激勵函數的工作原理和 relu 一樣，但具有軟邊（a soft edge），如下圖所示：

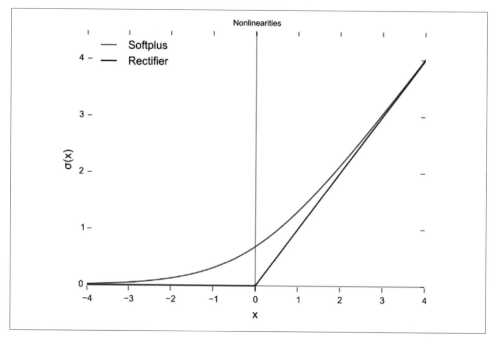

ReLU 與 softplus

6. 為了確定「標準差」不為 0，我們在其中增加一個微小的常數。我們再次使用 Lambda 圖層來完成這項任務。這也確保了「梯度」的正確計算，因為該模型知道增加的常數。

7. 「評論家」也有一個隱藏圖層來計算其「值函數」。

8. 狀態的值只是一個單一的純量，可以為任何值。因此，這個模型只有一個輸出和一個線性函數，也就是「預設的激勵函數」。

9. 我們將「行動者」定義為從「狀態」到「策略」的映射，我們以平均值為 μ 和標準差為 σ 來表示。

10. 我們將「評論家」定義為從「一個狀態」映射到「該狀態的一個值」。

11. 雖然這不是 A2C 的嚴格要求，但如果我們想將我們的「代理人」用於「異步的 A3C 方法」，那麼我們需要使「預測函數」的執行緒安全。Keras 會在你第一次呼叫 predict() 時將模型加載到 GPU 之上。如果這種情況發生在「多執行緒」上，則事情可能會「中斷」。_make_predict_function() 可以確定模型已經加載到 GPU 或 CPU 上，並且已經準備好進行預測，即使是在「多個執行緒」上也是如此。

12. 為了除錯的目的，我們列印出模型的摘要。

13. 最後，我們傳回模型。

現在我們必須要為「行動者」建立優化器。「行動者」使用自定義優化器，該優化器沿「策略梯度」對「行動者」進行優化。然而，在定義優化器之前，我們需要看一下「策略梯度」的最後一塊拼圖。還記得「策略梯度」是如何仰賴「權重梯度」（$\nabla_\theta \pi(a|s)$），從而使行動（a）的可能性更大嗎？Keras 可以為我們計算這個導數，但我們需要向 Keras 提供策略 π 的值。

為此，我們需要定義一個「概率密度函數」（probability density function）。π 是一個「平均數為 μ，標準差為 σ」的常態分佈，所以「概率密度函數」（f）的公式如下所示：

$$f\left(x; \mu, \sigma^2\right) = \frac{1}{\sqrt{2\pi\sigma^2}} * e^{\frac{-(a-\mu)^2}{2\sigma}}$$

在這裡，π 代表常數（3.14......），而不是代表「策略」。以後我們只需要取這個「概率密度函數」的「對數」（logarithm）即可。但為什麼要取「對數」呢？因為取「對數」可以得到「較平滑的梯度」。最大化某個概率的「對數」等同於最大化該概率，所以我們就可以用所謂的「對數技巧」（log trick）來提高學習效果了。

策略（π）的值是「每個行動（a）的優勢」乘以「這個行動發生的對數概率」（由「概率密度函數」f 表示）。

下面的函數可以優化我們的「行動者」模型。我們來看看優化過程，如下列程式碼所示：

```
def actor_optimizer(self):
    action = K.placeholder(shape=(None, 1))                          #1
    advantages = K.placeholder(shape=(None, 1))

    mu, sigma_sq = self.actor.output                                #2

    pdf = 1. / K.sqrt(2. * np.pi * sigma_sq) * \
                    K.exp(-K.square(action - mu) /
                    (2. * sigma_sq))                                #3

    log_pdf = K.log(pdf + K.epsilon())                              #4

    exp_v = log_pdf * advantages                                    #5

    entropy = K.sum(0.5 * (K.log(2. * np.pi * sigma_sq) + 1.))      #6
    exp_v = K.sum(exp_v + 0.01 * entropy)                           #7
    actor_loss = -exp_v                                             #8

    optimizer = Adam(lr=self.actor_lr)                              #9

    updates = optimizer.get_updates(self.actor.trainable_weights,
                            [], actor_loss)                         #10

    train = K.function([self.actor.input, action, advantages], [],
                    updates=updates)                                #11

    return train                                                    #12
```

1. 首先，我們需要為「所採取的行動」和「該行動的優勢」設定一些「佔位符號」。我們將在呼叫優化器時填充這些「佔位符號」。
2. 我們得到「行動者」模型的輸出。這些輸出是我們可以插入優化器的張量。這些張量的優化將進行「倒傳遞」並優化整個模型。
3. 現在我們要來設定「概率密度函數」。這個步驟看起來可能有點嚇人，但如果你仔細觀察，會發現它和我們之前定義的「概率密度函數」是一樣的。
4. 現在我們應用「對數技巧」。為了確保我們不會意外地取 0 的對數，我們增加了一個很小的常數，epsilon。

5. 我們「策略值」現在是「行動（a）的概率」乘以「這種行動發生的概率」。

6. 為了獎勵模型的概率策略，我們增加了一個「熵」項目。「熵」用下列公式計算：

$$\sum 0.5\left(\log\left(2\pi\sigma^2\right)+1\right)$$

這裡，π 是一個常數 3.14……，而 σ 是標準差。雖然這個公式呈現了常態分佈的「熵」，但這些內容已超出本章的範圍。你可以看到，如果「標準差」上升，「熵」就會上升。

7. 我們把這個「熵」項目加到「策略值」之上。藉由使用 K.sum()，我們對「批次的值」求和。

8. 我們希望最大化「策略值」，但在預設情況下，Keras 執行的是「梯度下降法」，這會讓損失最小化。一個簡單的技巧是將值設為「負值」，然後將「負值」最小化。

9. 為了進行「梯度下降法」，我們使用 Adam 優化器。

10. 我們可以從此優化器中取得「更新後的張量」，get_updates() 需要三個引數（參數／parameters、約束／constraints 和損失／loss）。我們提供模型的參數，也就是它的權重。由於我們沒有任何約束內容，所以我們只傳遞一個空列表作為約束。至於損失，我們傳遞的是「行動者」損失。

11. 我們既然已備有「更新後的張量」，現在可以建立一個函數了，請將「行動者模型輸入」（即狀態）以及兩個「佔位符號」（即行動和優勢）作為此函數的輸入參數。此函數只傳回一個空列表，並將「更新後的張量」用於所涉及的模型之上。此函數是可以被呼叫的，我們將會在後面看到。

12. 我們傳回此函數。由於我們在我們類別的「init 函數」中呼叫了 actor_optimizer()，所以我們剛剛建立的優化函數就變成了 self.optimize_actor。

我們還需要為「評論家」建立一個自定義優化器。「評論家的損失」是「預測值和獎勵之間的均方誤差」加上「下一個狀態的預測值」，如下所示：

```
def critic_optimizer(self):
    discounted_reward = K.placeholder(shape=(None, 1))          #1

    value = self.critic.output

    loss = K.mean(K.square(discounted_reward - value))          #2

    optimizer = Adam(lr=self.critic_lr)                         #3

    updates = optimizer.get_updates(self.critic.trainable_weights,
```

```
                                     [], loss)

    train = K.function([self.critic.input, discounted_reward],
                       [],
                       updates=updates)                          #4
    return train
```

前面的函數優化了我們的「評論家」模型：

1. 我們再次為我們需要的變數設定一個「佔位符號」。discounted_reward 包括「狀態（s'）的未來折扣值」和「直接獲得的獎勵」。
2. 「評論家損失」是「評論家的輸出」與「折扣獎勵」之間的「均方誤差」。在計算「輸出」與「折扣獎勵」之間的「均方誤差」之前，我們首先求得「輸出張量」。
3. 我們再次使用 Adam 優化器，從中獲得「更新後的張量」，就像我們之前做的那樣。
4. 再次，也是最後一次，就像我們之前做的那樣，我們將把「更新」匯入到一個函數之中。該函數將變為 self.optimize_critic。

為了讓我們的「代理人」採取各種行動，我們需要定義一個從「狀態」產生「行動」的方法，如下列程式碼所示：

```
def get_action(self, state):
    state = np.reshape(state, [1, self.state_size])        #1
    mu, sigma_sq = self.actor.predict(state)               #2
    epsilon = np.random.randn(self.action_size)            #3
    action = mu + np.sqrt(sigma_sq) * epsilon              #4
    action = np.clip(action, -2, 2)                        #5
    return action
```

有了這個函數，我們的「行動者」就可以執行「行動」了。讓我們來檢查一下這個函數：

1. 首先，我們重塑狀態，以確定它有本模型所期望的形狀。
2. 我們從本模型中預測這次「行動」的平均值和變異數（σ^2）。
3. 然後，就像我們對「自動編碼器」所做的那樣，我們首先對一個「平均數為 0，標準差為 1」的隨機常態分佈進行採樣。
4. 我們把「平均值」加起來，然後乘以「標準差」。現在我們有了從「策略」中採樣的「行動」。

5. 為了確定我們會在「行動空間」的邊界內，我們將「行動」限制在 (−2,2) 的範圍內，這樣就不會超出這些邊界了。

最後，我們需要訓練模型。train_model 函數會在接受一次新的「經驗」之後訓練模型：

```
def train_model(self, state, action, reward, next_state, done):
    self.exp_replay.append((state, action, reward,
                            next_state, done))           #1

    (state, action, reward, next_state, done) =
            random.sample(self.exp_replay,1)[0]          #2
    target = np.zeros((1, self.value_size))              #3
    advantages = np.zeros((1, self.action_size))

    value = self.critic.predict(state)[0]               #4
    next_value = self.critic.predict(next_state)[0]

    if done:                                             #5
        advantages[0] = reward - value
        target[0][0] = reward
    else:
        advantages[0] = reward + self.discount_factor *
 (next_value) - value
        target[0][0] = reward + self.discount_factor * next_value

    self.optimize_actor([state, action, advantages])     #6
    self.optimize_critic([state, target])
```

這就是我們如何優化「行動者」和「評論家」的方式：

1. 首先，請把新的經驗加入「經驗重播緩衝器」之中。
2. 然後，我們立即從「經驗重播緩衝器」之中取樣。這樣，我們就打破了模型訓練樣本之間的「相關性」。
3. 我們為「優勢」和「目標」設定「佔位符號」。我們會在「第 5 個步驟」填滿它們。
4. 我們預測了狀態 (s) 和狀態 (s') 的值。
5. 如果遊戲在目前狀態 (s) 之後結束，則「優勢」是「我們獲得的獎勵」減去「我們指定給狀態的值」，而「值函數的目標」就是「我們獲得的獎勵」。如果在這個

狀態之後遊戲沒有結束，那麼「優勢」是「獲得的獎勵」加上「下一個狀態的折扣值」減去「這個狀態的值」。在這種情況下，「目標」是獲得的「獎勵」加上「下一個狀態的折扣值」。

6. 瞭解「優勢」、所採取的「行動」和「價值目標」，我們可以使用我們之前建立的優化器來優化「行動者」和「評論家」。

就這樣，我們已經完成 A2CAgent 類別了。現在該是使用 A2CAgent 類別的時候了。我們定義一個 run_experiment 函數。這個函數會播放若干「回合」（episode）的遊戲。首先，在沒有繪製遊戲的情況下「訓練一個新的代理人」是很有用的，因為訓練大約需要 600 到 700 回合的遊戲，直到代理人表現良好為止。有了訓練好的代理人，你就可以觀看遊戲了，如下列程式碼所示：

```
def run_experiment(render=False, agent=None, epochs = 3000):
    env = gym.make('Pendulum-v0')                            #1

    state_size = env.observation_space.shape[0]              #2
    action_size = env.action_space.shape[0]

    if agent = None:                                         #3
        agent = A2CAgent(state_size, action_size)

    scores = []                                              #4

    for e in range(epochs):                                  #5
        done = False                                         #6
        score = 0
        state = env.reset()
        state = np.reshape(state, [1, state_size])

        while not done:                                      #7
            if render:                                       #8
                env.render()

            action = agent.get_action(state)                 #9
            next_state, reward, done, info = env.step(action)  #10
            reward /= 10                                     #11
            next_state = np.reshape(next_state,
                            [1, state_size])                 #12
            agent.train_model(state, action, reward,
                        next_state, done)                    #13
```

```
score += reward                                        #14
state = next_state                                     #15

if done:                                               #16
    scores.append(score)
    print("episode:", e, "  score:", score)

    if np.mean(scores[-min(10, len(scores)):]) > -20:  #17
        print('Solved Pendulum-v0 after {}
                iterations'.format(len(scores)))
        return agent, scores
```

我們的實驗可以歸納為以下幾個函數：

1. 首先，我們建立一個新的 gym 環境。這個環境中包含了鐘擺遊戲。我們可以傳遞「行動」給這個遊戲，並觀察「狀態」和「獎勵」。
2. 我們從遊戲中獲取「行動和狀態空間」。
3. 如果沒有傳遞給函數的「代理人」，我們將建立一個新的代理人。
4. 我們設定一個「空陣列」來追蹤一段時間內的分數。
5. 現在，我們玩遊戲的回合數是由 epochs 指定的。
6. 在遊戲開始時，我們將「遊戲結束指示器」設定為 false，將 score 設定為 0，然後重設遊戲。藉由重設遊戲，我們得到開始的起始狀態。
7. 現在，我們玩遊戲，直到遊戲結束為止。
8. 如果你傳遞了 render = True 給此函數，遊戲將會顯示在螢幕上。請注意，這在遠端筆記本（如在 Kaggle 或 Jupyter）之上是行不通的。
9. 我們從「代理人」那裡得到「行動」，然後在「環境」中執行該「行動」。
10. 當在「環境」中執行「行動」時，我們觀察到「新狀態」、「獎勵」以及「遊戲是否結束」。gym 還傳遞了一個 info 字典，我們可以暫時跳過這個字典。
11. 遊戲的獎勵都是負數，「獎勵越高、越接近零」就越好。不過獎勵可能相當大，所以我們減少獎勵。太極端的獎勵會導致訓練時「梯度太大」。這樣會阻礙訓練。
12. 在用模型訓練之前，我們先重塑「狀態」以確定一下。
13. 現在我們對「代理人」進行新經驗的訓練。如你所見，「代理人」將把經驗儲存在它的「重播緩衝區」之中，並隨機抽取一個舊經驗來進行訓練。
14. 我們增加總體「獎勵」，以追蹤在遊戲中獲得的獎勵。
15. 我們將新狀態設定為目前狀態，為下一個影格的遊戲做準備。

16. 如果遊戲結束，我們追蹤並列印出遊戲分數。

17. 「代理人」通常在 700 輪之後表現得很好。如果過去 20 場比賽的「平均獎勵」高於 –20，我們宣佈遊戲已解決。如果是這樣，我們將退出此函數，並傳回訓練好的「代理人」及其分數。

學會交易

「強化學習演算法」主要是在遊戲和模擬之中開發的，其中失敗的演算法不會造成任何損害。然而，一個演算法一旦開發出來，就可以適應其他更嚴肅的任務。為了示範這種能力，我們現在要建立一個 A2C 代理人，學習如何在一個龐大的股票宇宙中平衡「股票投資組合」。

 請注意：請勿根據這個演算法來進行交易。這只是一個簡化的、有點天真的實作，其目的是用來示範概念，不應在現實世界之中使用。

為了訓練一個新的「強化學習演算」法，我們首先需要建立一個訓練環境。在這種環境中，「代理人」以真實的股票資料進行交易。該環境可以像 OpenAI Gym 環境的介面一樣。遵循 Gym 的介面慣例可以減少開發的複雜性。假設可用 100 天的時間來回顧此宇宙中股票的百分比收益，則「代理人」必須以 100 維向量的形式傳回分配量。

「分配向量」（allocation vector）描述了「代理人」希望在一檔股票上分配的資產份額。「負分配」意味著「代理人在做空該股票」（the agent is short trading the stock）。為了簡單起見，「交易成本」和「下滑」不會新增到環境之中。不過，增加這些費用並不困難。

 提示：關於本環境與代理人的完整實作，請見：`https://www.kaggle.com/jannesklaas/a2c-stock-trading`。

本「環境」看起來是這樣的，如下列程式碼所示：

```
class TradeEnv():
    def reset(self):
        self.data = self.gen_universe()          #1
        self.pos = 0                             #2
        self.game_length = self.data.shape[0]    #3
```

```
    self.returns = []                                    #4

    return self.data[0,:-1,:]                            #5

def step(self,allocation):                               #6
    ret = np.sum(allocation * self.data[self.pos,-1,:])  #7
    self.returns.append(ret)                             #8
    mean = 0                                             #9
    std = 1
    if len(self.returns) >= 20:                          #10
        mean = np.mean(self.returns[-20:])
        std = np.std(self.returns[-20:]) + 0.0001

    sharpe = mean / std                                  #11

    if (self.pos +1) >= self.game_length:                #12
        return None, sharpe, True, {}
    else:                                                #13
        self.pos +=1
        return self.data[self.pos,:-1,:], sharpe, False, {}

    def gen_universe(self):                              #14
        stocks = os.listdir(DATA_PATH)
        stocks = np.random.permutation(stocks)
        frames = []
        idx = 0
        while len(frames) < 100:                         #15
            try:
                stock = stocks[idx]
                frame = pd.read_csv(os.path.join(DATA_PATH,stock),
                            index_col='Date')
                frame = frame.loc['2005-01-01':].Close
                frames.append(frame)
            except:
                e = sys.exc_info()[0]
            idx += 1

    df = pd.concat(frames,axis=1,ignore_index=False)     #16
    df = df.pct_change()
    df = df.fillna(0)
    batch = df.values
    episodes = []                                        #17
```

```
for i in range(batch.shape[0] - 101):
    eps = batch[i:i+101]
    episodes.append(eps)
data = np.stack(episodes)
assert len(data.shape) == 3
assert data.shape[-1] == 100
return data
```

我們的交易環境與鐘擺環境有些相似。讓我們看看我們是如何設定的：

1. 我們為我們的宇宙載入資料。

2. 由於我們正在逐步處理資料，其中每天都是一個步驟，因此我們需要及時追蹤我們的位置。

3. 我們需要知道遊戲何時結束，所以我們需要知道我們有多少資料。

4. 為了追蹤一段時間之內的回報，我們設定了一個空陣列。

5. 初始狀態是「第一個回合」，直到最後一個元素資料為止，也就是宇宙中所有100 檔股票第二天的收益。

6. 在每個步驟中，「代理人」都需要向環境提供一個分配量（allocation）。「代理人」獲得的獎勵是過去 20 天的「夏普指數」（Sharpe ratio，又稱「夏普比率」），即收益的平均值和標準差之間的比率。例如，你可以修改獎勵函數來包括「交易成本」或「下滑」。如果你真的想這樣做，那麼請參閱本章後面關於「獎勵塑形」（reward shaping）的小節（本書第 313 頁）。

7. 第二天的收益是「回合」資料的最後一個元素。

8. 為了計算「夏普指數」，我們需要追蹤過去的收益率。

9. 如果我們還沒有 20 個收益，收益的「平均值」和「標準差」將分別為 0 和 1。

10. 如果我們有足夠的資料，我們就計算出「收益追蹤器」（return tracker）中最後 20 個元素的「平均值」和「標準差」。我們在「標準差」中加入一個微小常數，以避免除數為「零」。

11. 我們現在可以計算「夏普指數」，這將為「代理人」提供獎勵。

12. 如果遊戲結束，「環境」將不會傳回「下一個狀態」，但會傳回「獎勵」、「遊戲結束的指標」以及一個「空的資訊字典」，這是為了堅持 OpenAI Gym 的慣例。

13. 如果遊戲沒有結束，「環境」將傳回「下一個狀態」、「獎勵」和「遊戲未結束的指標」以及一個「空的資訊字典」。

14. 這個函數加載了一個宇宙中 100 檔隨機股票的每日收益。

15. 選擇器以「隨機順序」在包含股票價格的檔案上移動。其中一些檔案已經損壞，因此加載它們會導致錯誤。加載器不斷嘗試，直到組裝出「100 個包含股票價格的 pandas 資料框」為止。僅考慮從 2005 年開始的收盤價。

16. 在下一步驟中，所有資料框都被合併起來。請計算「股票價格的百分位數」變化。所有遺失的值都用「零」填充，以表示沒有變化。最後，我們將資料中的數值提取為 NumPy 陣列。

17. 最後要做的是將資料轉化為「時間序列」。前 100 個步驟是「代理人」決策的基礎。第 101 個元素是第二天的收益，「代理人」將據此進行評估。

我們只需要在「A2Cagent 代理人類別」中做一些小修改。也就是說，我們只需要修改模型，使其能夠接收「收益的時間序列」。為此，我們增加兩個 LSTM 圖層，可讓「行動者」和「評論家」共享，如下列程式碼所示：

```
def build_model(self):
        state = Input(batch_shape=(None,                      #1
                                   self.state_seq_length,
                                   self.state_size))

        x = LSTM(120,return_sequences=True)(state)           #2
        x = LSTM(100)(x)

        actor_input = Dense(100, activation='relu',          #3
                        kernel_initializer='he_uniform')(x)

        mu = Dense(self.action_size, activation='tanh',      #4
                kernel_initializer='he_uniform')(actor_input)

        sigma_0 = Dense(self.action_size, activation='softplus',
                    kernel_initializer='he_uniform')
                    (actor_input)

        sigma = Lambda(lambda x: x + 0.0001)(sigma_0)

        critic_input = Dense(30, activation='relu',
                          kernel_initializer='he_uniform')(x)

        state_value = Dense(1, activation='linear',
                          kernel_initializer='he_uniform')
                          (critic_input)
```

```
actor = Model(inputs=state, outputs=(mu, sigma))
critic = Model(inputs=state, outputs=state_value)

actor._make_predict_function()
critic._make_predict_function()

actor.summary()
critic.summary()

return actor, critic
```

同樣的,我們建立了一個 Keras 模型的函數。它和以前的模型只是略有不同。讓我們來探索一下:

1. 狀態現在有了時間維度。
2. 「行動者」和「評論家」共享兩個 LSTM 圖層。
3. 由於「行動空間」較大,我們還必須新增「行動者」隱藏圖層的大小。
4. 「輸出值」應該在 −1 和 1 之間,並且應該是在 100% 空頭(short)和 100% 多頭(long)之間,這樣我們就可以省去「將平均值乘以 2」的步驟。

就是這樣啦!這個演算法現在可以像以前一樣學會平衡「投資組合」了。

進化策略和基因演算法

有一種幾十年來用於「強化學習」的優化演算法最近又開始流行起來了。「**進化策略**」(Evolutionary strategies,**ES**)比「Q- 學習」或「A2C」簡單得多。

在 ES 中,我們不是透過「倒傳遞法」來訓練模型,而是透過向原始模型的權重加入「隨機雜訊」來建立一個「模型母體」(model population)。然後我們讓每個模型在環境中執行,並評估其效能。新模型是所有模型的效能加權平均值。

在下圖中,你可以看到「進化策略」是如何運作的:

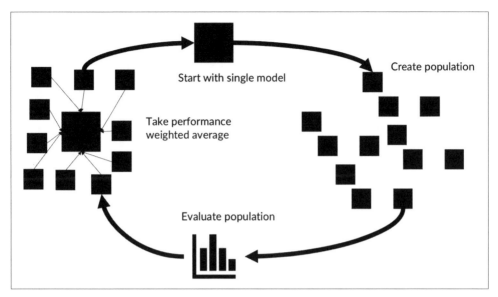

進化策略

為了更好地掌握其工作原理,請考慮下面的例子。我們要找到一個向量,它能將「均方誤差」最小化為一個向量解(a solution vector)。「學習者」不會得到這個向量解,而會得到「總誤差」作為獎勵訊號,如下列程式碼所示:

```
solution = np.array([0.5, 0.1, -0.3])
def f(w):
  reward = -np.sum(np.square(solution - w))
  return reward
```

「進化策略」的一個關鍵優勢是,它們的「超參數」較少。在這種情況下,我們只需要3個超參數,如下所示:

```
npop =   50 #1
sigma = 0.1 #2
alpha = 0.1 #3
```

1. **模型規模(Population size)**:我們將在每次迭代時建立 50 個版本的模型。
2. **雜訊標準差(Noise standard deviation)**:我們增加的雜訊平均值為 0,標準差為 0.1。
3. **學習率(Learning rate)**:權重不僅可以簡單設定為新的平均值,而且還可以朝著「避免超調量(overshooting,過衝)的方向」緩慢移動。

優化演算法如下所示：

```
w = np.random.randn(3)                          #1
for i in range(300):                            #2
  N = np.random.randn(npop, 3) * sigma          #3
  R = np.zeros(npop)

  for j in range(npop):                         #4
    w_try = w + N[j]
    R[j] = f(w_try)

  A = (R - np.mean(R)) / np.std(R)              #5
  w = w + alpha * np.dot(N.T, A)/npop           #6
```

「基因優化」（Genetic optimization）的程式碼比較短，我們先來仔細研究一下：

1. 我們先用一個隨機解法。
2. 就像其他 RL 演算法一樣，我們訓練若干輪，這裡是 300 輪。
3. 我們建立一個由「50 個雜訊向量」組成的雜訊矩陣（noise matrix），其平均值為 0，且標準差為 sigma。
4. 現在，我們先建立「母體」（population），然後立即求得我們的「母體」，方法是為「原始權重」增加雜訊，並透過「求值函數」（evaluation function）來執行「所得到的向量」。
5. 我們透過減去「平均值」並除以「標準差」來將「獎勵」標準化。在這種情況下，此結果可被視為一種「優勢」，即該「母體」的特定成員具有優於其餘成員的優勢。
6. 最後，我們將「加權平均雜訊向量」加到「權重解法」之中。我們使用一個學習率來「減緩」這個過程及避免產生「超調量」。

類似於神經網路本身，「進化策略」也受到大自然的啟發。在自然界中，物種利用「自然選擇」（natural selection）來優化自己的生存。研究人員提出了許多演算法來模仿這個過程。前面的「神經進化策略演算法」（neural evolution strategy algorithm）不僅適用於單一向量，也適用於大型神經網路。「進化策略」仍然是一個活躍的研究領域，在撰寫本章節時，研究人員還沒有找到最佳做法。

如果不可能進行「監督式學習」，但有「獎勵訊號」，那麼「強化學習」和「進化策略」將是首選技術。在金融業有很多應用，從「簡單的多臂吃角子老虎機（multi-armed bandit）問題」（如 DHL 訂單路由系統）到「複雜的交易系統」，都是如此。

RL 工程之實用提示

在本節中,我們將介紹一些建立 RL 系統的實用提示。我們還將重點介紹一些與金融從業人員高度相關的當前最新研究。

設計良好的獎勵函數

「強化學習」是使「獎勵函數」最大化的演算法設計領域。然而,建立好的獎勵函數是出奇的難。任何管理過人類的「管理者」都會知道,人類和機器都在玩弄這個系統。

在 RL 的文獻中,研究人員發現 Atari 遊戲隱藏了多年的程式錯誤,但這些程式錯誤也被 RL 代理人發現並加以利用,像這樣的例子比比皆是。舉例來說,在 **Fishing Derby**(釣魚大賽)遊戲中,OpenAI 回報了一個「強化學習代理人」,根據遊戲製作者的說法,它獲得了比以往任何時候都更高的分數,而這是在「沒有抓到任何一條魚」的情況下取得的!

雖然對於遊戲來說,這種行為很有趣,但是,當這種行為發生在「金融市場」時,就變得很危險。舉例來說,一個受過訓練的代理人要從交易中獲得最大收益,它可能會在其所有者「不知情」的情況下,採取「欺騙交易」等非法交易活動。有三種方法可以建立更好的獎勵函數,我們將在接下來的三個小節中討論它們。

細心的手動獎勵塑形

實際工作者可以用手動的方式建立「獎勵」來協助系統學習。如果「環境」中的自然「獎勵」很稀疏,這一點尤其有效。如果「獎勵」通常只在交易成功的情況下才給予(然而這種情況很少發生),那麼可以在交易「幾乎成功」的情形下,用手動方式增加一個「會給予獎勵的函數」,這應該會有所幫助。

同樣的,如果「代理人」從事非法交易,我們可以設定一個硬編碼的「**機器人策略**」(robot policy),以便在「代理人」違法的情況下,這個「機器人策略」就會給予「巨大的負面獎勵」。如果「獎勵」和「環境」相對簡單,「**獎勵塑形**」(reward shaping)就能發揮作用。在複雜的環境中,它可能會擊敗使用機器學習的初衷。在一個非常複雜的環境中「建立一個複雜的獎勵函數」與編寫一個在環境中運作的規則系統一樣艱鉅。

然而，特別是在金融業，在交易領域更是如此，手工製作的「獎勵塑形」是有用的。「風險規避交易」（risk-averse trading）就是創造一個巧妙目標函數的例子。「風險規避型強化學習」（risk-averse reinforcement learning）並不是最大化預期獎勵，而是最大化「評估函數」（u），「評估函數」可將「效益缺口」延伸為多個階段的環境，如下列公式所示：

$$\mathcal{U}_{s,a}(X) = \sup\left\{m \in \mathbb{R}\,|\,\mathbb{E}_{s \sim p^{\pi}, a \sim \pi(s)}\left[u(X - m) \geq 0\right]\right\}$$

這裡的 u 是一個「既凹（concave）又連續」的嚴格漸增函數（strictly increasing function），可以依「交易者願意承擔的風險大小」自由選擇。以下是 RL 演算法最大化的公式：

$$J(\pi) = \mathcal{U}\left[V(s_0)\right]$$

逆向強化學習

在「**逆向強化學習**」（inverse reinforcement learning，**IRL**）中，我們可以訓練一個模型來預測人類專家的獎勵函數。人類是一個會執行任務的專家，而此模型會觀察「狀態」和「行動」，然後試圖找到一個「解釋」人類專家行為的值函數。更具體地說，觀察專家的行為會建立一個「狀態」和「行動」的追蹤策略。其中一個例子是最大似然「逆向強化學習」（即 IRL）演算法，其工作原理如下：

1. 猜猜「獎勵函數 R」
2. 訓練 RL 代理人來計算 R 的「策略 π」
3. 計算「被觀察的行動 D 是 π 的結果」的「概率」：$p(D|\pi)$
4. 對 R 計算「梯度」並更新它
5. 重複這個過程，直到 $p(D|\pi)$ 值非常高為止

從人類的偏好中學習

與 IRL（會從人類例子中產生獎勵函數）類似，也有一些演算法可以從「人類的偏好」中學習。「獎勵預測器」（reward predictor）會產生一個獎勵函數，並在此函數上訓練「策略」。

「獎勵預測器」的目標是產生「獎勵函數」，以使「策略」具有較大的人類偏好。衡量人類偏好的方法是向人類展示兩種「策略」的結果，並讓人類指出哪一種「策略」更可取，如下圖所示：

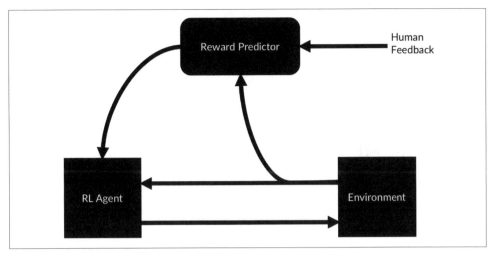

從偏好中學習

RL 穩健方法

與 GAN 一樣，RL 也很脆弱，很難訓練出好的結果。RL 演算法對「超參數」的選擇相當敏感。但有一些方法可以使 RL 更加穩健（robust），這些 RL 穩健方法如下：

- **使用較大的「經驗重播緩衝區」**：使用「經驗重播緩衝區」之目的是收集不相關的經驗。這可以透過建立一個「較大的緩衝區」或建立「一整個緩衝區資料庫」來實現，該資料庫可能儲存數百萬個來自不同「代理人」的例子。
- **目標網路**：RL 不穩定的部分原因是神經網路依靠「自己的輸出」進行訓練。透過使用「凍結的目標網路」來生成訓練資料，我們可以減輕一些問題。例如，我們應該僅「緩慢更新」凍結的目標網路，其更新方法是每隔幾輪就將「目標網路的權重」朝訓練網路的方向「只移動幾個百分點」。
- **輸入雜訊**：在狀態中加入雜訊，有助於模型一般化（generalize）到其他情況，並避免「過度擬合」現象發生。如果「代理人」是在模擬中訓練出來的，但需要將其一般化到「真實的、更複雜的世界」之中，則這種方法已證明特別有用。
- **對抗式例子**：在類似 GAN 的環境中，我們可以訓練「對抗式網路」，藉由改變狀態來愚弄模型。反過來，這個模型可以學習「忽略」對抗式攻擊。這使得學習更加穩健。
- **將「策略學習」與「特徵提取」分開**：強化學習中最著名的成果是從「原始輸入」中學習遊戲。然而，這需要神經網路來解釋（interpret），舉例來說，透過學習某個影像「如何導致獎勵」來解釋該影像。例如，先訓練一個壓縮狀態的「自動編碼

器」，然後再訓練一個「可以預測下一個壓縮狀態」的動態模型，再從「這兩個輸入」中訓練一個「相對較小的策略網路」，如此一來，分離這些步驟將變得更容易。

與 GAN 的技巧類似，沒有什麼理論上的理由可以解釋「為什麼這些技巧有效」，但這些技巧會使你的 RL 在實務中發揮更好的作用。

最先進的 RL 技術

你現在已經看到了「最有用的 RL 技術」背後的理論和應用。然而，RL 是一個不斷變化的領域。本書不可能涵蓋從業者可能感興趣的所有當前趨勢，但我們可以強調一些對「金融領域從業者」特別有用的趨勢。

多重代理人 RL

市場（Market），顧名思義，包括許多代理人。Lowe 等人在 2017 年的論文中指出，「強化學習」可以根據不同情況來訓練進行「合作、競爭和交流」的代理人：《*Multi-Agent Actor-Critic for Mixed Cooperative-Competitive Environments*》（https://arxiv.org/abs/1706.02275）。

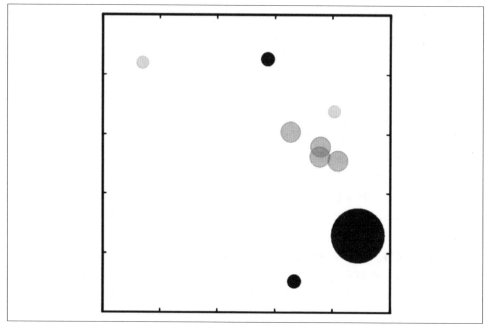

多重代理人（Multiple agents，紅色的點）一起追捕綠色的點。來自 OpenAI 部落格。

在一個實驗中，Lowe 等人透過在「行動空間」中加入一個「交流向量」（communication vector），讓代理人進行交流。然後某個代理人輸出的「交流向量」可用於其他代理人。他們指出，這些代理人學會了透過「交流」來解決任務。類似的研究也證實，代理人會根據環境採取「合作」或「競爭」的策略。

在代理人必須收集獎勵代幣（reward tokens）的任務中，只要有大量的代幣，代理人就會「合作」，當代幣越來越稀少時，代理人就會表現出「競爭」行為。Zheng 等人在 2017 年的論文中，將環境擴大到包括數百個代理人：《*MAgent: A Many-Agent Reinforcement Learning Platform for Artificial Collective Intelligence*》（`https://arxiv.org/abs/1712.00600`）。他們指出，代理人透過結合「RL 演算法」和巧妙的「獎勵塑形」，發展出了更複雜的策略（例如：對其他代理人進行包圍攻擊）。

Foerster 等人在 2017 年的論文中，發展出一種新型的 RL 演算法，可讓代理人學習「另一個代理人的行為方式」，並制定一些行動來影響另一個代理人：《*Learning with Opponent-Learning Awareness*》（`https://arxiv.org/abs/1709.04326`）。

學習如何學習

深度學習的一個缺點是，技術熟練的人類（skilled humans）必須開發神經網路。正因為如此，那些目前「不得不給付薪資給博士生」的許多研究人員和公司，他們長久以來的一個夢想，就是「自動化」（automate）設計神經網路的過程。

AutoML 的一個例子是「增強拓撲的神經進化」（**neural evolution of augmenting topologies**，即 **NEAT 演算法**）。NEAT 使用「進化策略」設計神經網路，然後透過標準的「倒傳遞法」進行訓練，如下圖所示：

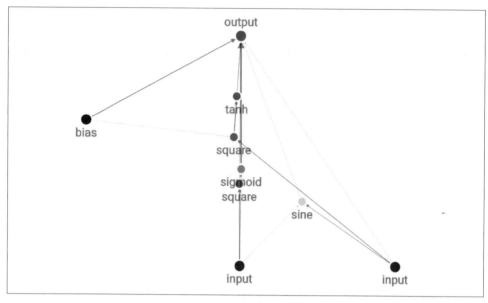

NEAT 演算法開發的網路

從上圖可以看出，NEAT 開發的網路往往比「傳統的、基於圖層的神經網路」要小。它們是很難想出來的。這就是 AutoML 的優勢，它可以找到人類無法發現的有效策略。

使用「進化演算法」進行網路設計的替代方法是使用「強化學習」，它能產生類似的結果。有幾個「現成的（off-the-shelf）AutoML 解決方案」，如下所示：

- **tpot**（`https://github.com/EpistasisLab/tpot`）：這是一個資料科學助手，利用「基因演算法」優化「機器學習管道」。它是建立在 scikit-learn 程式庫之上，所以它並不建立深度學習模型，而是建立對「結構化資料」有用的模型（如隨機森林）。
- **auto-sklearn**（`https://github.com/automl/auto-sklearn`）：這也是基於 scikit-learn，但更側重於建立模型，而不是特徵提取。
- **AutoWEKA**（`https://github.com/automl/autoweka`）：這和 auto-sklearn 類似，只是它是建立在「WEKA 軟體套件」之上的，而 WEKA 是在 Java 上執行的。
- **H2O AutoML**（`http://docs.h2o.ai/h2o/latest-stable/h2o-docs/automl.html`）：這是一個 AutoML 工具，是 H2O 軟體套件的一部分，可提供模型選擇和組合（ensembling）。

- **Google Cloud AutoML**（https://cloud.google.com/automl/）：該工具目前
  側重於「電腦視覺的管道」。

在「超參數」搜尋方面，也有一些可用的軟體套件：

- **Hyperopt**（https://github.com/hyperopt/hyperopt）：這個套件可以在 Python
  中進行「分散式」（distributed）、「異步式」（asynchronous）的超參數搜尋。
- **Spearmint**（https://github.com/HIPS/Spearmint）：這個套件類似於
  Hyperopt，可優化「超參數」，但使用了更進階的「貝葉斯優化」（Bayesian
  optimization）過程。

AutoML 仍然是一個活躍的研究領域，但它擁有巨大的前景。由於缺乏「技術熟練的
員工」，許多公司仍難以使用機器學習。如果機器學習能夠「自我優化」，那麼，將會
有更多公司可以開始使用機器學習。

透過 RL 了解大腦

金融和經濟學的另一個新興領域是「行為經濟學」（behavioral economics）。最
近，「強化學習」被用於理解人類大腦的工作方式。Wang 等人在 2018 年發表了一
篇名為《*Prefrontal cortex as a meta-reinforcement learning system*》的論文（參見
http://dx.doi.org/10.1038/s41593-018-0147-8），這對「前額葉皮層」和「多巴
胺」的功能提供了新的見解。

同樣，Banino 等人在 2018 年發表了一篇名為《*Vector-based navigation using grid-
like representations in artificial agents*》的報告（參見 https://doi.org/10.1038/
s41586-018-0102-6），他們複製了所謂的「網格細胞」（grid cells），讓哺乳動物
（mammals）使用強化學習來進行導航（navigate，尋路）。

這些都是相似的方法，因為這兩篇論文在研究相關領域方面，都對 RL 演算法（例如導
航）進行訓練。然後，他們檢查了模型的學習權重，以了解其出現的特性。這樣的洞察力
可以用來建立「能力更強的 RL 代理人」，也可以進一步推動「神經科學領域」的發展。

隨著經濟學界逐漸認識到「人類是非理性的」，而且是以「可預見的方式」變得非理性
時，我們利用「理解大腦」的原理來「理解經濟學」就變得更加重要了。「神經經濟
學」（neuroeconomics）的成果與「金融」特別相關，因為它們處理人類在「不確定
性」下的行為方式及應對風險之道，例如：人類為何不願遭受損失。使用 RL 是一個很
有希望的途徑，可以進一步深入了解人類行為。

練習題

既然我們現在已經讀完本章內容，那麼讓我們依照所學，來嘗試做兩道適當的練習題。

1. **一個簡單的 RL 任務**：請至 `https://github.com/openai/gym`。進入此網址後，請安裝 Gym 環境並訓練「代理人」，以解決 **Cartpole problem**（**木棒台車平衡問題**）。

2. **一個多重代理人 RL 任務**：請至 `https://github.com/crazymuse/snakegame-numpy`。這是一個 Gym 環境，可讓你在 **Snake game**（**貪食蛇遊戲**）中扮演多個「代理人」，以實驗不同的策略。你可以創造一個能夠愚弄「其他代理人」的「代理人」嗎？「貪食蛇」的突現行為（emergent behavior）為何？

小結

在本章中，大家學習了 RL 的一些主要演算法，其中包括：「Q- 學習」、「策略梯度」以及「進化策略」。你看到這些演算法是如何應用於「交易」之中的，並了解到使用 RL 的一些缺陷。你還看到了當前研究的方向，以及你如何能從現今的這項研究之中受益。本書讀到這裡，你現在已經學會了一些「進階的機器學習演算法」，希望這些演算法對你在開發「機器學習模型」時能有所幫助。

在下一章中，我們將討論機器學習系統的開發（developing）、除錯（debugging）及部署（deploying）之實用性。我們將脫離供我們玩耍的資料科學沙箱（sandbox），並帶我們的模型進入真實世界之中。

8

隱私權、除錯
和發佈你的產品

在前面的七個章節中，我們已經開發了一個龐大的機器學習演算法工具箱，我們可以利用它來解決金融領域的機器學習問題。為了讓這個工具箱更加完善，我們現在來看看，如果你的演算法無法運作，你該怎麼辦？

機器學習模型最慘的失敗方式就是「無聲的故障」。在傳統軟體中，「錯誤」通常會導致程式崩潰，雖然這對使用者來說很困擾，但對程式設計師來說卻很有幫助。至少可以清楚知道「程式碼發生問題了」，而且開發者往往會得到一份描述「發生什麼問題」的附加崩潰報告（crash report）。然而，當你執行「比本書內容還要更困難的任務」時，便會開始開發自己的模型，你有時也會遇到「機器學習程式碼崩潰」的情況。舉例來說，如果你輸入到演算法的資料有「錯誤的格式或形狀」時，就可能造成這種情況。

這些問題通常可以透過仔細追蹤資料在「什麼時候」會有「哪種形狀」來除錯。不過，更多的時候，失敗的模型只是輸出了糟糕的預測。它們不會給予任何失敗的線索，以至於你可能根本沒有意識到「它們已經失敗了」，而在其他時候，「模型可能沒有訓練得很好」、「它並不會收斂」或者「它無法達到低損失率」。

在本章中，我們將「討論重點」聚焦於如何除錯（debug）這些無聲的故障（silent failures），使它們不會影響你建立的機器學習演算法。這將包括審視以下主題：

- 在你的資料中找到導致你學習模型缺陷的地方
- 使用創意技巧，讓你的模型從「較少的資料」中學習「更多的東西」
- 在生產或訓練中對資料進行「單元測試」，以確保符合標準

- 注意隱私權和規範（如歐盟 GDPR 法規）
- 為訓練準備資料，避免常見陷阱
- 檢查模型並窺視「黑盒子」（black box）
- 尋找「最佳超參數」
- 安排學習率，以減少「過度擬合」
- 使用 TensorBoard 監控訓練進度
- 部署機器學習產品並對其進行迭代
- 加快訓練和推理

在嘗試為你的程式除錯之前，你必須邁出的第一步是「承認即使是優秀的機器學習工程師也會經常失敗」。機器學習專案失敗的原因有很多，大多數與工程師的技能無關，所以不要只因為「機器學習」沒有起作用，你就認為「你做錯了」。

如果能夠及早發現這些錯誤，那麼就可以節省時間和金錢。此外，在高風險的環境中，包括以金融為基礎的情況（例如交易），有意識到這些錯誤的工程師，可以在他們發現自己的模型失敗時即刻停止，別再繼續使用該模型。這不應視為失敗，而應視為「成功逃離」即將會發生的問題。

對資料進行除錯

你一定還記得，在本書「第 1 章」中，我們討論了機器學習模型是如何成為其訓練資料的函數，也就是說，糟糕的資料會導致糟糕的模型，即我們所謂的 Garbage In, Garbage Out（垃圾進、垃圾出）。如果你的計畫失敗了，你的資料最有可能是罪魁禍首。因此，在本章中，我們將先從「資料」入手，然後再繼續研究可能導致我們模型崩潰的其他原因。

然而，即使你有一個可行的模型，但傳來的真實世界資料可能並不能滿足任務的要求。在本節中，我們將學習如何找出你是否有「良好的資料」，如果你沒有得到足夠的資料時，你該怎麼做，以及如何測試你的資料。

如何發現你的資料是否達標？

當想要知道你的資料是否能「勝任」訓練一個好的模型時，需要考慮兩個方面：

- 資料是否能預測「你希望它預測的東西」？
- 你有足夠的資料嗎？

為了弄清楚你的模型是否包含「預測資訊」，也就是所謂的訊號（signal），你可以問自己一個問題，人類是否可以用這些資料進行預測呢？為你的人工智慧提供「人類可以理解的資料」是很重要的，畢竟，我們知道產生智慧的唯一可能原因是「我們在人類身上觀察到它」。人類擅長理解書面文字，但如果人類無法理解文字，那麼很可能你的模型也無法理解它。

這個測試的一個常見缺陷是，人類擁有「模型」所不具備的「上下文關聯性」（context）。人類交易者不僅使用金融資料，他們可能還體驗過公司的產品，或者在電視上看過 CEO。這種外部「上下文關聯性」會流入交易者的決策之中，但在建立模型時往往會被遺忘。同樣地，人類也善於關注重要資料。人類交易者不會使用所有的金融資料，因為大部分的資料都是不相關的。

為你的模型增加「更多的輸入」並不會讓它變得更好，相反的，「增加更多的輸入」往往會讓「模型」變得更糟，因為這樣會讓模型「過度擬合」並被所有的雜訊干擾。另一方面，人類是非理性的，他們會跟隨同儕壓力，很難在「抽象與不熟悉的環境」中做出決定。比如說，人類很難找到一個最佳的紅綠燈政策（traffic light policy），因為紅綠燈運作的資料對我們來說並不符合直覺。

這為我們帶來了第二個完整性檢查（sanity check）：人類可能無法做出預測，但可能有一個因（經濟學）的理由。公司的利潤和股價、道路交通和交通堵塞、客戶投訴和客戶離開你的公司等等，在它們之間存在著因果關係（causal link）。雖然人類可能無法直觀地掌握這些關聯性，但我們可以透過推理來發現這些關聯性。

有些任務需要因果關係。例如在很長一段時間內，許多量化貿易公司堅持認為「他們的資料」與「模型的預測結果」有因果關係。然而，如今隨著業界對「測試演算法」的信心增強，似乎已經稍稍偏離了這個想法。如果人類無法做出預測，也沒有因果關係來解釋「為什麼資料是可預測的」，那麼你可能需要重新考慮你的計畫是否可行。

一旦你確定你的資料包含了足夠多的訊號，你需要問自己是否有「足夠的資料」來訓練一個模型，以提取「訊號」。需要多少資料才算夠？這個問題沒有明確的答案，但大致上來說，所需的數量取決於你希望建立的模型的複雜程度。不過，有幾個經驗法則可以遵循，如下所示：

- 對於分類，你應該在每個分類中擁有大約 30 個獨立樣本。
- 你的樣本數量應該是特徵數量的 10 倍，特別是對於「結構化資料」問題。
- 你的資料集大小應該隨著「你模型中的參數量」增加而變大。

請記住，這些規則只是經驗法則，對於你的具體應用可能會有很大的不同。如果你能利用「轉移學習」（transfer learning），那麼你就可以大幅減少你所需要的樣本數量。這就是為什麼大多數電腦視覺應用都會使用「轉移學習」的原因。

如果你有任何合理的資料量，比如說，幾百個樣本，那麼你就可以開始建立你的模型了。在這種情況下，一個明智的建議是，先從一個簡單的模型開始，你可以一邊收集更多資料，一邊部署你的更新模型。

如果你沒有足夠的資料，該怎麼辦？

有時候，你會發現自己處於這樣一種情況：儘管你的專案已經啟動了，但你根本沒有足夠的資料。舉例來說，法務團隊可能因為 GDPR 等規範而改變了主意，決定不能讓你使用該資料（即使他們早些時候准許你使用該資料）。在這種情況下，你有多種選擇。

大多數時候，最好的選擇之一就是「增強你的資料」。我們已經在「**第 3 章**」中了解「資料增強」（data augmentation）的方法。當然，你可以用各種方式來增強各種資料，包括稍微改變一些資料庫項目。例如，若要再進一步增強你的資料，你也許可以選擇產生你的模擬資料。「模擬資料」實際上是大多數「強化學習」研究人員收集資料的方式，但在其他情形下也蠻管用的。

我們在「**第 2 章**」中用於詐欺偵測的資料是透過「模擬」取得的。「模擬方式」要求你能夠在程式中寫下你的環境規則。強大的學習演算法經常會找出這些過度簡單的規則，所以它們也有可能無法普及到真實世界的情況之中。然而，「模擬資料」可以當作是真實資料的強力補充。

同樣的，你也經常可以找到外部資料（external data）。僅僅因為你沒有追蹤到某個資料點，並不意味著別人沒有追蹤到。網際網路上有大量驚人的資料可用。即使該資料最初並不是為了你的目的而收集的，你也可能藉由「重新標記資料」或將其用於「轉移學習」來重新建構資料。你也許能夠在一個大型資料集上為「不同的任務」訓練一個模型，然後將該模型作為你任務的基礎。同樣的，你也可以找到一個別人為不同任務訓練的模型，並將其重新用於你的任務之中。

最後，你或許可以建立一個**簡單模型**（**simple model**），雖然不能完全捕捉到資料之間的關係，但足以出貨（ship a product）。「隨機森林」和「其他基於樹的方法」往往比神經網路需要的資料少得多。

重要的是要記住，對於資料來說，在大多數情況下，品質勝過數量（quality trumps quantity）。當只能獲取「小型高品質的資料集」來訓練脆弱的模型時，往往是你早期發現資料問題的最好機會。你以後隨時都可以擴充資料收集的規模。許多從業者犯的一個錯誤是，他們花了大量的時間和金錢去獲取一個大型資料集，卻發現他們的專案用錯了資料類型。

對資料進行單元測試

如果你建立一個模型，你就會對你的資料做出假設。例如，假設輸入到「時間序列模型」中的資料，實際上是一個時間序列，其中日期是按「順序」排列的。你需要測試你的資料，來確定這個假設是正確的。對於模型已經投入生產後「所收到的即時資料」來說，這一點尤其正確。壞資料可能導致模型效能不佳，這可能很危險，尤其是在高風險環境之中。

此外，你還需要測試你的資料是否與「個人資訊」等內容無關。正如我們將在討論「隱私（權）」的下一小節所述，「個人資訊」是一種你想要擺脫的責任（liability），除非你有充分的理由並得到使用者的同意。

由於在「基於多種資料來源」進行交易時，監控「資料品質」非常重要，紐約市的一家國際對沖基金 **Two Sigma Investments LP** 因此建立了一個用於「資料監控」（data monitoring）的開源程式庫，名為 **marbles**，你可以在 https://github.com/twosigma/marbles 閱讀更多資訊。marbles 建立在「Python 單元測試（unittest）的程式庫」之上。你可以用下列指令安裝它：

```
pip install marbles
```

 請注意：你可以在 **https://www.kaggle.com/jannesklaas/marbles-test** 找到一個示範 marbles 的 Kaggle 內核。

下列程式碼範例顯示了一個簡單的 marbles 單元測試。假設你正在收集愛爾蘭（Ireland）失業率（unemployment rate）的資料。為了讓你的模型正常工作，你需要確定連續幾個月都能得到資料，例如：不要將一個月計算兩次。

我們可以透過執行下列程式碼來確保這一點：

```
import marbles.core                                    #1
from marbles.mixins import mixins

import pandas as pd                                    #2
import numpy as np
from datetime import datetime, timedelta

class TimeSeriesTestCase(marbles.core.TestCase,
mixins.MonotonicMixins):                               #3

    def setUp(self):                                   #4

        self.df = pd.DataFrame({'dates':[datetime(2018,1,1),
                                    datetime(2018,2,1),
                                    datetime(2018,2,1)],
                    'ireland_unemployment':[6.2,6.1,6.0]})   #5

    def tearDown(self):
        self.df = None
                                                       #6

    def test_date_order(self):                         #7

        self.assertMonotonicIncreasing(sequence=self.df.dates,
                            note = 'Dates need to increase
monotonically')                                        #8
```

如果你不完全理解程式碼，請不用擔心。現在我們將詳細介紹程式碼的每個階段：

1. marble 有兩個主要組成部分。「core 模型」進行實際測試，「mixins 模型」為不同類型的資料提供了許多有用的測試。這簡化了你的測試編寫，並為你提供了更具可讀性和語義解釋性的測試。

2. 你可以使用所有程式庫（如 pandas），這些程式庫通常用於處理和加工測試資料。

3. 現在該是定義我們測試類別的時候了。新的測試類別必須繼承 marbles 的 TestCase 類別。這樣我們的「測試類別」會自動設置為「以 marbles 測試形式」來執行。如果要使用 mixin，還需要繼承其對應的 mixin 類別。

   在這個例子中，我們使用的是一個應該單調遞增（increasing monotonically）的日期序列，MonotonicMixins 類別提供了一系列工具，可讓你自動測試單調遞增序列。

如果你來自 Java 程式語言,「多重繼承」(multiple inheritances)的概念可能會讓你覺得很奇怪,但在 Python 中,一個「類別」可以很容易地繼承多個其他「類別」。如果你想讓你的「類別」繼承兩個不同的功能(例如「執行測試」和「測試時間相關的概念」),這會很有用。

4. setUp 函數是一個標準的測試函數,我們可以在其中加載資料,為測試做準備。在這種情況下,我們只需要手動定義一個 pandas 的 DataFrame。另外,你也可以加載一個 CSV 檔案,加載一個網路資源,或者尋求其他任何方式來獲取你的資料。

5. 在我們的 DataFrame 中,我們有愛爾蘭兩個月的失業率。正如你所看到的,「最後一個月的失業率」被計算了兩次。由於這不應該發生,所以會造成錯誤。

6. tearDown 方法是一種標準的測試方法,它讓我們在測試完成之後進行清理。在本例中,我們只是釋放 RAM 的記憶空間,但你也可以選擇「刪除」剛建立的「用於測試的檔案或資料庫」。

7. 描述實際測試的方法應該以 test_ 開頭。設定好後,marbles 會自動執行所有的測試方法。

8. 我們強調(assert)我們資料的「時間指標」(time indicator)會穩穩遞增。如果我們強調需要有「中間變數」(如最大值),則 marbles 會在錯誤報告中顯示出來。為了使我們的錯誤更具可讀性,我們可以附上一個方便的注釋。

要在 Jupyter Notebook 中執行「單元測試」,我們需要告訴 marbles 忽略第一個參數,如下列程式碼所示:

```
if __name__ == '__main__':
    marbles.core.main(argv=['first-arg-is-ignored'], exit=False)
```

比較常見的是直接在命令列上執行「單元測試」。所以,如果你在命令列中儲存了前面的程式碼,你可以用這個指令來執行它:

python -m marbles marbles_test.py

當然,我們的資料也存在問題。幸運的是,我們的測試確保了這個錯誤不會傳遞給我們的模型(在該模型中,它會以錯誤的預測形式導致無聲的失敗)。反之,測試將失敗,錯誤輸出則如下所示:

 請注意:此程式碼將無法執行,並會失敗。

```
F                                                        #1
================================================================
FAIL: test_date_order (__main__.TimeSeriesTestCase)      #2
----------------------------------------------------------------
marbles.core.marbles.ContextualAssertionError: Elements in 0
2018-01-01
1    2018-02-01
2    2018-02-01                                          #3
Name: dates, dtype: datetime64[ns] are not strictly monotonically
increasing

Source (<ipython-input-1-ebdbd8f0d69f>):            #4
    19
>   20 self.assertMonotonicIncreasing(sequence=self.df.dates,
    21                          note = 'Dates need to increase
monotonically')
    22
Locals:                                              #5

Note:                                                #6
    Dates need to increase monotonically



----------------------------------------------------------------
```

Ran 1 test in 0.007s

FAILED (failures=1)

那麼，到底是什麼原因導致資料失效呢？讓我們一起來看看吧：

1. 最上面一列顯示的是整個測試的狀態。在本例中，只有一個測試方法，但卻失敗了。你的測試可能有多種不同的測試方法，marbles 會透過顯示測試「失敗」或「通過」的方式來顯示其進度。接下來的幾列描述了失敗的測試方法。此列說明 TimeSeriesTestCase 類別的 test_date_order 方法失敗了。

2. marbles 準確地顯示了測試是如何失敗的。marbles 顯示了測試日期的值，以及失敗的原因。

3. 除了實際的失敗之外，marbles 還會追蹤顯示我們測試失敗的實際程式碼。

4. marbles 的一個特殊功能是可以顯示「區域變數」（local variables）。如此一來，我們可以確保測試的設定沒有問題。這也有助於我們獲得測試到底是如何失敗的脈絡。

5. 最後，marbles 會顯示我們的注釋，這有助於測試消費者理解出了什麼問題。

6. 總體來說，marbles 顯示測試失敗了一次。有時，即使資料沒有通過某些測試，你也可以接受它，但在一般的情況下，你會想挖空心思去看看是怎麼回事。

「單元測試」資料的重點是讓失敗變得響亮，以防止資料問題為你帶來不好的預測。「一個有錯誤訊息的失敗」比「沒有錯誤訊息的失敗」要好得多。一般情況下，失敗是由你的資料供應商造成的，透過「測試」你從所有供應商那裡得到的所有資料，可以讓你在供應商犯錯時有所察覺。

「單元測試」資料還可以幫助你確定你沒有「不該有的資料」（例如：個人資料）。供應商需要清理所有「可辨認個人身分訊息」的資料集（例如：社會安全號碼），當然，他們有時會忘記。對於從事機器學習的許多金融機構而言，遵守「越來越嚴格的資料隱私法規」是一大擔憂。

因此，下一節將討論如何保護隱私並遵守法規，同時還能從機器學習中受益。

維持資料的隱私性並遵守法規

近年來，消費者已經覺悟到他們的資料正在以「他們無法控制的方式」被收集和分析，有時甚至違背了他們自身的利益。他們當然對此並不滿意，監管機構不得不提出一些新的資料法規。

在撰寫本書時，歐盟經提出了 **GDPR**（General Data Protection Regulation，**一般資料保護規範**），但其他司法管轄區很可能也會制定更嚴格的隱私保護措施。

本章將不深入探討如何具體遵守這項法律。但是，如果你想擴充你對這個主題的理解，那麼英國政府的 GDPR 指南是一個很好的起點（https://www.gov.uk/government/publications/guide-to-the-general-data-protection-regulation），你可以了解更多關於該法規的具體內容和如何遵守它。

本節將概述最新隱私權立法的主要原則和一些技術解決方案，你可以利用這些解決方案來遵守這些原則。

這裡的首要規則是「刪除你不需要的東西」（delete what you don't need）。長期以來，公司大部分只是儲存了所有能拿到手的資料，但這不是一個好主意。儲存個人資料對你的企業來說是一種責任。它是屬於別人的東西，而你卻要承擔「照顧它」的責任。下次你聽到諸如像「我們的資料庫裡有 50 萬筆記錄」這樣的說法時，不妨多想想，「我們的帳簿上有 50 萬筆責任」。承擔責任可能是個好主意，但只有在「有經濟價值證明」這些責任是「合理」的情況下才行。不過經常發生令人吃驚的事情是，你可能會在無意中收集到個人資料。假設你在追蹤裝置的使用情況，卻無意中將「客戶 ID」納入了你的記錄。你需要「監控」以及「防止這類事故的做法」，以下是其中的五種關鍵做法：

- **要透明，並取得同意**：客戶想要好的產品，他們明白他們的資料如何能讓你的產品對他們更好。與其追求一種對抗性的方法，把所有的做法都包在一個很長的協議之中，然後讓使用者同意，不如更明智清楚地告訴使用者「你在做什麼」、「如何使用他們的資料」以及「如何改進產品」。如果你需要個人資料，你需要獲得同意（consent）。透明化（transparent）會幫助你日後的發展，因為使用者將更信任你，然後可以透過客戶回饋來改進你的產品。

- **請記住，漏洞（breaches）發生在最好的情況下**：無論你的安全防護措施有多好，你都有可能被駭客攻擊。所以在設計個人資料儲存時，應該假設，有一天，整個資料庫可能會被洩漏到網際網路上。一旦你真的被駭客攻擊，這個假設有助於你建立更強大的隱私防範措施，並幫助你避免災難。

- **要注意（mindful）從資料中可以推論出什麼**：你可能不會追蹤資料庫中的個人識別資訊，但如果與另一個資料庫結合，你的客戶仍然可以被單獨識別出來。
  假設你和朋友一起去喝咖啡，用信用卡支付，並在 Instagram 上發佈了一張咖啡的照片。銀行可能會收集匿名的信用卡記錄，但如果有人去對照 Instagram 上的照片來核對信用卡記錄，那麼在同一地區，只有一位顧客在同一時間購買了一杯咖啡，並在同一時間發佈了一張咖啡照片。如此一來，你的信用卡交易就不再是匿名的了。消費者希望公司能注意到這些影響。

- **對資料進行加密（Encrypt）和混淆（Obfuscate）處理**：例如，Apple 收集手機資料，但在收集的資料中加入了隨機雜訊。雜訊使每筆單獨的記錄都不正確，但總體來說，這些記錄仍然可以反映出使用者的行為。這種方法有一些注意事項，比如說，在雜訊消除之前，你只能從使用者那裡收集這些資料點，但個人行為卻可被揭示出來。
  由「混淆」（obfuscation）技術引入的「雜訊」是隨機的。當對單一使用者的大量資料樣本進行平均時，雜訊的平均值將為「零」，因為它本身並不呈現一種模式。使用者的真實資料將被揭露。同樣地，最近的研究顯示，深度學習模型可

以學習「同態加密資料」（homomorphically encrypted data）。「同態加密」
（homomorphic encryption）是一種保留資料「底層代數屬性」的加密方法。在
數學上，可以表示為：

$$E(m_1) + E(m_2) = E(m_1 + m_2)$$

$$D(E(m_1 + m_2)) = m_1 + m_2$$

這裡 E 是一個加密函數（encryption function），m 是一些純文字資料（plain
text data），D 是一個解密函數（decryption function）。如你所見，「加入加密
資料」與「先加入資料之後再對其進行加密」的效果是一樣的。「先加入資料，然
後進行加密，再解密」和「只加入資料」是相同的。

這意味著你可以對資料進行加密，並且仍然可以對其進行模型訓練。「同態加密」
仍處於起步階段，但藉由這樣的方法，你可以確保在資料洩漏的情況下，個人的敏
感資訊並不會洩漏。

- **在本機訓練，只上傳一些梯度值**：避免上傳使用者資料的一種方法是在「使用者的
  裝置」上訓練模型。使用者在其裝置上累積資料。然後，你可以將你的模型下載到
  裝置之上，並在該裝置上執行單一正向和反向傳遞。

  為了避免從梯度值中推論使用者資料的可能性，你只需隨機上傳幾個梯度值。然後
  你可以將該梯度值應用到你的主模型中。

  為了進一步提升系統的整體隱私性，你不需要將所有「新更新的權重」從主模型下
  載到「使用者的裝置」之上，而只需下載幾個。如此一來，你就可以「異步訓練」
  你的模型，而不需使用任何資料。如果你的資料庫被攻破，也不會遺失使用者的資
  料。但是，我們需要注意的是，只有當你有「足夠大的使用者群」時，這才會有
  效。

準備訓練資料

在前面的章節中，我們已經看到了「正規化」和「縮放特徵」的好處，我們還
討論了如何縮放所有數值特徵。有四種縮放特徵的項目，分別為「**標準化**」
（**standardization**）、**Min-Max**（**極小化極大演算法**）、「**平均值正規化**」（**mean
normalization**）和「**單位長度縮放**」（**unit length scaling**）。在本節中，我們將逐
一分析每個項目：

- 「**標準化**」確保所有資料的平均值為 0，標準差為 1。「標準化」的計算方法是減去資料的平均值，然後除以標準差，如下列公式所示：

$$x' = \frac{x - \mu}{\sigma}$$

這可能是縮放特徵的最常見方式。「標準化」特別好用的地方是當你的資料有「離群值」時，因為它有相當穩定的範圍。另一方面，「標準化」不能保證你的特徵在 0 到 1 之間（這是神經網路學習最好的範圍）。

- **Min-Max** 的縮放方式正是這樣做的。此演算法首先藉由減去最小值，然後除以數值範圍，來將所有資料縮放在 0 和 1 之間。如下列公式所示：

$$x' = \frac{x - \min(x)}{\max(x) - \min(x)}$$

如果你確定你的資料沒有「離群值」（例如在影像中的例子），則 Min-Max 將讓「你的縮放值」完美介於 0 和 1 之間。

- 與 Min-Max 類似，「**平均值正規化**」保證你的資料值介於 –1 和 1 之間，平均值為 0。這是藉由減去「資料的平均值」，然後除以「資料範圍」來實現的，如下列公式所示：

$$x' = \frac{x - \mu}{\max(x) - \min(x)}$$

雖然「平均值正規化」的使用頻率較低，但依應用方式的不同，這可能是一個不錯的方法。

- 對於某些用途而言，最好不要對單一特徵進行縮放，而是對「特徵的向量」進行縮放。在本例中，「**單位長度縮放**」的方法是將「向量中的每個元素」除以「向量的總長度」，如下列公式所示：

$$x' = \frac{x}{\|x\|}$$

「向量的長度」通常是指向量 $\|x\|_2$ 的「L2 範數」（即平方和的平方根）。對於某些用途而言，「向量的長度」是指向量 $\|x\|_1$ 的「L1 範數」（即向量元素的和）。

無論你如何縮放，重要的是測量「測試集」上的縮放因子（scaling factors）、平均值和標準差。這些因素只包括選定數量的資料資訊。如果你在整個資料集上對它們進行測

量，那麼演算法在「測試集」上的表現可能會比在「生產環境」中的表現更好，這是因為這些資訊優勢。

同樣重要的是，你應該檢查你產生的程式碼是否也有適當的特徵縮放。隨著時間的推移，你應該「重新計算」你的特徵分佈並調整你的縮放比例。

理解哪些輸入導致了哪些預測

為什麼你的模型做出了它所做的預測？對於複雜的模型而言，這個問題很難回答。對一個非常複雜模型進行「全域性的解釋」（global explanation），本身可能就非常複雜。**LIME**（**Local Interpretable Model-Agnostic Explanations**，局部可理解的模型無關解釋法）是一種熱門的「模型解釋（model explanation）演算法」，它將重點放在「局部（local）解釋」之上。LIME 要試圖回答的是：『為什麼模型會對**這些資料做出這樣的預測**？』，而不是回答：『這個模型是**如何做出預測的**？』

 請注意：LIME 的作者（Ribeiro、Singh 和 Guestrin）為他們的演算法策劃了一個很棒的 GitHub 儲存庫，其中包含許多解釋和教學，請見：`https://github.com/marcotcr/lime`。

在 Kaggle 內核上，已經預設安裝了 LIME。但是你可以用下列指令在本機安裝 LIME：

```
pip install lime
```

「LIME 演算法」可以與任何分類器一起運作，這就是為什麼它是「與模型無關的」（Model-Agnostic）。為了做出解釋，LIME 將資料切割成幾個部分（例如：「影像的區域」或「文字中的語句」）。然後，它刪除「其中的一些資料特徵」來建立一個新的資料集。它透過「黑盒子分類器」執行這個新資料集，並獲得分類器對不同類別的預測概率。然後，LIME 將資料編碼成「描述存在哪些特徵的向量」。最後，它訓練一個「線性模型」來預測黑盒子模型去除不同特徵之後的結果。由於「線性模型」易於解釋，LIME 將使用「線性模型」來確定最重要的特徵。

假設你正在使用文字分類器（如 TF-IDF），來對「例如 20 組新聞資料集的郵件」進行分類。要想從這個分類器中得到解釋，你會使用下列程式碼片段：

```
from lime.lime_text import LimeTextExplainer              #1
explainer = LimeTextExplainer(class_names=class_names)    #2
exp = explainer.explain_instance(test_example,            #3
                                 classifier.predict_proba, #4
                                 num_features=6)           #5
exp.show_in_notebook()                                    #6
```

現在，讓我們解說程式碼片段中的內容：

1. LIME 套件中有幾個類別，可用於不同類型的資料。
2. 若要建立一個新的空白解釋器（blank explainer），我們需要傳遞我們分類器的類別名稱。
3. 我們將提供一個我們需要解釋的文字範例。
4. 我們提供我們分類器的預測函數。我們需要提供概率函數。對於 Keras 來說，這只是 model.predict；對於 scikit 模型來說，我們需要使用 predict_proba 方法。
5. LIME 顯示了最大的特徵數量。我們希望只顯示本例中「6 個最重要特徵」的重要性。
6. 最後，我們可以將我們的預測視覺化，如下所示：

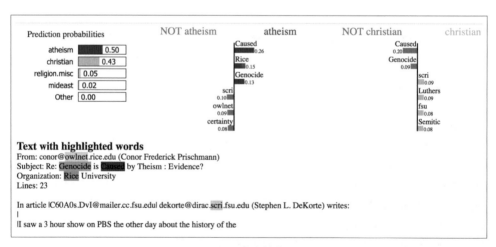

LIME 文字輸出

此解釋內容顯示了不同特徵的類別，這些是文字最常分類成的類別。在這兩個最常見的類別中，它顯示了對分類「最有貢獻的單詞」。在上圖中，你會看到突顯在文字之中的分類單詞。

如你所見，我們的模型採集到了「寄件人的一部分電子郵件位址」（作為區分特徵），以及大學的名稱（**Rice**）。這個模型把 **Caused** 這個字視為某種「有力的指標」，以證明「這是一篇有關於無神論（atheism）的文章」。綜合起來，這些都是我們對資料集「除錯」時想要知道的事情。

LIME 並不能完美解決解釋模型的問題。例如，如果「多個特徵的相互作用」導致某個結果，它就會很吃力。不過，它表現得很好，足以成為一個有用的資料除錯工具。一般情況下，模型會採集一些「它們不應該採集到的東西」。為了對資料集進行「除錯」，我們需要去除所有這些統計模型喜歡「過度擬合」的「免費樣本（give-away）特徵」。

在本節中，你現在已經看到了可以用來對資料集進行「除錯」的各種工具。然而，即使你有一個完美的資料集，在訓練的時候也可能會出現問題。下一節是關於如何對你的模型進行「除錯」。

對你的模型進行除錯

複雜的深度學習模型很容易出錯。由於有了數百萬個參數，很多事情可能會出錯。幸運的是，該領域已經開發了許多有用的工具來提高模型的效能。在本節中，我們將介紹最有用的工具，你可以使用這些工具來「除錯」和「改進」你的模型。

用 Hyperas 進行超參數搜尋

手動調整神經網路的「超參數」可能是一項繁瑣的任務。儘管你可能對「什麼是有效的、什麼是無效的」有一些直覺，但在調整「超參數」時，並沒有什麼硬性的規則可以適用。這就是為什麼擁有大量計算能力的從業者會使用「自動超參數搜尋」的原因。畢竟，「超參數」和「模型的參數」一樣，都會形成一個搜尋空間（search space）。不同的是，我們不能對它們使用「倒傳遞法」，也不能求出它們的導數。我們仍然可以對它們應用所有「基於非梯度」的優化演算法。

有許多不同的超參數優化工具，但是我們將介紹 **Hyperas**，因為它易於使用。Hyperas 是 hyperopt 的「包裝器」（wrapper），hyperopt 是為了「與 Keras 搭配使用」而流行的優化程式庫。

請注意：你可以在 GitHub 上找到 Hyperas：`https://github.com/maxpumperla/hyperas`。

我們可以用 pip 安裝 Hyperas：

`pip install hyperas`

依你的設定而定，你可能需要進行一些安裝上的調整。如果是這樣，那麼上述的 Hyperas GitHub 頁面連結可以提供更多的資訊。

Hyperas 提供了兩種優化方法，分別為「**隨機搜尋**」（**Random Search**）和 TPE（Tree of Parzen Estimators，**樹型 Parzen 估計器**）。我們認為在「合理的參數範圍」內，「隨機搜尋」會隨機進行採樣，並用「隨機超參數」訓練模型。然後它會選擇「表現最好的模型」作為解決方案。

「**隨機搜尋法**」是既簡單又穩健，而且可以很容易擴充。它基本上不對「超參數」、「超參數之間關係」和「損失曲面」做任何假設。反之，它的速度相對緩慢。

「**TPE 演算法**」會對 $P(x|y)$ 關係進行建模，其中 x 代表超參數，y 代表相關效能。這是與「高斯過程」（Gaussian processes）完全相反的建模方法，「高斯過程」會對 $P(y|x)$ 關係進行建模，且受到眾多研究人員的歡迎。

從經驗上看，我們發現 TPE 的表現較好。更多詳細資訊，請參閱由 James S. Bergstra 等人編寫的 2011 年論文《*Algorithms for Hyper-Parameter Optimization*》（`https://papers.nips.cc/paper/4443-algorithms-for-hyper-parameter-optimization`）。TPE 比「隨機搜尋」的速度還要快，但可能陷入「局部極小值」（local minima）中，並在一些艱困的「損失曲面」（loss surfaces）中掙扎。根據經驗法則，先使用 TPE 方法是有道理的，如果 TPE 遇到困難，就請轉向「隨機搜尋」。

請注意：此範例的程式碼，請見：`https://www.kaggle.com/jannesklaas/Hyperas`。

底下例子將向你展示如何在「MNIST 資料集分類器」中使用 Hyperas 和 Hyperopt：

```
from hyperopt import Trials, STATUS_OK, tpe          #1
from hyperas import optim                            #2
from hyperas.distributions import choice, uniform
```

雖然程式碼很短，但還是讓我們先解釋一下它的含義：

1. 由於 Hyperas 是建立在 Hyperopt 之上的，我們需要直接從 hyperopt 匯入一些程式片段。Trials 類別會執行實際的測試，STATUS_OK 有助於傳達測試是否順利，tpe 則植入 TPE 演算法。
2. Hyperas 提供了許多方便的函數，使 Hyperopt 的工作更加容易。optim 函數可以找到最優化的超參數，可以像 Keras 的 fit 函數一樣使用。choice 和 uniform 可以分別用來選擇「離散」和「連續」的超參數。

為了建立在我們之前探索的概念基礎上，現在讓我們增加以下內容，程式碼寫好後，我們會詳細解釋：

```
def data():                                          #1
    import numpy as np                               #2
    from keras.utils import np_utils

    from keras.models import Sequential
    from keras.layers import Dense, Activation, Dropout
    from keras.optimizers import RMSprop

    path = '../input/mnist.npz'                       #3
    with np.load(path) as f:
        X_train, y_train = f['x_train'], f['y_train']
        X_test, y_test = f['x_test'], f['y_test']

    X_train = X_train.reshape(60000, 784)            #4
    X_test = X_test.reshape(10000, 784)
    X_train = X_train.astype('float32')
    X_test = X_test.astype('float32')
    X_train /= 255
    X_test /= 255
    nb_classes = 10
    y_train = np_utils.to_categorical(y_train, nb_classes)
```

```
    y_test = np_utils.to_categorical(y_test, nb_classes)

    return X_train, y_train, X_test, y_test          #5
```

我們先來看看我們剛才產生的程式碼：

1. Hyperas 希望有一個可以加載資料的函數，我們不能只傳遞記憶體中的資料集。
2. 為了擴大搜尋規模，Hyperas 建立了一個新的「執行期」（runtime），可在其中進行模型建立和評估。這也意味著我們在 notebook 中做的「匯入」程序並不一定會轉移到「執行期」。為了確保所有模組都可用，我們需要在資料函數中執行所有「匯入」程序。對於那些「只用於此模型的模組」也是如此。
3. 我們現在要載入資料。由於 Kaggle 內核不能上網，我們需要從磁碟機上載入 MNIST 資料。如果你有網際網路，但沒有本機版本的檔案，你可以用下列的程式碼獲取資料：

```
from keras.datasets import mnist
(Y_train, y_train), (X_test, y_test) = mnist.load_data()
```

我還是會把「無網路版本」保留下來，因為這是預設的設定。
4. data 函數還需要對資料進行預處理。我們進行標準的「重塑」和「縮放」程序，就像我們之前與 MNIST 所做的那樣。
5. 最後，我們傳回資料。這些資料將被傳遞到建立和評估此模型的函數之中。

```
def model(X_train, y_train, X_test, y_test):                    #1
    model = Sequential()                                        #2
    model.add(Dense(512, input_shape=(784,)))

    model.add(Activation('relu'))

    model.add(Dropout({{uniform(0, 0.5)}}))                     #3

    model.add(Dense({{choice([256, 512, 1024])}}))              #4

    model.add(Activation({{choice(['relu','tanh'])}}))          #5

    model.add(Dropout({{uniform(0, 0.5)}}))

    model.add(Dense(10))
    model.add(Activation('softmax'))
```

```
rms = RMSprop()
model.compile(loss='categorical_crossentropy',
              optimizer=rms,
              metrics=['accuracy'])

model.fit(X_train, y_train,                              #6
          batch_size={{choice([64, 128])}},
          epochs=1,
          verbose=2,
          validation_data=(X_test, y_test))
score, acc = model.evaluate(X_test, y_test, verbose=0)   #7
print('Test accuracy:', acc)
return {'loss': -acc, 'status': STATUS_OK, 'model': model} #8
```

如你所見，前面的程式碼片段是由八個程式碼定義組成。現在讓我們來研究一下，這樣我們就能完全理解我們剛剛生成的程式碼：

1. 此 model 函數既定義模型又計算模型。給定來自 data 函數的訓練資料集，它就傳回一組品質度量（quality metrics）。

2. 在使用 Hyperas 進行微調時，我們可以像平時一樣定義一個 Keras 模型。在這裡，我們只需要用「Hyperas 函數」替換「我們要微調的超參數」即可。

3. 例如，要微調 Dropout 函數，我們用 {{uniform(0, 0.5)}} 來取代 Dropout 的超參數。Hyperas 會自動進行採樣，並從「均勻分佈」中，求出介於 0 到 0.5 之間的「丟棄率」（dropout rates）。

4. 例如，為了從「離散分佈」中採樣「隱藏層的大小」，我們用 {{choice([256, 512, 1024])}} 來取代「超參數」。Hyperas 現在將從 256、512 和 1,024 的隱藏層大小中選擇。

5. 我們也可以同樣的方式來選擇「激勵函數」。

6. 為了計算此模型，我們需要對其進行「編譯」和「擬合」。在這個過程中，我們還可以選擇不同的批次大小。在本例中，我們只訓練一輪，讓本例保持在較短的時間之內完成。你也可以用 Hyperas 進行一個完整的訓練過程。

7. 為了深入理解該模型做得有多好，我們會依據「測試資料」對其進行評估。

8. 最後，我們傳回「該模型的分數」、「模型本身」以及一個「一切都順利的指標」。Hyperas 嘗試讓「損失函數」最小化。為了使「準確度」最大化，我們將「損失」設定為「負的準確度」（negative accuracy）。你也可以在此處傳遞「模型損失」，這取決於你的問題的最佳優化方法是什麼。

最後，我們執行優化程式，如下列程式碼所示：

```
best_run, best_model = optim.minimize(model=model,
                                      data=data,
                                      algo=tpe.suggest,
                                      max_evals=5,
                                      trials=Trials(),
                  notebook_name='__notebook_source__')
```

我們把 model 方法和 data 方法當參數傳遞，並指定「我們要執行多少次試驗」以及「哪個類別應該管理這些試驗」。Hyperopt 還提供了一個「分散式試驗類別」（distributed trials class），在這個類別中，工作人員可透過 MongoDB 進行通訊。

在 Jupyter Notebook 中工作時，我們需要提供我們正在工作的筆記本名稱。Kaggle Notebooks 都會有 __notebook_source__ 的檔名，不管你為它們取什麼名字。

執行之後，Hyperas 會傳回「表現最好的模型」以及「最好模型的超參數」。如果你列印出 best_run，你應該看到類似這樣的輸出：

```
{'Activation': 1,
 'Dense': 1,
 'Dropout': 0.3462695171578595,
 'Dropout_1': 0.10640021656377913,
 'batch_size': 0}
```

對於所選的項目（choice），Hyperas 顯示的是「索引」。在本例中，我們選擇了激勵函數（tanh）。

在本例中，我們只執行了幾次試驗的超參數搜尋。一般情況下，你會執行幾百次或上千次試驗。要做到這一點，我們會使用「自動超參數搜尋」，如果你備有足夠的計算力，它可以成為提高模型效能的重要工具。

然而，它不會得到一個根本無法作用的模型。在選擇這種方法時，你需要在投資「超參數搜尋」之前，先確定有某種可行的方法。

有效的學習率搜尋法

「學習率」是最重要的超參數之一。很難找到一個好的「學習率」。如果「學習率」太小了，你的模型可能會訓練得太慢，這樣會讓你認為它根本沒有在訓練，但如果「學習率」太大，它就會衝得太快（overshoot），也不會減少「損失」。

在尋找學習率的時候，標準的「超參數搜尋」技術並不是最好的選擇。對於「學習率」，最好是進行「線性搜尋」（line search），並視覺化不同學習率的「損失」，因為這將讓你了解「損失函數」的行為。

在進行「線性搜尋」時，最好讓「學習率」呈指數增長。你更可能關心「學習率」較低的區域，而不是非常高的「學習率」。

在下面的例子中，我們進行了 20 次評估，每次評估都讓學習率提高一倍。我們可以透過下列程式碼來執行：

```
init_lr = 1e-6                                          #1
losses = []
lrs = []
for i in range(20):                                    #2
    model = Sequential()
    model.add(Dense(512, input_shape=(784,)))
    model.add(Activation('relu'))
    model.add(Dropout(0.2))
    model.add(Dense(512))
    model.add(Activation('relu'))
    model.add(Dropout(0.2))
    model.add(Dense(10))
    model.add(Activation('softmax'))

    opt = Adam(lr=init_lr*2**i)                         #3
    model.compile(loss='categorical_crossentropy',
                optimizer=opt,
                metrics=['acc'])

    hist = model.fit(X_train, Y_train, batch_size = 128,
epochs=1)                                               #4

    loss = hist.history['loss'][0]                      #5
    losses.append(loss)
    lrs.append(init_lr*2**i)
```

現在我們來詳細研究一下前面的程式碼特色：

1. 我們指定一個較低但仍然合理的「初始學習率」，我們從這個「初始學習率」開始搜尋。
2. 然後我們用「不同的學習率」進行 20 次訓練。我們每次都需要從頭開始建立模型。
3. 我們計算我們「新的學習率」。在我們的例子中，我們在每個評估步驟中「把學習率提高一倍」。如果你想要更精細的畫面，你也可以使用「更小的增幅」。
4. 然後，我們用我們的「新學習率」來擬合模型。
5. 最後，我們追蹤損失情況。

如果你的資料集非常大，你可以對資料的子集進行「學習率」的搜尋。此「學習率」將呈現出有趣的視覺化圖形：

```
fig, ax = plt.subplots(figsize = (10,7))
plt.plot(lrs,losses)
ax.set_xscale('log')
```

執行此程式碼時，會輸出以下圖形：

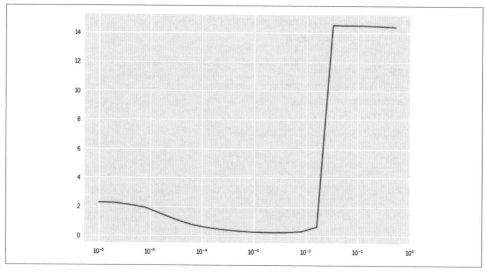

學習率搜尋器

如你所見，「損失」在 1e-3 和 1e-2 之間是最佳的。我們還可以看到，在這個區域，「損失曲面」是比較平坦的。這給了我們一個啟示，我們應該使用 1e-3 左右的

「學習率」。為了避免衝過頭，我們選擇的學習率要比「線性搜尋」找到的最優值（optimum）低一些。

學習率安排

為什麼只停留在使用一種學習率呢？一開始，你的模型可能離「最優解」很遠，因此，你希望盡快移動。然而，當你接近最小損失時，你希望放慢速度，以避免衝過頭。一個流行的方法是對「學習率」進行「**退火**」（**anneal**），使其代表一個餘弦函數（cosine function）。為此，我們需要找到一個「學習率安排函數」（learning rate scheduling function），即給定一個時步 t，在幾輪之後，該函數會傳回一個「學習率」。「學習率」成為 t 的函數，如下列公式所示：

$$a(t) = \frac{a_0}{2}\left(\cos\left(\frac{\pi \bmod(t-1, l)}{l}\right)\right)$$

這裡 l 是週期長度（cycle length），a_0 是初始學習率（initial learning rate）。我們修改這個函數以保證 t 不會大於週期長度，如下列程式碼所示：

```
def cosine_anneal_schedule(t):
    lr_init = 1e-2                          #1
    anneal_len = 5
    if t >= anneal_len: t = anneal_len -1   #2
    cos_inner = np.pi * (t % (anneal_len))  #3
    cos_inner /= anneal_len
    cos_out = np.cos(cos_inner) + 1
    return float(lr_init / 2 * cos_out)
```

前面的程式碼具有三個關鍵特性：

1. 在我們的函數中，我們需要設定一個起點，從這個起點開始「退火」。這可以是一個比較大的「學習率」。我們還需要指定要退幾輪的火。
2. 「餘弦函數」不會單調地遞減，它在經過一個週期之後會回升。我們稍後會用到這個特性；現在，我們只需要確保「學習率」不會回升。
3. 最後我們用前面的公式計算新的學習率。這就是新的學習率。

為了更好地了解「學習率安排函數」的作用，我們可以繪製它在 10 輪之間的學習率，如下所示：

```
srs = [cosine_anneal_schedule(t) for t in range(10)]
plt.plot(srs)
```

程式碼的輸出如下圖所示：

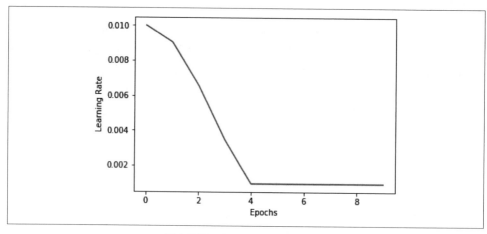

退火餘弦函數（cosine anneal）

我們可以使用此函數，以便利用 Keras 的 LearningRateScheduler「回呼函數」（callback）來安排「學習率」：

```
from keras.callbacks import LearningRateScheduler
cb = LearningRateScheduler(cosine_anneal_schedule)
```

現在我們有了一個「回呼函數」，Keras 將在每輪結束時呼叫這個「回呼函數」，以獲得新的學習率。我們將這個「回呼函數」傳遞給 fit 方法，然後你看到了沒有！我們的模型就會以「遞減的學習率」進行訓練了：

```
model.fit(x_train,y_train,batch_size=128,epochs=5,callbacks=[cb])
```

「學習率退火」（learning rate annealing）的一個版本是加入「重新啟動」功能。在退火週期結束時，我們將學習率往上移回來。這是一種用於避免「過度擬合」的方法。在「學習率」很小的情況下，我們的模型可能會找到一個區間狹窄（narrow）的最小值。如果我們要使用模型的資料與「訓練資料」略有不同，那麼「損失曲面」可能會發生一些變化，我們的模型可能會為了這個「新的損失曲面」而「脫離」此區間狹窄（narrow）的最小值。如果我們把「學習率」設定回來，我們的模型就會「脫離」區間狹窄最小值。然而，區間廣泛（broad）的最小值就足夠穩定了，模型可以留在其中，如下圖所示：

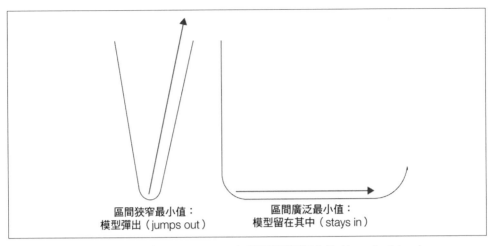

區間狹窄最小值（shallow minima）與區間廣泛最小值（broad minima）

由於「餘弦函數」會自行回升，我們只需「刪除」該列程式碼，就可以阻止它這樣做：

```
def cosine_anneal_schedule(t):
    lr_init = 1e-2
    anneal_len = 10
    cos_inner = np.pi * (t % (anneal_len))
    cos_inner /= anneal_len
    cos_out = np.cos(cos_inner) + 1
    return float(lr_init / 2 * cos_out)
```

下圖是重新安排過的學習率：

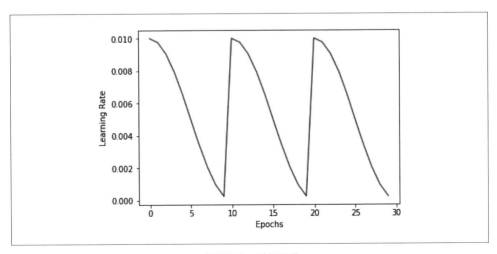

「學習率」重新啟動

用 TensorBoard 監控訓練

對模型進行除錯的一個重要環節是「在你投入大量時間訓練模型之前，先了解什麼時候會發生問題」。TensorBoard 是 TensorFlow 的擴充，可讓你在瀏覽器中輕鬆監控你的模型。

為了提供一個介面，讓你可以從中觀察模型的進展，TensorBoard 還提供了一些對除錯有用的選項。例如，你可以在訓練過程中觀察模型權重和梯度的分佈。

> 請注意：TensorBoard 不在 Kaggle 上執行。若要試驗 TensorBoard，請在自己的本機上安裝 Keras 和 TensorFlow。

為了將 TensorBoard 與 Keras 結合使用，我們設定了一個新的「回呼函數」。TensorBoard 有很多選項，讓我們一步步來了解它們：

```
from keras.callbacks import TensorBoard
tb = TensorBoard(log_dir='./logs/test2',          #1
                 histogram_freq=1,                #2
                 batch_size=32,                   #3
                 write_graph=True,                #4
                 write_grads=True,
                 write_images=True,
                 embeddings_freq=0,               #5
                 embeddings_layer_names=None,
                 embeddings_metadata=None)
```

在上述程式碼中，我們需要考慮到五個關鍵的環節：

1. 首先，我們應該指定 Keras 會將「TensorBoard 視覺化資料」儲存在哪裡。一般來說，最好是先將不同梯次執行的所有「記錄」（logs）都儲存在一個 logs 文件夾中，然後再為「每梯次執行的記錄」賦予「各自的子文件夾」（如本例中的 test2）。這樣，你可以很容易在 TensorBoard 內「比較」不同梯次的執行記錄，但也可以將不同梯次的執行記錄分開。

2. 在預設情況下，TensorBoard 只會向你顯示模型的「損失」和「準確度」。在本例中，我們對顯示權重和分佈的「直方圖」（histograms）感興趣。我們每隔一輪就儲存一次「直方圖」的資料。

3. 為了產生資料，在整個模型過程中，TensorBoard 已執行好幾個批次了。我們需要為這個過程指定一個批次的大小。

4. 我們需要告訴 TensorBoard 要儲存什麼東西。TensorBoard 可以視覺化模型的

「計算圖」、「梯度」和「顯示權重的影像」。然而，我們儲存的越多，訓練速度就越慢。

5. TensorBoard 還可以很好地視覺化訓練後的「嵌入向量」。因為我們的模型沒有「嵌入向量」，所以我們對儲存「嵌入向量」不感興趣。

我們一旦設定了「回呼函數」，我們就可以把它傳遞給訓練過程。我們將再次訓練 MNIST 模型。我們將「輸入」乘以 255，使訓練難度大大提高。為了達成這一切，我們需要執行下列程式碼：

```
hist = model.fit(x_train*255,y_train,
                batch_size=128,
                epochs=5,
                callbacks=[tb],
                validation_data=(x_test*255,y_test))
```

要啟動 TensorBoard，請開啟「控制台」並輸入以下內容：

tensorboard --logdir=/full_path_to_your_logs

這裡 full_path_to_your_logs 是你儲存「記錄」的路徑（如本例的 logs 路徑）。TensorBoard 的預設埠號為 6006，因此，在瀏覽器中，請前往 http://localhost:6006 來瀏覽 TensorBoard。

當 TensorBoard 頁面載入完畢時，請瀏覽至 **HISTOGRAMS** 子頁面；該子頁面顯示如下：

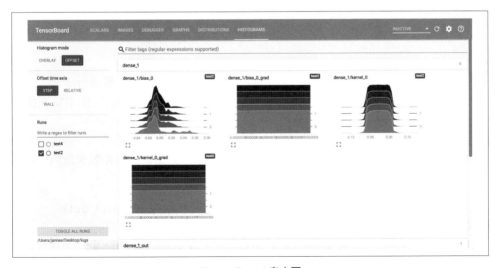

TensorBoard 直方圖

你可以看到第一個圖層中「梯度」和「權重」的分佈。如你所見，「梯度」是均勻分佈的，並且非常接近於「零」。「權重」在不同的輪中幾乎沒有變化。我們正在處理一個**梯度（逐漸）消失的問題（vanishing gradient problem）**；我們將在本章後面深入討論這個問題。

掌握了這個問題發生的即時洞察力，我們可以更快做出反應。如果你真的想深入了解你的模型，TensorBoard 還提供了一個「視覺化的除錯器」（visual debugger）。在這個「除錯器」中，你可以逐步查看你的 TensorFlow 模型的執行情況，並檢查其內部的每一個值。如果你要處理複雜的模型（如生成對抗網路），並試圖了解為什麼複雜的東西會出錯，那麼這個工具特別有用。

請注意：TensorFlow「除錯器」不適用於在 Jupyter Notebook 中訓練模型。請將「訓練該模型的程式碼」儲存為 Python 的 .py 腳本，然後執行該腳本。

要使用 TensorFlow「除錯器」，你必須將「你的模型執行期」設定為一個特殊的「除錯器」執行期。在指定「除錯器」的執行期時，你還需要指定你希望「除錯器」要在哪個埠號上執行，在本例中，指定的埠號為 2018，如下列程式碼所示：

```
import tensorflow as tf
from tensorflow.python import debug as tf_debug
import keras

keras.backend.set_session(
    tf_debug.TensorBoardDebugWrapperSession(
    tf.Session(), "localhost:2018"))
```

一旦 Keras 開始在「除錯器」執行期運作時，你就可以對你的模型進行除錯。為了讓「除錯器」運作，你需要將你的 Keras 模型命名為 model。但是，你不需要使用 TensorBoard「回呼函數」來訓練模型。

現在，讓我們準備啟動 TensorBoard，你可透過指定「除錯器」的埠號來啟動「除錯器」，如下所示：

```
tensorboard --logdir=/full_path_to_your_logs --debugger_port 2018
```

現在你可以像往常一樣在埠號為 6006 的瀏覽器上開啟 TensorBoard。TensorBoard 現在新增了一個子頁面（名為 **DEBUGGER**），如下圖所示：

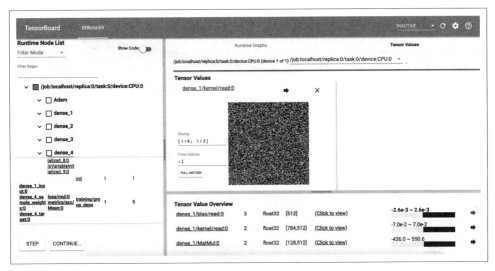

TensorBoard「除錯器」

點擊 **STEP**（逐步執行）可讓你在訓練過程中執行下一個步驟。點擊或連續點擊 **CONTINUE...**（繼續執行）可讓你對模型進行一輪或多輪的訓練。透過瀏覽「左側的樹狀選單」，你可以查看模型的元件。你可以「視覺化」模型中的各個元素，以查看「不同的操作」如何影響它們。有效地使用「除錯器」需要一些練習，但是如果你使用的是複雜模型，那麼它將是一個很棒的工具。

爆炸和消失的梯度

「梯度消失」（**vanishing gradients**）問題描述了這樣一個問題：有時深度神經網路中的「梯度」會變得非常小，因此，訓練發生的速度非常緩慢。「**梯度爆炸**」（**exploding gradients**）則是相反的問題，它們是梯度變得非常大，以至於網路無法「收斂」（converge）。

在這兩個問題中，「梯度消失」問題是較為持久的問題。「梯度消失」是由於在深層網路中，早期圖層的「梯度」依賴於較接近輸出圖層的「梯度」。如果輸出梯度很小，那麼後面的梯度就更小。因此，網路越「深」，出現的「梯度消失」問題就越多。

造成「梯度小」的關鍵原因包括 Sigmoid 和 tanh 激勵函數。如果你看下面的 Sigmoid 函數，你會發現，當朝向「大的數值」時，它是非常平坦（flat）的：

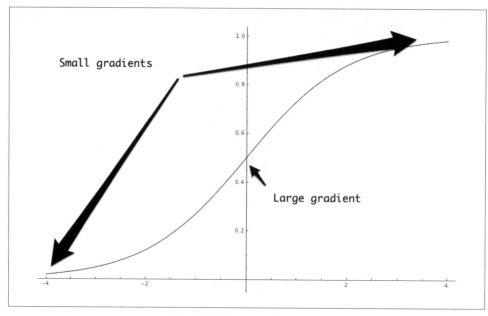

梯度消失的 Sigmoid 激勵函數

Sigmoid 函數的「梯度小」特性是「ReLU 激勵函數之所以變成訓練深度神經網路的熱門選擇」的原因。它的梯度對於所有「正輸入值」都等於 1。但是對於所有「負輸入值」，它的梯度為 0。

「梯度消失」的另一個原因是損失函數中的「鞍點」（saddle points）。雖然沒有達到最小值，但損失函數在某些區域非常平坦，產生「小梯度」。

為了解決「梯度消失」問題，你應該使用「ReLU 激勵函數」。如果你看到你的模型訓練得很緩慢，可以考慮提高「學習率」，來更快脫離「鞍點」。最後，如果模型受到「梯度小」特性的影響，你可能需要讓模型訓練時間加長一點。

「梯度爆炸」問題通常是由「大的絕對權重值」引起的。由於「倒傳遞演算法」將後面各圖層的「梯度」與後面各圖層的「權重」相乘，故「大的權重」會放大「梯度」。為了抵制「梯度爆炸」問題，你可以使用「權重正規化」（weight regularization），來激發出較小的「權重」。使用一種名為**梯度裁剪**（**gradient clipping**）的方法，你可以確保梯度不會大於某個值。在 Keras 中，你可以對梯度的「正規化」和「絕對值」進行裁剪，如下列程式碼所示：

```
from keras.optimizers import SGD

clip_val_sgd = SGD(lr=0.01, clipvalue=0.5)
clip_norm_sgd = SGD(lr=0.01, clipnorm=1.)
```

「卷積層」和 **LSTM**「長短期記憶」網路不易受到「梯度消失和爆炸」的影響。ReLU 和「批次正規化」一般可以使網路穩定。這兩個問題可能是由「非正規化的輸入」引起的，所以你也應該檢查你的資料。「批次正規化」也可以抵制「梯度爆炸」問題。

如果「梯度爆炸」是一個問題，你可以在你的模型中增加一個「批次正規化」圖層，如下列程式碼所示：

```
from keras.layers import BatchNormalization
model.add(BatchNormalization())
```

「批次正規化」也可以降低「梯度消失」的風險，最近還可以建構更深層的網路。

你現在已經看到了一系列的工具，可以用來對你的模型進行除錯。最後一個步驟，我們將學習生產環境中「讓模型運作的一些方法（method）」，還有「加快機器學習的各種方法」。

部署

「部署到生產環境中」往往被視為與「建立模型」分開。在許多公司，資料科學家在「獨立的開發環境」中建立模型，這些環境中的訓練、驗證和測試資料是為建立該模型而收集的。

一旦模型在「測試集」上表現良好，它就會傳遞給「部署工程師」，而這些工程師對該模型「如何」以及「為什麼」用這種方式工作幾乎一無所知。這是個錯誤觀念。畢竟，你開發模型是為了使用它們，而不是為了開發過程所帶來的樂趣。

模型往往會隨著時間的推移而表現得更差，原因有幾個。世界會發生變化，所以你訓練的資料可能不再代表真實世界。你的模型可能依賴一些其他會發生變化的系統輸出。你的模型可能有一些意想不到的副作用和弱點，只有在長時間使用之後才會顯現出來。你的模型可能會影響它試圖建模的世界。「**模型衰減**」（**Model decay**）說明了模型壽命的狀況，在這個壽命用完之後，效能會下降。

資料科學家應該考慮到其模型的整個生命週期。他們需要了解他們的模型在生產環境中的長期工作狀況。

實際上，生產環境是優化模型的最佳環境。你的資料集只是真實世界的近似值。即時資料提供了更新鮮、更準確的世界觀。透過使用「線上學習」或「主動學習」方法，你可以大幅減少對訓練資料的需求。

本節介紹一些讓模型在現實世界中工作的最佳做法。為模型提供服務的確切方法可能因你的用途而異。更多關於選擇部署方法的詳細資訊，請參閱即將到來的「效能提示」一節（本書第355頁）。

快速發佈新產品

開發模型的過程取決於「真實世界的資料」以及對「模型效能如何影響業務結果」的洞察力。越早收集資料並觀察模型行為如何影響結果，效果越好。請及時使用簡單的啟發式方法來發佈你的產品。

以詐欺偵測為例。你不僅需要收集「交易資料」以及「關於發生的詐欺行為」的資訊，你還想知道詐欺者是如何快速找到「可以逃過你的偵測」的方法。你想知道其交易「被錯誤標記為詐欺」的客戶將如何反應。所有這些資訊，都會影響你的「模型設計」和「模型評估指標」。如果你能想出一個簡單的啟發式方法，則請部署該啟發式方法，然後使用機器學習方法。

在開發機器學習模型時，首先嘗試簡單的模型。大量的任務可以用簡單的線性模型來建模。你不僅可以更快獲得結果，還可以快速識別出你的模型可能「過度擬合」的特徵。在處理複雜的模型之前，請先對你的資料集進行「除錯」，這可以讓你省去很多麻煩。

快速推出簡單方法的第二個好處是，你可以準備你的基礎架構（infrastructure）。你的基礎架構團隊很可能是與建模團隊不同的人員。如果基礎架構團隊不必等待建模團隊，而是可以立即開始優化基礎架構，那麼你就獲得了時間優勢。

了解和監測指標

為了確保優化「均方誤差」或「交叉熵損失」等指標能真正帶來更好的結果，你需要注意「你的模型指標」與「高階指標」的關係，你可以看到下圖中視覺化的指標。請想像一下，你有一些消費者取向的應用程式（consumer-facing app），在其中你可以向「散戶投資者」推薦不同的投資產品。

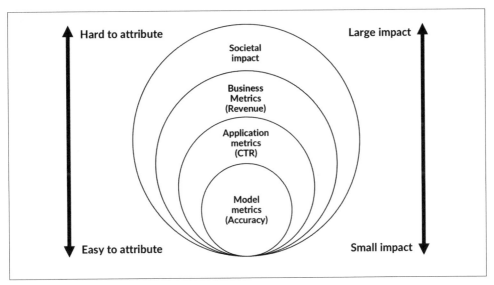

較高層次思考角度的影響

你可以透過使用者閱讀產品描述來預測「使用者是否對給定的產品感興趣」。然而,在你的應用程式中,你想要優化的指標並不是你的模型準確性(accuracy),而是使用者進入說明介面的「點擊率」(click-through rate)。從較高層次思考的角度上來看,你的企業設計並不是為了最大化「點擊率」,而是為了「收益」(revenue)。如果你的使用者只點擊「低收益產品」,你的「點擊率」對你沒有幫助。

最後,你的企業收益可能會被優化,進而對社會不利。在這種情況下,監管機構會介入。高階效應會受你的模型影響。影響效果的階數越高,就越難將其歸因於單一模型(attribute to a single model)。高階效應有很大的影響,因此,高階效應(higher order effects)可以有效地作為低階效應(lower-order effects)的「元指標」(meta-metrics)。要判斷你的應用程式的運作情況,需要將其指標(如點擊率)與更高階效應相關的指標(如收益)匹配。同樣的,「模型指標」(model metrics)也需要與「應用程式指標」(application metrics)相匹配。

這種匹配(alignment)往往是一種新出現的特徵。急於使「自己的指標」最大化的產品經理會選擇使「自己的指標」最大化的模型,而不管建模者在優化什麼指標。能帶來大量收入的產品經理會獲得升遷。對社會有益的企業會得到補貼和優惠政策。透過明確對標,你可以設計一個更好的監控流程。舉例來說,如果你有兩個模型,你可以對它們進行「A/B 測試」,看看哪一個能改善應用程式指標。

一般情況下，你會發現，為了與一個更高階的指標匹配，你需要結合幾個指標（例如：預測的準確性和速度）。在這種情況下，你應該製作一個公式，將這些指標組合成一個「單一的數值」。一個「單一的數值」將使你能夠毫無疑問地在兩個模型之間進行選擇，並幫助你的工程師建立更好的模型。

例如，你可以設定「最大延遲值（latency）」為 200 毫秒，你的指標就是：『如果延遲值低於 200 毫秒，則為準確度，否則為 0。』如果你不希望設定「最大延遲值」，你可以選擇『準確度除以延遲，單位為毫秒』。這個公式的具體設計取決於你的用途。當你觀察你的模型如何影響其高階指標時，你可以調整你的模型指標。該指標應簡單且易於量化。

其次，為了定期測試你的模型對高階指標的影響，你應該定期測試「模型自身的指標」（如準確性）。為此，你需要源源不斷的「真實有效的標註資料」（ground truth data）。在某些情況下（如偵測詐欺），「真實有效的標註資料」很容易收集，儘管它可能會有一些延遲。在這種情況下，客戶可能需要幾個星期時間才能發現自己被多收了錢。

在其他情況下，你可能沒有「真實有效的標籤」（ground truth labels）。一般的情況下，你可以對「沒有真實有效標籤」的資料，進行手工標註。透過良好的 UI 設計，檢查模型預測的過程可以是快速的。測試人員只需要決定你的模型預測是否正確，他們可以透過「網頁」或在「手機應用程式」中按下按鈕來完成。如果你有一個良好的審查系統，從事模型工作的資料科學家應該「定期檢查」模型的輸出。這樣一來，失敗的模式（我們的模型在深色影像上表現不佳）可以被迅速發現，並改進模型。

了解你的資料來源

更多的時候，你的資料會被其他系統收集，這是作為模型開發者的你所無法控制的事情。你的資料可能是由資料供應商或公司的其他部門收集來的。這些收集的資料甚至可能適用於「與你的模型不同」的目的。資料收集者可能甚至不知道你正將資料用於你的模型。

如果說，資料的收集方法發生了變化，你的資料分佈也可能發生變化。這可能會破壞你的模型。同樣的，現實世界可能就會改變，資料分佈也會隨之改變。為了避免「資料的變化」破壞你的模型，你首先需要知道你使用的是什麼資料，並為每個特徵指派一位負責人。特徵負責人（feature owner）的工作是調查資料的來源，如果資料發生變化，他會提醒團隊。特徵負責人還應該寫下資料的基礎假設。在最好的情況下，你要對「所有流進來的新資料」測試這些假設。如果資料沒有通過測試的話，則對你的模型進行調查並修改它。

同樣的，你的模型輸出也可能被用作其他模型的輸入。透過明確表明你是模型的負責人，來幫助「使用你資料的消費者」與你保持聯絡。

請提醒你模型的使用者注意你模型的變化。在部署模型之前，將「新模型的預測」與「舊模型的預測」進行比較。將模型視為軟體，並嘗試識別「顯著」改變你模型行為的「破壞性變化」（breaking changes）。一般情況下，你可能不知道誰在使用你的模型預測。盡量透過明確的溝通和必要時設定「使用控制權」來避免這種情況發生。

就像軟體有「相依性」（dependencies），需要為軟體安裝程式庫才能工作一樣，機器學習模型也有資料「相依性」。「資料相依性」不像「軟體相依性」那樣好理解。藉著調查你模型的「相依性」，你可以減少資料變化時模型崩潰的風險。

效能提示

在許多金融應用中，速度是至關重要的。機器學習，尤其是深度學習，以緩慢而著稱。然而，近年來在硬體和軟體方面取得了許多進展，故可以實現更快的機器學習應用。

使用正確的硬體，解決你的問題

「**圖形處理單元**」（graphics processing units，**GPU**）的使用推動了深度學習的許多進展。GPU 以犧牲「作業頻率」（operating frequency）為代價，實現了高度「平行計算」（parallel computing）。近來，多家廠商開始研發專門的深度學習硬體。大多數時候，GPU 是深度學習模型或其他可平行演算法（如 XGboost gradient-boosted trees 梯度提升樹）的好選擇。然而，並非所有的應用都能同樣受益。

舉例來說，在 **NLP**（自然語言處理）中，往往需要很小的批次處理量，所以平行化操作的效果並不好，因為「沒有那麼多樣本」同時處理。此外，有些單詞出現的頻率要比其他單詞高得多，這為快取（caching）「頻繁單詞」帶來了很大的好處。因此，許多 NLP 任務在 CPU 上執行的速度比 GPU 快。然而，如果你能處理大批次的工作，則最好使用 GPU 或甚至專用的硬體。

利用 TF 估計器進行分散式訓練

Keras 不僅是一個可以使用 TensorFlow 的獨立程式庫，也是 TensorFlow 的集成部分。TensorFlow 具有多個高階 API 的功能，可用於建立和訓練模型。

從 1.8 版本開始，估計器 API 的功能可在多台機器上分佈訓練，而 Keras API 還沒有這些功能。估計器還有一些其他的加速技巧，所以它們通常比 Keras 模型快。

你可以在 **https://www.tensorflow.org/deploy/distributed** 找到如何為「分散式 TensorFlow」設定集群（cluster）的資訊。

透過更改 import 的陳述式，你可以輕鬆地將 Keras 作為 TensorFlow 的一部分，而不必更改你的主要程式碼，如下列程式碼所示：

```
import tensorflow as tf
from tensorflow.python import keras

from tensorflow.python.keras.models import Sequential from tensorflow.
python.keras.layers import Dense,Activation
```

在本節中，我們將建立一個模型來學習 MNIST 問題，然後再使用「估計器 API」訓練該模型。首先，我們像往常一樣載入和準備資料集。關於更有效率的資料集加載方式，請參見下一節：

```
(x_train, y_train), (x_test, y_test) =
keras.datasets.mnist.load_data()
x_train.shape = (60000, 28 * 28)
x_train = x_train / 255
y_train = keras.utils.to_categorical(y_train)
```

我們像之前一樣建立 Keras 模型：

```
model = Sequential()
model.add(Dense(786, input_dim = 28*28))
model.add(Activation('relu'))
model.add(Dense(256))
model.add(Activation('relu'))
model.add(Dense(160))
model.add(Activation('relu'))
model.add(Dense(10))
model.add(Activation('softmax'))

model.compile(optimizer=keras.optimizers.SGD(lr=0.0001,
             momentum=0.9),
             loss='categorical_crossentropy',
             metric='accuracy')
```

Keras 的 TensorFlow 版本有提供一個功能，僅需一列程式碼就可轉換成「TF 估計器」（TF estimator）：

```
estimator = keras.estimator.model_to_estimator(keras_model=model)
```

為了設定「訓練」，我們需要知道指派給「模型輸入」的名稱。我們可以透過下列程式碼快速檢查：

```
model.input_names
['dense_1_input']
```

估計器用「輸入函數」訓練。「輸入函數」讓我們可以指定「高效率執行的管線」。在本例中，我們只需要一個能產生訓練集的「輸入函數」，如下列程式碼所示：

```
train_input_fn = tf.estimator.inputs.numpy_input_fn(
    x={'dense_1_input': x_train},
    y=y_train,
    num_epochs=1,
    shuffle=False)
```

最後，我們根據「輸入」來訓練這個「估計器」。就這樣，你現在可以使用具有估計器功能的「分散式 TensorFlow」了，如下列程式碼所示：

```
estimator.train(input_fn=train_input_fn, steps=2000)
```

使用如 CuDNNLSTM 這類的優化層

你會經常發現，有人建立了一個特殊的圖層，並對其進行了優化，以便在特定的硬體上執行某些任務。例如，Keras 的 CuDNNLSTM 圖層僅在支援 CUDA 的 GPU 上執行，CUDA 是一種專門為 GPU 設計的程式語言。

當你把你的模型鎖定在「專門的硬體」上時，你往往可以在效能上有顯著的提升。如果你有資源，用 CUDA 編寫自己的「專用圖層」可能更具意義。如果你之後想更改硬體，你通常可以先匯出「權重」，然後再將其匯入到不同的圖層。

優化你的管線

有了合適的硬體及優化的軟體，你的模型往往不再是瓶頸了。你應該在終端機上輸入下列指令來檢查你的 GPU 使用量：

```
nvidia-smi -l 2
```

如果你的 GPU 使用量沒有達到 80% 到 100% 左右，你可以藉著優化你的「管線」獲得顯著的收益。你可以採取幾個步驟來優化你的「管線」：

- **建立一個與模型平行運行的管線**：否則，資料加載時，GPU 將處於空閒狀態。Keras 預設情況下是這樣做的。如果你有一個生成器，並且想要有一個「更大的資料佇列」以備「預處理」，請更改 fit_generator 方法的 max_queue_size 參數。如果你將 fit_generator 方法的 workers 參數設定為 0，那麼生成器將在「主執行緒」上執行，這將會減慢執行速度。
- **對資料進行平行預處理**：即使你有一個獨立於模型訓練的生成器，它也可能「跟不上」模型的速度。所以，最好是平行執行多個生成器。用 Keras 來達成平行執行的方法是，你可以透過將 use_multiprocessing 設定為 true，並將 workers 的數量設定為任何大於 1 的數量（最好是可用的 CPU 數量）。我們來看一個例子：

```
model.fit_generator(generator,
                    steps_per_epoch = 40,
                    workers=4,
                    use_multiprocessing=False)
```

你需要確保你的生成器是執行緒安全（thread safe）的。以下程式碼片段可以使任何生成器的執行緒安全：

```
import threading

class thread_safe_iter:                    #1
    def __init__(self, it):
        self.it = it
        self.lock = threading.Lock()

    def __iter__(self):
        return self

    def next(self):                        #2
        with self.lock:
            return self.it.next()

def thread_safe_generator(f):              #3
    def g(*a, **kw):
        return thread_safe_iter(f(*a, **kw))
    return g

@thread_safe_generator
def gen():
```

我們來看看前面程式碼的三個關鍵組成部分：

1. thread_safe_iter 類別透過在迭代器要產生下一個結果時，鎖定執行緒，以維持任何迭代器的執行緒安全。
2. 在迭代器上呼叫 next() 時，迭代器的執行緒就被鎖定。「鎖定」（Locking）意味著在執行緒被鎖定時，其他函數（如其他變數），都不能使用該執行緒的變數。一旦執行緒被鎖定，它就會產生下一個元素。
3. thread_safe_generator 是一個 Python 裝飾器（decorator），它可以將任何它裝飾的迭代器都變成一個「執行緒安全的迭代器」（thread-safe iterator）。它接收函數，並將其傳遞給「執行緒安全的迭代器」，然後傳回該函數的「執行緒安全版本」。

你也可以將 tf.data API 與估計器一起使用，因為大部分的工作都是由估計器完成的。

- **將數個檔案合併成大檔案**：讀取檔案需要時間。如果你必須讀取數千個小檔案，這會大大降低你的速度。TensorFlow 提供了自己的資料格式（名為 TFRecord）。你也可以直接將整個批次融合到一個 NumPy 陣列之中，並儲存該陣列（而不需儲存每個範例）。
- **使用 tf.data.dataset API 進行訓練**：如果你使用的是 Keras 的 TensorFlow 版本，你可以使用 Dataset API，它可以為你優化「資料加載」和「處理過程」。Dataset API 是資料加載到 TensorFlow 的一個推薦方式。它提供了一系列的資料加載方式，例如：使用 tf.data.TextLineDataset 從「CSV 檔案」加載資料，或者使用 tf.data.TFRecordDataset 從「TFRecord 檔案」加載資料。

 請注意：關於 Dataset API 的綜合指南，請參閱：**https://www.tensorflow.org/get_started/datasets_quickstart**。

在本例中，我們將對已經加載到 RAM 中的 NumPy 陣列（如 MNIST 資料庫）使用 Dataset API。

首先，我們為資料和目標建立兩個純資料集：

```
dxtrain = tf.data.Dataset.from_tensor_slices(x_test)
dytrain = tf.data.Dataset.from_tensor_slices(y_train)
```

map（映射）函數可讓我們在將資料傳遞給模型之前，對其進行操作。在本例中，我們對「目標」使用獨熱編碼。然而，這可以是任何函數。透過設定 num_parallel_calls 參數，我們可以指定我們想要「平行執行」的執行緒數量：

```
def apply_one_hot(z):
    return tf.one_hot(z,10)

dytrain = dytrain.map(apply_one_hot,num_parallel_calls=4)
```

我們將「資料」和「目標」壓縮成一個資料集。我們指示 TensorFlow 在加載時對「資料」進行洗牌（shuffle），在記憶體中保留 200 個實例，從中抽取樣本。最後，我們使「資料集」產生批次大小為 32 的數個批次，如下列程式碼所示：

```
train_data =
tf.data.Dataset.zip((dxtrain,dytrain)).shuffle(200).batch(32)
```

現在，我們可以在這個「資料集」上擬合一個 Keras 模型，就像我們擬合一個生成器一樣，如下列程式碼所示：

```
model.fit(dataset, epochs=10, steps_per_epoch=60000 // 32)
```

如果你有真正的「大型資料集」，你能平行化越多，則越好。然而，平行化確實會帶來開銷，並非每個問題都真正要有「巨大的資料集」特性。在此情況下，不要試圖做太多的平行功能，而要專注於精簡你的網路，使用 CPU，並盡可能將所有資料儲存在 RAM 之中。

用 Cython 加速你的程式碼

Python 是一門很受歡迎的語言，因為用 Python 開發程式碼既簡單又快速。然而，Python 也可能很慢，這就是為什麼許多產出的應用程式是用 C 語言或 C++ 語言編寫的。Cython 是帶有 C 語言資料型別的 Python 版本，它大大加快了執行速度。使用這種語言，你可以寫出幾乎正常的 Python 程式碼，而 Cython 則是將其轉換為快速執行的 C 語言程式碼。

請注意：你可以在 **http://cython.readthedocs.io** 閱讀完整的 Cython 說明文件。本節只是 Cython 的一個簡短介紹。如果效能對你的應用程式來說很重要，則應考慮深入了解。

假設你有一個 Python 函數，它可以列印出到指定點的「費式數列」（Fibonacci series）。這個程式碼片段直接取自 Python 說明文件：

```
from __future__ import print_function
def fib(n):
    a, b = 0, 1
    while b < n:
        print(b, end=' ')
        a, b = b, a + b
    print()
```

請注意，我們必須匯入 print_function，以確保 print() 能以 Python 3 的風格工作。要在 Cython 中使用這個程式碼片段，請將其儲存為 cython_fib_8_7.pyx。

現在請建立一個新檔案，命名為 8_7_cython_setup.py：

```
from distutils.core import setup          #1
from Cython.Build import cythonize        #2

setup(                                    #3
    ext_modules=cythonize("cython_fib_8_7.pyx"),
)
```

該程式碼的三個主要功能是：

1. setup 函數是一個 Python 函數，用來建立模組，例如：使用 pip 安裝的模組。
2. cythonize 是一個將 pyx Python 檔案變成 Cython C 程式碼的函數。
3. 我們呼叫 setup 並傳遞我們「Cython 化的程式碼」來建立新模型。為了執行這個，現在，我們在終端機上執行下列指令：

python 8_7_cython_setup.py build_ext --inplace

這將建立一個 C 檔案、一個建置檔案和一個編譯模組。現在，我們可以執行下列指令，匯入這個模組：

```
import cython_fib_8_7
cython_fib_8_7.fib(1000)
```

這將列印出多達 1,000 個的「費式數列」。Cython 還附帶了一個方便的除錯器，它可以顯示 Cython 必須退回到 Python 程式碼的位置，這會減慢速度。請在你的終端機輸入下列指令：

cython -a cython_fib_8_7.pyx.

這將建立一個 HTML 檔案，在瀏覽器中打開它的內容，將類似如下截圖：

```
Generated by Cython 0.27.2

Yellow lines hint at Python interaction.
Click on a line that starts with a "+" to see the C code that Cython generated for it.

Raw output: cython_fib_8_5.c

 1: from __future__ import print_function
 2:
+3: def fib(n):
 4:     """Print the Fibonacci series up to n."""
+5:     a, b = 0, 1
+6:     while b < n:
+7:         print(b, end=' ')
+8:         a, b = b, a + b
+9:     print()
```

Cython 畫面

如你所見，在我們的腳本中，由於我們沒有指定變數的類型，Cython 不得不一直依賴
Python。透過讓 Cython 知道一個變數的資料類型，我們可以大大加快程式碼的速度。
為了定義一個有類型的變數，我們使用 cdef，如下所示：

```
from __future__ import print_function
def fib(int n):
    cdef int a = 0
    cdef int b = 1
    while b < n:
        print(b, end=' ')
        a, b = b, a + b
    print()
```

這個段程式碼已經比較好了。當然還可以進一步優化，透過先計算數字再列印，我們
可以減少對 Python print 語句的依賴。總體來說，Cython 是維持 Python 的「開發速
度」和「易用性」以及提高「執行速度」的一個很好的方法。

快取「頻繁的請求」

一種未受重視的「快速執行模型」的方法是在資料庫中快取（cache）「頻繁的請求」
（frequent requests）。你甚至可以在資料庫中快取上百萬個預測，然後再來查詢它
們。這樣做的好處是，你可以把你的模型做得越大越好，並花費大量的計算能力來進行
預測。

透過使用 MapReduce 資料庫，在非常大的可能「請求」和「預測」池中搜尋「請求」是完全可能的。當然，這要求「請求」必須是有點「離散」。如果有連續的特徵，則在「精確度」不那麼重要的情況下可以對其進行四捨五入。

練習題

現在我們已經到了本章的尾聲，是時候來運用我們所學的知識了。何不利用本章所學到的知識，嘗試以下練習呢？

- 在訓練中嘗試建立任何具有「爆炸梯度」特徵的模型。提示：不要對「輸入」進行正規化和不要進行圖層的初始化。
- 參考本書中的任何一個例子，嘗試透過改良資料管線來優化效能。

小結

在本章中，你已經學會了一些除錯和改良模型的實用技巧。讓我們回顧一下我們已學到的知識：

- 發現導致所學模型缺陷的「資料缺陷」
- 使用創造性的技巧，讓你的模型從「更少的資料」中學習更多
- 在生產環境或訓練之中進行「單元測試資料」，以確保符合標準
- 注意隱私權
- 為準備訓練用的資料，避開常見的陷阱
- 檢視模型，窺探「黑盒子」
- 尋找「最佳超參數」
- 安排學習率，以減少發生「過度擬合」
- 用 TensorBoard 監控訓練進度
- 部署機器學習產品並對其進行迭代
- 加快訓練和推理速度

現在，你的工具箱裡已有大量的工具，可以幫助你執行實用的機器學習專案，並將其部署到現實生活的應用（如交易）之中。

在部署模型之前，「請確定你的模型可以運作」，這件事情是至關重要的，如果不能正確地審查你的模型，可能會讓你、你的雇主或你的客戶損失數百萬美元。由於這些原因，一些公司根本不願意將「機器學習模型」部署到交易之中。他們害怕自己永遠不會理解這些模型，因此無法在生產環境中管理它們。希望本章透過展示一些實用的工具來減輕這種恐懼，這些工具讓模型變得可理解、可通用，並可以安全進行部署。

在下一章中，我們將探討與「機器學習模型」相關的一個特殊、持久和危險的問題：「偏見」（bias）。統計模型往往會適應和擴大「人類的偏見」。金融機構必須遵循嚴格的規章制度，以防止它們有種族歧視或性別偏見。我們的重點將是看看我們如何檢測和消除模型中的「偏見」，使它們既公平又合乎法規。

9

對抗偏差或偏見

我們喜歡認為機器比我們更理性：沒心沒肺的矽應用冷酷的邏輯。因此，當電腦科學將自動決策引入經濟領域時，許多人希望電腦能夠減少偏見和歧視。然而，如同我們之前在研究「貸款申請」和「種族問題」時所述，電腦是由人類製造和訓練出來的，而這些機器所使用的資料來源於一個「不公正的世界」。簡而言之，如果我們不謹慎的話，我們的程式會加劇「人類的偏見」。

在金融業，「反歧視」（anti-discrimination）不僅是一個道德問題。以美國 1974 年生效的「**公平信貸機會法**」（Equal Credit Opportunity Act，**ECOA**）為例，該法明確禁止債權人基於種族、性別、婚姻狀況等幾種屬性歧視申請人。該法還要求債權人向申請人說明拒絕的理由。

本書中討論的演算法是判別機器（discrimination machines）。給定一個目標，這些機器會找到「最好的特徵」來進行判別。然而，正如我們討論過的，歧視未必是可以的。

雖然將「某國的圖書廣告」定位給「同樣來自該國的人」是可以的，但拒絕向「某國人」提供貸款，一般來說是不可以的（而且由於 ECOA 的存在，這樣的「拒絕」通常是違法的）。在金融領域內，對歧視的規定比在「圖書銷售」中看到的要嚴格許多。這是因為「金融領域的決定」對人們生活的影響要比「圖書銷售」的影響嚴重許多。

同樣的，這種情況下的歧視也是**針對具體特徵的**（feature specific）。例如，雖然基於貸款申請人的「還款歷史」而歧視他們是可以的，但基於他們的「原國籍」而歧視他們卻是不可以的（除非對該國實施了制裁或制定了類似的法律）。

在本章中，我們將討論以下內容：

- 機器的「偏見」來自哪裡
- 有偏見的**機器學習（ML）**模型之法律意義
- 如何「減少」觀察到的不公平現象
- 如何「檢查」模型是否存在偏見和不公平的現象
- 「因果模型」如何減少偏差
- 不公平是一個複雜的系統故障，需要用「非技術性的方法」來解決

本書討論的演算法是特徵提取演算法（feature extraction algorithms）。即使省略了「規範特徵」（regulated features），演算法也可能從「代理特徵」（proxy features）中推斷出這些特徵，然後再根據這些特徵進行歧視。舉個例子，在美國的許多城市，「郵遞區號」可以用來合理地預測「種族」。因此，在打擊偏見方面，省略「規範特徵」是不夠的。

機器學習中不公平的來源

正如我們在本書中多次討論過的那樣，模型是其訓練的資料函數。一般來說，資料越多，誤差越小。因此，根據定義，關於少數群體（minority groups）的資料較少，只是因為這些群體中的人較少。

這種「不同的樣本量」（**disparate sample size**）會導致「少數群體」的模型效能變差。因此，這種增加的誤差通常被稱為「**系統誤差**」（**systematic error**）。模型可能「不得不」對多數群體資料進行「過度擬合」，這樣它發現的關係就不適用於「少數群體」資料。由於「少數群體」的資料很少，這種情況不會受到那麼多的懲罰。

請想像一下，你正在訓練一個信用評分模型（credit scoring model），而你的資料顯然大部分來自於曼哈頓下城（lower Manhattan）的居民，少數來自居住在農村地區的人。曼哈頓的住房要貴得多，所以模型可能會了解到，你需要很高的收入才能買到一棟公寓。然而，相比之下，農村的住房要便宜許多。即便如此，由於該模型主要是根據「曼哈頓的資料」進行訓練的，它可能會拒絕農村申請人的貸款申請，因為他們的收入往往低於曼哈頓的同齡人。

除了樣本量的問題，我們的資料本身也會有偏差。例如，「原始資料」（raw data）是不存在的。資料並不是自然出現的，而是人類用「人造的量測協定」測量出來的，這些協定本身就會有很多不同的偏差。

偏差可能包括**抽樣偏差**（sampling biases），如曼哈頓住房的例子，或有**測量偏差**（measurement biases），即你的樣本可能沒有測量出它所要測量的東西，甚至可能對一個群體有歧視。

另一種可能的偏見是**預先存在的社會偏見**（pre-existing social biases）。這些在「單詞向量」（word vectors）中是可見的，以 Word2Vec 為例，在「潛在空間」中「從父親映射到醫生」就如同「從母親映射到護理師」。同樣的，「從男人到電腦程式設計師的向量」就如同「從女人映射到家庭主婦」。這是因為「性別歧視」被編碼在我們性別歧視社會的書面語言之中。直到今天，一般來說，醫生通常是男性，護理師通常是女性。同樣的，科技公司的多樣性統計顯示，電腦程式設計師的男性遠遠多於女性，這些偏見亦被編碼到模型之中。

法律觀點

在「反歧視法」中，有兩種學派：「**差別待遇**」（disparate treatment）和「**差異性影響**」（disparate impact）。讓我們花點時間來看看這兩種學派：

- **差別待遇**：這是一種非法歧視。故意歧視郵遞區號（並懷有種族歧視的期望），這是不合法的。「差別待遇」問題與演算法的關係不大，而與「執行演算法的組織」關係較大。
- **差異性影響**：如果部署的演算法對「不同的群體」產生不同的影響，甚至是在組織不知情的情況下，這可能是一個問題。讓我們以一個可能存在「差異性影響」的借貸場景為例。首先，原告（plaintiff）必須確定存在「差異性影響」。評估是否存在「差異性影響」，通常會使用「**五分之四規則**」（four-fifths rule），也就是說，如果一個群體的選擇率「低於該群體的 80%」，那麼就會被視為「不利影響」的證據。舉例來說，假設某貸款機構有 150 名來自 A 組的貸款申請人，其中 100 人（即 67%）被接受，還有 50 名來自 B 組的申請人，其中 25 人被接受，則選擇的差異為：$0.5/0.67 = 0.746$，符合「歧視 B 組的」證據。被告（defendant）則可以藉由證明該判決程序（decision procedure）在「必要」時是「正當」的，來反駁這一點。
  完成此操作後，原告有機會證明，使用「差異較小的其他程序」也可以達到該程序的目標。

請注意：關於這些主題的更深入概述，請見 Moritz Hardt 的 2017 年 NeurIPS 演講：`http://mrtz.org/nips17/#/11`。

「差別待遇」學派試圖實現「程序公正」和「機會平等」。「差異性影響」學派則旨在實現「分配公正」和「盡量減少結果的不平等」。

如 2009 年的 Ricci V. DeStefano 案所示，這兩種學派之間存在著內在的緊張關係。在此案中，19 名白人消防員和 1 名西班牙裔消防員控告他們的雇主「紐哈芬市消防局」（New Haven Fire Department）。這些消防員都通過了晉升測試，然而他們的黑人同事卻沒有達到晉升所需的分數。市政府擔心會引起「差異性影響」的訴訟，因此宣布「測試結果無效」，讓這些消防員沒有晉升的機會。由於證明「差異性影響」的證據不夠充分，美國最高法院最終裁定，這些消防員應該得到晉升。

鑒於機器學習中「公平性」的複雜法律和技術狀況，我們將深入研究如何定義和量化「公平性」（fairness），然後再利用這種洞察力來建立更公平的模型。

觀察公平性

平等性（Equality）經常被看作是純粹的定性（qualitative）問題，因此，它常常被注重量化（quantitative）的建模者所忽視。正如本節將展示的那樣，「平等性」也可以從量化的角度來看。請考慮一個分類器（c），有輸入（X），一些敏感輸入（A），一個目標（Y）和輸出（C）。通常，我們會將「分類器的輸出」表示為 $\hat{Y}$，但為了可讀性，我們遵循 CS 294，將其命名為 C。

假設我們的分類器被用來決定誰獲得貸款。什麼時候我們會認為這個分類器是公平的、沒有偏見的呢？為了回答這個問題，請想像兩組人口統計資料（A 組和 B 組），均為貸款申請人（loan applicants）。給定一個信用分數，我們的分類器必須找到一個「分界點」（cutoff point）。讓我們看看這張圖中「申請人的分佈情況」：

請注意：這個例子的資料是合成的；你可以在本書的 GitHub 儲存庫中找到用於這些計算的 Excel 檔案：`https://github.com/PacktPublishing/Machine-Learning-for-Finance/blob/master/9.1_parity.xlsx`。

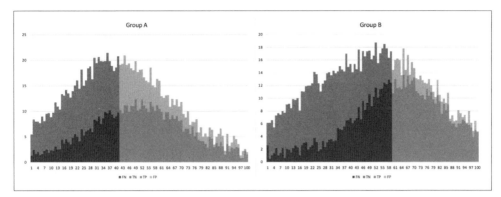

利潤最大化

在這個練習中，我們假設一個「成功的申請人」產生 300 美元的利潤，而「違約的成功申請人」的成本是 700 美元。這裡選擇的「分界點」是為了使利潤最大化（maximize profits）：

那麼，我們能看到什麼呢？我們可以看到以下幾點（小提醒，如前言第 xvi 頁所述，讀者可以在此下載或瀏覽本書的彩色圖片：http://www.packtpub.com/sites/default/files/downloads/9781789136364_ColorImages.pdf）：

- 橙色的是不會償還貸款且未被錄取的申請人：**真陰性（true negative，TN）**。
- 藍色的是本來會償還貸款但沒有被錄取的申請人：**假陰性（false negative，FN）**。
- 黃色的是拿到貸款但沒有還款的申請人：**假陽性（false positive，FP）**。
- 灰色的是確實獲得貸款並已償還貸款的申請人：**真陽性（true positive，TP）**。

我們可以看出，這個「分界點」的選擇存在幾個問題。「**B 組**申請者」需要比「**A 組**申請者」有更好的分數才能獲得貸款，說明了「差別待遇」。同時，有「51% 左右的 **A 組**申請人」獲得貸款，但「只有 37% 的 **B 組**申請人」獲得貸款，說明了「差異性影響」。

在下圖中，我們可以看到一個**群體不知情的門檻（group unaware threshold）**，會讓兩個群體得到「同樣的」最低分數：

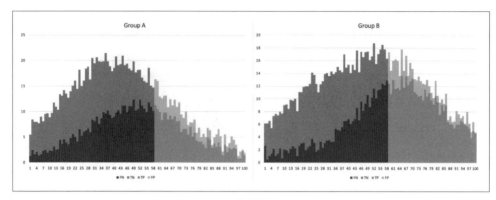

分界率相同

在上圖中,雖然兩組的「分界率」(cutoff rate)相同,但 **A 組**獲得的貸款較少。同時,**A 組**的預測準確率低於 **B 組**的預測準確率。雖然這兩組看來面對的「分數門檻」相同,但 **A 組**卻處於劣勢。

「人口均等」的目標是藉由確保「兩組群體都有獲得貸款的相同機會」來達到「公平」的狀態。該方法的目的是使這兩組群體有相同的「選擇率」(selection rate),即衡量「差異性影響」的標準。我們可以用下列數學公式表示:

$$P(C=1 \mid A=1) = P(C=1 \mid A=0)$$

如果我們將「這一個規則」應用到「與之前相同的情況」之中,我們將得到以下「分界點」:

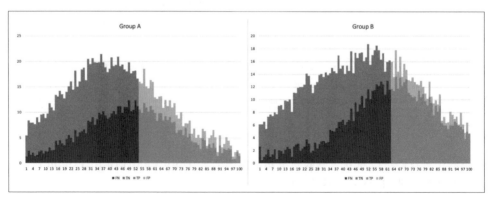

選擇率相同

雖然不能指責這種方法有統計上的歧視和「差異性影響」，但可以指責這種方法存在「差別待遇」。在相同選擇率（equal pick rate）的圖形中，我們可以看到「A 組是如何獲得較低的門檻分數的」；與此同時，還有更多「成功的 A 組申請人」無法給付貸款。事實上，A 組沒有利潤可圖，並得到 B 組的補貼。接受較差的經濟結果，藉此來偏袒某組，這也被稱為「**品味式歧視**」（**taste-based discrimination**）。我們可以說，B 組的門檻較高是不公平的，因為他們的「FP（假陽性）率」較低。

「TP（真陽性）」也被稱作「機會均等」（equal opportunity），是指兩種人口結構的「TP（真陽性）率」相同。對於有能力償還貸款的人，應該存在同樣的貸款機會。我們可以用以下數學公式表示：

$$P\bigl(C=1 \mid Y=1, A=1\bigr) = P\bigl(C=1 \mid Y=1, A=0\bigr)$$

應用到我們的資料之中，此政策看起來將與「人口均等化」（demographic parity）類似，只是「群組分界點」會更低：

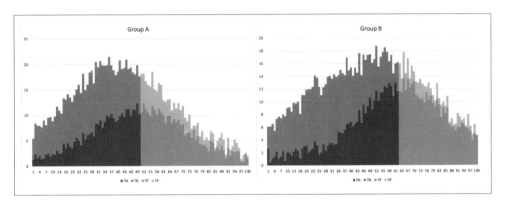

機會均等

「機會均等」可以解決很多「人口均等」的問題，因為大多數的人認為「每個人都應該得到同樣的機會」。不過，我們的分類器對 A 組的準確率還是比較低的，存在著某種「差別待遇」的形態。

「準確度對等性」（Accuracy parity）告訴我們，兩組預測的準確度應該是一樣的。我們可以用以下數學公式表示：

$$P\bigl(C=Y \mid A=1\bigr) = P\bigl(C=Y \mid A=0\bigr)$$

對於「敏感變數」（sensitive variable，*A*）的兩種可能值而言，「判定此分類器為正確」的概率應該是相同的。當我們將這個標準應用到我們的資料中時，我們會得到以下輸出：

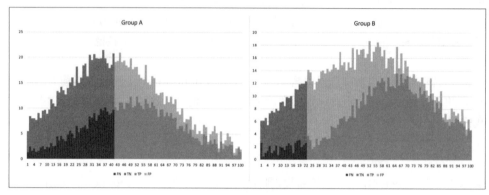

準確度同等

從上圖來看，缺點就很明顯了。為了滿足準確度的約束，**B 組**成員獲得貸款的機會要容易得多。

因此，要解決這個問題，必須要考慮權衡問題，因為，除非分類器是完美的，否則任何分類器都不可能具有「精確度對等性」（precision parity）、「TP 對等性」（TP parity）和「FP 對等性」（FP parity）。*C*=*Y*，或兩組人口統計有相同的基本比率，如下列公式所示：

$$P(Y=1\,|\,A=1)=P(Y=1\,|\,A=0)$$

表達公平性的方式有很多。但最關鍵的一點是，沒有一種方法能完全滿足所有的公平標準。對於任何兩組「基本比率不平等、還貸機會不平等」的人群來說，要建立統計上的對等，就必須引入「差別待遇」。

這一事實引發了一些爭論，至今仍未就「表達和消除歧視的最佳做法」達成共識。話雖如此，即使找到了公平性的完美數學表達式，也不會立即實施完全公平的制度。

任何機器學習演算法都是屬於一個大系統的一部分。在同一系統中，「*X* 輸入」的定義往往不如使用不同輸入的不同演算法那樣明確。*A* 組人口往往不能明確定義或推論。甚至分類器的「*C* 輸出」往往也不能明確區分，因為許多演算法可能一起執行分類任務，而每個演算法預測的是不同的輸出（例如：信用評分或盈利估計）。

好的技術不能代替好的政策。盲目地遵循演算法,而不給予個人考慮和上訴的機會,總會導致不公平。話雖如此,雖然數學上的公平標準不能解決我們面臨的所有公平問題,但讓機器學習演算法更加公平的做法,肯定是值得嘗試的,這也是下一節要講的內容。

公平訓練

有多種方法可以將模型訓練得更公平。一個簡單的方法可以是使用我們在上一節中列出的「不同的公平性措施」作為額外的損失。然而實際上,這種方法有幾個問題,例如:在實際分類任務中表現不佳。

另一種方法是使用「對抗網路」。早在 2016 年,Louppe、Kagan 和 Cranmer 就發表了《*Learning to Pivot with Adversarial Networks*》:https://arxiv.org/abs/1611.01046。這篇論文展示了如何使用對「對抗網路」來訓練一個分類器,以忽略一個「騷擾(nuisance)參數」,例如:某種敏感特徵(sensitive feature)。

在這個例子中,我們將訓練一個分類器來預測一個成年人的「年收入是否超過 5 萬美元」。這裡的挑戰是如何讓我們的分類器不偏袒「種族」和「性別」的影響,但它僅關注我們可以歧視的特徵,包括「職業」(occupation)和「資本獲利」(the gains they make from their capital)。

為此,我們必須訓練一個「分類器」(classifier)和一個「對抗網路」(adversarial network)。這個「對抗網路」的目的是依據「分類器」的預測對「敏感屬性」(sensitive attributes,a),即「性別」(gender)和「種族」(race)進行分類,如下圖所示:

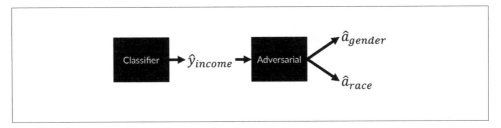

製作一個「無偏見的分類器」來偵測「一個成年人的收入」

此分類器的目的是依「收入」(income)進行分類,但同時也要騙過「對抗網路」。此分類器的最小化目標公式如下所示:

$$\min\left[L_y - \lambda L_A\right]$$

在上面的公式中，L_y 是分類的「二元交叉熵損失」，而 L_A 是「對抗性損失」（adversarial loss）。λ 代表一個「超參數」，我們可以用它來放大或降低「對抗性損失」的影響。

請注意：這個對抗式公平方法（adversarial fairness method）的實作是遵循 Stijn Tonk 和 Henk Griffioen 的方法。你可以在 Kaggle 上找到本章的程式碼：`https://www.kaggle.com/jannesklaas/learning-how-to-be-fair`。
Stijn 和 Henk 的原始部落格文章，請見：`https://godatadriven.com/blog/towards-fairness-in-ml-with-adversarial-networks/`。

為了公平地訓練這個模型，我們不只需要資料 X 和目標 y，我們也需要敏感屬性 A 的資料。在我們即將練習的範例中，我們將使用 UCI 儲存庫提供的「1994 年美國人口普查」資料：`https://archive.ics.uci.edu/ml/datasets/Adult`。

為方便載入資料，我們已將資料轉化為帶有行標題的 CSV 檔案。請參閱線上版本以檢視資料（因為在紙本書上瀏覽資料會有些困難）。

首先，我們載入資料。該資料集包含了一些「不同種族的人」的資料，但為了簡單起見，我們將只關注白人和黑人的 race 屬性。為此，我們需要執行下列程式碼：

```
path = '../input/adult.csv'
input_data = pd.read_csv(path, na_values="?")
input_data = input_data[input_data['race'].isin(['White',
'Black'])]
```

接下來，我們選擇敏感屬性，在本例中，我們專注於我們敏感資料集（A）中的「種族」和「性別」。我們對資料進行「獨熱編碼」，使「男性」等於 gender 屬性的 1，White 等於 race 屬性的 1。如下列程式碼所示：

```
sensitive_attribs = ['race', 'gender']
A = input_data[sensitive_attribs]
A = pd.get_dummies(A,drop_first=True)
columns = sensitive_attribs
```

我們的目標是 income 屬性。因此，我們需要將 >50K 編碼為 1，其他的都編碼為 0，如下列程式碼所示：

```
y = (input_data['income'] == '>50K').astype(int)
```

為了獲取訓練資料，我們首先刪除「敏感屬性」和「目標屬性」。然後我們補填所有丟失的值，並對所有資料進行一次獨熱編碼，如下列程式碼所示：

```
X = input_data.drop(labels=['income', 'race', 'gender'],axis=1)

X = X.fillna('Unknown')

X = pd.get_dummies(X, drop_first=True)
```

最後，我們將資料分為「訓練集」和「測試集」。從下面的程式碼可以看出，我們再對資料進行分層，以確保「測試資料」和「訓練資料」中的「高收入者」數量相同：

```
X_train, X_test, y_train, y_test, A_train, A_test = \
train_test_split(X, y, A, test_size=0.5,
                 stratify=y, random_state=7)
```

為了確保資料能與神經網路運作得很好，我們現在要使用 scikit-learn 的 StandardScaler 來擴充資料，如下列程式碼所示：

```
scaler = StandardScaler().fit(X_train)

X_train = pd.DataFrame(scaler.transform(X_train),
                       columns=X_train.columns,
                       index=X_train.index)

X_test = pd.DataFrame(scaler.transform(X_test),
                      columns=X_test.columns,
                      index=X_test.index)
```

我們需要一個衡量我們模型公平性的指標。我們正在使用「差異性影響」選擇規則。p_rule 方法計算了兩組收入超過 5 萬美元的人口比例，然後傳回「弱勢群體的選擇率」與「優勢群體的選擇率」之比。

我們的目標是讓 p_rule 方法至少傳回 80%，以滿足種族和性別的四捨五入分法。下列程式碼顯示了這個函數如何僅用於監控，而不是用作損失函數，如下列程式碼所示：

```
def p_rule(y_pred, a_values, threshold=0.5):
    y_a_1 = y_pred[a_values == 1] > threshold if threshold else
y_pred[a_values == 1]                                            #1
    y_a_0 = y_pred[a_values == 0] > threshold if threshold else
y_pred[a_values == 0]
    odds = y_a_1.mean() / y_a_0.mean()                          #2
    return np.min([odds, 1/odds]) * 100
```

讓我們更詳細地研究這段程式碼。從前面的程式碼區塊中，可以看到這段程式碼的建立有兩個關鍵特性，如下所示：

1. 首先，我們選擇誰被賦予一個選定的門檻。在這裡，我們將受模型分配「有超過 50% 的機會」可賺到 5 萬美元以上的人都歸類為「高收入者」。
2. 其次，我們計算兩個人口組的選擇比率。我們用「一個群體的比率」除以「另一個群體的比率」。透過傳回「概率最小值」或「1 除以概率的最小值」，我們可確保傳回的數值低於 1。

為了使模型設定更簡單一些，我們需要定義「輸入特徵的數量」和「敏感特徵的數量」。這一點，只要執行這兩列程式碼就可以完成：

```
n_features=X_train.shape[1]
n_sensitive=A_train.shape[1]
```

現在我們設定一下我們的分類器。請注意，這個分類器是一個標準的分類神經網路。它的特點是「有 3 個隱藏層」、「會丟棄一些特徵」以及「最後的輸出層有一個 Sigmoid 激勵函數」，由於這是一個二元分類任務，所以會出現這種情況。這個分類器是用 Keras 函數式 API 編寫的。

為了確定你理解這個 API 運作原理，請仔細閱讀下列程式碼範例，並確定你理解採取這些步驟的原因：

```
clf_inputs = Input(shape=(n_features,))
x = Dense(32, activation='relu')(clf_inputs)
x = Dropout(0.2)(x)
x = Dense(32, activation='relu')(x)
x = Dropout(0.2)(x)
x = Dense(32, activation='relu')(x)
x = Dropout(0.2)(x)
outputs = Dense(1, activation='sigmoid', name='y')(x)
clf_net = Model(inputs=[clf_inputs], outputs=[outputs])
```

此「對抗網路」是一個有兩個輸出模型圖層的分類器：一個是根據模型輸出「預測申請人的種族」，另一個是「預測申請人的性別」，如下列程式碼所示：

```
adv_inputs = Input(shape=(1,))
x = Dense(32, activation='relu')(adv_inputs)
x = Dense(32, activation='relu')(x)
x = Dense(32, activation='relu')(x)
out_race = Dense(1, activation='sigmoid')(x)
out_gender = Dense(1, activation='sigmoid')(x)
```

```
adv_net = Model(inputs=[adv_inputs],
outputs=[out_race,out_gender])
```

與「生成式對抗網路」一樣，我們必須多次輪流使網路變成「可訓練」或「不可訓練」。為了簡化這一點，我們將建立一個函數，可使一個網路和其所有圖層變成「可訓練」或「不可訓練」：

```
def make_trainable_fn(net):              #1
    def make_trainable(flag):            #2
        net.trainable = flag             #3
        for layer in net.layers:
            layer.trainable = flag
    return make_trainable                #4
```

從前面的程式碼來看，我們應該花點時間來探討一下四個關鍵特徵：

1. 該函數接收一個 Keras 神經網路，將為其建立 train switch function（訓練切換函數）。
2. 在該函數中，將建立第二個函數。這第二個函數接收一個布林旗標（Boolean flag，True/False）。
3. 當呼叫第二個函數時，第二個函數會將「網路的訓練性」設定為布林旗標。如果傳遞的布林旗標為 False，則網路會變成「不可訓練」的。由於網路的各層也可以用於其他網路，所以我們也需確保「每個單獨的圖層」也是「不可訓練」的。
4. 最後，我們傳回該函數。

使用一個函數來建立另一個函數，乍看之下似乎很複雜，但這可以讓我們輕鬆地為神經網路建立 switches（即切換、開關）。下列程式碼片段向我們展示了如何為「分類器」和「對抗網路」建立 switch 函數：

```
trainable_clf_net = make_trainable_fn(clf_net)
trainable_adv_net = make_trainable_fn(adv_net)
```

為了使該分類器可以訓練，我們可以使用旗標為 True 的函數，如下所示：

```
trainable_clf_net(True)
```

現在我們可以編譯我們的分類器了。在本章後面你會學到，將分類器網路作為一個獨立變數，並與我們用來進行預測的「已編譯過的分類器」分開，這是很有用的，如下列程式碼所示：

```
clf = clf_net
clf.compile(loss='binary_crossentropy', optimizer='adam')
```

我們需要經由「對抗網路」（adversary）以及獲取「對抗網路損失」（adversary loss）來對「分類器」進行預測，然後將「負值的對抗網路損失」（negative adversary loss）用於「分類器」。最好的辦法是將「分類器」和「對抗網路」打包成一個網路。

為此，我們必須首先建立一個新的模型，從「分類器輸入」映射到「分類器和對抗網路」的輸出。我們將「對抗網路的輸出」定義為「對抗網路」和「分類器網路」的巢狀函數。如此一來，「分類器的預測」就會立即傳遞給「對抗網路」，如下列程式碼所示：

```
adv_out = adv_net(clf_net(clf_inputs))
```

然後我們定義「分類器的輸出」為「分類器網路的輸出」，就像我們對分類的定義一樣：

```
clf_out = clf_net(clf_inputs)
```

然後，我們定義一個合併模型，可從「分類器輸入」（也就是關於申請者的資料），映射到「分類器輸出」和「對抗網路輸出」，如下列程式碼所示：

```
clf_w_adv = Model(inputs=[clf_inputs],
                  outputs=[clf_out]+adv_out)
```

在訓練該合併模型時，我們只想更新「分類器」的權重，因為我們將單獨訓練「對抗網路」。我們可以利用我們的「switch 函數」，使「分類器網路」變成可訓練，而使「對抗網路」變成不可訓練，如下列程式碼所示：

```
trainable_clf_net(True)
trainable_adv_net(False)
```

請記住前面最小化目標的超參數（λ）。我們需要為兩個「敏感屬性」來手動設定這個參數。結果顯示，當「種族」的 lambda 設定值得比「性別」的 lambda 值高得多時，則此網路的訓練效果是最好的。

掌握了 lambda 值，我們就可以建立加權損失，如下列程式碼所示：

```
loss_weights = [1.]+[-lambda_param for lambda_param in lambdas]
```

上述程式碼會導致損失權重為 [1.,–130,–30]。這意味著「分類誤差」的權重為 1，「對抗網路」的「種族預測誤差」的權重為 –130，「對抗網路」的「性別預測誤差」的權重為 –30。由於「對抗網路」預測的損失具有負的權重，所以梯度下降將優化「分類器的參數」以「**增加**」這些損失。

最後，我們可以編譯此合併網路，如下列程式碼所示：

```
clf_w_adv.compile(loss='binary_crossentropy'),
                  loss_weights=loss_weights,
                  optimizer='adam')
```

我們現在備有了「分類器」和「合併分類器」（即對抗模型的組合），但唯一缺少的就是「編譯過的對抗模型」。為了得到這個模型，我們首先要定義一個「對抗模型」，以便可從「分類器輸入」映射到「巢狀對抗－分類器模型」（nested adversarial-classifier model）的輸出，如下列程式碼所示：

```
adv = Model(inputs=[clf_inputs],
outputs=adv_net(clf_net(clf_inputs)))
```

那麼，在訓練「對抗模型」時，我們希望優化「對抗網路」的權重，而不是「分類器網路」的權重，所以我們利用我們的「switch 函數」，使「對抗網路」變成可訓練，使「分類器」變成不可訓練，如下列程式碼所示：

```
trainable_clf_net(False)
trainable_adv_net(True)
```

最後，就像我們編譯一般 Keras 模型一樣，我們編譯「對抗模型」，如下列程式碼所示：

```
adv.compile(loss='binary_crossentropy', optimizer='adam')
```

有了上述的所有程式片段，我們現在可以對「分類器」進行「預訓練」了。這意味著我們在訓練分類器的時候，不需要考慮任何特殊的公平性，如下列程式碼所示：

```
trainable_clf_net(True)
clf.fit(X_train.values, y_train.values, epochs=10)
```

訓練完模型之後，我們可以在「驗證集」上進行預測，以評估模型的「公平性」和「準確性」：

```
y_pred = clf.predict(X_test)
```

現在我們將計算模型的「準確性」及「性別和種族」的 p_rule。在所有的計算中，我們將使用 0.5 的「分界點」：

```
acc = accuracy_score(y_test,(y_pred>0.5))* 100
print('Clf acc: {:.2f}'.format(acc))

for sens in A_test.columns:
    pr = p_rule(y_pred,A_test[sens])
    print('{}: {:.2f}%'.format(sens,pr))
```

```
out:
Clf acc: 85.44
race: 41.71%
gender: 29.41%
```

如你所見，該「分類器」在預測「收入」方面達到了可觀的準確率（85.44%）。然而，這是極不公平的。與男性相比，女性只有 29.4% 的機會賺到 5 萬美元以上。

同樣的，該「分類器」對種族的歧視也很嚴重。比如說，如果我們用這個分類器來判斷貸款申請，我們就很容易受到歧視訴訟。

> **請注意**：雖然性別或種族都不包含在本分類器的特徵之中，但本分類器對它們卻有強烈的辨別能力。如果可以推斷出這些特性，僅僅丟棄「敏感行」（sensitive columns）的資料是不夠的。

為了擺脫這種混亂局面，我們將在訓練兩個網路做出公正預測之前，對「對抗網路」進行「預訓練」。我們再次利用我們的「switch 函數」，使此「分類器」變成不可訓練，但使「對抗網路」變成可訓練，如下列程式碼所示：

```
trainable_clf_net(False)
trainable_adv_net(True)
```

由於資料中種族和性別的分佈可能會「歪斜」（skewed），我們將使用「加權類別」進行調整，如下列程式碼所示：

```
class_weight_adv = compute_class_weights(A_train)
```

然後我們透過此「分類器」的預測，訓練「對抗網路」從訓練資料中預測種族和性別，如下列程式碼所示：

```
adv.fit(X_train.values,
        np.hsplit(A_train.values, A_train.shape[1]),
        class_weight=class_weight_adv, epochs=10)
```

NumPy 的 hsplit 函數將 2D A_train 矩陣分割成兩個向量，然後這兩個向量又被用來訓練這兩個模型圖層。

在對「分類器」和「對抗網路」進行了預訓練之後，現在我們將訓練「分類器」來欺騙「對抗網路」，以便更好地發現分類器的辨別能力。在開始之前，我們需要做一些設定。我們要訓練 250 輪，批次大小為 128，具有兩個敏感屬性內容，如下列程式碼所示：

```
n_iter=250
batch_size=128
n_sensitive = A_train.shape[1]
```

「分類器」和「對抗網路」所合併而成的網路還需要「某些類別的權重」。無論「收入」是否小於或大於 5 萬美元，在這兩種情況下，「收入」預測的權重均為 1。對於此合併模型的「對抗網路」，我們使用前面計算過的「對抗網路的類別權重」，如下列程式碼所示：

```
class_weight_clf_w_adv = [{0:1., 1:1.}]+class_weight_adv
```

為了對各種指標進行追蹤，我們各自設定了一個 DataFrame 給「驗證指標」（validation metrics）、「準確性」和「曲線底下的面積」以及「公平性指標」（fairness metrics）。「公平性指標」是「種族」和「性別」的 p_rule 值，如下列程式碼所示：

```
val_metrics = pd.DataFrame()
fairness_metrics = pd.DataFrame()
```

主要的訓練迴圈內，執行了三個步驟：「訓練對抗網路」、「訓練分類器使其公平」以及「列印出驗證指標」。為了更好的解釋，這三個都是單獨列印的。

在程式碼中，你將在同一個迴圈中找到它們，其中 idx 是當前的迭代：

```
for idx in range(n_iter):
```

第一步是訓練對抗性網路。為此，我們要讓「分類器」變成不可訓練，而讓「對抗網路」變成可訓練，然後像之前一樣訓練對抗網路。為此，我們需要執行下列程式碼區塊：

```
trainable_clf_net(False)
trainable_adv_net(True)
adv.fit(X_train.values,
        np.hsplit(A_train.values, A_train.shape[1]),
        batch_size=batch_size,
        class_weight=class_weight_adv,
        epochs=1, verbose=0)
```

訓練分類器，使其既能成為一個好的「分類器」，又能欺騙「對抗網路」，要做到公平，包括三個步驟。首先，我們讓「對抗網路」無法訓練，讓「分類器」可以訓練，如下列程式碼所示：

```
trainable_clf_net(True)
trainable_adv_net(False)
```

然後我們從 X、y、A 中抽取一批樣本：

```
indices = np.random.permutation(len(X_train))[:batch_size]
X_batch = X_train.values[indices]
y_batch = y_train.values[indices]
A_batch = A_train.values[indices]
```

最後，我們訓練「合併對抗網路」和「分類器」。由於「對抗網路」被設定為不可訓練，所以只有「分類器網路」會被訓練。然而，「對抗網路」對「種族」和「性別」的預測所帶來的「損失」會在整個網路之中進行「倒傳遞演算法」，這樣「分類器」就學會了欺騙「對抗網路」，如下列程式碼所示：

```
clf_w_adv.train_on_batch(X_batch,
                         [y_batch]+\
                         np.hsplit(A_batch, n_sensitive),
                         class_weight=class_weight_clf_w_adv)
```

最後，我們希望首先對此測試進行預測，來追蹤進度：

```
y_pred = pd.Series(clf.predict(X_test).ravel(),
index=y_test.index)
```

然後我們計算「曲線底下的面積」（ROC AUC）和「預測的準確性」，並將其儲存在 val_metrics 的 DataFrame 之中，如下列程式碼所示：

```
roc_auc = roc_auc_score(y_test, y_pred)
acc = accuracy_score(y_test, (y_pred>0.5))*100

val_metrics.loc[idx, 'ROC AUC'] = roc_auc
val_metrics.loc[idx, 'Accuracy'] = acc
```

接下來，我們計算「種族」和「性別」的 p_rule，並將這些值儲存至「公平性指標」（fairness metrics）之中，如下列程式碼所示：

```
for sensitive_attr :n A_test.columns:
    fairness_metrics.loc[idx, sensitive_attr] =\
    p_rule(y_pred,A_test[sensitive_attr])
```

如果我們同時繪製「公平性」和「驗證性指標」，就會得出下圖：

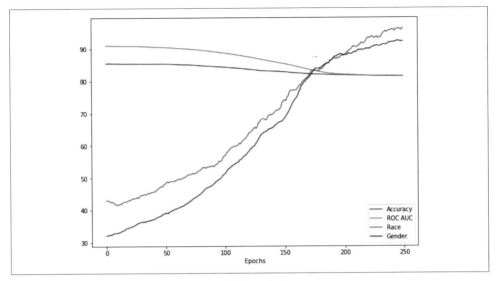

樞紐進度分析圖

如你所見，分類器的「公平性」分數隨著進行訓練而穩定上升。大約 150 輪之後，分類器滿足五分之四規則。同時，p-value 遠遠超過 90%。這種「公平性」的提高只需要付出很小的代價，即「準確度」和「曲線底下的面積」的小幅度下降。以這種方式訓練的分類器顯然是一個效能相似的「更公平的分類器」，因此優於沒有公平標準訓練的分類器。

公平性的機器學習的樞紐方法（pivot approach）有很多優點。但是，它卻不能「完全排除」不公平的情況。舉例來說，假設有一個分類器可判別出的群體，而這個群體卻是我們還沒有想到的，這時候，我們該怎麼辦呢？如果它對「待遇」（treatment）而不是「影響」（impact）進行判別呢？為了確保我們的模型沒有偏見，我們需要更多的技術和社會工具，即「可解釋性」（interpretability）、「因果性」（causality）和「多元化的開發團隊」（diverse development teams）。

在下一節中，我們將討論如何訓練機器學習模型，學習因果關係，而不僅僅是統計關聯。

因果學習

本書整體上是一本關於統計學習的書。給定資料 X 和目標 Y，我們的目的是估計 $p(y|x)$，即給定某些資料點的目標值的分佈。統計學習讓我們可以建立一些偉大的模型，並得到實用的應用，但它不允許我們宣稱：成為 x 的 X 會導致 Y 成為 y。

如果我們打算操縱 X，這個陳述很關鍵。例如，如果我們想知道「給予某人保險」是否會導致他們「（產生）惡意的行為」（behaving recklessly），我們不會滿足於「有保險的人會比沒有保險的人更行為惡意」的這種統計關係。例如，對於行為惡意的人「獲得保險」的人數可能存在著「自我選擇的偏見」（self-selection bias），而那些「沒有被標記為行為惡意的人」則沒有。

著名電腦科學家 Judea Pearl 發明了一個「因果模型的表示法」，名為 **do-calculus**。我們感興趣的是 $p(y|do(p))$，也就是我們把 P 操縱成 p 之後，有人會惡意行為的概率。在因果符號中，X 通常代表「觀察到的特徵」（observed features），而 P 代表我們可以操縱的「政策特徵」（policy features）。這個表示法可能有點混亂，因為 p 現在既表示「概率」又表示「政策」。但是，區分「觀察到的特徵」和「受影響的特徵」（influenced features）是非常重要的。因此，如果你看到 $do(p)$，則 p 是一個「受影響的特徵」，如果你看到 $p(..)$，那麼 p 是一個概率函數。

所以，公式 $p(y|x)$ 表示保險持有者「平均來說行為更惡意」的統計關係。這就是「監督式模型」學習的內容。$p(y|do(p), x)$ 表示了一種因果關係，即「獲得保險的人」由於投保而變得「更加行為惡意」。

「因果模型」（causal models）是公平學習的好工具。如果我們僅以某種因果關係的方式來建立我們的模型，那麼我們就可以「避免」統計模型中會出現的大部分統計歧視。在統計上，女性的收入會比男性少嗎？是的。而女性的收入較低，是因為她們是女性，而女性在某種程度上，不應該獲得高薪嗎？不是的。反之，收入差異是由於「其他因素」造成的，例如：提供給男性和女性的工作性質不同、工作場所的歧視、文化刻板印象（cultural stereotypes）等等。

這並不意味著我們要把「統計模型」扔出窗外。對於許多因果關係不是那麼重要的情況，以及我們不打算設定 X 值的情況，「統計模型」是非常有用的。比如說，如果我們正在建立一個自然語言模型，那麼我們對「某個單詞的出現」是否導致該句子與某個主題有關，就不感興趣了。只要知道主題和單詞是相關的，就足以對文字的內容進行預測了。

獲得因果模型

獲得 $do(p)$ 資訊的最佳途徑是在「隨機對照試驗」（randomized control trial）中實際去操縱政策（P）。例如，許多網站透過向「不同的客戶」展示「不同的廣告」來衡量不同廣告的影響（稱為 A/B 測試）。同樣的，交易者可能會選擇不同的上市路線，以確定哪一條是最好的。然而，做 A/B 測試未必是可能的，甚至不符合道德規範。以我們對金融的關注為例，銀行並不能拒絕貸款並說出這樣的解釋：『對不起，你是對照組。』

然而，往往我們不需要 A/B 測試就可以進行因果推論。利用 do-calculus，我們可以推論出我們的政策對結果的影響。就拿我們想知道「讓人買保險」是否會「讓人變得肆無忌憚」的例子來說，也可以說是「申請人的道德風險（moral hazard）」（如果你要這麼認為的話）。給定數個特徵（X）和一個政策（P），我們要預測的是分佈結果，即 $p(y|do(p), x)$。

在這種情況下，給定關於投保人的觀察資訊（例如：「他們的年齡」或「危險行為史」），並假定我們要操縱的保險政策為 P，則我們想要預測投保人行為惡意的概率為 $p(y)$。「觀察到的特徵」往往會影響「政策」和「反應」。例如，一個有「高風險偏好」（high-risk appetite，又譯「高風險胃納量」）的申請人可能得不到保險，但也更有可能做出惡意的行為。

此外，我們還必須處理未觀察到的、混雜的各種變數（e），這些變數通常會影響「政策」和「反應」。舉例來說，一篇標題是《*Freestyle skiing is safe, and you should not get insurance*（自由式滑雪是安全的，你不應該為此買保險）》的知名媒體文章，將會減少參加保險的人數以及肆無忌憚的滑雪者人數。

工具變數

為了區分對「政策」和「反應」的影響，我們需要獲得一個「工具」（**instrument**，**Z**）。「工具」是一個只會影響「政策」的變數。例如，再保險成本（reinsurance cost）可能會促使保險公司減少保險單（insurance policy）的發放。讀者可以在下面的流程圖中看到這種關係，其中的關係已經被映射出來：

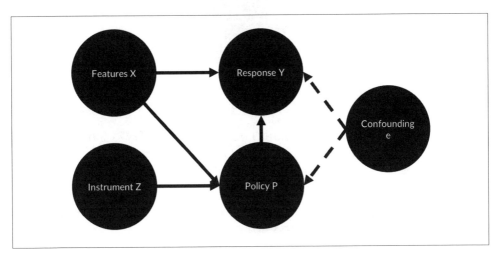

因果流程圖

計量經濟學（econometrics）領域已經建立了一種處理這類情況的方法，叫做「**工具變數二階最小平方法**」（instrumental variables two-stage least squares，**IV2SLS** 或 **2SLS**）。簡而言之，2SLS 首先擬合工具 z 和政策 p 之間的線性迴歸模型，在計量經濟學中被稱為「內生變數」（endogenous variable）或處理變數（treatment variable）。

然後，從這個線性迴歸中，它估計出一個「調整後的處理變數」（adjusted treatment variable），該變數是「工具」可以解釋的處理變數。其想法是，這種調整消除了所有其他因素對處理的影響。然後，第二個線性迴歸模型建立一個線性模型，它可從特徵（x）和調整後的處理變數（$\hat{p}$）映射到結果（y）。

在下圖中，你可以看到 2SLS 的工作原理：

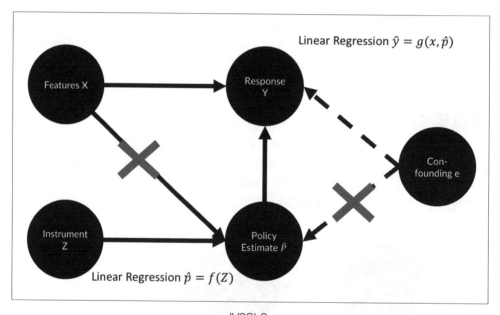

IV2SLS

2SLS 可能是我們案例中保險公司會使用的方法，因為它是一種成熟的方法。我們在這裡不做詳細介紹，只是為大家簡單介紹一下如何在 Python 中使用 2SLS。Python 中的 linear model 套件有一個執行 2SLS 的簡單方法。

 請注意：你可以在 GitHub 上找到這個套件：**https://github. com/bashtage/linearmodels**。

你可以執行以下指令來安裝這個套件：

```
pip install linearmodels
```

如果你有 X、Y、P 和 Z 的資料，你可以執行「2SLS 迴歸」，如下列程式碼所示：

```
from linearmodels.iv import IV2SLS
iv = IV2SLS(dependent=y,
            exog=X,
            endog=P],
            instruments=Z).fit(cov_type='unadjusted')
```

非線性因果模型

如果特徵、處理和結果之間的關係是複雜的、非線性的呢？在這種情況下，我們需要執行類似於 2SLS 的過程，但用神經網路等的「非線性模型」來代替「線性迴歸」。

先暫時不考慮「混雜變數」（confounding variables），在給定保險單（p）和一組申請人特徵（x）的情況下，函數（g）決定了行為（y）的惡意性，如下列公式所示：

$$y = g(p, x)$$

在給定申請人的特徵（x）以及工具（z）的情況下，函數（f）決定政策（p），如下列公式所示：

$$p = f(x, z)$$

給定這兩個函數，如果「混雜變數」的總體特徵平均值為 0，則下列恆等式成立：

$$\mathbb{E}[y \,|\, x, z] = \mathbb{E}\big[g(p, x) \,|\, x, z\big] = \int g(p, x)\, dF(p \,|\, x, z)$$

這意味著，如果我們能夠可靠估計函數（g）和分佈（F），那麼我們就可以對政策（p）的效果做出因果陳述（causal statements）。如果我們有關於實際結果的資料（y）、特徵（x）、政策（p）和工具（z），則我們可以優化以下公式：

$$\min_{g \in G} \sum_{t=1}^{n} \left(y_t - \int g(p, x_t)\, dF(p \,|\, x, z) \right)^2$$

前面的函數是預測函數（g）的預測結果與實際結果（y）之間的「平方誤差」（squared error）。

請注意與 2SLS 的相似性。在 2SLS 中，我們用「兩個獨立的線性迴歸」來估計 F 和 g。對於更複雜的函數，我們也可以用「兩個獨立的神經網路」來估計它們。早在 2017 年，Jason Hartfort 等 人 的 論 文《*Deep IV: A Flexible Approach for Counterfactual Prediction*》就提出了這樣一種方法（`http://proceedings.mlr.press/v70/hartford17a/hartford17a.pdf`），你可以從下圖中看到它的大致原理：

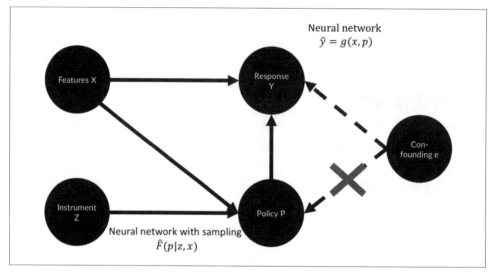

深度 IV

「**深度 IV**」（**Deep IV**）的概念是首先訓練一個神經網路來表示一個分佈 $F(z,x)$，該分佈描述了給定某些特徵（x）和工具值（z）的政策分佈。第二個神經網路是從估計的政策分佈和特徵來預測反應（y）。「深度 IV」的優勢在於，它可以從複雜的資料（如文字）中學習複雜的非線性關係。

「深度 IV」論文的作者還發佈了一個自定義的 Keras 模型，用於處理分佈部分的抽樣和學習，你可以在 GitHub 上找到：`https://github.com/jhartford/DeepIV`。

雖然他們的程式碼太長了，無法在這裡進行深入討論，但請思考一下我們因果訴求的來源是什麼，這在 Deep IV 和 IV2SLS 之中都是很有趣的。在我們的保險案例中，我們假設「有」或「沒有」保險都會影響行為，反之則不然。我們從未展示或測試過這個因果關係方向（direction of causality）背後的真相。

在本例中，假設「保險」影響「行為」是合理的，因為在觀察該「行為」之前，已經簽署了保險合約。然而，因果關係的方向未必那樣簡單。除了邏輯推理或實驗之外，我

們沒有辦法確定因果關係的方向。在缺乏實驗的情況下，我們必須假設並從邏輯上進行推理，例如透過事件序列。我們做的另一個重要假設是，「工具」實際上是一個獨立的「工具」。如果它不是獨立的，我們對「政策」的估計就會失效。

考慮到這兩個侷限性，因果推理（causal inference）就成了一項偉大的工具，也是一個活躍的研究領域，我們希望在未來能從中看到偉大的成果。在最好的情況下，你的歧視敏感模型（discrimination-sensitive models）將只包含因果變數。實際上，這通常是不可能的。然而，記住「統計相關性」之間的差異（正如「標準統計模型」和「因果關係」所表達的那樣），可以幫助你避免「統計偏差」和「錯誤的關聯」。

減少不公平性的最後一種「技術性較強的方法」是窺視模型內部，以確保模型的公平性。我們在上一章中已經研究了「可解釋性」（interpretability），主要是為了對資料進行「除錯」和發現「過度擬合」，但現在，我們將再看一眼，這次是為了證明模型預測的合理性。

解讀模型以確保公平性

在「第 8 章」中，我們討論了「模型可解釋性」作為一種除錯方法。我們使用 LIME 來發現模型「過度擬合」的特徵。

在本節中，我們將使用一種稍微複雜一些的方法，名為 **SHAP**（SHapley Additive exPlanation，**SHapley 加法解釋**）。SHAP 將幾種不同的解釋方法組合成一個簡潔的方法。為了更好地理解模型，這種方法可以讓我們為「個別預測」以及「整個資料集」產生解釋。

你可以在 GitHub 上找到 SHAP：`https://github.com/slundberg/shap`，然後 `pip install shap` 在本機上安裝。Kaggle 內核已經預裝了 SHAP。

提示：這裡的範例程式碼是取自幾個SHAP範例筆記本（notebook）。你可以在 Kaggle 上找到一個稍微擴充的「筆記本」版本：`https://www.kaggle.com/jannesklaas/explaining-income-classification-with-keras`。

SHAP 結合了七種模型解釋方法，這些方法是：LIME、Shapley 採樣值、DeepLIFT、**QII**（Quantitative Input Influence，**量化輸入影響**）、層間相關性傳播（layer-wise relevance propagation）、Shapley 迴歸值，還有一個樹形解釋器（tree interpreter）。樹形解釋器有兩個模組：一個是與模型無關的「核心解釋器」（KernelExplainer），一個是專門用於基於樹方法的「樹形解釋器模組」（TreeExplainer module），如 XGBoost。

「如何」以及「何時」使用解釋器的數學問題與「使用 SHAP」關係不大。簡而言之，給定一個通過神經網路表達的函數（f）和一個資料點（x），SHAP 將 $f(x)$ 與 $f(z)$ 進行比較，其中 $E[f(z)]$ 是一個較大樣本產生的「預期正常輸出」（expected normal output）。然後，SHAP 將建立更小的模型，類似於 LIME，看看哪些特徵可以解釋 $f(x)$ 和 $E[f(z)]$ 之間的差異。

在我們的貸款例子中，這相當於有一個申請人（x）和許多申請人的分佈（z），並試圖解釋為什麼「申請人（x）獲得貸款的機會」會與「其他申請人（z）的預期機會」不同。

SHAP 不僅比較了 $f(x)$ 和 $p(y)$，還比較了 $f(x)$ 和 $E[f(z)|z_{1,2,...} = x_{1,2,...}]$。這意味著它比較了某些特徵的重要性，而這些特徵是保持不變的，這使得它可以更好地估計特徵之間的相互作用。

特別是在金融界中，能夠解釋預測可以是非常重要的事。你的客戶可能會問你：『你為什麼拒絕貸款給我？』你會記得前面說過的 ECOA 法案規定，你必須給客戶一個有效的理由。而如果你沒有很好的解釋，你可能會發現自己的處境很艱難。在本例中，我們再次使用「收入預測資料集」，其目的是解釋為什麼我們的模型做出了一個決策。這個過程的工作原理是三個步驟。

首先，我們需要定義解釋器，並為它提供一個預測方法和數值（z），以估計一個「正常結果」（normal outcome）。在這裡，我們使用一個包裝器（f），用於 Keras 的預測函數，這讓利用 SHAP 工作更加容易。我們提供 100 列資料集作為 z 的值：

```
explainer = shap.KernelExplainer(f, X.iloc[:100,:])
```

接下來，我們需要計算「SHAP 值」，來表示「不同特徵」對「單一例子」的重要性。我們讓 SHAP 從 z 開始「為每個樣本建立 500 個排列」，這樣 SHAP 總共有 50,000 個例子可與一個例子進行比較：

```
shap_values = explainer.shap_values(X.iloc[350,:], nsamples=500)
```

最後，我們可以用 SHAP 自帶的繪圖工具來繪製各個特徵的影響。這一次，我們提供的是一列的 X_display，而不是 X.X_display，它包含了「未縮放的值」，僅用於對繪圖進行注釋，使其更易於閱讀：

```
shap.force_plot(explainer.expected_value, shap_values)
```

我們可以從下圖中看到程式碼的輸出：

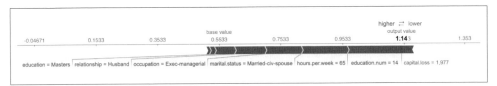

使用 SHAP 繪圖工具繪製特徵的影響

如果你看上面的圖，你會覺得此模型的預測似乎（大致上）是合理的。該模型為申請人提供了一個高收入的機會，因為他們有碩士學位，而且他們是每週工作 65 小時的執行經理（Executive Manager）。如果不是因為資本損失（capital loss），申請人可以有更高的預期收入分數。同樣的，這個模型似乎也把申請人「已婚的事實」當成了高收入的一大因素。事實上，在我們的例子中，「婚姻」似乎比「工作時間長短」或「職稱」更重要。

我們的模型也有一些問題，一旦我們計算並繪製另一個申請人的 SHAP 值，這些問題就會變得很明顯，如下列程式碼所示：

```
shap_values = explainer.shap_values(X.iloc[167,:], nsamples=500)
shap.force_plot(explainer.expected_value, shap_values)
```

然後顯示出下列的輸出圖。這也說明了我們遇到的一些問題，如下圖所示：

SHAP 值顯示了我們可能遇到的一些問題

在這個例子中，申請人也有良好的教育背景，在科技業每週工作 48 小時，但由於她是女性，是亞太裔（Asian-Pacific islander），一直沒有結婚，也沒有其他家庭關係，所以模式給予她高收入的機會要低得多。按照 ECOA 法案的規定，以這些理由拒絕貸款就是一場等待發生的官司。

我們剛才看的兩個案例，可能是模型中的不幸故障。它可能「過度擬合」了一些奇怪的組合，對「婚姻」給予了過分的重視。為了調查我們的模型是否有偏差，我們應該調查一些不同的預測。幸運的是，SHAP 程式庫有一些工具可以做到這一點。

我們可以使用 SHAP 值來計算多列，如下列程式碼所示：

```
shap_values = explainer.shap_values(X.iloc[100:330,:],
nsamples=500)
```

然後，我們也可以對所有這些值進行強制繪圖（forced plot），如下列程式碼所示：

```
shap.force_plot(explainer.expected_value, shap_values)
```

同樣的，這段程式碼會產生一個「SHAP 資料集」圖，我們可以在下圖中看到：

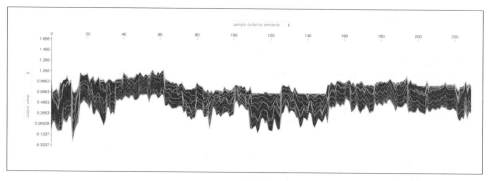

SHAP 資料集

前面的圖顯示了 230 列的資料集，按「（對它們來說很重要的）每個特徵力的相似性」進行分組。在你的實際版本中，如果你把滑鼠游標移到圖上，你就能讀出特徵和它們的值。

透過研究這張圖表，你可以了解到「模型」將「什麼樣的人」分類為「高收入者」或「低收入者」。例如，在最左邊，你會看到大多數「低學歷的人」都是做清潔工作的。40 到 60 之間的大紅色區塊，大多是「受過高等教育、工作時間較長的人」。

為了進一步研究「婚姻狀況」的影響，你可以改變 SHAP 在 y 軸上顯示的內容。我們來看看「婚姻」的影響，如下圖所示：

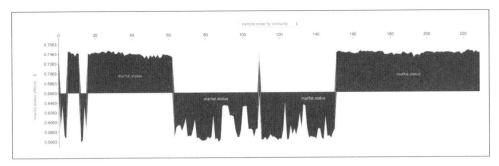

SHAP 婚姻狀況

從這張圖中可以看出,「婚姻狀況」對不同群體的人都有強烈的積極或消極影響。如果你把滑鼠游標移到圖表上,你可以看到,積極的影響都來自於「公證結婚」(civic marriages)。

使用「匯總圖」(summary plot),我們可以看到哪些特徵對我們的模型最重要,如下列程式碼所示:

```
shap.summary_plot(shap_values, X.iloc[100:330,:])
```

然後,上列程式碼輸出最終的「匯總圖」,如下所示:

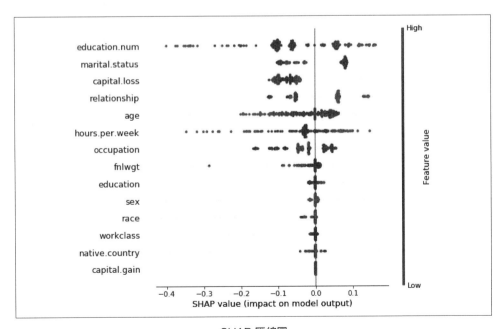

SHAP 匯總圖

大家可以看到，「教育」（education）對我們模型而言是最重要的影響。它的影響範圍也最廣泛。「低教育水平」確實拖累了預測，而「高教育水平」確實提升了預測。「婚姻狀況」（marital status）是第二重要的預測指標。但有趣的是，「資本損失」（capital loss）對模型很重要，但「資本收益」（capital gain）卻不重要。

為了深入研究「婚姻」的影響，我們還有一個工具可以使用，即「依賴關係圖」（dependence plot），該圖可以將「單一特徵的 SHAP 值」與 SHAP 懷疑「互動性很高的特徵」一起顯示出來。透過下列的程式碼片段，我們可以檢查「婚姻」對我們模型預測的影響：

```
shap.dependence_plot("marital-status",
                     shap_values,
                     X.iloc[100:330,:],
                     display_features=X_display.iloc[100:330,:])
```

執行這段程式碼的結果，我們現在可以看到「視覺化的婚姻效果」，如下圖所示：

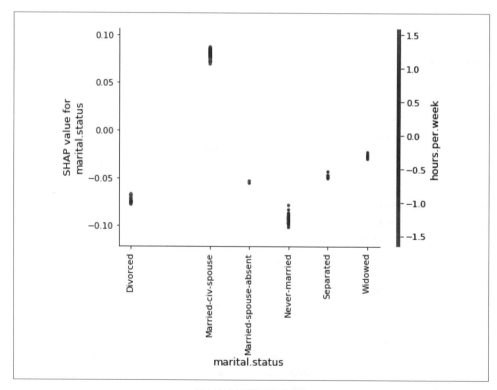

SHAP 婚姻依賴關係圖

正如你所看到的，**Married-civ-spouse**（已婚－平民－配偶），這個人口普查編碼，表示「伴侶不是在武裝部隊（armed forces）之中服役」的平民婚姻（civilian marriage），對模型結果有「積極」影響。同時，其他類型的安排都有「輕微的負分」，尤其是「從未結婚」（never married）。

據統計，富有的人往往結婚時間較長，而年輕人更可能從未結過婚。我們的模型正確地將「婚姻」與「高收入」聯繫在一起，但不是因為婚姻導致高收入。該模型正確地做出了相關性，但基於該模型做出決策將是「錯誤」的。透過選擇，我們有效地操縱我們所選擇的特徵。我們不再只對 $p(y|x)$ 感興趣，而是對 $p(y|do(p))$ 感興趣。

複雜系統失敗的不公平現象

在本章中，你已經掌握了一系列技術工具，可以讓機器學習模型更加公平。然而，模型並不是在真空之中工作的。模型會被嵌入到複雜的社會技術系統之中。有人開發和監控模型，獲取資料，並為如何處理模型輸出建立規則。也有其他機器，產生資料或使用模型的輸出。不同的玩家可能會嘗試以不同的方式玩這個系統。

「不公平」也是同樣複雜。我們已經討論了「不公平」的兩個一般定義，即「差異性影響」和「差別待遇」。「差別待遇」可以針對任何特徵的組合（年齡、性別、種族、國籍、收入等），往往以複雜和非線性的方式發生。本節研究 Richard Cook 在 1998 年發表的論文《*How complex systems fail*》（https://web.mit.edu/2.75/resources/random/How%20Complex%20Systems%20Fail.pdf）這篇論文探討了「複雜的機器學習驅動系統」是如何失去公平性的。Cook 列出了 18 點，其中一些將在下面的小節中討論。

複雜系統本質上是危險的

系統通常是複雜的，因為它們是危險的，許多保障措施就是因為這個事實而產生的。金融系統是一個危險的系統；如果它出軌了，就會破壞經濟或毀掉人們的生活。因此，制定了許多法規，市場上的許多參與者都在努力使系統更加安全。

既然金融系統如此危險，那麼確保其安全、不要受到不公平的影響，這也是很重要的。幸運的是，為了保持系統的公平，有許多的保障措施。當然，這些保障措施可能會被破壞，而且它們經常以一些小的方式不斷地被破壞。

災難是由多次失敗引起的

在複雜的系統中，由於有許多安全措施，所以沒有一個「單一的失敗點」會造成災難。失敗通常是由「多個失敗點」造成的。在金融危機中，銀行創造了高風險產品，但監管機構並沒有阻止它們。

想要發生普遍的歧視現象，不僅模型要做出不公平的預測，員工亦必須盲目地遵循這種模型，並且必須遏止批評。反過來說，僅「修正你的模型」並不能神奇地讓所有的不公平現象消失。即使有了公平的模型，公司內外的程序和文化也會造成歧視。

複雜系統以降級模式運行

在大多數的事故報告中，都有一個列出了「原事故」（proto-accidents）的小節，即「過去幾乎要發生相同事故（但卻沒有發生）」的事例。例如，該模型以前可能做出了不穩定的預測，然而人類操作員卻介入其中了。

要知道，在一個複雜的系統中，「幾乎導致災難」的失敗總是會發生。系統的複雜性使其容易出錯，但強大的災難安全措施使其無法發生。然而，一旦這些安全措施失效，災難就在眼前。即使你的系統看起來運行得很順利，也要趁早檢查是否有「原事故」和「奇怪的行為」發生。

人類操作者既是事故原因，也是事故預防者

一旦事情出了問題，我們往往把責任推給人類操作者，因為他們「一定知道」自己的行為會「不可避免」地導致事故的發生。另一方面，通常是人類在最後一刻「插手」阻止事故的發生。與直覺相反的是，很少是「單一人員」和「單一行為」導致了事故，而是許多人在許多行動中的行為造成的。想讓模型公平，整個團隊必須努力保持公平。

無事故操作需要有失敗經驗

平心而論，最大的一個問題往往是系統的設計者沒有體會到系統對他們的歧視。因此，在開發過程中獲取「不同人群的見解」是很重要的。由於你的系統不斷發生失敗，你應該在更大的事故發生之前，從這些小的失敗中吸取教訓。

制定公平模式的清單

有了前面的資訊，我們可以建立一個簡短的檢查表（checklist），該檢查表可以在建立公平模型時使用。每個問題都有幾個子問題。

模型開發者的目標是什麼？

- 公平性是否是一個明確的目標？
- 「模型評價指標」的選擇是否能體現「模型的公平性」？
- 模型開發者如何得到晉升和獎勵？
- 模型如何影響商業結果？
- 模型會不會對「開發者的人口結構」產生歧視？
- 開發團隊的多元化程度如何？
- 出了問題誰來負責？

資料是否有偏差？

- 資料是如何收集的？
- 樣本中是否存在統計錯誤？
- 少數民族的樣本量是否足夠？
- 是否包括「敏感性變數」？
- 能否從資料中推論出「敏感性變數」？
- 特徵之間是否存在「可能僅影響子群組的交互作用」？

誤差是否有偏差？

- 不同分組的錯誤率是多少？
- 一個簡單的、規則式的替代方法，其錯誤率是多少？
- 模型中的誤差如何導致不同的結果？

如何納入回饋意見？

- 是否有申訴／舉報程序？
- 能否將錯誤歸咎於模型？
- 模型開發者是否能深入了解其模型預測的情況？
- 能否對模型進行審核？

- 模型是開源的嗎？
- 人們是否知道「哪些特徵」是用來對其進行預測的？

能否對模型進行解釋？

- 是否有模型解釋內容（例如：個別單獨的結果）？
- 解釋內容能否被相關人員理解？
- 解釋的結果能否導致模型的改變？

部署後的模型會發生什麼事？

- 是否有一個中央資料庫來追蹤所有部署的模型？
- 是否「持續檢查」輸入的假設資料？
- 是否「持續監控」準確性和公平性指標？

練習題

在本章中，你已經學習了很多關於機器學習的「公平性」技術和非技術因素。這些練習題將幫助你更深入思考這個主題：

- 想想你工作的公司。如何將公平納入其中？在你的公司中，哪些是行之有效的，哪些是可以改進的？
- 重新審核本書中開發的任何一種模型。它們是否公平？你如何測試它們的公平性？
- 公平性只是大型模型可能有的眾多複雜問題之一。你能想到在你的工作領域中可以用本章討論的工具來解決的問題嗎？

小結

在本章中，你已經解了機器學習在各個方面的公平性。首先，我們討論了公平性的法律定義以及衡量這些定義的量化方法。然後，我們討論了訓練模型以滿足公平性標準的技術方法。我們還討論了因果模型。我們了解到 SHAP 是一種強大的工具，可以解釋模型並發現模型中的不公平之處。最後，我們了解到公平性是一個複雜的系統問題，以及如何應用複雜系統管理的經驗教訓來使模型公平。

遵循這裡列出的所有步驟也不能保證使你的模型公平，但這些工具大大增加了你建立公平模型的機會。請記住，金融領域的模型是在「高風險的環境」中運作的，需要滿足許多監管要求。如果你未能做到這一點，損失可能會很嚴重。

下一章（本書最後一章），我們將研究「機率規劃」（probabilistic programming）和「貝氏推論」（Bayesian inference）。

Memo

10

貝氏推論和機率規劃

數學是一個很大的空間，迄今為止人類只繪製了一小部分。我們知道數學中有無數我們想去的領域，但這些領域在計算上卻是很難處理的。

牛頓物理學以及大部分的量化金融學都是圍繞著優雅但過於簡化的模型建立起來的，其主要原因是這些模型都易於計算。幾個世紀以來，數學家們在數學宇宙中繪製了一些小路徑，他們可以用筆和紙沿著這些路徑向下進行。然而，隨著現代高效能計算的出現，這一切都改變了。它開啟了我們探索更寬廣數學空間的能力，從而獲得更精確的模型。

在本書的最後一章，你將了解到以下內容：

- 「貝氏公式」（Bayes formula）的經驗推導
- 「馬可夫鏈蒙地卡羅法」（Markov Chain Monte Carlo）的工作原理及原因
- 如何使用 PyMC3 進行「貝氏推論」和「機率規劃」
- 各種方法如何在「隨機波動模型」（stochastic volatility models）中得到應用

這本書主要涵蓋了「深度學習」及其在金融業中的應用。正如我們所看到的，透過現代計算能力，「深度學習」已經成為現實，但它並不是唯一受益於這種能力而大幅提升的技術。

「貝氏推論」和「機率規劃」都是兩種新興的技術，其最近的發展是由計算能力的提高所推動的。雖然該領域的發展在媒體上的報導明顯少於「深度學習」，但它們對金融從業者的作用可能更大。

「貝氏模型」（Bayesian models）是可解釋的，可以自然地表達「不確定性」。它們不那麼「黑盒子」（black box），反而使建模者的假設更加明確。

貝氏推論的直觀指南

在開始之前，我們需要匯入 numpy 和 matplotlib，我們可以透過執行下列程式碼來完成：

```
import numpy as np
import matplotlib.pyplot as plt
% matplotlib inline
```

這個例子與 Cameron Davidson-Pilon 在其 2015 年的著作《*Bayesian Methods for Hackers: Probabilistic Programming and Bayesian Inference*》中給出的例子類似。然而，在我們的範例中，這被改編為金融背景並重新編寫，以便數學概念可直觀地從程式碼之中產生。

請注意：你可以透過下列連結查看本範例：
http://camdavidsonpilon.github.io/Probabilistic-
Programming-and-Bayesian-Methods-for-Hackers/。

讓我們想像一下，你有一種證券（security），可以支付 1 美元，或者什麼也不支付。「報酬」（payoff）取決於兩個步驟。在 50% 的概率下，「報酬」是隨機的，有 50% 的機會得到 1 美元，50% 的機會什麼都不賺。獲得 1 美元的 50% 的機會就是「**真正的報酬概率**」（true payoff probability，**TPP**）：x。

以下是此「報酬」方案的流程圖：

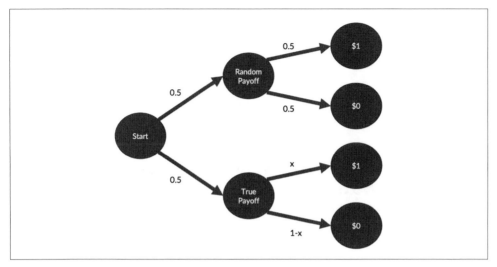

報酬方案流程圖

你之所以有興趣了解「真正的報酬概率」是多少，是因為它將為你的交易策略提供參考。在本例中，你的老闆讓你購買 100 個單位的證券。你照做了，100 單位的證券中有 54 單位的證券會付給你 1 美元。

但實際的 TPP 是多少呢？在本例中，有一種分析方法可以計算出最可能的 TPP，但我們將使用一種計算方法，這種方法也適用於更複雜的情況。

下一章節我們將模擬「證券報酬」（securities payoff）過程。

扁平先驗（Flat Prior）概念

變數 x 代表 TPP。我們隨機採樣 100 個真值，如果你在真正的報酬下得到了美元，則為 1，否則為 0。我們還對上述方案中的「**開始**」（**Start**）和「**隨機報酬**」（**Random Payoff**）的兩個隨機選擇進行採樣。對所有試驗的隨機結果進行一次性採樣，儘管並不是所有試驗都需要，但這在計算上更有效率。

最後，我們對「報酬」進行匯總，然後將其除以模擬中的證券數量，以獲得模擬中的「報酬」分配額。

下列程式碼片段執行了一次模擬。但重要的是，要確保你理解我們的證券結構是如何進行計算的：

```
def run_sim(x):
    truth = np.random.uniform(size=100) < x
    first_random = np.random.randint(2,size=100)
    second_random = np.random.randint(2,size=100)
    res = np.sum(first_random*truth +
(1-first_random)*second_random)/100
    return res
```

接下來，我們想嘗試一些可能的 TPP。因此，在本例中，我們將對一個候選 TPP 進行採樣，並以此候選概率（candidate probability）進行模擬。如果模擬輸出的「報酬」和我們在現實生活中觀察到的一樣，那麼我們的候選者就是一種真實的可能性（real possibility）。

下列的實例方法會傳回真實的可能性，如果試過的候選方法不合適，則傳回 None：

```
def sample(data = 0.54):
    x = np.random.uniform()
    if run_sim(x) == data:
        return x
```

由於我們必須對許多可能的 TPP 進行採樣，所以我們自然要加快這個過程。要做到這一點，我們可以使用一個名為 JobLib 的程式庫，此程式庫將有助於平行執行。

請注意：Kaggle 內核上已預裝有 JobLib。若要獲得更多資訊，你可以參閱：**https://joblib.readthedocs.io/en/latest/**。

要做到這一點，我們需要匯入 Parallel 類別（有益於平行執行迴圈），以及 delayed（延遲）方法（有助於在平行迴圈中依序執行函數）。我們可以藉由執行下列指令來匯入它們：

```
from JobLib import Parallel, delayed
```

本例不探討運作的細節，但 Parallel(n_jobs=-1) 方法使工作的平行執行次數與電腦上 CPU 的數量相同。例如：delayed(sample)() for i in range(100000) 會執行本例方法 100,000 次。

我們得到一個 Python list（*t*），我們會把該 list 轉換成一個 NumPy 陣列。如你在下面的程式碼片段中所看到的，大約 98% 的陣列是 None 值。這意味著「採樣器」對 *x* 的測試結果有 98% 與我們的資料不符，如下列程式碼所示：

```
t = Parallel(n_jobs=-1)(delayed(sample)() for i in range(100000))
t = np.array(t,dtype=float)
share = np.sum(np.isnan(t))/len(t)*100
print(f'{share:.2f}% are throwaways')
```

98.01% are throwaways

因此，我們現在要丟掉所有的 None 值，留下 *x* 的可能值，如下列程式碼所示：

```
t_flat = t[~np.isnan(t)]
plt.hist(t_flat, bins=30,density=True)
plt.title('Distribution of possible TPPs')
plt.xlim(0,1);
```

我們將得到下列輸出結果：

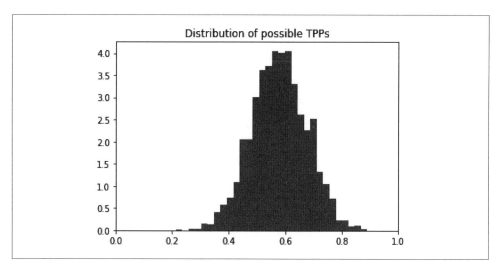

我們的天真採樣器（naïve sampler）可能找到的「真正的報酬概率」分佈情況

如你所見，可能的 TPP 有一個分佈。這張圖向我們顯示的是，最有可能的 TPP 是介於 50% 至 60% 左右；雖然有可能出現其他數值，但可能性較小。

你剛才看到的是「貝氏方法」的一大優勢。所有的估計值都是以分佈的形式出現的,我們就可以為其計算出「信賴區間」(confidence intervals),也就是貝氏術語中所說的「可靠區間」(credibility intervals)。

這使我們能夠更精確地了解我們對事物的肯定程度,以及我們的模型中的參數可能具有的其他值。把它與我們在金融業的興趣結合起來,隨著金融應用的發展,數百萬的資金都賭注在這些模型的輸出之上,量化這種不確定性變得非常有利。

小於 50% 先驗準則

此時,你可以將你的結果提交給你的老闆,他是你正在交易的證券的領域專家。他看著你的分析,搖搖頭說:『TPP 不可能超過 0.5。』他解釋道:『從基礎業務來看,不可能做得更多。』

那麼,如何將這一先驗準則納入你的模擬分析之中呢?好吧,直接的解決辦法是試用介於 0 到 0.5 的候選 TPP。你所要做的就是限制你採樣 x 候選值的空間,這可以透過執行下列程式碼來實現:

```
def sample(data = 0.54):
    x = np.random.uniform(low=0,high=0.5)
    if run_sim(x) == data:
        return x
```

現在你可以像先前一樣執行此模擬程式,如下列程式碼所示:

```
t = Parallel(n_jobs=-1)(delayed(sample)() for i in range(100000))
t = np.array(t,dtype=float)
# Optional
share = np.sum(np.isnan(t))/len(t)*100
print(f'{share:.2f}% are throwaways')
```

99.10% are throwaways

```
t_cut = t[~np.isnan(t)]
plt.hist(t_cut, bins=15,density=True)
plt.title('Distribution of possible TPPs')
plt.xlim(0,1);
```

就像先前一樣，程式碼會給我們以下輸出：

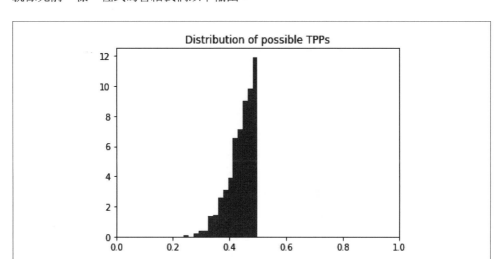

從 0 到 0.5 的可能 TPP 分佈

先驗和後驗

顯然，你選擇的嘗試值影響了你的模擬分析結果；它也反映了你對 x 可能值的看法。

第一次，在看到任何資料之前，你就認為所有在 0 和 100% 之間的 TPP 都是同等可能的。這叫做「**扁平先驗**」（flat prior），因為所有數值的分佈都是一樣的，所以是扁平的。第二次，你會認為 TPP 必須低於 50%。

在看到資料之前表達你對 x 看法的分佈，被稱為「先驗分佈」（*P(TPP)*），或簡稱「**先驗**」（prior）。我們從模擬中得到的 x 可能值的分佈（也就是說，在看到資料 *D* 之後），被稱為「後驗分佈」（*P(TPP|D)*），或簡稱「**後驗**」（posterior）。

下圖顯示了第一輪和第二輪的先驗和後驗的樣本。第一張圖顯示的是「扁平先驗」的結果：

```
flat_prior = np.random.uniform(size=1000000)
plt.hist(flat_prior,bins=10,density=True, label='Prior')
plt.hist(t_flat, bins=30,density=True, label='Posterior')
plt.title('Distribution of $x$ with no assumptions')
plt.legend()
plt.xlim(0,1);
```

這就產生了下面的圖表：

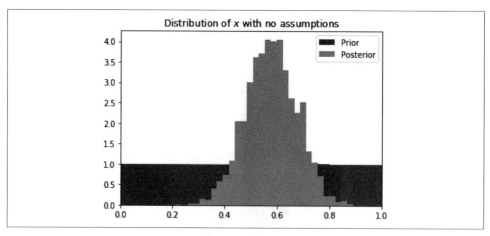

我們的採樣器在「扁平先驗」的結果

下圖顯示了我們採樣器「<50% 先驗」的輸出：

```
cut_prior = np.random.uniform(low=0,high=0.5,size=1000000)
plt.hist(cut_prior,bins=10,density=True, label='Prior')
plt.hist(t_cut, bins=15,density=True, label='Posterior')
plt.title('Distribution of $x$ assuming TPP <50%')
plt.legend()
plt.xlim(0,1);
```

雖然還是使用相同的採樣器，但你可以看到結果是完全不同的：

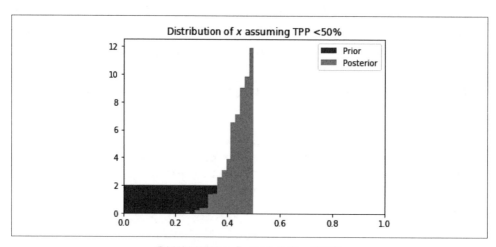

我們的採樣器在「<50% 先驗」的結果

你有沒有發現什麼奇怪的地方？「第二輪的後驗值」與「第一輪的後驗值」大致相等，但它們在 0.5 地方被截斷了。這是因為「第二輪的先驗值」在 0.5 以上為 0，其他為 1。

由於我們只保留與數據相匹配的模擬結果，直方圖中顯示的模擬結果之數量，反映了執行模擬的概率，該模擬在給定 TPP、C、P(D|TPP) 條件下，產生觀測資料 D。

我們從模擬中得到的後驗概率 P(C|D)，等於我們在給定 TPP 條件下，嘗試觀察的資料概率（即 P(D|TPP)）乘以概率 P(TPP)。

在數學上，可表示為：

$$P(TPP|D) = P(D|TPP)P(TPP)$$

當資料是自然獲得的，比如說，透過面對面的會議，那麼我們可能需要考慮到資料收集方法的偏差。在大多數情況下，我們不必擔心這個問題，可以乾脆不提，但有時測量會放大某些結果。

為了緩解這個問題，我們將除以資料分佈 P(D)，作為我們後驗公式的最後補充，並得出以下公式：

$$P(TPP|D) = \frac{P(D|TPP)P(TPP)}{P(D)}$$

如你所見，這就是貝氏公式！當我們執行模擬時，我們是從後驗之中取樣。那麼，為什麼我們不能直接使用貝氏公式來計算後驗呢？答案很簡單，因為評估 P(D|TPP) 需要對 TPP 進行積分，這是很難解決的。我們的模擬方法是一個簡單方便的變通方法。

請注意：第一輪先驗（所有的 TPP 都是同等可能的）被稱為「扁平先驗」，因為我們沒有對「值的分佈」做出假設。在這種情況下，「貝氏後驗」（Bayesian posterior）等於「最大似然估計」（maximum likelihood estimate）。

馬可夫鏈蒙地卡羅方法

在上一節中，我們透過從我們的「先驗」中隨機抽樣，然後對抽樣值進行嘗試，以逼近「後驗」分佈。如果我們的模型只有一個參數，比如說 TPP，這種隨機嘗試是可以

的。然而，隨著我們的模型複雜性的增加，我們增加了更多的參數，隨機搜尋方法將變得更加緩慢。

最終，會有太多可能的參數組合，該參數組合沒有機會生成我們的資料。因此，我們需要用「更高的後驗概率」來經常引導我們的搜尋和進行參數採樣。

這種有引導（guided）但仍是隨機抽樣的方法叫做「馬可夫鏈蒙地卡羅演算法」（Markov Chain Monte Carlo algorithm）。「蒙地卡羅 」（Monte Carlo）代表涉及「隨機性」和「模擬」，而「馬可夫鏈」（Markov Chain）則意味著我們在「一定概率」下在參數空間之中移動。

在這裡涉及到的具體演算法中，我們會以一個概率來移動到不同的參數值，這個概率就是參數值的後驗概率的比值。在這裡，我們考慮參數值的後驗概率。由於概率不能大於 1，所以我們將比值上限為 1，但這只是一個數學上的限值，對於演算法來說並不重要。

下圖是「馬可夫鏈蒙地卡羅演算法」的基本工作原理：

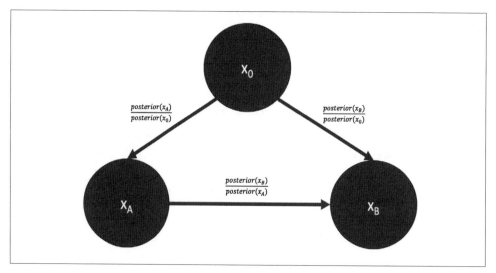

馬可夫鏈蒙地卡羅演算法

上圖顯示的是我們在進行「隨機漫步」（random walk），在這個過程中，我們或多或少地隨機走過不同的參數值。然而，我們並沒有完全隨機移動，而是喜歡「後驗概率高」的參數值。

要執行這個演算法，我們需要做四件事：

1. 從我們當前的參數值 x 中提出一個新的參數值 x_{cand}。
2. 估計 x_{cand} 的後驗概率 $\pi(x_{cand})$。為此，我們可用貝氏規則。
3. 計算移動到該新參數值 x_{cand} 的概率 α（請記住概率必須小於 1）：

$$\alpha = \min\left[1, \frac{\pi\left(x_{cand}\right)}{\pi\left(x\right)}\right]$$

4. 移動到概率為 α 的新參數值。

下一步是逐步建立這些元件：

```
# REPETITION FROM FIRST SECTION
def run_sim(x):
    truth = np.random.uniform(size=100) < x
    first_random = np.random.randint(2,size=100)
    second_random = np.random.randint(2,size=100)
    res = np.sum(first_random*truth +
(1-first_random)*second_random)/100
    return res
# REPETITION FROM FIRST SECTION
def sample(x,data = 0.54):
    if run_sim(x) == data:
        return x
```

首先，我們需要提出一個新的 X_c。這必須依賴於之前的 x 值，因為我們不想要盲目的隨機搜尋，而是想要一個更精細的「隨機漫步」。在這種情況下，我們將從平均數為 x、標準差為 0.1 的常態分佈中取樣 x_{cand}。

也可以從其他分佈中取樣，或者用其他標準差取樣，只要 x_{cand} 與 x 有關：

```
def propose(x):
    return np.random.randn() * 0.1 + x
```

在第一部分中，我們透過從「先驗」中進行採樣，然後執行模擬，於是便可直接從「後驗」之中進行採樣。由於我們現在是透過我們提出的方法來進行採樣，所以我們不再直接從「後驗」之中採樣。因此，為了計算「後驗」概率，我們將使用「貝氏規則」。

請記住，我們通常不需要除以 $P(D)$，因為我們不假設測量有偏差。「貝氏規則」簡化為 $P(TPP|D)=P(D|TPP)P(C)$，其中 $P(TPP|D)$ 為「後驗」，$P(TPP)$ 為「先驗」，$P(D|TPP)$ 為「似然度」（likelihood）。因此，為了估計參數值 x 的「似然度」，我們要用該參數進行多次模擬計算。

「似然度」是與我們的資料相匹配的模擬分配額（share of simulations），如下列程式碼所示：

```python
def likelihood(x):
    t = Parallel(n_jobs=-1)(delayed(sample)(x) for i in
range(10000))
    t = np.array(t,dtype=float)
    return (1 - np.sum(np.isnan(t))/len(t))
```

首先，我們將再次使用「扁平先驗」；每個 TPP 都有同樣的可能性，如下列程式碼所示：

```python
def prior(x):
    return 1 #Flat prior
```

一個參數值 x 的「後驗概率」（posterior probability）是「似然度」乘以「先驗值」，如下列程式碼所示：

```python
def posterior(x):
    return likelihood(x) * prior(x)
```

現在，我們準備把這一切都放到 Metropolis-Hastings MCMC 演算法中！

首先，我們需要為 x 設定初始值。為了讓這個演算法快速找到可能值，最好將其初始化為「最大似然值」或一些我們認為可能的估計值。我們還需要計算這個初始值的後驗概率，我們可以透過執行下面的程式碼來完成：

```python
x = 0.5
pi_x = posterior(x)
```

同樣地，我們也需要追蹤所有的採樣值。純粹為了展示的目的，我們還將追蹤「後驗概率」。為此，我們將執行下列的程式碼：

```python
trace = [x]
pi_trace = [pi_x]
```

現在我們進入主要迴圈。然而，在我們這樣做之前，重要的是，要記住該演算法包括四個步驟：

1. 提出一個新的候選 x_{cand}
2. 計算 $\pi(x_{cand})$ 的後驗概率
3. 計算接受概率（acceptance probability）：

$$\alpha = \min\left[1, \frac{\pi\left(x_{cand}\right)}{\pi\left(x\right)}\right]$$

4. 設 x 為 X_C，且概率為 α：

```python
for i in range(1000): #Main Loop

    x_cand = propose(x)

    pi_x_cand = posterior(x_cand)

    alpha = np.min([1,pi_x_cand/(pi_x + 0.00001)]) # Save division

    u = np.random.uniform()

    (x, pi_x) = (x_cand,pi_x_cand) if u<alpha else (x,pi_x)
    trace.append(x)
    pi_trace.append(pi_x)

    if i % 10 == 0:
        print(f'Epoch {i}, X = {x:.2f}, pi = {pi_x:.2f}')
```

```
Epoch 0, X = 0.50, pi = 0.00
Epoch 10, X = 0.46, pi = 0.04...
Epoch 990, X = 0.50, pi = 0.06g
```

在執行該演算法若干輪之後，我們最終會得到一個作弊器（cheater）分配額與報酬的可能分佈。如同我們之前所做的那樣，我們可以簡單執行下列程式碼並將其視覺化，如下所示：

```python
plt.hist(trace,bins=30)
plt.title('Metropolis Hastings Outcome')
plt.xlim(0,1);
```

當我們執行了前面的程式碼之後，我們就會收到下圖作為輸出：

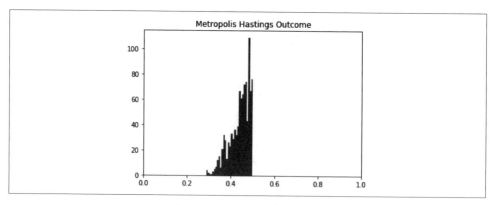

Metropolis Hasting 採樣器結果

藉著查看隨時間變化的蹤跡，上圖顯示了該演算法如何隨機移動，但卻以「高可能值」為中心，如下列程式碼所示：

```
plt.plot(trace)
plt.title('MH Trace');
```

然後我們將獲得圖表形式的輸出，該輸出顯示了 **Metropolis Hasings（MH）** 採樣器的蹤跡，如下所示：

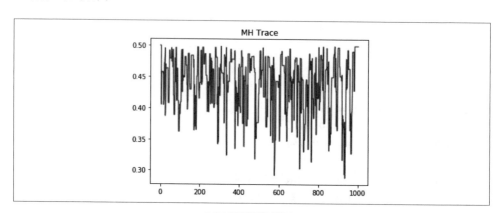

MH 採樣器的蹤跡

為了更好的理解，我們可以繪製出「後驗概率」與「試驗值」的對比圖，如下所示：

```
plt.scatter(x=trace,y=pi_trace)
plt.xlabel('Proposed X')
plt.ylabel('Posterior Probability')
plt.title('X vs Pi');
```

成功執行程式碼後，我們就會得到下面的輸出圖表：

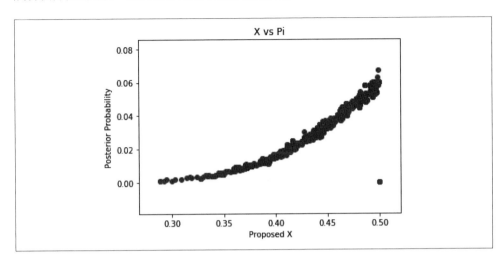

擬議值（proposed value）與後驗概率

Metropolis-Hastings MCMC 演算法

為了展示 PyMC3 的強大功能和靈活性，我們將用它來完成一個經典的計量經濟學任務，但我們將對它進行貝氏處理。

 請注意：這個例子是直接改編自 PyMC3 文件中的一個範例：`https://docs.pymc.io/notebooks/stochastic_volatility.html`。而此範例則是改編自 Hoffman 2011 年論文《*No-U-Turn Sampler*》中的一個例子：`https://arxiv.org/abs/1111.4246`。

股票價格和其他金融資產價格是波動的，每日收益的「變異數」（variance）稱為「波動性」（volatility）。「波動性」是一種常用的風險衡量指標，所以準確衡量它相當重要。

這裡簡單的解決辦法是計算「後瞻性收益之變異數」（backward-looking variance of return）。然而，表達實際「波動性」的不確定性是有好處的。類似於我們之前看到的報酬例子，有一個「實際值」的分佈，而「實際值」就是從這個分佈中抽取出來的。這也被稱為「**隨機波動性**」（**stochastic volatility**），因為有一個可能的「波動性」值的分佈，從中觀察到的「波動性」是一個實際樣本。

在本例中，我們感興趣的是建立一個美國股市指數 S&P 500 的隨機波動性模型。要做到這一點，首先，我們必須下載資料。你可以直接從 Yahoo Finance 下載，也可以在 Kaggle 上找到：`https://www.kaggle.com/crescenzo/sp500`。

要加載資料，請執行下列程式碼：

```
df = pd.read_csv('../input/S&P.csv')
df['Date'] = pd.to_datetime(df['Date'])
```

在我們正在看的例子中，我們是對收盤價（closing prices）感興趣，所以我們需要從資料集中提取收盤價。資料集首先顯示的是新的資料，所以我們需要對其進行反轉（invert），我們用下列程式碼來實現：

```
close = pd.Series(df.Close.values,index=pd.DatetimeIndex(df.Date))
close = close[::-1]
```

當我們用下列的程式碼繪製收盤價時，我們可以從輸出看到一個熟悉的圖形：

```
close.plot(title='S&P 500 From Inception');
```

SP500

結果，我們就會得到以下輸出圖表：

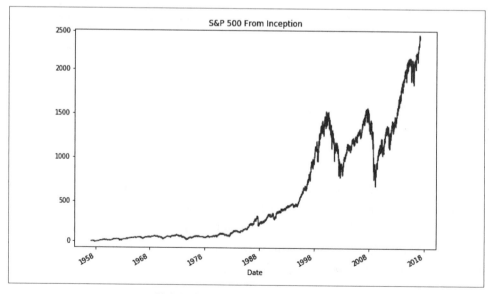

從成立到 2018 年底的 S&P 500 指數

此資料集包含了 S&P 自成立以來的指數資料，這些資料對我們來說有點多，所以在本例中，我們要把指數資料截止到 1990 年。我們可以透過執行下列指令來指定這個日期：

```
close = close['1990-01-01':]
```

由於我們對收益感興趣，我們需要計算價格差異。我們可以使用 np.diff 來獲得每日的價格差異。我們要把所有東西都打包成一個 pandas 系列，以便於繪製，如下列程式碼所示：

```
returns = pd.Series(np.diff(close.values),index=close.index[1:])
returns.plot();
```

這將輸出以下圖表：

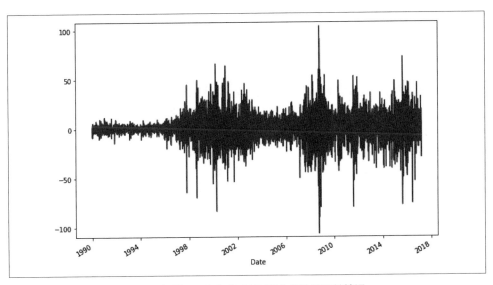

1990 年至 2018 年底 S&P 500 指數的收益情況

現在，使用 PyMC3 的樂趣開始了。PyMC3 包含了一些處理時間序列的特殊分佈，例如：「隨機漫步」。當我們要對股票價格進行建模時，這正是正確的做法。

首先，我們需要匯入 PyMC3 及其時間序列的工具（隨機漫步類別）：

```
import pymc3 as pm
from pymc3.distributions.timeseries import GaussianRandomWalk
```

最後，我們需要設定模型。我們可以執行下列程式碼來達成此目的：

```
with pm.Model() as model:
    step_size = pm.Exponential('sigma', 50.)     #1
    s = GaussianRandomWalk('s', sd=step_size,     #2
                       shape=len(returns))

    nu = pm.Exponential('nu', .1)                 #3

    r = pm.StudentT('r', nu=nu,                   #4
                lam=pm.math.exp(-2*s),
                observed=returns.values)
```

現在讓我們來看看我們剛剛為建立模型而執行的指令。如你所見，它由四個關鍵元素組成：

1. 波動性（s）被建模為一個「隨機漫步」，其基本步長為 step_size。我們對於步長的先驗值是 $\lambda = 50$ 的指數分佈（同樣地，理解所使用的每個分佈的細節，對於此示範來說是沒有必要的）。
2. 然後我們建立「隨機波動性」本身的模型。請注意我們是如何插入「步長」的，它本身就是一個「隨機變數」。「隨機漫步」的長度應該與觀察到的傳回值相同。
3. 從具有 nu 自由度的 StudentT 分佈中，抽取的實際股票收益，我們對此進行建模。我們對 nu 的先驗值也是呈現指數分佈。
4. 最後，我們要建立實際收益的模型。我們對它們進行建模以從 StudentT 分佈之中提取，該分佈具有由我們的「隨機波動模型」產生的縮放因子 λ（即程式碼中的 lam）。為了將模型建立在觀察到的資料上，我們傳遞觀察到的傳回值。

PyMC3 的標準採樣器並不是 Metropolis-Hastings 演算法，而是「**無 U 型迴轉採樣器**」（No-U-Turn Sampler，**NUTS**）。我們若不指定採樣器，而只是呼叫 sample 函數，那麼 PyMC3 的預設採樣器就會是 NUTS。

為了讓這裡的採樣順利進行，我們需要指定一個相對較高數量的調整樣本。這些是採樣器為了找到一個好的起點而從中選取的樣本，而不是後驗值的一部分，類似於之前的燒毀樣本（burned samples）。

我們還需要設定一個較高的 target_accept 值來告訴 NUTS，在接受值時要寬鬆一些。我們可以執行以下命令來實現：

```
with model:
    trace = pm.sample(tune=2000,
nuts_kwargs=dict(target_accept=.9))
```

PyMC3 有一個很好的實用程式，我們可以用它來視覺化採樣的結果。我們感興趣的是波動性「隨機漫步」的標準差（σ），以及從中抽取實際收益的 StudentT 分佈的自由度。

當我們平行執行兩個採樣鏈時，你可以看到我們得到了兩個不同的輸出分佈。如果我們執行採樣器的時間更長，這兩個結果就會趨於一致。我們可以透過對它們進行平均來獲得更好的估計，這就是 PyMC3 對預測的作用。例如，現在讓我們用下面的程式碼來試驗一下：

```
pm.traceplot(trace, varnames=['sigma', 'nu']);
TracePlot
```

該程式碼的結果如下圖所示：

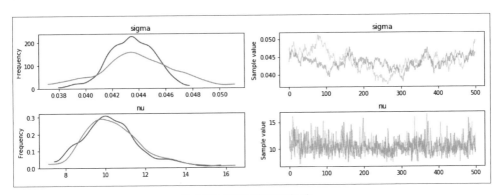

PyMC3 採樣器的結果概覽。
在左邊，你可以看到兩個採樣鏈（sampler chains）產生的分佈。
在右邊，你可以看到它們的蹤跡（traces）。

在最後一步，我們可以顯示「隨機波動性」隨時間變化的情況。你可以看到它如何很好地與 2008 年金融危機等波動期保持一致。你還可以看到，在一些時期，該模型對「波動性」或多或少地是確定的，如下列程式碼所示：

```
plt.plot(returns.values)
plt.plot(np.exp(trace[s].T), 'r', alpha=.03);
plt.xlabel('time')
plt.ylabel('returns')
plt.legend(['S&P500', 'Stochastic Vol.']);
```

如我們所見，此程式碼的輸出將傳回下列的圖表：

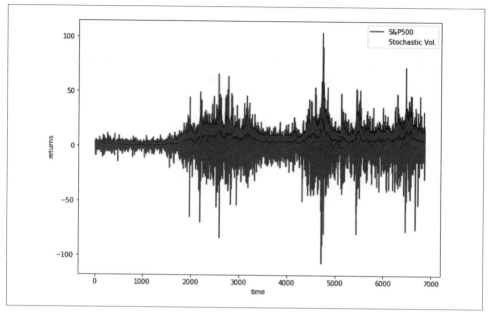

1990 年至 2018 年底所推論的隨機波動性

有大量的應用可以用這種「相對較小的貝氏模型」進行很好的建模。其主要的優勢是模型易於解釋，可以很好地表達「不確定性」。「機率規劃」（Probabilistic programming）與資料科學的「說故事」（storytelling）方法非常吻合，因為在模型中可以清楚表達故事。

在下一節中，我們將從淺層的「機率規劃」轉向深層的「機率規劃」。

從「機率規劃」轉向深層「機率規劃」

到目前為止，我們所開發的貝氏模型都是很淺層的。所以，讓我們問問自己，是否可以將「深度網路的預測能力」和「貝氏模型的優勢」結合起來。這是一個活躍的研究領域，也是結束本書的合適方式。

深度網路有很多參數，這使得在參數空間中搜尋成為一個困難的問題。在傳統的監督式深度學習中，我們會使用「倒傳遞」方法來解決這個問題。「倒傳遞」也可以用於貝氏模型。然而，這並不是進行「貝氏深度學習」的唯一方法，甚至不一定是最好的方法。

基本上，「貝氏深度學習」有四種方法：

- 使用「**自動微分變分推斷**」（Automatic Differentiation Variational Inference，**AVI**）。這意味著用「引導模型」逼近「後驗概率」，然後用「梯度下降法」優化「模型參數」。PyMC3 可以使用「AVI 優化器」來實現這一點。請參閱由 Alp Kucukelbir 等人撰寫的 2016 年論文《*Automatic Differentiation Variational Inference*》：https://arxiv.org/abs/1603.00788。

  另外，你也可以使用 Pyro，Pyro 實作了快速 GPU 優化的 AVI，請參閱：http://pyro.ai/。

  雖然在這裡為這個方法提供更進一步的教學將是太多了，但 PyMC3 文件對此有一個很好的教學：https://docs.pymc.io/notebooks/bayesian_neural_network_advi.html。

- 先假設「後驗值」是常態分佈的，然後使用標準的神經網路程式庫（如 Keras），並學習每個參數的平均值和標準差。還記得我們在研究「變分自動編碼器」時，如何從「參數化的常態分佈」中採樣 z 值嗎？我們可以對每一層都這樣做。這比 AVI 訓練速度更快，需要佔用的計算能力和記憶體更少，但靈活性較差，其參數是非貝氏神經網路的兩倍。

- 使用「丟棄」（dropout）技術。在處理時間序列時，我們在測試時開啟「丟棄」功能，並執行推論多次以獲得「信賴區間」。這是貝氏學習的一種形式，它非常容易實現，參數不比普通神經網路多。但在推論時速度較慢，而且也不具備 AVI 的所有靈活性。

- 挑選並混合。為了訓練一個神經網路，我們需要一個梯度訊號（gradient signal），我們可以從 AVI 中獲得。我們可以用常規的方式訓練神經網路的「輸入層及隱藏層」（socket，有時也被稱作「特徵提取器」），並以貝氏方式訓練網路的「輸出層」。如此一來，我們就可以獲得「不確定性」估計值，同時不必為進行整個貝氏方法負擔全部的成本。

小結

在本章中，你已大致了解現代貝氏機器學習及其在金融業的應用。我們只談到這一點點內容，因為這是一個非常活躍的研究領域，我們可以期待在不久的將來會有許多突破。觀察其發展並將其應用於生產之中，將是令人興奮的事。

當我們回顧這一章，我們應該對理解以下內容充滿信心：

- 貝氏公式的經驗推導
- 「馬可夫鏈蒙地卡羅」（Markov Chain Monte Carlo）的工作原理及原因
- 如何使用 PyMC3 進行貝氏推論和機率規劃
- 這些方法如何在隨機波動性模型中得到應用

請注意你在這裡學到的所有知識都是關於如何「轉移」到更大模型上的方法，例如：我們在整本書中討論過的各種深層神經網路。對於非常大的模型而言，採樣過程雖然有點慢，但是研究人員正在積極努力使其更快，你所學到的知識已為未來打下了良好的基礎。

後會有期

就這樣，我們結束了最後一章的旅程。親愛的讀者！我要向你們說再見了。讓我們回顧一下我們在旅程開始時所遇到的目錄內容吧！

在過去的十章裡，我們已經涵蓋了很多內容，其中包括：

- 基於梯度下降的優化
- 特徵工程
- 樹狀方法
- 電腦視覺
- 時間序列模型
- 自然語言處理
- 生成模型
- 為機器學習系統進行除錯
- 機器學習的道德規範
- 貝氏推論

在每一章中，我們都備有一個大工具包，裡面有你可以使用的實用技巧和竅門。這將使你能夠建立最先進的系統，從而改變金融業。

然而，在許多方面，我們僅介紹一點點皮毛而已。每一章的主題都值得自己另外寫一本專書，即使這樣也不足以涵蓋金融領域機器學習所涉及到的所有內容。

我最後留給大家這樣一個省思：金融領域的機器學習是一個激動人心的領域，在這個領

域中，還有很多東西需要大家去發掘，所以親愛的讀者們，繼續前進吧。還有很多模型需要訓練，還有很多資料需要分析，還有很多推論需要做！

延伸閱讀

你已經讀到本書的結尾了！你現在打算要做什麼呢？請多讀點書！機器學習，特別是深度學習，是一個快速發展的領域，所以任何閱讀清單都有可能在你閱讀時就已過時了。然而，下列的清單旨在向你顯示最相關的書籍，這些書籍在未來幾年內仍然具有相關性。

一般資料分析

Wes McKinney 的《*Python for Data Analysis*》：https://wesmckinney.com/pages/book.html。

Wes 是 pandas 的原創者，pandas 是一個流行的 Python 資料處理工具，我們在「第 2 章」中有學過。pandas 是任何 Python 資料科學工作流程的核心元件，並且在可預見的未來仍然如此。pandas 健全的工具知識絕對值得你花時間學習，保證你在這方面的投資值回票價。

機器學習中的健全學科

Marcos Lopez de Prado 的《*Advances in Financial Machine Learning*》：https://www.wiley.com/en-us/Advances+in+Financial+Machine+Learning-p-9781119482086。

Marcos 是一位在金融領域應用機器學習的專家。他的書主要著重於過度擬合的危險，以及研究人員在做適當的科學工作時要如何小心翼翼。雖然更多著重的是高頻交易，但 Marcos 寫得非常清晰，並把潛在的問題和解決方案說得非常明白。

一般機器學習

Trevor Hastie、Robert Tibshirani 和 Jerome Friedman 的《*Elements of Statistical Learning*》：https://web.stanford.edu/~hastie/ElemStatLearn/。

這是一本統計機器學習的「聖經」（bible，包含所有「統計學習」重要概念的清晰解釋）。每當你需要一些關於某個概念的深入資訊時，這本書是最好的查詢指南。

Gareth James、Daniela Witten、Trevor Hastie 和 Robert Tibshirani 的《*Introduction to Statistical Learning*》：`https://www-bcf.usc.edu/~gareth/ISL/`。

《*Introduction to Statistical Learning*》有點像《*Elements of Statistical Learning*》的配套教材。它由一些相同的作者撰寫，以嚴謹的方式介紹了「統計學習」中最重要的觀念。如果你是「統計學習」的新手，它是理想的選擇。

一般深度學習

Ian Goodfellow、Yoshua Bengio 和 Aaron Courville 的《*Deep Learning*》：`https://www.deeplearningbook.org/`。

雖然本書非常注重實踐，但《*Deep Learning*》更注重「深度學習」背後的理論。它涵蓋了廣泛的主題，並從理論概念中導出了許多實際應用。

強化學習

Richard S. Sutton 和 Andrew G. Barto 的《*Reinforcement Learning: An Introduction*》：`http://incompleteideas.net/book/the-book-2nd.html`。

這是一本強化學習的標準著作，深入討論了所有主要的演算法。重點不在於華而不實的結果，而在於「強化學習演算法」背後的原因和推導。

貝氏機器學習

Kevin P. Murphy 的《*Machine Learning: a Probabilistic Perspective*》：`https://www.cs.ubc.ca/~murphyk/MLbook/`。

這本書從「概率論」和「更多貝氏的角度」來介紹機器學習技術。如果你想以不同的方式思考機器學習，這是一本非常好的指南。

Cameron Davidson-Pilon 的《*Probabilistic Programming and Bayesian Methods for Hackers*》：`http://camdavidsonpilon.github.io/Probabilistic-Programming-and-Bayesian-Methods-for-Hackers/`。

這可能是唯一一本著重於「實際應用」的機率規劃書籍。它不僅是免費的、開源的，而且還經常更新程式庫和工具，使其始終維持相關性。

博碩文化

博碩文化